백점

BOOK 1 개념북

과학 3·2

BOOK ① 개념북

검정 교과서를 통합한 개념 학습

2022년부터 초등 3~4학년 과학 교과서가 국정 교과서에서 **7종 검정 교과서**로 바뀌었습니다.

'백점 과학'은 **검정 교과서의 개념과 탐구를 통합적으로 학습**할 수 있도록 구성하였습니다. 단원별 검정 교과서 학습 내용을 확인하고 **개념 학습, 문제 학습, 마무리 학습**으로 이어지는 3단계 학습을 통해 검정 교과서의 통합 개념을 익혀 보세요.

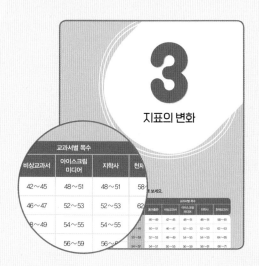

3

지표의 변화

교과서별 쪽수			
비상교과서	아이스크림 미디어	지학사	천지
42~45	48~51	48~51	58~
46~47	52~53	52~53	62
8~49	54~55	54~55	
	56~59	56~	

---

1 개념 학습 → **2** 문제 학습

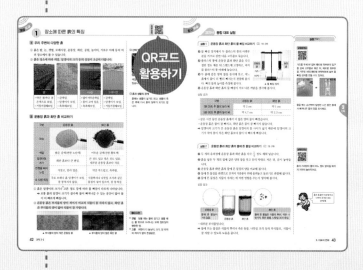

검정 교과서의 내용을 통합한 **핵심 개념**을 익힐 수 있습니다.

교과서 통합 대표 실험을 통해 검정 교과서별 중요 실험을 확인할 수 있습니다.

QR을 통해 개념 이해를 돕는 **개념 강의**, 한눈에 보는 **실험 동영상**이 제공됩니다.

기본 개념 문제로 개념을 파악합니다.

교과서 공통 핵심 문제로 여러 출판사의 공통 개념을 익힐 수 있습니다.

교과서별 문제를 풀면서 다양한 교과서의 개념을 학습할 수 있습니다.

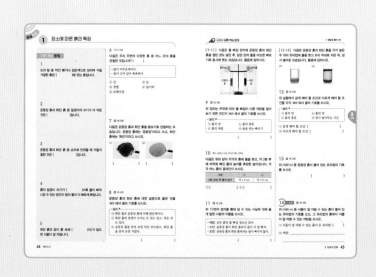

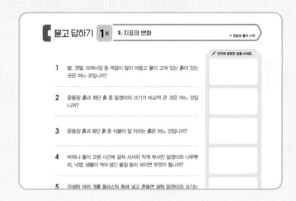

BOOK ❷ 평가북

학교 시험에 딱 맞춘 평가 대비

묻고 답하기

묻고 답하기를 통해 핵심 개념을 다시 익힐 수 있습니다.

묻고 답하기 1회 3. 지표의 변화 ※ 정답과 풀이 24쪽

※ 빈칸에 알맞은 답을 쓰세요.

1 밭, 갯벌, 모래사장 중 색깔이 많이 어둡고 물이 고여 있는 흙이 있는 곳은 어느 곳입니까?

2 운동장 흙과 화단 흙 중 알갱이의 크기가 비교적 큰 것은 어느 것입니까?

3 운동장 흙과 화단 흙 중 식물이 잘 자라는 흙은 어느 것입니까?

4 바위나 돌이 오랜 시간에 걸쳐 서서히 작게 부서진 알갱이와 나무뿌리, 낙엽, 생물이 썩어 생긴 물질 등이 섞이면 무엇이 됩니까?

5 각설탕 여러 개를 플라스틱 통에 넣고 흔들면 설탕 알갱이의 크기는

단원 평가 기출 실전 / 수행 평가

단원 평가와 수행 평가를 통해 학교 시험에 대비할 수 있습니다.

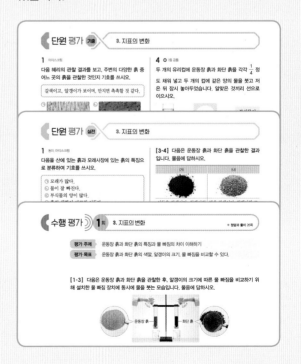

---

③ 마무리 학습

교과서 통합 핵심 개념

3 지표의 변화

1. 운동장 흙과 화단 흙 비교하기

구분	운동장 흙	화단 흙
모습		
색깔	밝은 갈색(연한 노란색)	어두운 갈색(진한 황토색)
알갱이의 크기	화단 흙보다 큰 편임.	대부분 운동장 흙보다 작음.
만졌을 때의 느낌	거칠고, 말라 있음.	약간 부드럽고, 축축함.
물 빠짐	물이 잘 빠짐.	물이 잘 빠지지 않음.

교과서 통합 핵심 개념에서
단원의 개념을 한눈에 정리할 수 있습니다.

단원 평가와 **수행 평가**를 통해
단원을 최종 마무리할 수 있습니다.

차례

1 신나는 과학 탐구 ——————————— 5쪽

2 동물의 생활 ——————————— 13쪽

3 지표의 변화 ——————————— 41쪽

4 물질의 상태 ——————————— 69쪽

5 소리의 성질 ——————————— 101쪽

1 신나는 과학 탐구

▶ **학습 내용과 교과서별 해당 쪽수를 확인해 보세요.**

학습 내용	백점 쪽수	교과서별 쪽수			
		동아출판	아이스크림 미디어	지학사	천재교과서
● 나의 과학 탐구 (탐구 문제, 탐구 계획, 탐구 실행, 탐구 결과 발표, 새로운 탐구 시작)	6~9	–	10~15	10~17	14~25
● 신나는 과학 탐구 (관찰, 분류, 측정, 예상, 추리, 의사소통)	10~12	10~15	–	–	–

★ 2015 개정 과학과 교육과정에서는 다양한 탐구 중심의 학습이 이루어지도록 학년별 위계가 정해져 있지 않습니다.
자신의 학교에 맞는 학습 내용을 선택하여 활용하면 됩니다.

● **나의 과학 탐구**는 금성출판사 「과학자처럼 탐구를 계획해 볼까요?」, 김영사 「1. 재미있는 나의 탐구」,
아이스크림미디어 「재미있는 탐구 생활」, 지학사 「1. 나의 과학 탐구」,
천재교과서 「1. 탐구야, 궁금한 점을 해결해 볼까?」 단원에 해당합니다.
● **신나는 과학 탐구**는 동아출판 「1. 신나는 과학 탐구」 단원에 해당합니다.

나의 과학 탐구

1 탐구 문제 정하기

① 주변에서 일어나는 일을 직접 관찰하면서 궁금한 점을 생각해 봅니다.

② 더 알고 싶거나 궁금한 점은 잊지 않도록 기록합니다.

③ 궁금한 점들 중에서 가장 알아보고 싶은 것 한 가지를 고릅니다.

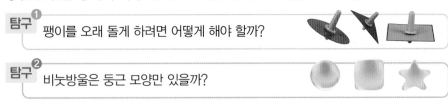

탐구❶ 팽이를 오래 돌게 하려면 어떻게 해야 할까?

탐구❷ 비눗방울은 둥근 모양만 있을까?

④ 가장 알아보고 싶은 것으로부터 탐구 문제를 정합니다.

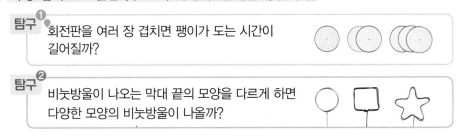

탐구❶ 회전판을 여러 장 겹치면 팽이가 도는 시간이 길어질까?

탐구❷ 비눗방울이 나오는 막대 끝의 모양을 다르게 하면 다양한 모양의 비눗방울이 나올까?

⑤ 내가 정한 탐구 문제가 적절한지, 스스로 해결할 수 있는 문제인지 확인합니다.

2 탐구 계획하기

(1) 탐구 문제를 해결할 수 있는 방법 정하기

① 탐구 문제를 해결할 수 있는 실험 방법을 생각합니다.

② 실험에서 다르게 해야 할 것과 같게 해야 할 것을 생각해 봅니다.

③ 실험에서 다르게 한 것에 따라 바뀌는 것은 무엇인지 생각해 봅니다.

탐구❶
• 다르게 해야 할 것: 겹친 회전판의 개수
• 같게 해야 할 것: 회전판의 크기, 모양, 무게, 팽이 심의 종류와 길이 등
• 다르게 한 것에 따라 바뀌는 것: 팽이가 도는 시간

탐구❷
• 다르게 해야 할 것: 막대 끝의 모양
• 같게 해야 할 것: 비눗방울 액의 종류, 막대의 재료, 실험 장소 등
• 다르게 한 것에 따라 바뀌는 것: 비눗방울의 모양

(2) 탐구 계획 세우기

① 탐구 방법에 따라 탐구 순서를 정합니다. →• 탐구 순서는 구체적으로 적는 것이 좋아요.

② 탐구를 했을 때 예상되는 결과를 생각해 봅니다.

③ 준비물을 정하고, 역할을 나눕니다. →• 준비물을 계획할 때에는 안전에 유의하여 계획을 세우고, 준비물에 안전 장비를 포함하면 좋아요.

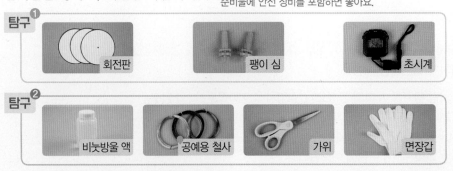

탐구❶ 회전판 / 팽이 심 / 초시계

탐구❷ 비눗방울 액 / 공예용 철사 / 가위 / 면장갑

⊕ 탐구 문제를 정할 때 유의할 점

• 간단하고 명확해야 합니다.
• 탐구하는 사람이 답을 이미 알고 있는 것이면 안됩니다.
• 탐구하는 사람이 흥미와 호기심을 가질 수 있어야 합니다.
• 탐구하는 사람이 관찰이나 실험 등 탐구 과정으로 확인이 가능한 것이어야 합니다.

⊕ 탐구 문제가 적절한지 확인하기

• 탐구하고 싶은 내용이 문제에 분명하게 드러나 있나요?
• 직접 관찰하고 탐구할 수 있나요?
• 탐구 준비물을 쉽게 구할 수 있나요?
• 관찰, 측정, 실험을 하여 결과를 얻을 수 있는 문제인가요?
• 간단한 조사로 쉽게 답을 찾을 수 있는 문제는 아닌가요?

⊕ 탐구 계획이 적절한지 확인하기

• 탐구 순서가 적절한가요?
• 탐구 방법으로 탐구 문제 해결이 가능한가요?
• 탐구에 필요한 준비물에 빠진 것이나 구하기 어려운 것이 있나요?

용어 사전

◈ **회전판** 어떤 것을 축으로 물체가 빙빙 돌 수 있게 만든 판.
◈ **공예** 기능과 장식의 두 가지 방면을 조화시켜 일상생활에 필요한 물건을 만드는 일.

④ 앞 내용을 정리해서 탐구 계획을 세워 봅니다. ┌• 다른 사람이 읽었을 때 쉽게 이해할 수 있도록 계획을 세우며 세운 탐구 계획을 확인하고, 보완해야 할 부분이 있다면 보완해요.

탐구❶

과학 탐구 계획서			
탐구 문제	회전판을 여러 장 겹치면 팽이가 도는 시간이 길어질까?		
다르게 해야 할 것	겹친 회전판의 개수	같게 해야 할 것	회전판의 크기, 모양, 무게, 팽이 심의 종류와 길이 등
탐구 순서	❶ 회전판이 한 장인 팽이, 회전판을 두 장 겹친 팽이, 회전판을 세 장 겹친 팽이를 각각 만듭니다. ❷ 각각의 팽이를 5회씩 돌리면서 팽이가 멈출 때까지 걸린 시간을 잽니다. ❸ 가장 오래 도는 팽이를 찾습니다.		
예상되는 결과	회전판을 여러 장 겹칠수록 팽이가 오래 돌 것입니다.		
준비물	회전판, 팽이 심, 초시계 등		

탐구❷

과학 탐구 계획서			
탐구 문제	비눗방울이 나오는 막대 끝의 모양을 다르게 하면 다양한 모양의 비눗방울이 나올까?		
다르게 해야 할 것	막대 끝의 모양	같게 해야 할 것	비눗방울 액의 종류, 막대의 재료, 실험 장소 등
탐구 순서	❶ 공예용 철사로 막대 끝의 모양을 각각 동그라미, 네모, 별 모양으로 만듭니다. ❷ 막대를 바꾸어 가며 비눗방울을 불고, 나오는 비눗방울의 모양을 관찰합니다.		
예상되는 결과	막대 끝의 모양에 따라 나오는 비눗방울의 모양이 다를 것입니다.		
준비물	비눗방울 액, 공예용 철사, 가위, 면장갑 등		

3 탐구 실행하기

① 탐구 결과를 어떻게 기록할지 정합니다. ┌• 글과 그림으로 기록장에 기록하거나 표로 정리할 수 있어요.
② 탐구 계획에 따라 탐구를 실행하고, 나타나는 결과를 사실대로 기록합니다.
③ 탐구 결과를 정리합니다. ┌• 탐구 과정을 반복해서 실행하면 더 정확한 결과를 얻을 수 있어요.

탐구❶

겹친 회전판의 개수		회전판 한 장	회전판 두 장	회전판 세 장
팽이가 도는 시간 (초)	1회	5	10	20
	2회	7	12	19
	⋮	⋮	⋮	⋮
	5회	6	12	22
팽이가 가장 오래 돈 시간(초)		8	11	23

탐구❷

막대 끝의 모양		동그라미	네모	별
비눗방울 모양	예상	동그라미	네모	별
	결과	공 모양	공 모양	공 모양

➕ **겹친 회전판의 개수에 따른 팽이가 도는 시간을 알아보는 탐구의 유의 사항**

팽이를 돌릴 때 돌리는 사람에 의한 오차를 최대한 줄이기 위하여 팽이 돌리는 연습을 충분히 한 후, 가장 일정하게 돌릴 수 있는 사람이 돌리도록 합니다.

➕ **막대 끝의 모양에 따른 비눗방울의 모양을 알아보는 탐구의 유의 사항**

• 학교 안의 야외 장소를 이용하고, 안전에 유의합니다.
• 사람을 향해서 비눗방울을 불지 않습니다.

➕ **탐구를 실행하기 전에 확인할 것**

• 탐구 활동에 필요한 준비물을 준비했는지 확인합니다.
• 탐구를 하면서 관찰되는 실험 결과를 기록할 수 있는 기록장을 준비해야 합니다.
• 탐구 계획서를 확인하여 빠진 것이 없는지 확인합니다.

용어 사전

◆ **보완** 모자라거나 부족한 것을 보충하여 완전하게 함.
◆ **오차** 실제로 셈하거나 측정한 값과 이론적으로 정확한 값과의 차이.

1 단원

④ 탐구 결과로 알게 된 것을 친구들과 이야기해 봅니다.

탐구❶ [탐구 결과] 회전판이 한 장인 팽이가 가장 짧게 돌고, 회전판을 세 장 겹친 팽이가 가장 오래 돌았습니다.
[알게 된 것] 회전판을 여러 장 겹칠수록 팽이가 오래 돕니다.

탐구❷ [탐구 결과] 동그라미, 네모, 별 모양의 막대 끝에서 나온 비눗방울은 모두 공 모양입니다.
[알게 된 것] 막대 끝의 모양과 관계없이 비눗방울은 공 모양입니다.

⑤ 탐구를 하기 전에 예상한 결과와 실제 탐구 결과를 비교해 봅니다.

➕예상한 결과와 실제 결과가 다를 때 해야 할 일

· 탐구 계획대로 탐구가 실행되었는지 확인합니다.
· 탐구 결과를 사실대로 기록했는지 확인합니다.
· 실험 결과로 탐구 문제를 해결할 수 있는지 생각해 봅니다.

4 탐구 결과 발표하기

(1) 탐구 결과를 발표할 자료 만들기
① 탐구 결과를 이해하기 쉽게 전달할 수 있는 발표 방법과 발표 자료의 종류를 정합니다. →발표 자료에 표나 그림을 넣으면 발표를 듣는 사람이 더 잘 이해할 수 있어요.
② 발표 자료에 들어갈 내용을 확인한 후 발표 자료를 만듭니다.

(2) 탐구 결과 발표하기
① 탐구 결과를 발표하고, 친구들의 질문에 대답합니다.
② 다른 친구의 발표 내용을 주의 깊게 듣고 궁금한 점을 질문합니다.
③ 나의 발표에서 잘한 점과 보완해야 할 점을 정리해 봅니다.

➕발표 자료에 들어가야 할 내용

탐구 문제, 시간과 장소, 탐구 방법, 준비물, 탐구 순서, 탐구 결과, 탐구를 하여 알게 된 것, 더 알아보고 싶은 것, 느낀 점 등을 씁니다.

5 새로운 탐구 시작하기

① 탐구하면서 더 알아보고 싶은 것이나 주위에서 알아보고 싶은 것을 찾아 봅니다.
② 알아보고 싶은 것 중에서 새로운 탐구 문제를 정하고, 탐구를 시작해 봅니다.

㉠
[탐구 문제] 고무찰흙이 어떤 모양일 때 물에 뜰까?
· 다르게 해야 할 것: 고무찰흙의 모양
· 예상되는 결과: 얇게 펴고 끝을 살짝 오므린 모양으로 만든 고무찰흙은 물에 뜰 것입니다.
· 준비물: 고무찰흙 반대기 세 개, 수조, 물, 수건 등

[탐구 문제] 어떤 물질에 사과를 담그면 색깔이 잘 변하지 않을까?
· 다르게 해야 할 것: 사과를 담그는 물질의 종류
· 예상되는 결과: 소금물에 담근 사과의 색깔이 가장 변하지 않을 것입니다.
· 준비물: 사과, 수돗물, 소금물, 설탕물, 레몬즙 탄 물, 초시계, 집게 등

[탐구 문제] 발포 비타민을 물과 식용유에 넣으면 어떻게 될까?
· 다르게 해야 할 것: 발포 비타민을 넣을 액체의 종류
· 예상되는 결과: 발포 비타민을 물에 넣으면 거품이 생기지만, 식용유에 넣으면 아무 변화가 없을 것입니다.
· 준비물: 발포 비타민, 물, 식용유, 투명한 유리컵 두 개 등

➕탐구 문제에 따른 탐구 결과 ㉠

[탐구 결과] 얇게 펴고 끝을 살짝 오므린 모양으로 만든 고무찰흙이 물에 뜹니다.

[탐구 결과] 레몬즙 탄 물에 담근 사과의 색깔이 가장 변하지 않았습니다.

[탐구 결과] 발포 비타민은 물에서는 반응이 일어나지만, 식용유에서는 반응이 일어나지 않습니다.

용어 사전
● **반대기** 가루를 반죽한 것 등을 평평하고 둥글넓적하게 만든 조각.
● **발포** 거품이 남.

나의 과학 탐구

● 정답과 풀이 1쪽

1 금성, 김영사, 아이스크림, 지학사, 천재

탐구 문제를 정하는 과정으로 ( ) 안에 들어갈 알맞은 말을 보기 에서 골라 기호를 쓰시오.

( ) 기록하기 ➡ 탐구 문제 정하기

보기
ㄱ 궁금한 것　　　ㄴ 좋아하는 것
ㄷ 하기 싫은 것　　ㄹ 먹고 싶은 것

( )

[2-3] 다음 탐구 계획서를 보고, 물음에 답하시오.

탐구 문제	비눗방울이 나오는 막대 끝의 모양을 다르게 하면 다양한 모양의 비눗방울이 나올까?
탐구 순서	❶ 공예용 철사로 막대 끝의 모양을 각각 동그라미, 네모, 별 모양으로 만든다. ❷ 막대를 바꾸어 가며 비눗방울을 불고, 나오는 비눗방울의 모양을 관찰한다.

2 금성, 김영사, 아이스크림, 지학사, 천재

위 탐구 계획서에 추가로 들어갈 내용으로 알맞은 것을 보기 에서 모두 골라 기호를 쓰시오.

보기
ㄱ 준비물　　　　ㄴ 예상되는 결과
ㄷ 같게 해야 할 것　ㄹ 다르게 해야 할 것

( )

3 서술형　아이스크림

위 탐구를 실행하여 얻은 다음 결과를 보고, 이 탐구를 통해 알게 된 것을 정리하여 쓰시오.

막대 끝의 모양	동그라미	네모	별
비눗방울 모양	공 모양	공 모양	공 모양

_____

_____

4 금성, 김영사, 아이스크림, 지학사, 천재

탐구 실행에 대한 설명으로 옳지 <u>않은</u> 것은 어느 것입니까? ( )

① 안전에 유의하면서 탐구를 실행한다.
② 탐구는 한 번만 실행하고 반복하지 않는다.
③ 탐구할 내용에 따라 측정 도구를 사용할 수도 있다.
④ 탐구를 실행하며 결과가 나오면 즉시 기록장에 기록한다.
⑤ 탐구를 실행하면서 어떤 결과가 나올지 미리 예상해 볼 수도 있다.

5 금성, 김영사, 지학사, 천재

탐구 결과 발표 자료를 만들 때 생각할 내용으로 알맞은 것을 보기 에서 두 가지 골라 기호를 쓰시오.

보기
ㄱ 발표 자료를 어떻게 더 크고 화려하게 만들까?
ㄴ 발표를 할 때 세계의 다른 나라에는 어떤 일이 일어날까?
ㄷ 탐구 결과를 이해하기 쉽게 전달하려면 어떻게 해야 할까?
ㄹ 탐구 결과 발표 자료에 반드시 들어가야 할 내용에는 어떤 것이 있을까?

( )

6 금성, 김영사, 지학사, 천재

탐구하면서 더 알아보고 싶은 것 중에서 새로운 탐구 문제로 적절하지 <u>않은</u> 것은 어느 것입니까?

( )

① 우리 가족은 몇 명일까?
② 어떤 종이비행기가 가장 멀리 날아갈까?
③ 손톱과 발톱 중 어느 것이 더 빨리 자랄까?
④ 강아지가 걸을 때와 뛸 때의 발자국 모양은 어떻게 다를까?
⑤ 바람개비가 돌아가는 속도는 날개의 개수에 따라 어떻게 다를까?

신나는 과학 탐구

 개념 강의

1 관찰과 분류

(1) 관찰

① 관찰은 눈, 코, 입, 귀, 피부를 이용하여 사물이나 현상을 자세하게 살펴 보는 것입니다.

② 관찰한 결과는 느낌이나 감정보다 사실에 기초하여 기록합니다.

(예)

카드에 그려진 나비 관찰하기

• 줄무늬가 있는 나비도 있습니다.
• 날개 끝에 꼬리 모양의 돌기가 있는 나비도 있습니다.
• 날개에 점과 무늬가 없이 하나의 색깔로만 이루어진 것도 있습니다.

(2) 분류

① 분류는 대상들을 관찰하여 공통점과 차이점을 바탕으로 무리 짓는 것입니다.

(예)

• 점이 있는 나비와 없는 나비가 있습니다.
• 줄무늬가 있는 나비와 없는 나비로 공통점과 차이점을 구분할 수 있습니다.
• 날개의 색깔이 한 가지인 나비와 두 가지 이상인 나비로 공통점과 차이점을 구분할 수 있습니다.

② 누구나 받아들일 수 있고 똑같이 분류할 수 있는 기준을 과학적인 분류 기준이라고 합니다.

(예)

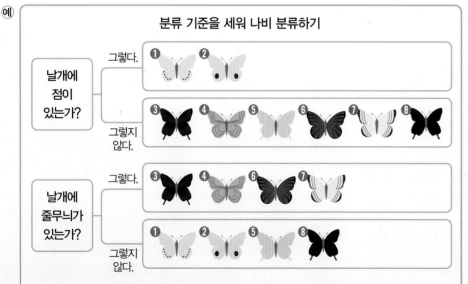

분류 기준을 세워 나비 분류하기

날개에 점이 있는가?
그렇다.
그렇지 않다.

날개에 줄무늬가 있는가?
그렇다.
그렇지 않다.

• 날개 끝에 꼬리 모양의 돌기가 있는 것과 없는 것으로 분류할 수 있습니다.
• 날개에 점 모양의 무늬가 있는 것과 없는 것으로 분류할 수 있습니다.
• 날개에 줄무늬가 있는 것과 없는 것으로 분류할 수 있습니다.

➕ **가상 생물을 관찰하고 분류하기**

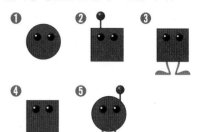

[관찰하기]
❶은 동그라미 모양입니다.
❷는 네모 모양이고 머리 위에 뿔 한 개가 있습니다.
❸은 네모 모양이고 다리 두 개가 있습니다.
❹는 네모 모양입니다.
❺는 동그라미 모양이고 머리 위에 뿔 한 개가 있고, 다리 두 개가 있습니다.

[분류하기]

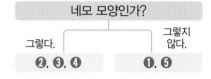

네모 모양인가?

그렇다. | 그렇지 않다.
❷, ❸, ❹ | ❶, ❺

➕ **과학적인 분류 기준이 아닌 것**

예를들어 '내가 좋아하는 색깔의 나비인가?'라는 분류 기준은 과학적인 분류 기준이 아닙니다. 좋아하는 것과 싫어하는 것은 사람에 따라 다른 결과가 나오기 때문입니다.

용어 사전

● **현상** 인간이 알아서 깨달을 수 있는 사물의 모양과 상태.
● **기초** 사물이나 일 등에서 기본이 되는 것.
● **돌기** 뾰족하게 내밀거나 도드라짐. 또는 그런 부분.

2 측정과 예상

(1) 측정

① 측정은 대상의 길이, 무게, 시간, 온도 등을 재는 것입니다.

② 측정을 여러 번 할수록 정확한 결과를 얻을 수 있습니다.

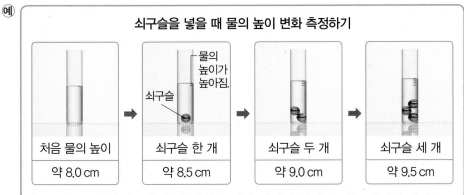

쇠구슬을 넣을 때 물의 높이 변화 측정하기

처음 물의 높이	쇠구슬 한 개	쇠구슬 두 개	쇠구슬 세 개
약 8.0 cm	약 8.5 cm	약 9.0 cm	약 9.5 cm

물의 높이가 높아짐. 쇠구슬

[알 수 있는 사실] 쇠구슬이 한 개씩 늘어날 때마다 물의 높이는 일정한 간격으로 높아집니다. └─ 0.5 cm씩 높아졌어요.

(2) 예상

① 예상은 앞으로 일어날 수 있는 일을 생각하는 것입니다.

② 측정한 결과를 바탕으로 어떤 규칙을 찾으면 측정하지 않은 결과도 예상할 수 있습니다. ─→ 예상한 값과 실제 측정한 값은 같을 수도 있지만 다를 수도 있어요.

예

[측정 결과]

구분	쇠구슬을 넣지 않았을 때	쇠구슬 한 개를 넣었을 때	쇠구슬 두 개를 넣었을 때	쇠구슬 세 개를 넣었을 때
물의 높이	약 8.0 cm	약 8.5 cm	약 9.0 cm	약 9.5 cm

[쇠구슬 다섯 개를 넣었을 때 물의 높이 예상하기] 쇠구슬을 한 개씩 넣을 때마다 물의 높이가 0.5 cm 정도씩 높아졌기 때문에, 쇠구슬 다섯 개를 넣었을 때 물의 높이는 약 10.5 cm가 될 것입니다.

3 추리와 의사소통

(1) 추리

① 추리는 관찰 결과, 과거 경험, 이미 알고 있는 것 등을 바탕으로 탐구 대상의 보이지 않는 현재 상태를 생각해 보는 것입니다.

② 관찰로 얻은 정보, 경험, 지식 등이 풍부할수록 과학적인 추리를 할 수 있습니다.

③ 추리한 것이 관찰 결과를 설명할 수 있어야 합니다.

(2) 의사소통

① 의사소통은 탐구하는 과정에서 다른 사람과 생각이나 정보를 주고받는 것입니다.

② 정확한 용어를 사용하여 이해하기 쉽게 설명합니다. ─→ 간단하게 설명해요.

③ 타당한 근거를 제시하여 설명합니다.

④ 표, 그림, 몸짓 등과 같은 다양한 방법을 활용합니다.

다양한 측정 도구

길이는 자, 무게는 저울, 시간은 시계, 온도는 온도계를 사용해서 보다 정확하게 측정합니다.

측정하고 예상하기

· 대상을 측정할 때에는 알맞은 측정 도구를 선택합니다.

· 여러 번 측정하면 조금씩 값이 다르지만 비슷한 결과가 나옵니다.

· 이미 관찰하거나 측정한 값에서 규칙을 찾아내면 측정하지 않은 값을 예상할 수 있습니다.

발자국에 관하여 추리하기 예

[추리한 내용] 모래성 오른쪽에 있는 발자국의 주인은 갈매기일 것입니다.

의사소통의 범위

탐구 결과를 발표할 때뿐만 아니라 탐구하는 과정 중에서 친구와 서로 생각과 정보를 주고받는 과정 모두를 의사소통이라고 합니다.

용어 사전

· **규칙** 여러 사람이 다 같이 지키기로 작정한 법칙. 또는 제도나 법률 등을 만들어서 정한 질서.

· **타당한** 일의 이치로 보아 옳은.

· **근거** 어떤 일이나 의논, 의견에 그 근본이 됨. 또는 그런 까닭.

1 동아

다음 나비를 관찰한 결과로 옳은 것을 보기 에서 두 가지 골라 기호를 쓰시오.

보기 ●
㉠ 줄무늬가 있는 나비도 있다.
㉡ 날개 끝에 꼬리 모양의 돌기가 없는 나비도 있다.
㉢ 날개에 점이나 무늬가 없이 하나의 색깔로만 이루어진 나비는 없다.

(   )

2 서술형 동아

다음 가상 생물을 관찰하여 두 무리로 분류하려고 합니다. 분류 기준으로 알맞은 것을 두 가지 쓰시오.

_____

_____

[3-4] 다음은 같은 양의 물에 쇠구슬의 수를 다르게 하여 넣었을 때 물의 높이를 알아보는 탐구의 측정 결과입니다. 물음에 답하시오.

구분	쇠구슬 0개	쇠구슬 1개	쇠구슬 2개
물의 높이	약 8.0 cm	약 8.5 cm	약 9.0 cm

3 동아

위 측정 결과를 통해 알 수 있는 사실로 옳은 것에 ○표 하시오.

(1) 쇠구슬이 한 개씩 늘어날 때마다 물의 높이가 일정한 간격으로 높아졌다. (   )

(2) 쇠구슬을 넣지 않았을 때와 쇠구슬 2개를 넣었을 때 물의 높이는 약 0.5 cm 차이가 난다. (   )

4 동아

앞 탐구에서 물에 쇠구슬 3개를 넣었을 때 물의 높이를 예상한 것으로 알맞은 것은 무엇입니까?

(   )

① 약 9.0 cm   ② 약 9.5 cm

③ 약 10.0 cm   ④ 약 10.5 cm

⑤ 약 11.0 cm

5 동아

어느 바닷가에서 다음과 같은 모습을 발견하고 추리한 내용으로 옳지 않은 것을 보기 에서 골라 기호를 쓰시오.

보기 ●
㉠ 발자국의 모양으로 보아 사람의 발자국일 것이다.
㉡ 발자국의 크기로 보아 발자국 주인은 안경을 썼을 것이다.
㉢ 발자국의 모양으로 보아 발자국 주인은 신발을 신지 않고 걸어갔을 것이다.

(   )

6 동아

다음 (   ) 안에 공통으로 들어갈 알맞은 말은 무엇인지 쓰시오.

(   )은/는 탐구하는 과정에서 다른 사람과 생각이나 정보를 주고받는 것으로, (   )을/를 할 때에는 정확한 용어를 사용하여 이해하기 쉽게 설명해야 한다.

(   )

2

동물의 생활

▶ **학습 내용과 교과서별 해당 쪽수를 확인해 보세요.**

학습 내용	백점 쪽수	교과서별 쪽수				
		동아출판	비상교과서	아이스크림 미디어	지학사	천재교과서
1 주변에서 사는 동물, 동물 분류하기	14~17	20~23	14~17	20~23	22~27	30~35
2 땅에서 사는 동물, 물에서 사는 동물	18~21	24~29	18~19, 22~25	24~25, 28~31	28~31	36~41
3 날아다니는 동물, 사막이나 극지방에서 사는 동물	22~25	30~33	20~21, 26~27	26~27, 32~33	32~35	42~45
4 동물의 특징을 모방하여 활용한 예, 동물의 생김새	26~29	34~35	28~29	34~35	36~37	46~47

★ 동아출판, 김영사, 지학사, 천재교과서의 「2. 동물의 생활」 단원에 해당합니다.
★ 금성출판사, 비상교과서, 아이스크림미디어의 「1. 동물의 생활」 단원에 해당합니다.
★ **4** 의 '동물의 생김새'는 금성출판사 교과서의 38~41쪽에 해당하는 내용입니다.

1 주변에서 사는 동물, 동물 분류하기

 개념 강의

1 주변에서 사는 동물

(1) 주변에서 동물을 볼 수 있는 곳 (예)

① 집에서 강아지를 키우고 있습니다.

② 학교 화단에서 개미와 나비를 보았습니다.

③ 공원의 나무에서 까치, 참새 등을 본 적이 있습니다.

④ 동물을 볼 수 있는 곳은 동물의 먹이가 있는 곳입니다.

⑤ 숨을 곳이 있어서 안전하게 생활할 수 있는 곳에서 동물을 볼 수 있습니다.

(2) 주변에서 볼 수 있는 동물

고양이	까치	참새
• 관찰한 곳: 집 주변 • 다리로 걷거나 뛰어다님. • 몸은 털로 덮여 있고, 꼬리가 있음.	• 관찰한 곳: 화단, 나무 위 • 날개가 있어 날아다님. • 몸은 검은색과 흰색 깃털로 덮여 있음.	• 관찰한 곳: 화단, 나무 위 • 날개가 있어 날아다님. • 몸은 갈색과 흰색 깃털로 덮여 있음.

거미	나비	꿀벌
• 관찰한 곳: 화단 • 다리 네 쌍으로 걸어 다님. • 실을 뽑아 그물처럼 쳐 놓고 벌레를 잡아먹음.	• 관찰한 곳: 화단 • 날개가 있어 날아다님. • 대롱같이 생긴 입으로 꽃의 꿀을 먹음.	• 관찰한 곳: 화단 • 날개가 있어 날아다니며, 꽃에 있는 꿀을 먹음. • 다리는 세 쌍이 있음.

개미	금붕어	공벌레
• 관찰한 곳: 화단 • 다리 세 쌍으로 걸어서 이동함. ┌개미 중에는 날개가 있는 개미도 있어요. • 땅속이나 땅 위를 오가며 생활함.	• 관찰한 곳: 연못 • 지느러미로 물속에서 헤엄쳐 이동함. • 아가미가 있음.	• 관찰한 곳: 화단 • 건드리면 몸을 공처럼 둥글게 만듦. • 몸이 여러 개의 마디로 되어 있음.

① 우리 주변에는 여러 가지 동물이 살고 있습니다.

② 우리 주변에는 까치, 참새, 나비 등과 같이 날아다니는 동물도 있고 고양이, 개미, 공벌레 등과 같이 땅에서 사는 동물도 있습니다. 또 금붕어, 붕어처럼 물에서 사는 동물도 있습니다.

➕ 우리 주변에 사는 동물을 더 알아보기 위한 방법

• 동물도감, 컴퓨터, 스마트 기기 등을 사용해서 동물의 특징을 찾아볼 수 있습니다.

• 이름을 잘 모르는 동물은 관찰하면서 사진을 찍은 뒤에 인터넷에서 정보를 검색하여 찾을 수 있습니다.

➕ 주변에 있는 동물들과 함께 살아가기 위해 실천할 수 있는 일

• 동물을 괴롭히지 않습니다.

• 화단에 함부로 들어가지 않습니다.

• 동물이 사는 곳 주변에서 큰 소리로 이야기하지 않고, 조심스럽게 관찰합니다.

➕ 동물을 관찰할 때 가져야 하는 태도

동물을 아끼고 사랑하는 마음을 가지고, 제대로 보살펴야 한다는 책임감을 가져야 합니다.

➕ 작은 동물을 확대해서 관찰할 수 있는 관찰 도구

돋보기나 확대경을 이용하면 작은 동물을 확대하여 관찰할 수 있습니다. 특히, 확대경은 작은 동물을 가두어 놓고 관찰할 수 있어, 빠르게 움직이는 동물을 관찰하는 데 편리합니다.

▲ 돋보기   ▲ 확대경

용어 사전

🔹 **지느러미** 물고기 등이 몸의 균형을 유지하거나 헤엄치는 데 쓰는 기관. 등, 배, 가슴, 꼬리 등에 붙어 있음.

🔹 **아가미** 물속에서 사는 동물, 특히 어류에 발달한 호흡 기관.

2 동물 분류하기

(1) **비슷한 특징을 가진 동물끼리 분류하기**: 여러 가지 동물의 생김새와 특징을 자세히 관찰하고 공통점과 차이점을 찾은 뒤 그중 한 가지를 골라 분류 기준을 세웁니다.

(2) **분류 기준을 세우고 동물 분류하기** 예

▲ 참새   ▲ 거미   ▲ 고양이   ▲ 뱀

▲ 금붕어   ▲ 달팽이   ▲ 지렁이   ▲ 꿀벌

① 생김새에 따라 분류하기

- 날개가 있는 것과 없는 것으로 분류할 수 있습니다.

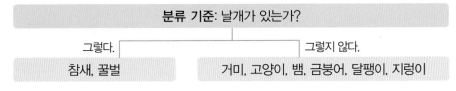

분류 기준: 날개가 있는가?

그렇다.   그렇지 않다.

참새, 꿀벌	거미, 고양이, 뱀, 금붕어, 달팽이, 지렁이

- 다리가 있는 것과 없는 것으로 분류할 수 있습니다.

분류 기준: 다리가 있는가?

그렇다.   그렇지 않다.

참새, 거미, 고양이, 꿀벌	뱀, 금붕어, 달팽이, 지렁이

- 지느러미가 있는 것과 없는 것으로 분류할 수 있습니다.

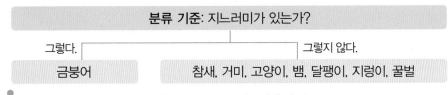

분류 기준: 지느러미가 있는가?

그렇다.   그렇지 않다.

금붕어	참새, 거미, 고양이, 뱀, 달팽이, 지렁이, 꿀벌

- 더듬이가 있는 것과 없는 것으로 분류할 수 있습니다.

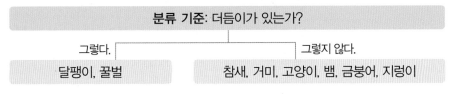

분류 기준: 더듬이가 있는가?

그렇다.   그렇지 않다.

달팽이, 꿀벌	참새, 거미, 고양이, 뱀, 금붕어, 지렁이

② 사는 곳에 따라 분류하기

- 물속에서 살 수 있는 것과 살 수 없는 것으로 분류할 수 있습니다.
- 땅에서 사는 것과 물에서 사는 것으로 분류할 수 있습니다.

(3) **동물을 분류하였을 때의 좋은 점**: 동물을 특징에 따라 분류하면 동물을 이해하는 데 도움이 됩니다.

➕ **동물을 분류하기 위해 분류 기준을 세우는 까닭**

분류 기준을 세우지 않으면 사람마다 동물을 분류한 결과가 다를 수 있기 때문입니다.

➕ **분류 기준 정하기**

- 분류 기준으로 '빠른가?'는 알맞지 않습니다. 어떤 동물이 빠르고 느린지를 판단하는 기준이 사람마다 다르기 때문입니다.
- '알을 낳는 동물인가?'는 분류 기준으로 알맞습니다. 누가 분류하더라도 같은 분류 결과가 나오기 때문입니다.

➕ **여러 가지 조개를 생김새에 따라 분류하기** 예

- 껍데기에 골이 패어 있는가?
- 껍데기가 매끈한가?

용어 사전

● **더듬이** 후각, 촉각 등을 맡아 보며, 먹이를 찾고 적을 막는 역할을 함.
● **골** 물체에 얕게 팬 줄이나 금.

1 주변에서 사는 동물, 동물 분류하기

기본 개념 문제

1

우리 주변에서 사는 동물에는 (　　　　　　　　)
등이 있습니다.

2

작은 동물을 확대해서 관찰할 수 있는 도구에는
(　　　　　　　　)이/가 있습니다.

3

여러 가지 동물을 (　　　　　　)에 따라 분류
하면, 사람마다 분류한 결과가 같습니다.

4

참새, 금붕어, 달팽이 중 더듬이가 있는 것으로 분
류할 수 있는 동물은 (　　　　　　　　)입니다.

5

동물을 특징에 따라 분류하면 (　　　　)을/를
이해하는 데 도움이 됩니다.

6 금성, 김영사, 비상, 아이스크림, 지학사, 천재

우리 주변에서 사는 동물에 대하여 옳게 말한 사람의
이름을 쓰시오.

> • 영지: 나무 위에서는 먹이를 먹는 개를 볼 수 있어.
> • 수현: 화단을 잘 살펴보면 개미와 거미를 볼 수 있지.
> • 동민: 학교 옥상과 같이 높은 곳에서는 달팽이가
>   날아다니는 모습을 볼 수 있어.

(　　　　　　　　)

7 동아, 금성, 김영사

오른쪽 동물을 주로 볼 수 있는
곳으로 알맞은 곳은 어느 것입
니까? (　　　)

▲ 꿀벌

① 집안　　　　　② 물속
③ 화단　　　　　④ 돌 밑
⑤ 지하실

8 ➕ 7종 공통

날개가 있어 날아다니며, 다리가 세 쌍인 동물의 기
호를 쓰시오.

▲ 고양이

▲ 나비

▲ 개구리

(　　　　　　　　)

[9-10] 다음은 주변에서 볼 수 있는 동물입니다. 물음에 답하시오.

(가)
▲ 공벌레

(나)
▲ 까치

(다)
▲ 개

(라)
▲ 금붕어

9 서술형　동아, 금성, 비상, 아이스크림, 지학사, 천재

위 (가)~(라) 중 주로 화단에서 볼 수 있고 몸이 여러 개의 마디로 되어 있는 동물의 기호를 쓰고, 이 동물을 건드렸을 때 어떤 변화가 있는지 쓰시오.

(1) 동물의 기호: (　　　　　　　　　)

(2) 건드렸을 때의 변화: _____

_____

10　동아, 금성, 비상, 아이스크림, 지학사, 천재

위 (가)~(라) 중 다음과 같은 특징이 있는 동물의 기호를 쓰시오.

• 나무 위에서 볼 수 있으며 날아다닌다.
• 몸은 검은색과 흰색 깃털로 덮여 있다.

(　　　　　　　　　)

11　동아, 금성, 김영사, 비상, 천재

다음 동물들의 공통점으로 옳은 것은 어느 것입니까?

(　　　　)

▲ 거미

▲ 달팽이

▲ 뱀

① 날개가 없다.　　　② 꼬리가 있다.
③ 다리가 없다.　　　④ 물에 사는 동물이다.
⑤ 몸이 털로 덮여 있다.

12 ➕ 7종 공통

다음 중 동물을 분류하는 기준으로 알맞지 <u>않은</u> 것을 보기 에서 골라 기호를 쓰시오.

보기

㉠ 다리가 있는 것과 다리가 없는 것
㉡ 초식 동물인 것과 육식 동물인 것
㉢ 뿔이 멋진 것과 뿔이 멋지지 않은 것
㉣ 지느러미가 있는 것과 지느러미가 없는 것

(　　　　　　　　　)

13 ➕ 7종 공통

다음 동물들을 다리의 개수에 따라 모두 분류하여 각각 이름을 쓰시오.

▲ 참새

▲ 개미

▲ 나비

▲ 까마귀

(1) 다리 한 쌍: (　　　　　　　　　)
(2) 다리 세 쌍: (　　　　　　　　　)

2 땅에서 사는 동물, 물에서 사는 동물

1 땅에서 사는 동물의 특징 알아보기

(1) 땅에서 사는 동물

① 땅 위에서 사는 동물: 소, 노루, 공벌레, 다람쥐, 너구리, 고라니, 토끼, 개, 여우, 달팽이, 거미 등이 있습니다.

② 땅속에서 사는 동물: 두더지, 땅강아지, 지렁이 등이 있습니다.

③ 땅 위와 땅속을 오가며 사는 동물: 뱀, 개미 등이 있습니다.

(2) 땅에서 사는 동물의 생김새와 생활 방식

동물 이름	사는 곳	특징
소	땅 위	• 몸이 털로 덮여 있고, 머리에 뿔이 있음. • 다리는 네 개이며, 걷거나 뛰어다님. • 꼬리가 있음.
노루		• 몸이 털로 덮여 있고, 수컷은 머리에 뿔이 있음. • 다리는 네 개이며, 걷거나 뛰어다님. • 꼬리가 짧음.
공벌레		• 몸이 여러 개의 마디로 되어 있음. ┌•머리에는 더듬이가 있어요. • 다리는 일곱 쌍이며, 위험을 느끼면 몸을 동그랗게 말고 움직이지 않음.
다람쥐		• 몸이 털로 덮여 있고, 짙은 갈색의 줄무늬가 있음. • 다리는 네 개이며, 걷거나 뛰어다님. • 볼에 먹이를 넣는 주머니가 있고, 꼬리가 있음.
두더지	땅속	• 몸이 털로 덮여 있고, 눈이 거의 보이지 않음. • 앞발이 튼튼하여 땅속에 굴을 파서 이동함. • 꼬리가 짧음.
땅강아지		• 몸이 머리, 가슴, 배의 세 부분으로 구분됨. • 다리는 세 쌍임. • 앞다리를 이용해 땅을 팔 수 있음.
지렁이		• 몸이 길쭉한 원통 모양이며, 피부가 매끄러움. • 다리가 없어 기어 다님. • 썩은 나뭇잎이나 동물의 똥을 먹음.
뱀	땅 위와 땅속	• 몸이 길고 비늘로 덮여 있음. • 다리가 없어 기어서 이동함. • 혀는 가늘고 길며 끝이 두 개로 갈라져 있음.
개미		• 몸이 머리, 가슴, 배의 세 부분으로 구분됨. • 다리는 세 쌍이고 걸어 다님. • 개미 중에는 날개가 있는 것도 있음.

① 동물의 생김새와 생활 방식은 사는 곳의 환경과 관련이 있습니다.

② 땅에서 사는 동물 중에는 <mark>다리가 있어 걷거나 뛰어다니는 동물</mark>도 있고, <mark>다리가 없어 기어 다니는 동물</mark>도 있습니다.

➕ 두더지와 지렁이가 사는 곳

두더지와 지렁이는 주로 땅속에서 생활하며 땅 위로는 드물게 올라오는 동물입니다. 따라서 두더지와 지렁이는 땅속에 사는 동물로 구분하는 것이 좋습니다.

➕ 노루와 지렁이의 생김새와 생활 방식이 서로 다른 까닭

노루는 땅 위에서 살고 지렁이는 땅속에서 살기 때문입니다.

➕ 땅강아지가 땅속에서 생활하기에 알맞은 특징

• 땅강아지는 몸길이의 200배나 되는 긴 굴을 팔 수 있습니다.

• 땅강아지는 삽처럼 생긴 크고 넓적한 앞다리가 있어, 쉽게 굴을 파고 이동할 수 있습니다.

용어 사전

• **고라니** 노루의 일종으로 암수 모두 뿔이 없으며, 송곳니가 밖으로 나와 있는 것을 볼 수 있음.

• **비늘** 물고기나 뱀 등의 생물의 겉 피부를 덮고 있는 얇고 단단하게 생긴 작은 조각.

2 물에서 사는 동물의 특징 알아보기

(1) 물에서 사는 동물

① 강가나 호숫가에서 사는 동물: 수달, 개구리 등이 있습니다.

② 강이나 호수의 물속에서 사는 동물: 붕어, 다슬기, 물방개 등이 있습니다.

③ 바닷속에서 사는 동물: 돌고래, 오징어, 고등어, 전복, 상어 등이 있습니다.
　　　　　　　　　　　　　　　　　　　└●아가미로 숨을 쉬어요.

④ 갯벌에서 사는 동물: 조개, 게 등이 있습니다.

(2) 물에서 사는 동물의 생김새와 생활 방식

동물 이름	사는 곳	특징
수달	강가나 호숫가	• 몸이 길고 털로 덮여 있음. • 다리 네 개로 걸어 다니며, 발가락에 물갈퀴가 있어 물속에서 헤엄칠 수 있음.
개구리		• 다리가 네 개로 앞다리는 짧고 뒷다리는 길며, 뒷발에 물갈퀴가 있음. ┌●수달과 개구리는 발에 물갈퀴가 있어 쉽게 헤엄을 칠 수 있어요. • 땅에서는 뛰어다니고, 물속에서는 헤엄쳐 이동함.
붕어	강이나 호수의 물속	• 몸이 유선형이고, 비늘로 덮여 있음. • 아가미로 숨을 쉬고, 지느러미를 이용하여 물속에서 헤엄쳐 이동함.
다슬기		• 몸이 고깔 모양의 단단한 껍데기로 덮여 있음. • 물속 바위에 붙어서 배발로 기어 다님.
돌고래	바닷속	• 몸이 유선형이고, 지느러미로 헤엄침. • 물 밖에서 입으로 숨을 쉴 뿐만 아니라 머리의 위쪽에 있는 물을 뿜는 구멍으로도 숨을 쉼.
오징어		• 몸이 긴 세모 모양이며, 몸통과 다리 사이에 눈이 두 개 있음. • 다리는 열 개이며, 지느러미를 이용하여 헤엄침.
고등어		• 몸이 부드러운 곡선 형태이며, 비늘로 덮여 있음. • 아가미로 숨을 쉬고, 지느러미를 이용하여 물속에서 헤엄쳐 이동함.
조개	갯벌	• 몸이 두 장의 딱딱한 껍데기로 둘러싸여 있음. • 납작한 도끼 모양의 발로 땅을 파고 들어가거나 기어 다님.
게		• 몸이 딱딱한 껍데기로 덮여 있음. • 다리는 집게발 두 개와 걷거나 헤엄치는 데 이용하는 다리 여덟 개로 총 열 개이며, 아가미로 숨을 쉼.

① 물에서 사는 동물 중에는 수달이나 게처럼 **다리가 있어 걸어 다니는 동물**도 있고, 붕어나 고등어처럼 **헤엄쳐 이동하는 동물**도 있습니다. 또 전복처럼 바위에 붙어서 **기어 다니는 동물**도 있습니다.

② 물에서 사는 동물의 생김새와 생활 방식은 물에서 생활하기에 알맞습니다. 붕어는 몸이 부드러운 곡선 모양이고 비늘로 덮여 있으며 지느러미로 헤엄칩니다.

➕ 물에서 사는 동물의 특징

• 강가나 호숫가에서는 수달, 개구리 등이 물과 땅을 오가며 삽니다. 강이나 호수의 물속에는 미꾸라지, 피라미 등이 헤엄쳐 다니고 다슬기처럼 기어 다니는 동물도 있습니다.

• 바닷속에는 돌고래, 오징어, 가오리 등이 헤엄쳐 다니고 전복, 소라처럼 기어 다니는 동물도 있습니다.

• 갯벌에는 조개, 게 등이 기어 다니거나 걸어 다닙니다.

➕ 붕어와 고등어 생김새의 특징

• 몸이 부드러운 곡선 형태이며 비늘로 덮여 있어 물살을 헤치기 좋습니다.

• 모두 지느러미가 있습니다.

• 붕어와 고등어는 물속에서 헤엄쳐 이동하기에 알맞은 생김새를 가졌습니다.

➕ 갯벌의 중요성

갯벌은 바다와 육지가 만나는 경계에 있어 살고 있는 생물의 종류가 다양합니다. 또 육지에서 오는 오염 물질을 깨끗하게 하고, 태풍이나 해일이 발생했을 때 먼저 충격을 흡수하여 육지에 대한 피해를 줄여 주는 역할도 합니다.

용어 사전

● **물갈퀴** 발가락 사이의 막으로, 물을 밀어내며 나아가기에 좋으므로 물에 사는 동물의 발에서 흔히 찾을 수 있음.

● **유선형** 앞과 뒤는 가늘고 중간 부분은 볼록한 부드러운 곡선 형태로, 물이나 공기의 저항을 최소한으로 받는 모양임. 전형적인 물고기의 모양임.

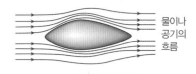

물이나 공기의 흐름

▲ 유선형 구조

2 땅에서 사는 동물, 물에서 사는 동물

기본 개념 문제

1

두더지, 땅강아지는 (　　　　　)에서 사는 동물입니다.

2

(　　　　　)은/는 땅 위와 땅속을 오가며 사는 동물입니다.

3

땅에서 사는 동물 중 지렁이나 뱀과 같이 기어 다니는 동물은 (　　　　　)이/가 없는 동물입니다.

4

물에서 사는 동물인 (　　　　　)은/는 바닷속에 살고, 몸이 긴 세모 모양이며 다리가 열 개입니다.

5

물에서 사는 붕어와 고등어는 모두 몸이 부드러운 곡선 모양이고, (　　　　　)(으)로 덮여 있는 공통점이 있습니다.

[6-8] 다음은 땅에서 사는 동물들의 모습입니다. 물음에 답하시오.

(가)

▲ 지렁이

(나)

▲ 소

(다)

▲ 다람쥐

(라)

▲ 두더지

6 동아, 김영사, 비상, 아이스크림, 지학사, 천재

위 (가)~(라) 중 몸이 털로 덮여 있고 눈이 거의 보이지 않으며, 앞발이 튼튼하여 땅속에 굴을 파서 이동하는 동물의 기호를 쓰시오.

(　　　　　　　　　　)

7 동아, 김영사, 비상, 아이스크림, 지학사, 천재

위 (가)~(라)를 다음의 사는 곳에 따라 분류하여 기호를 쓰시오.

(1) 땅속에서 사는 동물: (　　　　　　　)
(2) 땅 위에서 사는 동물: (　　　　　　　)

8 서술형 동아, 김영사, 비상, 아이스크림, 지학사, 천재

위 (가)~(라)를 다리가 있는 것과 다리가 없는 것으로 분류할 때, 다리가 없는 것에 속하는 동물의 기호를 쓰고, 이 동물의 이동 방법을 쓰시오.

(1) 다리가 없는 것: (　　　　　　)

(2) 이동 방법: _____

_____

9 동아, 김영사, 비상, 아이스크림, 지학사, 천재

물에서 사는 동물로 알맞지 <u>않은</u> 것을 두 가지 고르시오. (   )

①
▲ 다슬기

②
▲ 공벌레

③
▲ 게

④
▲ 땅강아지

10 동아, 금성, 김영사, 아이스크림, 천재

오른쪽 수달에 대한 설명으로 (   ) 안의 알맞은 말에 ○표 하시오.

> 몸이 길고 (털, 비늘)로 덮여 있으며, 발가락에 물갈퀴가 있어 물속에서 헤엄을 잘 친다.

11 동아, 김영사, 비상, 아이스크림, 지학사, 천재

다음 중 게에 대한 설명에는 '게', 조개에 대한 설명에는 '조'라고 쓰시오.

(1) 집게발 두 개가 있다. (   )

(2) 몸이 두 장의 딱딱한 껍데기로 둘러싸여 있다.
(   )

[12-14] 다음은 물에서 사는 동물들의 모습입니다. 물음에 답하시오.

(가)
▲ 붕어

(나)
▲ 전복

(다)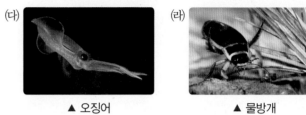
▲ 오징어

(라)
▲ 물방개

12 ➕ 7종 공통

위 (가)~(라) 중 몸이 유선형이고 비늘로 덮여 있으며, 지느러미를 이용하여 물속에서 헤엄쳐 이동하는 동물의 기호를 쓰시오.

(   )

13 ➕ 7종 공통

위 (가)~(라)를 사는 곳에 따라 구분하여 알맞게 선으로 이으시오.

(1) (가) •

(2) (나) •

(3) (다) •

(4) (라) •

• ㉠ 강이나 호수의 물속

• ㉡ 바닷속

14 서술형 금성, 아이스크림

위 (나)의 이동 방법을 쓰시오.

_____

_____

3 날아다니는 동물, 사막이나 극지방에서 사는 동물

1 날아다니는 동물

(1) 날아다니는 다양한 동물

① 새: 참새, 흰꼬리수리(수리), 제비, 까치, 황새, 벌새, 황조롱이, 직박구리, 도요새, 백로, 딱새, 박새, 새매, 딱따구리 등이 있습니다. → 새는 날개가 한 쌍 있어요.

② 곤충: 나비, 잠자리, 벌, 매미, 박각시나방, 무당벌레, 장수풍뎅이 등이 있습니다.

(2) 날아다니는 동물의 생김새와 생활 방식

참새	흰꼬리수리(수리)	제비
• 몸은 갈색 깃털로 덮여 있고, 검은색 줄무늬가 있음. • 부리로 곡식을 쪼아 먹음. • 날개가 있고 날아다님.	• 몸은 전체적으로 갈색 깃털로 덮여 있고, 날개 깃은 검은색, 꽁지깃은 흰색임. • 물고기를 잡아 먹음.	• 머리와 등 위쪽은 검은색, 아랫면은 흰색 깃털로 덮여 있음. • 곤충을 잡아 먹음.
까치	황새	나비
• 몸은 검은색과 흰색 깃털로 덮여 있음. • 곤충, 나무 열매 등을 먹음. • 날개가 있고 날아다님.	• 부리와 날개 일부를 제외하고 몸이 흰색 깃털로 덮여 있으며, 다리는 붉은색임. • 물고기를 잡아 먹음.	• 몸이 머리, 가슴, 배의 세 부분으로 구분됨. • 날개 두 쌍, 다리 세 쌍, 더듬이 한 쌍이 있음. └ 몸이 머리, 가슴, 배로 구분되고 다리가 세 쌍인 동물을 곤충이라고 해요.
잠자리	벌	매미
• 몸이 가늘고 길며 머리, 가슴, 배의 세 부분으로 구분됨. • 얇고 투명한 날개 두 쌍, 다리 세 쌍이 있음. └ 짧은 더듬이가 한 쌍 있어요.	• 몸이 머리, 가슴, 배로 구분됨. • 투명한 날개 두 쌍, 다리 세 쌍, 더듬이 한 쌍이 있음. └ 꿀과 꽃가루를 모으며 여왕벌을 중심으로 무리 지어 생활해요.	• 몸이 머리, 가슴, 배로 구분됨. • 투명한 날개 두 쌍, 다리 세 쌍, 더듬이 한 쌍이 있음. • 나무즙을 먹음.

① 새나 곤충과 같은 날아다니는 동물은 모두 날개로 날아다닙니다.

② 박쥐는 몸의 일부가 변한 날개로 날아다닙니다.

③ 하늘다람쥐는 날개가 없지만, 날개 역할을 하는 막이 있어 날아서 이동합니다.

▲ 박쥐

날개막
▲ 하늘다람쥐

➕ **날아다니는 동물을 볼 수 있는 곳 (예)**

• 집이나 학교 주변, 공원 등에서 볼 수 있습니다.
• 산이나 들에서 볼 수 있습니다.
• 강이나 호수, 바다에서도 볼 수 있습니다.

➕ **날아다니는 동물을 관찰하는 방법과 관찰할 때 주의할 점**

• 멀리 있는 동물은 쌍안경을 이용해서 관찰할 수 있습니다.
• 곤충 표본, 동물도감, 스마트 기기 등을 활용할 수 있습니다.
• 날아다니는 동물을 관찰하기 위해 높은 곳에 올라가지 않습니다.

➕ **날지 못하는 새**

모든 새들이 날 수 있는 것은 아닙니다. 펭귄, 타조 등과 같은 새는 날개가 있어도 날지 못합니다. 이들 대부분은 날개뼈가 작고 천적이 없는 곳에 살기 때문에 날 수 있는 능력을 잃은 경우가 많습니다.

▲ 타조

용어 사전

● **꽁지깃** 새의 꽁무니와 꽁무니에 붙은 깃털을 아울러 이르는 말.

● **즙** 물기가 들어 있는 물체에서 짜낸 액체.

② 사막이나 극지방에서 사는 동물

(1) 사막에서 사는 동물
① 낙타, 사막여우, 도마뱀, 전갈, 사막딱정벌레, 미어캣, 뱀 등이 살고 있습니다.
② 사막에서 사는 동물의 생김새와 생활 방식

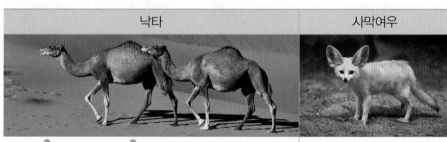

낙타	사막여우
• 등에 지방을 저장한 혹이 있어 물과 먹이가 없는 사막에서 며칠 동안 살 수 있음. • 긴 속눈썹과 귀 주위의 긴 털, 여닫을 수 있는 콧구멍이 사막의 모래 먼지를 막아 줌. • 발바닥이 넓적해서 모래에 발이 잘 빠지지 않음.	• 몸에 비해 큰 귀로 몸속의 열을 밖으로 내보내서 체온을 조절함. • 귓속에 털이 많아 모래가 잘 들어가지 않음.

도마뱀	전갈	사막딱정벌레
서 있거나 이동할 때 뜨거운 모래 위에서 발을 식히기 위해 두 발씩 번갈아 들어 올림.	몸이 딱딱한 껍데기로 덮여 있어서 몸 안의 수분이 밖으로 잘 빠져나가지 않음.	물구나무를 서서 몸에 있는 돌기에 맺힌 물을 입으로 흘려 보냄.

└ • 몸에 비늘이 있어 몸안의 수분이 쉽게 증발하는 것을 막아요.

(2) 극지방에서 사는 동물
① 북극곰, 북극여우, 펭귄, 바다코끼리, 순록 등이 살고 있습니다.
② 극지방에서 사는 동물의 생김새와 생활 방식

북극곰	북극여우	펭귄
• 몸집이 크고 귀가 작아 추운 환경에서 체온을 잘 유지할 수 있음. • 촘촘하게 난 털이 추위를 막아 줌. • 몸을 덮고 있는 흰색의 털 색깔이 북극의 눈 색깔과 비슷해서 다른 동물의 눈에 잘 띄지 않음.	• 몸에 털이 많고 귀가 작아서 몸의 열을 빼앗기지 않음. • 계절에 따라 털 색깔이 변함.┐ 여름에는 털이 땅과 비슷한 갈색이고, 눈이 많이 오는 겨울에는 흰색 털이 나와서 다른 동물의 눈에 잘 띄지 않아요.	• 몸에 지방층이 두껍고, 깃털이 촘촘해서 물이 몸속으로 스며들지 않게 막아 줌. • 여럿이 무리를 지어서로 몸을 바짝 맞대고 추위를 견딤.

(3) 사막이나 극지방에서 사는 동물의 공통점: 사람이 살기 어려운 환경에서도 잘 살 수 있는 알맞은 특징이 있습니다.

➕ **사막의 환경**

사막은 비가 거의 내리지 않아 물이 부족하고 매우 건조합니다. 낮에는 햇볕이 뜨겁고 밤에는 매우 추우며 모래바람이 강하게 붑니다.

➕ **사막에서 사는 다양한 도마뱀**

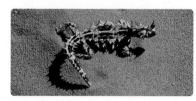

사막에서 사는 도마뱀 중에는 몸에 뾰족한 뿔과 가시가 있으며 발바닥과 피부로 물을 흡수할 수 있는 도마뱀이 있습니다. 또 피부가 스펀지처럼 되어 있어 공기나 젖은 모래에서 물을 빨아들여 입으로 흘려 보내는 도마뱀도 있습니다.

➕ **극지방의 환경**

북극이나 남극과 같은 극지방은 일년 내내 눈과 얼음으로 덮여 있고, 매우 춥습니다.

용어 사전

● **지방** 동물에서는 피부밑이나 근육에 저장되며, 에너지를 내게 하지만 몸무게가 느는 원인이 되기도 함.
● **혹** 표면으로 불룩하게 나온 부분.
● **돌기** 뾰족하게 내밀거나 도드라짐. 또는 그런 부분.

3 날아다니는 동물, 사막이나 극지방에서 사는 동물

기본 개념 문제

1

참새, 제비, 까치와 같은 (   )와/과 나비, 잠자리, 벌과 같은 곤충은 모두 날아다니는 동물입니다.

2

박쥐나 하늘다람쥐는 몸의 일부를 (   )처럼 사용하여 날아서 이동할 수 있습니다.

3

사막여우, 전갈, 미어캣은 (   )에서 사는 동물입니다.

4

낙타는 등에 지방을 저장한 (   )이/가 있어 물과 먹이가 없는 사막에서 며칠 동안 살 수 있습니다.

5

극지방에서 사는 (   )은/는 날지 못하는 새로, 몸에 지방층이 두껍고 깃털이 촘촘하여 추위를 잘 견디는 특징이 있습니다.

6 김영사, 아이스크림, 천재

다음 중 날아다니는 동물이 <u>아닌</u> 것을 골라 기호를 쓰시오.

ㄱ
▲ 개

ㄴ
▲ 직박구리

ㄷ
▲ 매미

(   )

[7-8] 다음은 날아다니는 동물들입니다. 물음에 답하시오.

(가)
▲ 까치

(나)
▲ 박새

(다)
▲ 잠자리

(라)
▲ 나비

7 동아, 김영사, 비상, 아이스크림, 지학사, 천재

위 (가)~(라) 중 다음과 같은 특징이 있는 동물의 기호를 쓰시오.

- 날개가 있어 날아다닌다.
- 몸이 머리, 가슴, 배의 세 부분으로 구분된다.
- 대롱같이 생긴 입으로 꽃의 꿀을 먹는다.

(   )

8 동아, 김영사, 비상, 아이스크림, 지학사, 천재

위 (가)~(라)를 동물의 종류에 따라 다음의 두 무리로 분류하여 기호를 쓰시오.

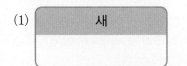

(1) 새	(2) 곤충

9 서술형 동아, 아이스크림

오른쪽 동물이 나무 사이를 날아서 이동할 수 있는 까닭을 쓰시오.

하늘다람쥐

_____

_____

_____

10 ➕ 7종 공통

사막의 환경에 대한 설명으로 ( ) 안의 알맞은 말에 각각 ○표 하시오.

> 사막은 비가 거의 내리지 않아 물이 부족하고 매우 ㉠(습, 건조)하며, 낮에는 햇볕이 뜨겁고 밤에는 매우 ㉡(덥다, 춥다).

11 ➕ 7종 공통

다음은 사막에 사는 동물들입니다. 등에 지방을 저장한 혹이 있는 동물은 어느 것입니까? (　)

①
▲ 낙타

②
▲ 전갈

③
▲ 도마뱀

④
▲ 사막여우

12 ➕ 7종 공통

앞 **11**번 답의 동물이 사막에서 잘 살 수 있는 까닭으로 알맞은 것에 ○표 하시오.

(1) 발바닥이 넓적해서 사막의 모래에 발이 잘 빠지지 않는다. 　　　　　　　　　(　)

(2) 몸에 비해 큰 귀로 몸속의 열을 밖으로 내보내서 체온을 조절한다. 　　　　　　(　)

(3) 온몸이 딱딱한 껍데기로 덮여 있어 몸 안의 수분이 밖으로 잘 빠져나가지 않는다. 　(　)

13 동아, 금성, 아이스크림, 지학사, 천재

다음에서 설명하는 극지방에서 사는 동물의 이름을 쓰시오.

> • 몸에 털이 많고 귀가 작아서 몸의 열을 빼앗기지 않는다.
> • 계절에 따라 털의 색깔이 변한다.
>

(　　　　　　　　)

14 ➕ 7종 공통

사막이나 극지방에서 사는 동물의 공통점으로 알맞은 것은 어느 것입니까? (　)

① 날개가 있다.

② 몸에 털이 많다.

③ 다리가 세 쌍이다.

④ 몸에 지방층이 두껍고 속눈썹이 길다.

⑤ 사람이 살기 어려운 환경에서도 잘 살 수 있는 특징이 있다.

4 동물의 특징을 모방하여 활용한 예, 동물의 생김새

1 동물의 특징을 모방하여 활용한 예

(1) 동물의 특징을 모방하여 활용한 예

물체에 잘 붙는 문어 빨판의 특징을 활용한 흡착판(압착 고무)

흡착판

물의 저항을 줄이는 상어의 피부를 모방한 수영복

수영복

먹이를 잘 잡고 놓치지 않는 수리의 발 모양을 모방한 집게 차

집게 차

미세한 털이 나 벽에 쉽게 달라붙는 도마뱀붙이의 발바닥을 모방한 게코 테이프

털

게코 테이프

지느러미에 혹이 있어 물의 저항을 줄이는 혹등고래의 특징을 활용한 에어컨 실외기 날개

혹

실외기 날개

발가락 사이에 막이 있어 헤엄을 잘 치는 오리와 개구리의 발을 모방한 오리발과 물갈퀴

오리발

물갈퀴

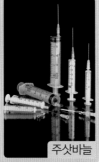

물 때 통증이 없는 모기 침 모양을 본떠 만들어서 통증이 거의 없는 주삿바늘

주삿바늘

가파른 바위에서도 미끄러지지 않고 잘 다니는 산양의 발바닥을 모방한 등산화

등산화

앞부분이 부드러운 곡선 형태인 산천어를 모방하여 공기 저항을 줄인 고속 열차

고속 열차

세찬 파도에도 바위에서 떨어지지 않는 홍합의 특징을 활용한 홍합 접착제

다양한 의료 분야에서 피부 접착제로 사용하기 위해 연구 중이에요.

홍합 접착제

동물의 특징을 활용한 로봇

물속 탐사 로봇은 바닷속에서 자유롭게 움직이는 거북의 움직임을 모방하여 설계하였습니다. 이 로봇은 물속에서 네 개의 물갈퀴를 이용해 상하좌우 모든 방향으로 자유롭게 움직일 수 있습니다.

탐색구조 로봇은 좁은 공간을 기어서 이동할 수 있는 뱀의 특징을 모방하여 만들었습니다. 건물 붕괴 등의 사고 현장에서 좁은 공간을 기어서 이동하며 구석구석을 살펴볼 수 있습니다.

또, 벌의 특징을 모방하여 하늘을 날 수 있게 만든 비행 로봇이나 소금쟁이가 물 위를 미끄러지듯이 이동할 수 있는 특징을 모방한 물 위에서 움직이는 로봇도 있어요.

하늘다람쥐의 특징을 모방한 예

하늘다람쥐의 날개막을 본떠, 날아다니는 힘이 없어도 땅쪽으로 경사를 이루며 내려올 수 있는 윙슈트를 만들었습니다.

용어 사전

- **모방** 다른 것을 본뜨거나 본받음.
- **흡착** 어떤 물질이 달라붙음.
- **저항** 물체의 운동 방향과 반대 방향으로 작용하는 힘.
- **실외기** 에어컨이 작동할 때 생기는 뜨거운 바람을 실외로 빼내는 기능을 하는 장치.

(2) 동물의 특징을 활용하면 좋은 점

① 우리는 동물의 다양한 특징을 모방해 생활에서 활용합니다.

② 동물의 특징을 활용하면 사람들의 생활이 편리해집니다.

③ 최근에는 동물의 생김새나 특징을 활용하여 로봇을 만들기도 합니다.

④ 동물의 특징을 활용한 로봇은 깊은 바닷속이나 재난 현장과 같이 사람들이 가기 어려운 곳을 쉽게 탐색할 수 있습니다.

2 동물의 생김새

(1) 먹이의 종류에 따른 동물의 생김새: 동물은 사는 환경에 따라 먹이 종류가 다르고, 먹이에 따라 다양한 생김새를 가집니다.

기린	사자
기린의 긴 목은 높은 곳의 나뭇잎을 먹기에 알맞으며, 혀도 매우 긴 특징이 있음.	사자의 날카로운 이빨은 고기를 뜯어 먹기에 알맞음. → 사자와 같은 육식 동물과 달리 초식 동물은 편평하고 넓은 어금니를 가지고 있어요.

왜가리	딱따구리
왜가리의 긴 부리는 물속에 있는 먹이를 잡아먹기에 알맞음.	딱따구리의 단단하고 뾰족한 부리는 나무에 구멍을 뚫어 나무속 먹잇감을 먹기에 알맞음.

(2) 사는 곳의 환경에 따른 동물의 생김새: 동물은 사는 곳의 환경에 비슷한 색깔과 모양을 가져 자신을 잡아먹는 동물의 눈을 피합니다.

① 사는 곳과 비슷한 색깔을 가진 동물

▲ 토끼　　　　　▲ 메뚜기　　　　　▲ 이구아나

② 사는 곳과 비슷한 모양을 가진 동물

▲ 대벌레　　　　　▲ 나뭇잎벌레　　　　　▲ 사마귀

➕ **먹이에 따른 새의 부리 모양**

▲ 참새　　　　　▲ 앵무새

참새의 부리 모양은 곡식을 먹기에 알맞고, 앵무새의 부리 모양은 딱딱한 열매를 먹기에 알맞습니다.

➕ **계절에 따른 토끼의 털 색깔 변화**

▲ 겨울　　　　　▲ 그 외의 계절

토끼는 눈이 많이 내리는 겨울에는 몸의 털이 흰색이지만, 그 외의 계절에는 주변의 나무나 땅과 비슷한 갈색으로 바뀝니다.

용어 사전

● **재난** 뜻밖에 일어난 재앙과 고난.

● **이구아나** 대형 도마뱀으로 몸의 전체 길이가 1.5~2 m 정도이며, 머리가 크고 꼬리는 전체 몸 길이의 $\frac{2}{3}$가 될 정도로 긴 특징이 있음.

4 동물의 특징을 모방하여 활용한 예, 동물의 생김새

기본 개념 문제

1

집게 차는 (   )의 특징을 모방하여 활용한 것입니다.

2

(   )의 저항을 줄이는 상어의 피부를 모방하여 수영복을 만듭니다.

3

잘 미끄러지지 않는 등산화의 밑바닥은 가파른 바위에서도 미끄러지지 않고 잘 다니는 (   )의 발바닥을 모방한 것입니다.

4

세찬 파도에도 바위에서 떨어지지 않는 홍합의 특징을 활용하여 (   )을/를 만들었습니다.

5

동물의 특징을 모방한 (   )은/는 깊은 바닷속이나 재난 현장과 같이 사람들이 가지 못하는 곳도 자유롭게 탐색할 수 있어 유용합니다.

6 동아, 금성, 비상

다음과 같은 동물의 특징을 생활 속에서 활용한 예로 가장 알맞은 것은 어느 것입니까? (   )

> 개구리의 발가락 사이에는 막이 있어서 물속에서 헤엄을 잘 친다.

① 가위   ② 물갈퀴   ③ 색연필
④ 타이어   ⑤ 쓰레기통

7 ➕ 7종 공통

오른쪽 칫솔걸이의 흡착판이 유리에 잘 붙는 특징은 어느 동물을 모방한 것인지 보기 에서 골라 기호를 쓰시오.

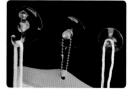

▲ 흡착판

> **보기** ●
> ㉠ 문어 빨판   ㉡ 오리의 발
> ㉢ 조개껍데기   ㉣ 수리의 깃털

(   )

8 동아, 금성, 김영사, 아이스크림, 천재

다음 (   ) 안에 들어갈 동물로 알맞은 것에 ○표 하시오.

> 앞부분이 부드러운 곡선 형태인 (   )을/를 모방하여 공기 저항을 줄인 고속 열차를 만들었다.

게,   거미,   잠자리,   산천어,   고라니

[9-10] 다음은 동물의 특징을 모방하여 활용한 예입니다. 물음에 답하시오.

(가) 　(나) 　(다)

▲ 오리발　　▲ 실외기 날개　　▲ 통증이 거의 없는 주삿바늘

9 동아, 금성, 김영사, 비상, 아이스크림, 천재

위 (가)~(다) 중 다음 밑줄친 동물의 특징을 활용하여 만든 것의 기호를 골라 쓰시오.

> 이 동물의 지느러미에는 혹이 있어서 물의 저항을 줄일 수 있다.

(　　　　　　　)

10 김영사, 아이스크림

위 **9**번의 밑줄친 동물로 알맞은 것은 어느 것입니까? (　　)

① 꽃게　　　② 다슬기　　　③ 오징어
④ 금붕어　　⑤ 혹등고래

11 서술형　➕ 7종 공통

오른쪽은 배의 뒤쪽에서 빛을 내는 반딧불이의 모습입니다. 반딧불이의 특징을 활용하여 만들 수 있는 것을 한 가지 쓰시오.

▲ 반딧불이

_____

_____

12 ➕ 7종 공통

동물의 특징을 활용하는 예에 대한 설명으로 옳은 것에 ○표 하시오.

(1) 로봇 과학자들은 동물의 특징을 활용하여 로봇을 만들기도 한다. (　　　)

(2) 생활 속에서 동물의 특징을 활용할 때에는 주로 몸집이 큰 동물의 특징만을 활용한다. (　　　)

13 금성

다음 중 물속에 있는 먹이를 잡아먹기에 알맞은 생김새를 가진 동물은 어느 것입니까? (　　　)

① 　　②

▲ 기린　　　　　　▲ 사자

③ 　　④

▲ 왜가리　　　　　　▲ 딱따구리

14 금성

사는 곳에 따른 동물의 생김새와 특징에 대해 옳게 말한 사람의 이름을 쓰시오.

> • 호준: 비슷한 환경에 사는 동물들은 모두 같은 먹이를 먹어.
> • 은별: 동물의 생김새와 사는 곳 사이에는 아무런 관계가 없어.
> • 정윤: 동물은 사는 곳의 환경에 비슷한 색깔을 가져서 천적의 눈을 피하기도 해.

(　　　　　　　)

2 동물의 생활

1. 주변에서 사는 동물, 동물 분류하기

(1) 주변에서 사는 동물

① 우리 주변에는 여러 가지 동물이 살고 있습니다.

② 까치, 참새 등과 같이 날아다니는 동물도 있고 고양이, 개미 등과 같이 땅에서 사는 동물도 있습니다. 또 금붕어처럼 ❶ [   ]에서 사는 동물도 있습니다.

관찰할 수 있는 곳	동물 이름 예
집 주변	고양이, 강아지, 비둘기 등
화단	거미, 나비, 꿀벌, 개미, 잠자리, 달팽이 등
나무 위	까치, 참새, 매미, 까마귀 등
연못	금붕어, 붕어, 개구리 등

(2) 동물 분류하기: 동물의 생김새와 특징을 관찰하고, ❷ [   ]을 세워 분류합니다.

분류 기준: 더듬이가 있는가?

그렇다. [   ] 그렇지 않다.

나비, 꿀벌, 개미, 잠자리, 달팽이, 매미

고양이, 강아지, 비둘기, 거미, 까치, 참새, 금붕어, 붕어, 개구리

2. 땅에서 사는 동물, 물에서 사는 동물

(1) 땅에서 사는 동물

① 땅에서 사는 동물은 동물이 사는 곳, 생김새, 생활 방식 등의 특징이 다양합니다.

② 땅에서 사는 동물 중 다리가 있는 동물은 걷거나 뛰어다니고, 다리가 없는 동물은 기어 다닙니다.

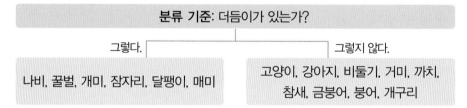

다리가 ❸ [   ] 동물   다리가 ❹ [   ] 동물

노루   다람쥐   지렁이   뱀

(2) 물에서 사는 동물

① 물에서 사는 동물 중에는 다리가 있어 걸어 다니는 동물도 있고, 헤엄쳐 이동하는 동물도 있습니다. 또 바위에 붙어서 기어 다니는 동물도 있습니다.

② 물에서 사는 동물의 생김새와 생활 방식은 물에서 생활하기에 알맞습니다.

사는 곳	동물 이름 예
강가나 호숫가	수달, 개구리 등
강이나 호수의 물속	붕어, 다슬기, 물방개, 피라미, 미꾸라지 등
바닷속	돌고래, 오징어, 고등어, 전복, 상어, 가오리, 소라 등
갯벌	조개, 게 등

3. 날아다니는 동물, 사막이나 극지방에서 사는 동물

(1) **날아다니는 동물**: 새와 곤충과 같은 날아다니는 동물은 모두 ❺[   ]로 날아다닙니다.

구분	동물 이름 (예)
새	 벌새　직박구리　도요새　딱따구리
곤충	박각시나방　무당벌레　장수풍뎅이

(2) **사막에서 잘 살 수 있는 동물의 특징(예 낙타)**

낙타

- 발바닥이 넓적해서 모래에 잘 빠지지 않습니다.
- 긴 속눈썹과 귀 주위의 긴 털, 여닫을 수 있는 콧구멍이 사막의 모래 먼지를 막아 줍니다.
- 등에 지방을 저장한 ❻[   ]이 있어 물과 먹이가 없는 사막에서 며칠 동안 살 수 있습니다.

(3) **극지방에서 잘 살 수 있는 동물의 특징(예 북극곰)**

북극곰

- 몸집이 크고 귀가 작아 추운 환경에서 체온을 잘 유지할 수 있습니다.
- ❼[   ]색의 털이 북극의 눈 색깔과 비슷해서 다른 동물의 눈에 잘 띄지 않으며, 몸에 촘촘하게 난 털이 추위를 막아 줍니다.

(4) **사막이나 극지방에서 사는 동물의 특징**: 사람이 살기 어려운 환경에서도 잘 살 수 있는 알맞은 특징이 있습니다.

4. 동물의 특징을 모방하여 활용한 예, 동물의 생김새

(1) **동물의 특징을 모방하여 활용한 예**

흡착판(압착 고무)	집게 차	오리발　물갈퀴	등산화
문어 빨판을 활용함.	수리 발을 활용함.	오리, 개구리 발을 활용함.	산양 발을 활용함.

① 우리는 동물의 다양한 특징을 모방해 생활에서 활용합니다.

② 동물의 특징을 활용하면 사람들의 생활이 ❽[   ]해집니다.

(2) **동물의 생김새**

① 동물은 사는 환경에 따라 먹이의 종류가 다르고, 먹이에 따라 다양한 생김새를 가집니다.

② 동물은 사는 곳의 환경에 비슷한 색깔과 모양을 가져 자신을 잡아먹는 동물의 눈을 피합니다.

★ 몸의 일부가 변한 날개 또는 몸의 일부를 이용하여 날 수 있는 동물

▲ 박쥐

▲ 하늘다람쥐

★ 사막에서 사는 미어캣의 생김새

- 눈 주위의 검은 털이 빛의 반사를 막아 주어 강한 햇빛 속에서도 멀리 볼 수 있습니다.
- 구부러진 발톱으로 모래 속에 굴을 팔 수 있습니다.

★ 육식 동물과 초식 동물의 이빨

▲ 호랑이　　　▲ 말

- 호랑이의 날카로운 이빨은 고기를 뜯어 먹기에 알맞습니다.
- 말의 편평하고 넓은 어금니는 풀을 씹어 먹기에 알맞습니다.

1 동아, 금성, 김영사, 비상, 지학사, 천재

다음 ㉠~㉢에 들어갈 동물을 옳게 짝 지은 것은 어느 것입니까? (   )

> 우리 주변에는 여러 가지 동물들이 살고 있다. 화단에서는 (㉠)을/를 볼 수 있으며, 나무 위에서는 (㉡)을/를 볼 수 있다. 그리고 연못의 물속에서는 (㉢)을/를 볼 수 있다.

	㉠	㉡	㉢
①	조개	달팽이	뱀
②	나비	개	붕어
③	까치	거미	고양이
④	꿀벌	참새	금붕어
⑤	개미	공벌레	지렁이

2 ✚ 7종 공통

다음과 같은 특징이 있는 동물의 기호를 쓰시오.

> • 몸이 여러 개의 마디로 되어 있다.
> • 건드리면 몸을 공처럼 둥글게 만든다.

㉠ ▲ 개미   ㉡ ▲ 공벌레   ㉢ ▲ 땅강아지

(   )

3 ✚ 7종 공통

여러 가지 동물을 분류할 수 있는 기준으로 알맞은 것을 보기 에서 두 가지 골라 기호를 쓰시오.

> **보기**
> ㉠ 몸이 큰 것과 몸이 작은 것
> ㉡ 알을 낳는 것과 새끼를 낳는 것
> ㉢ 좋은 냄새가 나는 것과 그렇지 않은 것
> ㉣ 다리가 네 개인 것과 여섯 개 이상인 것

(   )

4 ✚ 7종 공통

다음 동물을 곤충인 것과 곤충이 아닌 것으로 분류하여 쓰시오.

▲ 달팽이   ▲ 잠자리

▲ 메뚜기   ▲ 개구리

_____

_____

_____

5 동아, 김영사, 비상, 아이스크림, 지학사, 천재

다음 땅에서 사는 동물 중 기어서 이동하는 동물을 두 가지 골라 기호를 쓰시오.

㉠ ▲ 노루   ㉡ ▲ 뱀

㉢ ▲ 지렁이   ㉣ ▲ 다람쥐

(   )

6 동아, 김영사, 비상, 아이스크림, 지학사, 천재

다음 중 땅에서 사는 동물에 대한 설명으로 옳은 것에 ○표 하시오.

(1) 땅속에 굴을 파고 산다. ( )

(2) 모두 네 개의 다리가 있다. ( )

(3) 뱀이나 개미와 같이 땅 위와 땅속을 오가며 사는 동물도 있다. ( )

8 동아, 금성, 김영사, 아이스크림, 천재

몸이 길고 털로 덮여 있으며, 발가락에 물갈퀴가 있어 물속에서 헤엄칠 수 있는 동물의 기호를 쓰시오.

ㄱ
▲ 게

ㄴ
▲ 고양이

ㄷ
▲ 개구리

ㄹ
▲ 수달

( )

9 동아, 김영사, 아이스크림, 지학사, 천재

다음 중 갯벌에서 볼 수 있는 동물은 어느 것입니까?

( )

① 조개　　　② 붕어　　　③ 수달

④ 다슬기　　⑤ 미꾸라지

7 서술형 동아, 비상, 아이스크림, 지학사, 천재

다음은 땅강아지의 모습입니다. 땅강아지가 땅속에서 생활하기에 알맞은 특징을 한 가지 쓰시오.

▲ 땅강아지

_____

_____

_____

10 동아, 금성, 비상, 아이스크림, 지학사, 천재

다음과 같은 특징이 있는 동물끼리 옳게 짝 지은 것은 어느 것입니까? ( )

- 지느러미가 있다.
- 몸이 부드러운 곡선 형태여서 물살을 헤치며 헤엄치기 좋다.

① 게, 조개　　　　② 상어, 다슬기

③ 전복, 개구리　　④ 붕어, 고등어

⑤ 소라, 오징어

11 동아, 김영사, 비상, 아이스크림, 지학사, 천재

다음과 같이 날아다니는 동물의 공통점으로 옳은 것은 어느 것입니까? (   )

▲ 나비

▲ 까치

① 날개가 있다.
② 몸이 단단하다.
③ 피부가 매끄럽다.
④ 몸이 넓적한 모양이다.
⑤ 다리가 한 쌍 있어서 기어 다닐 수 있다.

12 ➕ 7종 공통

오른쪽 동물이 사막의 환경에서 생활하기에 알맞은 까닭으로 옳지 <u>않은</u> 것을 두 가지 고르시오.
(   )

▲ 낙타

① 발을 번갈아 들어 올려 열을 식힌다.
② 발바닥이 넓어 모래에 잘 빠지지 않는다.
③ 앞다리로 땅을 파서 굴을 만들어 이동한다.
④ 등에 있는 혹에 지방이 있어서 먹이가 없어도 며칠 동안 생활할 수 있다.
⑤ 콧구멍을 열고 닫을 수 있어서 모래 먼지가 콧속으로 들어가는 것을 막는다.

13 ➕ 7종 공통

다음은 어떤 환경에 대한 설명인지 알맞은 것에 ○표 하시오.

- 모래바람이 많이 분다.
- 낮에는 매우 뜨겁고 밤에는 춥다.
- 비가 거의 내리지 않으므로 물이 매우 적다.

(1)
사막

(2)
극지방

(   )   (   )

14 동아, 금성, 아이스크림, 지학사, 천재

다음은 극지방에서 사는 동물에 대한 내용입니다. 이와 관련하여 이 동물이 극지방에서 잘 살 수 있는 까닭을 한 가지 쓰시오.

이름	북극여우
특징	• 귀가 작음. • 겨울철에는 털 색깔이 흰색임.

_____

_____

15 동아, 금성, 비상, 천재

우리 생활에서 오른쪽과 같은 오리의 특징을 활용한 예로 알맞은 것을 골라 기호를 쓰시오.

ㄱ

ㄴ

ㄷ

(   )

1 ✚ 7종 공통

다음 중 동물과 동물의 특징을 옳게 설명한 것은 어느 것입니까? (   )

① 개: 다리 세 쌍으로 뛰어다닌다.
② 거미: 날개가 있어서 날 수 있다.
③ 꿀벌: 다리는 세 쌍이며, 날개가 있다.
④ 달팽이: 다리 두 쌍으로 걷거나 뛰어다닌다.
⑤ 참새: 실을 뽑아 그물처럼 쳐 놓고 벌레를 잡아먹는다.

2 ✚ 7종 공통

다음 (   ) 안에 들어갈 알맞은 분류 기준은 어느 것입니까? (   )

분류 기준: (   )

그렇다. ┌─────┴─────┐ 그렇지 않다.

금붕어, 고등어	토끼, 달팽이

① 날개가 있는가?
② 다리가 있는가?
③ 꼬리가 있는가?
④ 발가락이 있는가?
⑤ 지느러미가 있는가?

[3-5] 다음은 땅에서 사는 동물입니다. 물음에 답하시오.

ㄱ  ▲ 노루
ㄴ  ▲ 개미
ㄷ  ▲ 지렁이

ㄹ  ▲ 두더지
ㅁ ▲ 다람쥐
ㅂ 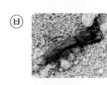 ▲ 땅강아지

3 동아, 김영사, 비상, 아이스크림, 지학사, 천재

위 동물을 사는 곳에 따라 다음과 같이 분류하여 빈칸에 기호를 쓰시오.

(1) 땅 위	(2) 땅속	(3) 땅 위와 땅속

4 동아, 김영사, 비상, 지학사, 천재

위 ㄹ 동물의 특징으로 옳은 것은 어느 것입니까?
(   )

① 앞다리로 땅속에 굴을 판다.
② 몸이 머리, 가슴, 배로 구분된다.
③ 다리 세 쌍으로 걸어 다니며 날 수도 있다.
④ 혀가 가늘고 길며 끝이 두 개로 갈라져 있다.
⑤ 몸이 길쭉한 원통 모양이며 피부가 매끄럽다.

5 서술형 동아, 김영사, 비상, 아이스크림, 지학사, 천재

위 동물 중 땅에서 이동하는 방법이 나머지와 다른 하나를 골라 기호를 쓰고, 이 동물이 이동하는 방법을 쓰시오.

(1) 이동하는 방법이 다른 동물: (   )

(2) 이동하는 방법: _____

_____

6 아이스크림, 지학사, 천재

개미와 같은 작은 동물을 가두어 놓고 자세하게 관찰할 수 있는 도구를 골라 기호와 이름을 쓰시오.

㉠

㉡

㉢

㉣

(   )

7 금성, 비상, 아이스크림, 지학사, 천재

다음 붕어에 대한 내용으로 (   ) 안에 들어갈 알맞은 말을 옳게 짝 지은 것은 어느 것입니까? (   )

사는 곳	강이나 호수의 물속
특징	(㉠)(으)로 숨을 쉼.
이동 방법	(㉡)을/를 이용하여 물속에서 헤엄쳐 이동함.

	㉠	㉡
①	코	지느러미
②	입	배발
③	아가미	물갈퀴
④	아가미	지느러미
⑤	지느러미	아가미

8 동아, 금성, 김영사, 비상, 아이스크림, 천재

물에서 사는 동물에 대한 설명으로 옳은 것에 ○표 하시오.

(1) 물에서 사는 동물은 모두 지느러미가 있다.

(   )

(2) 금붕어는 지느러미를 이용하여 헤엄쳐 이동한다.

(   )

(3) 수달과 개구리는 강가나 호숫가에 살면서 땅과 물을 오가며 산다. (   )

9 서술형 동아, 김영사, 아이스크림, 지학사, 천재

오른쪽은 날아다니는 동물인 잠자리의 모습을 나타낸 것입니다. 잠자리의 특징을 두 가지 쓰시오.

_____

_____

_____

10 동아, 김영사, 비상, 아이스크림, 지학사, 천재

다음 중 날아다닐 수 있는 동물을 두 가지 골라 기호를 쓰시오.

㉠
▲ 매미

㉡
▲ 부엉이

㉢
▲ 원숭이

㉣
▲ 돼지

(   )

11 금성, 김영사, 비상, 아이스크림, 지학사, 천재

다음 설명에 해당하는 환경과 그 환경에서 사는 동물을 옳게 짝 지은 것은 어느 것입니까? (　　　)

> 비가 거의 내리지 않아 물이 매우 적고, 낮에는 매우 뜨겁고 밤에는 추워 동물이 살기 힘들다.

① 동굴 – 박쥐
② 사막 – 사막여우
③ 숲 속 – 전갈
④ 바닷속 – 오징어
⑤ 높은 산 – 북극곰

12 금성, 아이스크림

온몸이 딱딱한 껍데기로 덮여 있어 몸 안의 수분이 밖으로 잘 빠져나가지 않아 사막에서도 잘 살 수 있는 동물은 어느 것입니까? (　　　)

① 낙타
② 전갈
③ 수달
④ 바다사자
⑤ 땅강아지

13 ➕ 7종 공통

사막이나 극지방에 사는 동물에 대하여 옳게 말한 사람의 이름을 쓰시오.

> • 새롬: 극지방에 사는 동물은 모두 털이 없어.
> • 진수: 극지방에 사는 동물은 모두 초식동물이야.
> • 영웅: 사막에서 사는 동물은 물이 부족한 환경에서도 잘 살 수 있는 특징을 가지고 있어.

(　　　　　　　　　)

14 동아, 금성, 김영사, 아이스크림, 지학사, 천재

다음 중 극지방에서 사는 동물이 <u>아닌</u> 것은 어느 것입니까? (　　　)

①
▲ 펭귄

②
▲ 북극여우

③
▲ 타조

④
▲ 북극곰

15 서술형 동아, 금성, 김영사, 아이스크림, 천재

다음은 고속 열차의 모습입니다. 고속 열차의 모습은 어떤 동물의 특징을 모방한 것인지 동물의 이름과 특징을 쓰시오.

▲ 고속 열차의 모습

(1) 동물 이름: (　　　　　　　　　)

(2) 모방한 동물의 특징: ＿＿＿＿＿＿＿＿＿

＿＿＿＿＿＿＿＿＿＿＿＿＿＿＿＿＿

＿＿＿＿＿＿＿＿＿＿＿＿＿＿＿＿＿

2
단원

평가 주제	땅(사막)에서 사는 동물의 특징 알아보기
평가 목표	땅(사막)에서 사는 동물의 특징과 생활 방식을 알 수 있다.

[1-3] 다음은 땅에서 사는 동물들의 모습입니다. 물음에 답하시오.

▲ 지렁이

▲ 사막딱정벌레

▲ 소

1 위 동물들이 사는 곳으로 가장 알맞은 것을 골라 ○표 하시오.

(1) 지렁이 ── 땅 위, 땅속, 땅위와 땅속, 사막

(2) 사막딱정벌레 ── 땅 위, 땅속, 땅위와 땅속, 사막

(3) 소 ── 땅 위, 땅속, 땅위와 땅속, 사막

도움 각 동물을 직접 보았거나 스마트 기기 등에서 검색했을 때의 모습을 떠올려 봅니다.

2 위 동물들을 다음의 분류 기준에 따라 분류하여 빈칸에 이름을 쓰고, 분류된 동물들의 이동 방법을 비교하여 쓰시오.

[분류 기준] 다리가 있는 것과 다리가 없는 것

(1) 다리가 있는 것

(2) 다리가 없는 것

(3) 동물의 이동 방법: _____

_____

도움 문제에서 제시한 각 동물의 모습을 잘 보고, 분류 기준에 따라 분류해 봅니다.

3 다음은 위 사막딱정벌레가 사는 곳에 대한 설명입니다. 사막딱정벌레가 이곳에서 잘 살 수 있는 알맞은 특징을 쓰시오.

- 비가 거의 내리지 않아 물이 부족하다.
- 낮에는 햇볕이 뜨겁고 밤에는 매우 춥다.

_____

_____

도움 동물들은 사람이 살기 어려운 환경에서도 잘 살 수 있는 알맞은 특징이 있습니다. 동물의 생김새와 생활 방식은 사는 곳의 환경과 관련되어 있습니다.

평가 주제	날아다니는 동물의 특징, 동물의 특징을 모방하여 활용한 예 알아보기
평가 목표	날아다니는 동물의 특징과 공통점 등을 알고, 동물의 특징을 모방하여 우리 생활에 활용하는 까닭을 알 수 있다.

[1-3] 다음은 날아다니는 동물들의 모습입니다. 물음에 답하시오.

 ▲ 수리

 ▲ 잠자리

 ▲ 박새

1 다음 (   ) 안에 공통으로 들어갈 알맞은 말을 쓰시오.

> • 수리는 (   )이/가 한 쌍 있다.
> • 잠자리는 얇고 투명한 (   )이/가 두 쌍 있다.
> • 박새는 (   )이/가 한 쌍 있다.

(   )

> **도움** 문제에서 제시한 각 동물의 생김새를 잘 보고, 공통점을 찾아 봅니다.

2 위 동물들을 두 무리로 분류할 수 있는 분류 기준을 한 가지 쓰시오.

_____

_____

_____

> **도움** 분류 기준은 동물의 특징에 따라 '그렇다, 그렇지 않다' 형식으로 나뉠 수 있는 기준을 세워야 합니다.

3 다음은 우리 생활에서 동물의 특징을 모방하여 활용한 예입니다. 위 동물들 중 어떤 동물을 모방한 것인지 이름을 쓰시오.

> 집게 차는 쓰레기나 재활용품 등의 물건을 잡아서 원하는 곳으로 옮길 수 있다.
>
>

(   )

> **도움** 문제에서 제시한 동물들의 특징을 떠올리고, 집게 차의 모습과 서로 비교하여 공통점이 있는 동물을 고릅니다.

숨은 그림을 찾아보세요.

● 정답 5쪽

돼지가 6마리 동물 친구들을 찾고 있어요.

3

지표의 변화

▶ **학습 내용과 교과서별 해당 쪽수를 확인해 보세요.**

학습 내용	백점 쪽수	교과서별 쪽수				
		동아출판	비상교과서	아이스크림 미디어	지학사	천재교과서
❶ 장소에 따른 흙의 특징	42~45	46~49	42~45	48~51	48~51	58~61
❷ 흙이 만들어지는 과정	46~49	50~51	46~47	52~53	52~53	62~63
❸ 흐르는 물에 의한 땅의 모습 변화	50~53	52~53	48~49	54~55	54~55	64~65
❹ 강과 바닷가 주변의 모습	54~57	54~57	50~55	56~59	56~61	66~71

★ 김영사, 동아출판, 지학사, 천재교과서의 「3. 지표의 변화」 단원에 해당합니다.
★ 금성출판사, 비상교과서, 아이스크림미디어의 「2. 지표의 변화」 단원에 해당합니다.

1 장소에 따른 흙의 특징

1 우리 주변의 다양한 흙

① 흙은 밭, 논, 갯벌, 모래사장, 운동장, 화단, 공원, 놀이터, 가로수 아래 등의 여러 장소에서 볼 수 있습니다.

② 흙은 장소에 따라 색깔, 알갱이의 크기 등의 성질이 조금씩 다릅니다.

밭
• 약간 붉거나 검은색으로 보임.
• 거칠거칠해보임.

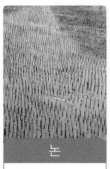

논
• 갈색임.
• 알갱이가 보임.
• 촉촉해보임.

갯벌
• 많이 어두운색임.
• 물이 고여 있음.
• 촉촉해보임.

모래사장
• 갈색임.
• 알갱이가 보임.
• 거칠거칠해보임.

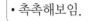

➕ 산에 있는 흙의 특징

색깔이 비교적 어둡고, 부식물의 양이 많습니다.

➕ 흙과 생물의 관계

흙에는 생물이 살기도 하고, 생물이 죽은 후에 다시 흙의 일부가 되기도 합니다.

2 운동장 흙과 화단 흙 비교하기

구분	운동장 흙	화단 흙
모습		
색깔	밝은 갈색(연한 노란색)	어두운 갈색(진한 황토색)
알갱이의 크기	화단 흙보다 큰 편임.	큰 것도 있고 작은 것도 있음. 대부분 운동장 흙보다 작음.
만졌을 때의 느낌	거칠고, 말라 있음.	약간 부드럽고, 축축함.
또 다른 특징	주로 모래나 흙 알갱이가 보임. 잘 뭉쳐지지 않음.	식물뿌리나 나뭇잎 조각과 같은 물질이 섞여 있으며, 잘 뭉쳐짐.

① 흙은 알갱이의 크기나 고른 정도 등에 따라 물 빠짐이 다르게 나타납니다.
➡ 보통 흙의 알갱이 크기가 클수록 물이 빠져나갈 수 있는 공간이 많아 물이 더 빠르게 빠집니다.

② 운동장 흙은 부식물의 양이 적어서 비교적 식물이 잘 자라지 않고, 화단 흙은 부식물의 양이 많아 식물이 잘 자랍니다.

▲ 부식물의 양이 적은 운동장 흙

▲ 부식물의 양이 많은 화단 흙

용어 사전

• **갯벌** 밀물 때는 물에 잠기고 썰물 때는 물 밖으로 드러나는 모래 점토질의 평탄한 땅.
• **고른** 여럿이 다 높낮이, 크기, 양 따위의 차이가 없이 한결같은.

교과서 **통합 대표 실험**

실험 1 운동장 흙과 화단 흙의 물 빠짐 비교하기 📖 7종 공통

❶ 물 빠짐 장치에서 두 플라스틱 통의 아랫부분을 거즈로 감싼 다음 고무줄로 묶습니다.

❷ 플라스틱 통에 운동장 흙과 화단 흙을 각각 절반 정도 채운 뒤 스탠드에 고정하고, 비커를 플라스틱 통 아래에 놓습니다.

❸ 두 흙에 같은 양의 물을 동시에 붓고, 어느 흙에서 물이 더 빨리 빠지는지 관찰해 봅시다. 빠진 물의 높이를 측정해 봅시다.

❹ 운동장 흙과 화단 흙의 물 빠짐이 서로 다른 까닭을 생각해 봅시다.

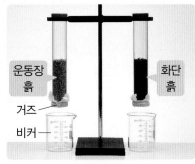

▲ 물 빠짐 장치

실험동영상

거즈를 두세 번 접어 페트병 윗부분의 입구를 감싸 고무줄로 묶은 뒤, 페트병 윗부분을 거꾸로 세워 페트병 아랫부분에 넣어 물 빠짐 장치를 만들 수도 있어요.

물을 붓는 순간부터 일정한 시간 동안 흙에서 빠져나온 물의 양을 표시해요.

실험 결과

구분	운동장 흙	화단 흙
2분 30초 후 물의 높이 예	약 2 cm	약 1 cm
5분 00초 후 물의 높이 예	약 4.7 cm	약 2.3 cm

• 같은 시간 동안 운동장 흙에서 더 많은 양의 물이 빠졌습니다.

• 운동장 흙은 물이 잘 빠지고, 화단 흙은 물이 잘 빠지지 않습니다.

➡ 알갱이의 크기가 큰 운동장 흙은 알갱이의 틈 사이가 넓기 때문에 알갱이의 크기가 작아 틈이 작은 화단 흙보다 물이 더 빠르게 빠집니다.

실험 2 운동장 흙과 화단 흙의 물에 뜬 물질 비교하기 📖 7종 공통

❶ 두 개의 유리컵에 운동장 흙과 화단 흙을 각각 $\frac{1}{4}$ 정도 채워 넣습니다.

❷ 흙을 넣은 두 개의 컵에 같은 양의 물을 붓고 유리 막대로 저은 뒤, 잠시 놓아둡니다.

❸ 운동장 흙과 화단 흙의 물에 뜬 물질의 양을 비교해 봅시다.

❹ 물에 뜬 물질을 핀셋으로 건져서 거름종이 위에 올려놓고 돋보기로 관찰해 봅시다.

❺ 물에 뜬 물질은 식물이 자라는 데 어떤 영향을 주는지 생각해 봅시다.

실험동영상

흙이 가라앉아 물이 어느 정도 맑아질 때까지 가만히 놓아두어요.

실험 결과

운동장 흙
물에 뜬 물질이 거의 없음.

운동장 흙   화단 흙

화단 흙
물에 뜬 물질은 식물의 뿌리, 작은 나뭇가지, 죽은 동물, 나뭇잎 조각 등임.

흙의 종류만 다르게 하고 나머지 조건은 모두 같게 해.

➡ 물에 뜨는 물질은 식물의 뿌리나 죽은 동물, 나뭇잎 조각 등의 부식물로, 식물이 잘 자랄 수 있도록 도움을 줍니다.

3
단원

1 장소에 따른 흙의 특징

기본 개념 문제

1

논과 밭 중 약간 붉거나 검은색으로 보이며 거칠거칠한 흙은 (　　　　　)에 있는 흙입니다.

2

운동장 흙과 화단 흙 중 알갱이의 크기가 더 작은 것은 (　　　　　)입니다.

3

운동장 흙과 화단 흙 중 손으로 만졌을 때 거칠거칠한 것은 (　　　　　)입니다.

4

흙의 알갱이 크기가 (　　　　　)수록 물이 빠져나갈 수 있는 공간이 많아 물이 더 빠르게 빠집니다.

5

화단 흙과 같이 흙 속에 (　　　　　)이/가 많으면 식물이 잘 자랍니다.

6 아이스크림

다음은 우리 주변의 다양한 흙 중 어느 곳의 흙을 관찰한 것입니까? (　　　　)

- 많이 어두운색이다.
- 물이 고여 있어 촉촉하다.

① 산　　　　　　　② 논
③ 갯벌　　　　　　④ 놀이터
⑤ 모래사장

7 ➕ 7종 공통

다음은 운동장 흙과 화단 흙을 돋보기로 관찰하는 모습입니다. 운동장 흙에는 '운동장'이라고 쓰고, 화단 흙에는 '화단'이라고 쓰시오.

(1) 　　　　(2)

(　　　　　)　（　　　　　）

8 ➕ 7종 공통

운동장 흙과 화단 흙에 대한 설명으로 옳은 것을 보기 에서 골라 기호를 쓰시오.

보기

ⓐ 화단 흙은 운동장 흙에 비해 밝은색이다.
ⓑ 화단 흙의 알갱이 크기는 큰 것도 있고, 작은 것도 있다.
ⓒ 운동장 흙을 만져 보면 약간 부드럽고, 화단 흙을 만져 보면 거칠다.

(　　　　　)

[9-11] 다음은 물 빠짐 장치에 운동장 흙과 화단 흙을 절반 정도 넣은 후, 같은 양의 물을 비슷한 빠르기로 동시에 붓는 모습입니다. 물음에 답하시오.

운동장 흙 / 화단 흙

9 ➕ 7종 공통

위 장치는 무엇에 따라 물 빠짐이 다른 까닭을 알아보기 위한 것인지 보기 에서 골라 기호를 쓰시오.

보기 ●
┌─────────────────────────────────────┐
│ ㉠ 흙의 양　　　　　㉡ 흙의 종류　　　　│
│ ㉢ 흙의 색깔　　　　㉣ 물을 붓는 빠르기 │
└─────────────────────────────────────┘

　　　　　　　　　　　(　　　　　　　　)

10 동아, 김영사, 비상, 아이스크림, 지학사

다음은 위와 같이 각각의 흙에 물을 붓고, 약 2분 후에 비커로 빠진 물의 높이를 측정한 것입니다. 각각 어느 흙의 결과인지 쓰시오.

구분	㉠	㉡
2분 00초 후 물의 높이	약 1.8 cm	약 0.9 cm

㉠ (　　　　　　), ㉡ (　　　　　　)

11 ➕ 7종 공통

위 **10**번의 결과를 통해 알 수 있는 사실에 대해 옳게 말한 사람의 이름을 쓰시오.

┌───┐
│ • 예림: 모든 흙의 물 빠짐 정도는 같아.   │
│ • 수빈: 운동장 흙이 화단 흙보다 물이 더 잘 빠져. │
│ • 호영: 운동장 흙과 화단 흙에서는 물이 빠지지 않아. │
└───┘

　　　　　　　　　　　(　　　　　　　　)

[12-14] 다음은 운동장 흙과 화단 흙을 각각 넣은 두 개의 유리컵에 물을 붓고 유리 막대로 저은 뒤, 잠시 놓아둔 모습입니다. 물음에 답하시오.

㉮ 　　　　　　　　㉯

12 ➕ 7종 공통

위 실험에서 같게 해야 할 조건과 다르게 해야 할 조건을 각각 보기 에서 골라 기호를 쓰시오.

보기 ●
┌─────────────────────────────────────┐
│ ㉠ 물의 양　　　　　㉡ 흙의 양　　　　　│
│ ㉢ 흙의 종류　　　　㉣ 잠시 놓아두는 시간 │
└─────────────────────────────────────┘

(1) 같게 해야 할 조건: (　　　　　　　)

(2) 다르게 해야 할 조건: (　　　　　　)

13 ➕ 7종 공통

위 ㉮와 ㉯ 중 운동장 흙이 들어 있는 유리컵의 기호를 쓰시오.

　　　　　　　　(　　　　　　　　　)

14 서술형 ➕ 7종 공통

위 ㉮와 ㉯ 중 식물이 잘 자랄 수 있는 흙이 들어 있는 유리컵의 기호를 쓰고, 그 유리컵의 흙에서 식물이 잘 자랄 수 있는 까닭을 쓰시오.

(1) 식물이 잘 자랄 수 있는 흙이 든 유리컵: (　　)

(2) 까닭: _____

_____

3 단원

개념 강의

2 흙이 만들어지는 과정

1 자연에서 흙이 만들어지는 과정

| 바위틈에서 물이 얼었다 녹았다를 반복하거나, 나무뿌리가 자랍니다. | 바위가 작은 돌로 부서집니다. | 작은 돌은 다시 더 작은 돌 알갱이로 부서집니다. | 작은 돌 알갱이와 부식물이 섞여 흙이 됩니다. |

① 바위나 돌이 오랜 시간에 걸쳐 서서히 작게 부서진 알갱이와 나무뿌리, 낙엽, 생물이 썩어 생긴 물질 등이 섞여서 흙이 됩니다.

② 자연에서 바위나 돌은 오랜 시간에 걸쳐 여러 가지 과정으로 작게 부서집니다.

③ 식물은 흙에서 양분과 물을 얻고, 사람과 다양한 동물은 식물을 먹고 삽니다.

2 자연에서 바위나 돌을 부서지게 하는 것

(1) 물이 얼었다 녹았다를 반복하면서 바위가 부서지는 과정

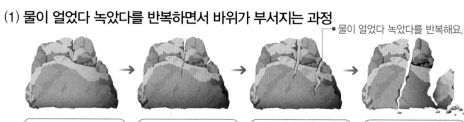

물이 얼었다 녹았다를 반복해요.

| 바위틈으로 물이 들어갑니다. | 물이 얼면서 바위에 힘을 작용합니다. | 바위틈이 더 벌어지면서 그 사이로 물이 더 많이 들어갑니다. | 오랜 시간 동안 반복되면서 바위가 부서집니다. |

(2) 나무뿌리가 자라면서 바위가 부서지는 과정

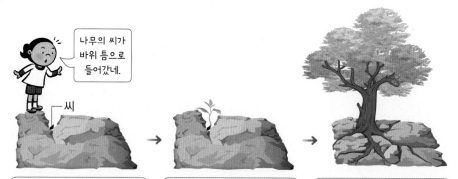

나무의 씨가 바위 틈으로 들어갔네.

씨

| 바위틈으로 나무의 씨가 들어갑니다. | 씨가 싹 터 자라면서 뿌리가 바위틈으로 들어갑니다. | 나무가 자랄수록 바위틈이 벌어져서 바위가 부서집니다. |

(3) 물이나 나무뿌리 외에 바위나 돌을 부서지게 하는 것

① 강한 바람과 비 때문에 바위나 돌이 부서질 수 있습니다.

② 바위와 돌이 서로 부딪쳐 부서질 수 있습니다.

③ 차가워지거나 따뜻해지는 기온 변화가 반복되면서 바위나 돌이 부서질 수 있습니다.

④ 사람들의 필요로 인해 땅을 개발하면서 바위나 돌이 부서질 수 있습니다.

➕ **풍화 작용**

암석이 오랜 시간에 걸쳐 물, 공기, 생물 등의 작용으로 크기가 더 작은 돌이나 흙으로 부서지거나 성분이 변하는 것입니다.

➕ **흙을 보존해야 하는 까닭**

• 흙이 만들어지는 과정은 매우 오랜 시간이 걸리기 때문입니다.

• 동물은 식물을 먹고 사는데, 식물은 흙에서 물과 영양분을 얻기 때문입니다.

➕ **자연에서 돌이 부서지는 경우**

▲ 물이 얼었다 녹으면서 부서진 바위

▲ 나무뿌리가 자라면서 부서진 바위

▲ 모래 바람에 깎인 바위

용어 사전

🔹 **풍화** 바위, 돌 따위가 햇빛, 공기, 물 등의 작용으로 제자리에서 점차 파괴되고 부서지는 현상.

🔹 **기온** 공기의 온도.

교과서 통합 대표 실험

실험 흙이 만들어지는 과정 알아보기 📖 7종 공통

❶ 흰 접시 위에 과자를 올려놓고 과자의 모습을 관찰해 봅시다.
　• 각설탕, 별 모양 사탕, 소금 덩어리 등을 사용할 수도 있습니다.

❷ 과자를 투명한 용기의 $\frac{1}{3}$ 정도 채워 넣고 뚜껑을 닫습니다.

❸ 과자 가루가 보일 때까지 투명 용기를 흔듭니다.

❹ 흰 접시 위에 과자를 부어 어떤 변화가 있는지 관찰해 봅시다.

실험 결과

① 투명 용기를 흔든 후 과자, 각설탕, 별 모양 사탕, 소금 덩어리의 변화

구분	과자	각설탕	별 모양 사탕	소금 덩어리
투명 용기를 흔들기 전				
투명 용기를 흔든 후				

• 과자, 각설탕, 별 모양 사탕, 소금 덩어리가 부서져 가루가 보입니다.
• 과자, 각설탕, 별 모양 사탕, 소금 덩어리의 크기가 작아졌습니다.
• 각설탕과 소금 덩어리의 모서리가 부서져 뾰족한 부분이 없어졌습니다.

② 모형실험과 실제 자연에서 나타내는 것 비교하기

모형실험		실제 자연
과자, 각설탕, 별 모양 사탕, 소금 덩어리	➡	바위나 돌
투명 용기를 흔드는 것	➡	물이나 나무뿌리 등이 바위나 돌을 부수는 작용
과자 가루, 설탕 가루, 별 모양 사탕 가루, 소금 가루	➡	흙

• 모형실험에서는 투명 용기를 흔들어서 작게 부수었지만, 실제 자연에서는 물, 바람, 식물 등이 바위나 돌을 작게 부숩니다.
• 모형실험은 짧은 시간에 만들어졌지만, 실제 자연에서 흙이 만들어지는 데에는 매우 오랜 시간이 걸립니다.

실험 TIP !

실험동영상

투명 용기를 세고 빠르게 흔들수록 결과를 더 관찰하기 좋아요.

투명 용기를 흔든 후의 각설탕, 소금 덩어리를 관찰할 때 모서리 부분의 모양 위주로 확인해요.

실제 흙이 만들어지는 과정은 물이나 생물의 작용, 기후 등과 같은 다양한 원인의 상호 작용으로 만들어지고, 오랜 시간이 걸린다는 점이 실험과 달라요.

2 흙이 만들어지는 과정

기본 개념 문제

1

바위나 돌이 오랜 시간에 걸쳐 서서히 작게 부서진 알갱이와 나무뿌리, 낙엽, 생물이 썩어 생긴 물질 등이 섞여서 (   )이/가 됩니다.

2

자연에서 바위나 돌은 (   ) 시간에 걸쳐 여러 가지 과정으로 작게 부서집니다.

3

바위틈에 들어간 (   )이/가 오랜 시간 동안 얼었다 녹았다를 반복하면서 바위에 힘을 작용하면 바위틈이 더 벌어지면서 부서집니다.

4

차가워지거나 따뜻해지는 (   ) 변화가 반복되면서 바위나 돌이 부서질 수 있습니다.

5

흙이 만들어지는 과정은 매우 (   ) 시간이 걸리기 때문에 중요한 흙을 잘 보존해야 합니다.

6 ➕ 7종 공통

자연에서 흙이 만들어질 때 영향을 미치는 것을 보기 에서 모두 골라 ○표 하시오.

┌─ 보기 ●──────────────────────┐
│ 물, 별, 달, 바람, 나무뿌리 │
└────────────────────────────┘

7 ➕ 7종 공통

자연에 있는 바위와 흙에 대한 설명으로 옳은 것을 보기 에서 골라 기호를 쓰시오.

┌─ 보기 ●──────────────────────┐
│ ㉠ 흙은 바위가 뭉쳐져서 만들어진다. │
│ ㉡ 한번 만들어진 바위는 크기가 달라지지 않는다. │
│ ㉢ 주변의 영향으로 바위가 부서져 흙이 만들어진다. │
│ ㉣ 자연에서 바위가 흙으로 변할 때는 짧은 시간이 │
│   걸린다. │
└────────────────────────────┘

(   )

8 ➕ 7종 공통

바위틈으로 들어간 물이 얼었다 녹았다를 반복할 때 생길 수 있는 일에 대해 옳게 말한 사람의 이름을 쓰시오.

┌────────────────────────────┐
│ • 소영: 오랜 시간 반복되면 바위가 더 커져. │
│ • 창민: 바위틈이 막혀서 바위가 더 단단해져. │
│ • 현준: 바위틈이 더 벌어지면서 그 사이로 물이 더 │
│   많이 들어가. │
└────────────────────────────┘

(   )

9 서술형 ＋7종 공통

오른쪽은 나무가 바위틈에서 자라고 있는 모습입니다. 나무가 자라고 있는 바위가 깨진 까닭은 무엇인지 쓰시오.

_____

_____

10 ＋7종 공통

자연의 바위나 돌이 부서지게 하는 원인으로 알맞지 <u>않은</u> 것의 기호를 쓰시오.

ⓒ  강한 비

ⓛ  새소리

ⓓ  모래 바람

ⓔ  땅 개발

(　　　　　　)

11 동아, 비상, 지학사, 천재

우리가 흙을 보존해야 하는 까닭을 옳게 말한 사람의 이름을 쓰시오.

흙이 주변의 돌을 작게 깨뜨려 주기 때문이야.

동물과 식물이 사는데 흙이 꼭 필요해.

흙은 항상 많기 때문이지.

나영　　　민준　　　태훈

(　　　　　　)

[12-14] 다음은 플라스틱 통에 과자를 넣고 20번 정도 흔드는 모습입니다. 물음에 답하시오.

12 동아, 김영사, 아이스크림

위와 같이 플라스틱 통을 흔들었을 때 과자의 변화로 옳은 것에 ○표 하시오.

(1) 과자의 크기가 커진다.　　　　　　　(　　　)
(2) 과자의 색깔이 진해진다.　　　　　　(　　　)
(3) 과자가 부서져서 가루가 생긴다.　　(　　　)

13 ＋7종 공통

위 **12**번 답처럼 과자가 변하는 결과와 실제 자연에서 흙이 만들어지는 과정을 비교한 것으로 옳은 것에 ○표 하시오.

과자가 작게 부서지는 것은 ⓐ (짧은, 긴) 시간이 걸리고, 자연에서 바위가 부서져 흙이 되는 과정은 ⓑ (짧은, 긴) 시간이 걸린다.

14 ＋7종 공통

위 흙이 만들어지는 모형실험과 실제 자연에서 나타내는 것을 관계있는 것끼리 선으로 이으시오.

(1) 과자　　　　　•　　　•ⓐ　흙

(2) 과자 가루　•　　　•ⓑ　바위

(3) 통을 흔드는 것　•　　　•ⓒ　물이 바위를 부수는 작용

3 흐르는 물에 의한 땅의 모습 변화

1 비가 오는 날 운동장의 모습 관찰하기

비가 오기 전 운동장의 모습

비가 온 후 운동장의 모습

① 비가 온 후 운동장에는 다양한 물길과 작은 웅덩이가 생겼습니다.
② 물이 고인 곳도 있고, 흙탕물이 흘러가기도 합니다.
③ 흐르는 빗물이 흙을 깎아서 돌이 드러나기도 하고, 흙이 쌓이기도 합니다.

2 흐르는 물에 의한 작용

(1) 흐르는 물이 하는 일
① 높은 곳에서 낮은 곳으로 흐르는 물은 땅의 표면인 지표를 깎아 돌과 흙 등을 낮은 곳으로 옮겨 쌓이게 합니다.
② 흐르는 물은 침식 작용, 운반 작용, 퇴적 작용을 하여 지표의 모습을 변화시킵니다.
③ 오랜 시간 계속 흐르는 물은 지표의 모습을 서서히 변화시킵니다.

(2) 흐르는 물에 의한 작용

침식 작용	운반 작용	퇴적 작용
흐르는 물이 바위, 돌, 흙 등을 깎아 내는 것	침식된 돌, 모래, 흙 등이 흐르는 물에 의해 이동하는 것	운반된 돌, 모래, 흙 등이 쌓이는 것

흐르는 물의 속도가 느려져 운반된 퇴적물들이 쌓여요.

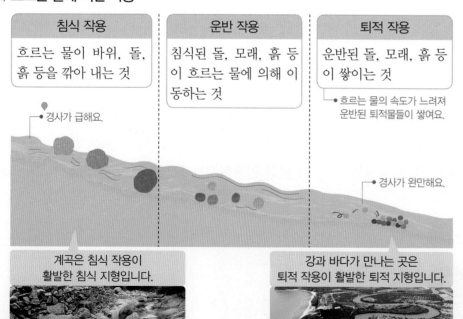

경사가 급해요.
경사가 완만해요.

계곡은 침식 작용이 활발한 침식 지형입니다.

강과 바다가 만나는 곳은 퇴적 작용이 활발한 퇴적 지형입니다.

➕ 잔디가 깔린 운동장

잔디가 깔린 운동장은 식물의 뿌리가 흙과 엉겨 있기 때문에 흙이 잘 깎여 옮겨지지 않습니다.

➕ 비가 내린 뒤 산의 모습

흙이 깎인 곳
흙이 흘러내려 쌓인 곳

흐르는 물은 지표를 변화시킵니다. 비가 내리면 빗물이 흘러가면서 흙을 깎아 낮은 곳에 쌓아 놓습니다.

경사진 곳의 지표는 깎이고, 깎인 흙이 운반되어 경사가 완만한 곳에 흘러내려 와서 쌓여요.

용어 사전

● **흙탕물** 흙이 많이 섞인 물.
● **침식** 물이나 바람 등에 땅이나 바위가 조금씩 씻겨 가거나 부스러지는 것.
● **퇴적** 흙이나 쓰레기 등이 많이 겹쳐 쌓인 것.
● **경사** 비스듬히 기울어짐. 또는 그런 상태나 정도.

실험 흙 언덕에 물을 흘려보냈을 때의 변화 관찰하기 📖 7종 공통

❶ 흙 언덕을 만든 뒤, 색 모래(색 자갈)를 흙 언덕 위에 충분히 뿌립니다.

운동장에
흙 언덕 만들기

쟁반에
흙 언덕 만들기

간이 유수대에
흙 언덕 만들기

❷ 흙 언덕 위쪽에서 천천히 물을 흘려보내고, 흙 언덕이 어떻게 변하는지 관찰해 봅시다.

입구가 좁은 물뿌리개로
물 흘려보내기

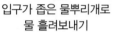
└ 구멍
바닥에 구멍을 뚫은 종이컵에
물을 조금씩 여러 번 넣기

페트병에 물을 담아
물 흘려보내기

❸ 흙 언덕에서 흙이 깎인 곳과 쌓인 곳을 관찰하고, 흙 언덕의 모습이 변한 까닭을 생각해 봅시다.

실험 결과

흙 언덕의 위쪽
| 흙이 깎인다. | 침식 작용 |

흙 언덕의 중간 부분
| 흙이 이동한다. | 운반 작용 |

흙 언덕의 아래쪽
| 흙이 쌓인다. | 퇴적 작용 |

흙이 많이 깎인 곳	흙이 많이 쌓인 곳
흙 언덕의 위쪽	흙 언덕의 아래쪽

• 흙 언덕 윗부분에 있던 흙이 물과 함께 아래쪽으로 흘러내려 쌓입니다.
• 물이 흐르기 전에는 흙 언덕이 경사져 있지만, 물이 흐르면서 흙 언덕의 모습을 변화시킵니다.
• 위쪽의 흙을 아래쪽에 더 많이 쌓이게 하려면 물을 한 번에 더 많이 흘려보내거나 물을 더 오랫동안 흘려보냅니다. ─● 흙 언덕의 높이를 높게 해요.
• **흙 언덕의 모습이 변한 까닭:** 흐르는 물이 흙 언덕의 위쪽을 깎고, 깎은 흙을 흙 언덕 아래쪽으로 운반하여 쌓았기 때문입니다.

실험 TIP !

실험동영상

흙 언덕 위쪽에 색 모래와 색 자갈을 뿌리면 물이 흐르면서 달라지는 흙 언덕의 변화 모습을 쉽게 살펴볼 수 있어요.

높은 곳에서 물을 부으면 물이 떨어지는 힘에 의해 흙 언덕이 깎이기 때문에 물을 부을 때에는 흙 언덕 바로 위 최대한 가까운 높이에서 물을 부어 물이 떨어지는 힘에 의한 영향을 작게 해야 해요.

3
단원

흙 언덕의 모습을 많이 변화시키려면 흙 언덕의 기울기를 급하게 하거나 흘려보내는 물의 양을 많게 해요.

3 흐르는 물에 의한 땅의 모습 변화

기본 개념 문제

1

비가 온 후 운동장에 흐르는 빗물이 흙을 깎아서 돌이 드러나기도 하고, (　　　　　)이/가 쌓이기도 합니다.

2

흐르는 물에 의해 지표의 바위, 돌, 흙 등이 깎여 나가는 것을 (　　　　　) 작용이라고 합니다.

3

경사가 급한 곳에서 깎인 돌이나 흙 등은 물의 (　　　　　) 작용에 의해 이동합니다.

4

비가 내리기 전에서 비가 내린 후 산의 모습이 변하는 까닭은 (　　　　　　　)이/가 흙을 깎고 운반하여 쌓았기 때문입니다.

5

흙 언덕을 쌓아 위쪽에서 물을 흘려보내면 흙 언덕의 (　　　　　)쪽에서 깎인 흙이 흙 언덕의 (　　　　　)쪽에 쌓입니다.

6 동아, 금성, 김영사, 비상, 지학사, 천재

비가 오기 전 운동장의 모습과 비가 온 후의 운동장의 모습으로 알맞은 것끼리 선으로 이으시오.

(1) 비가 오기 전 운동장의 모습　·　　·　㉠

(2) 비가 온 후 운동장의 모습　·　　·　㉡

7 ➕ 7종 공통

지표에 대한 설명으로 옳은 것에 ○표, 옳지 않은 것에 ×표 하시오.

(1) 땅의 표면을 지표라고 한다. 　　　　　(　　　)

(2) 물은 지표의 위를 흐르지만, 지표에 영향을 주지는 않는다. 　　　　　(　　　)

(3) 흐르는 물이 지표의 돌이나 흙을 운반하면서 지표의 모습을 변화시킨다. 　　　　　(　　　)

8 ➕ 7종 공통

다음과 같이 비가 많이 오고 난 후에 산의 모습을 관찰한 결과에 대해 잘못 말한 사람의 이름을 쓰시오.

- 보영: 흙이 깎여 있는 곳이 있어.
- 혜림: 흙이 쌓여 있는 곳이 있어.
- 준호: 비가 오기 전과 큰 차이가 없어.

(　　　　　　　　　)

9 서술형 ➕ 7종 공통

다음은 지훈이가 계곡에서 놀고 온 날에 쓴 일기입니다. 밑줄 친 지훈이의 일기 중 잘못된 부분의 기호를 쓰고, 어떻게 고쳐 써야 하는지 쓰시오.

2020○년 ○월 ○일
오늘 서준이랑 계곡에서 물놀이를 하고 왔다. 계곡물이 너무 맑고 시원했다.
계곡은 ㉠ 퇴적 작용이 활발한 ㉡ 침식 지형으로 ㉢ 흐르는 물이 바위, 돌, 흙 등을 깎아 내는 곳이라고 배웠던 내용이 생각났다.

(1) 잘못된 부분: (   )

(2) 옳게 고쳐 쓰기: _____

_____

10 ➕ 7종 공통

다음은 흐르는 물에 의한 작용 중 한 가지에 대해 국어사전에서 찾은 내용입니다. 어떤 작용인지 쓰시오.

『지구』 강물, 빙하, 바람, 파도와 같은 자연적인 힘에 의하여 흙이나 모래, 자갈 따위의 물질이 다른 곳으로 옮겨지는 작용.

(   ) 작용

11 천재

오른쪽과 같이 강과 바다가 만나는 부분에 대한 설명으로 옳은 것을 두 가지 고르시오.

(   )

① 강의 경사가 급한 부분이다.
② 물이 흐르지 않는 부분이다.
③ 지표의 모습이 변하지 않는다.
④ 침식 작용보다 퇴적 작용이 활발하다.
⑤ 운반된 돌, 모래, 흙 등이 쌓이는 곳이다.

[12-14] 다음은 꽃삽으로 흙을 모아 흙 언덕을 만든 후, 언덕의 위쪽에 색 모래를 뿌린 모습입니다. 물음에 답하시오.

12 ➕ 7종 공통

위 흙 언덕의 위쪽에서 물을 흘려 보내려고 합니다. 관찰할 내용을 잘못 말한 사람의 이름을 쓰시오.

• 윤아: 흙이 깎인 곳이 어디인지 살펴봐야 해.
• 찬규: 젖은 흙이 언제 마르는지 관찰해야 해.
• 수진: 흙 언덕의 높이가 어떻게 변하는지 살펴봐야 해.
• 연호: 흙 언덕에서 색 모래가 움직이는 모습을 관찰해야 해.

(   )

13 ➕ 7종 공통

위 흙 언덕의 위쪽에서 물을 흘려보냈을 때 ㉠과 ㉡ 중 흙이 쌓이는 곳의 기호를 쓰시오.

(   )

14 아이스크림

다음 보기 의 설명을 흙 언덕의 위쪽에서 물을 흘려보내기 전과 물을 흘려보낸 후의 모습으로 분류하여 기호를 쓰시오.

보기
㉠ 흙이 언덕처럼 쌓여 있다.
㉡ 흙 언덕의 위쪽이 움푹 파였다.
㉢ 흙 언덕의 아래쪽에 물이 고여 있다.
㉣ 흙 언덕이 미끄럼틀처럼 경사져 있다.

(1) 물을 흘려보내기 전: (   )
(2) 물을 흘려보낸 후: (   )

3
단원

4 강과 바닷가 주변의 모습

개념 강의

1 강 주변의 모습

강 상류

▲ 강 상류의 바위

강 하류

▲ 강 하류의 모래

➕ **강 상류와 하류의 강폭과 경사**

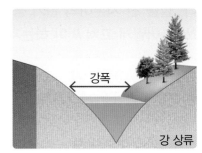

강폭

강 상류

강 상류는 강폭이 좁고 경사가 급합니다.

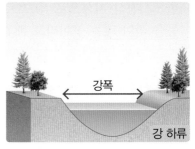

강폭

강 하류

강 하류는 강폭이 넓고 경사가 완만합니다.

➕ **강 중류**

• 강 상류에서 하류로 가는 중간 부분인 중류는 물의 흐름이 강 상류보다는 느리지만, 흐르는 물의 양이 많아집니다.
• 강 중류에서는 물질을 이동시키는 운반 작용이 주로 일어납니다.

2 강 주변의 특징

(1) 강 상류의 특징
① 강 상류에는 큰 바위가 많습니다.
② 강폭이 좁고 강의 경사가 급하여 물이 빠르게 흐릅니다.
③ 강물이 바위를 깎는 침식 작용이 활발하게 일어납니다.→•지표가 깎여요.
④ 강 상류에서 침식된 물질은 강물을 따라 하류로 운반됩니다.

(2) 강 하류의 특징
① 강 하류에는 모래나 진흙이 많습니다.
② 강폭이 넓고 강의 경사가 완만해져 물이 천천히 흐릅니다.
③ 침식과 운반을 거쳐 이동한 모래와 흙이 쌓이는 퇴적 작용이 활발하게 일어납니다. →•모래나 흙이 넓게 쌓여요.
➡ 강물은 오랜 시간에 걸쳐 강 주변의 모습을 서서히 변화시킵니다.

(3) 강 상류에서 하류로 갈수록 둥근 모양의 돌이 많이 나타나는 까닭: 강 상류의 큰 바위나 돌이 침식되어 강 하류로 운반되면서 모난 부분이 깎였기 때문입니다.

용어 사전

🔹 **강폭** 강을 가로질러 잰 길이. 강의 너비를 이름.
🔹 **완만** 비스듬히 기울어진 정도가 급하지 않은.
🔹 **모난** 사물의 모습에 삐죽하게 튀어나와 있는.

③ 바닷가 주변의 모습

바다 쪽으로 튀어나온 곳

- 파도가 세게 부딪쳐 커다란 바위를 깎으면서 구멍을 만듦.
- 파도가 바위를 깎고 무너뜨려 절벽을 만듦.

육지 쪽으로 들어간 곳

- 파도가 잔잔하게 밀려와 고운 모래나 흙이 쌓임.
- 모래 해변이나 갯벌과 같은 넓은 땅을 만듦.

④ 바닷가 주변의 지형

(1) **바다 쪽으로 튀어나온 곳**: 바위의 구멍이나 가파른 절벽은 파도의 침식 작용으로 깎여 만들어집니다. ──➤ 바닷물이 바위의 약한 부분을 깎아 만들어져요.

구멍 뚫린 바위

절벽

기둥처럼 생긴 바위

(2) **육지 쪽으로 들어간 곳**: 침식 작용으로 깎인 모래나 고운 흙이 바닷물에 의해 운반되고 퇴적 작용으로 쌓여 모래사장(모래 해변)이나 갯벌이 됩니다.

모래사장

갯벌

(3) **바닷가에서 볼 수 있는 다양한 지형**: 바닷물의 침식·운반·퇴적 작용으로 만들어지며, 바닷가의 지형이 생기기까지는 오랜 시간이 걸립니다.

(4) **파도에 의한 바닷가 지형의 변화 알아보기**

한쪽 벽면에 흙을 비스듬하게 쌓고 수조에 물을 반쯤 채운 후, 책받침으로 흙더미 쪽으로 물결 만들기 ➡ 흙더미가 깎여 다른 쪽에 쌓임.

① 흙더미는 바닷가 절벽, 책받침으로 만든 물결은 파도를 의미하고, 흙더미가 깎여 나가 다른 쪽에 쌓이는 것은 파도에 의해 절벽이 깎이는 침식 작용입니다.

② 깎인 흙더미를 파도가 운반하고 쌓아 모래사장, 갯벌을 만드는 것은 퇴적 작용입니다.

---

3 단원

➕ **계속 변하는 바닷가의 지형**

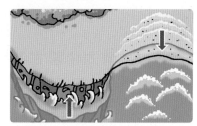

바다 쪽으로 튀어나온 곳은 파도에 의한 침식 작용으로 지표가 계속 깎이고, 육지 쪽으로 들어간 곳에서는 흙이 쌓이는 퇴적 작용이 활발하기 때문에 바닷가의 지형이 오랜 시간에 걸쳐 계속 변합니다.

➕ **해식 동굴**

바닷물의 침식 작용으로 인해 만들어진 지형입니다.

용어 사전

- ▶ **육지** 강이나 바다와 같이 물이 있는 곳을 제외한 지구의 겉면.
- ▶ **가파른** 산이나 길이 몹시 기울어져 있는.
- ▶ **해식** '해안 침식'을 줄여 이르는 말.

4 강과 바닷가 주변의 모습

기본 개념 문제

1

강의 상류와 하류 중 큰 바위보다 모래와 흙이 많은 곳은 ( )입니다.

2

강의 상류와 하류 중 강폭이 좁고 강의 경사가 급한 곳은 ( )입니다.

3

강의 하류에서는 강물이 바위를 깎는 ( ) 작용보다 모래와 흙이 쌓이는 ( ) 작용이 활발합니다.

4

바닷가 지형에서 볼 수 있는 바위의 구멍이나 가파른 절벽은 파도의 ( ) 작용으로 깎여 만들어집니다.

5

모래사장과 절벽 중 파도가 세지 않고 물살이 느린 곳의 지형은 ( )입니다.

6 ➕ 7종 공통

흐르는 물에 의한 작용과 각각의 작용이 더 활발하게 일어나는 강의 위치에 알맞은 것끼리 선으로 이으시오.

(1) 퇴적 작용 •   • ㉠ 강의 하류

(2) 침식 작용 •   • ㉡ 강의 상류

7 ➕ 7종 공통

강의 하류에서 주로 볼 수 있는 돌의 모습으로 옳은 것의 기호를 쓰시오.

㉠  ㉡  ㉢

( )

8 ➕ 7종 공통

강 상류의 특징에 대해 옳게 말한 사람의 이름을 쓰시오.

- 윤서: 강폭이 좁아.
- 지후: 강의 경사가 완만해.
- 현준: 물이 흐르는 속도가 느려.

( )

9 동아, 금성

다음은 고무보트를 타고 강을 여행하는 모습입니다. 각각 강 상류와 강 하류 중 어디에 가까운 모습인지 쓰시오.

(1)  (2)

(   ) (   )

10 ＋ 7종 공통

다음 (   ) 안에 들어갈 알맞은 말을 쓰시오.

바닷가 주변의 지형 중 바다 쪽으로 튀어나온 부분에서는 파도가 세게 쳐 (㉠   ) 작용이 활발하고, 파도가 세지 않고 물살이 느린 육지 쪽으로 들어간 부분은 (㉡   ) 작용이 활발하다.

㉠ (   ), ㉡ (   )

11 서술형 ＋ 7종 공통

다음과 같은 바닷가의 지형은 어떻게 만들어진 것인지 바닷물의 작용과 관련지어 쓰시오.

_____

_____

12 동아, 김영사, 아이스크림

바닷가에서 볼 수 있는 가운데에 구멍 뚫린 바위는 오랜 시간이 지나면 모습이 어떻게 변할지에 대해 옳게 말한 사람의 이름을 쓰시오.

- 민아: 가운데의 구멍이 바위로 막힐 거야.
- 서윤: 모래가 퇴적되어 구멍의 크기가 작아질 거야.
- 재이: 절벽이 깎여 윗부분이 무너지면서 기둥만 남게 될 거야.

(   )

13 ＋ 7종 공통

오른쪽은 바닷가의 모습을 나타낸 것입니다. ㈎ 지역에서 볼 수 있는 지형에 ○표 하시오.

육지 / ㈎ / 바다

(1) 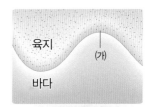 (2)

(   ) (   )

14 ＋ 7종 공통

다음 (   ) 안에 들어갈 수 있는 세 가지를 모두 쓰시오.

바닷가에서 볼 수 있는 다양한 지형은 바닷물의 (   ) 작용으로 만들어진다.

(   ), (   ), (   )

★ 주변의 다양한 흙

▲ 밭   ▲ 논

▲ 갯벌   ▲ 모래사장

1. 운동장 흙과 화단 흙 비교하기

구분	운동장 흙	화단 흙
모습		
색깔	밝은 갈색(연한 노란색)	어두운 갈색(진한 황토색)
알갱이의 크기	화단 흙보다 큰 편임.	대부분 운동장 흙보다 작음.
만졌을 때의 느낌	거칠고, 말라 있음.	약간 부드럽고, 축축함.
물 빠짐	물이 잘 빠짐.	물이 잘 빠지지 않음.

① 흙의 알갱이 크기가 클수록 물이 빠져나갈 수 있는 공간이 많아 물이 더 빠르게 빠집니다.

② ❶[   ] 흙은 부식물의 양이 적어서 비교적 식물이 잘 자라지 않고, ❷[   ] 흙은 부식물의 양이 많아 식물이 잘 자랍니다.

★ 운동장 흙과 화단 흙의 물에 뜬 물질

운동장 흙   화단 흙

2. 흙이 만들어지는 과정

(1) **자연에서 흙이 만들어지는 과정:** 바위나 돌이 오랜 시간에 걸쳐 서서히 작게 부서진 알갱이와 나무뿌리, 낙엽, 생물이 썩어 생긴 물질 등이 섞여서 ❸[   ]이 됩니다.

★ 물에 의해 바위가 부서지는 과정

바위틈으로 들어간 물이 얼면서 바위에 힘을 작용합니다.

↓

바위틈이 더 벌어지면서 그 사이로 물이 더 많이 들어갑니다.

↓

오랜 시간 동안 반복되면서 바위가 부서집니다.

| 바위틈에서 물이 얼었다 녹았다를 반복하거나, 나무 뿌리가 자랍니다. | 바위가 작은 돌로 부서집니다. | 작은 돌은 다시 더 작은 돌 알갱이로 부서집니다. | 작은 돌 알갱이와 부식물이 섞여 흙이 됩니다. |

(2) **자연에서 바위나 돌을 부서지게 하는 것**

❹[ ]	바위틈에서 얼었다 녹았다를 반복하면서 오랜 시간 동안 바위에 힘을 작용하여 바위가 부서짐.
나무뿌리	바위틈에서 씨가 싹 터 자라면서 뿌리가 바위틈으로 들어가고, 나무가 자랄수록 바위틈이 벌어져서 바위가 부서짐.
바람과 비	강한 바람과 비 때문에 바위나 돌이 깎이고 부서짐.
기온 변화	차가워지거나 따뜻해지는 기온 변화가 반복되면서 바위나 돌이 부서짐.
사람들의 개발	필요로 인해 땅을 개발하면서 바위나 돌이 부서짐.

3. 흐르는 물에 의한 땅의 모습 변화

(1) 흐르는 물이 하는 일

① 높은 곳에서 낮은 곳으로 흐르는 물은 땅의 표면인 지표를 깎아 돌과 흙 등을 낮은 곳으로 옮겨 쌓이게 합니다.

② 흐르는 물은 침식 작용, 운반 작용, 퇴적 작용을 하여 지표의 모습을 변화시킵니다.

③ 오랜 시간 계속 흐르는 물은 지표의 모습을 서서히 변화시킵니다.

★ 흙 언덕 위쪽에서 물을 흘려 보냈을 때의 변화

	위쪽	침식 작용
중간	운반 작용
아래쪽	퇴적 작용

(2) 흐르는 물에 의한 작용

❺	흐르는 물이 바위, 돌, 흙 등을 깎아 내는 것
❻	침식된 돌, 모래, 흙 등이 흐르는 물에 의해 이동하는 것
❼	운반된 돌, 모래, 흙 등이 쌓이는 것

4. 강 주변의 특징

★ 강 주변의 모습

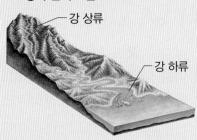
강 상류
강 하류

강 상류	• 큰 바위가 많음. • 강폭이 좁고 강의 경사가 급하여 물이 빠르게 흐름. • 강물이 바위를 깎는 침식 작용이 활발하게 일어남.
강 하류	• 모래나 진흙이 많음. • 강폭이 넓고 강의 경사가 완만해져 물이 천천히 흐름. • 침식과 운반을 거쳐 이동한 모래와 흙이 쌓이는 퇴적 작용이 활발하게 일어남.

5. 바닷가 주변 지형의 특징

(1) 바다 쪽으로 튀어나온 곳: 바위의 구멍이나 가파른 절벽은 파도의 침식 작용으로 깎여 만들어집니다.

★ 바닷가 주변의 모습

바다 쪽으로 튀어나온 곳
육지 쪽으로 들어간 곳

▲ 구멍 뚫린 바위 (코끼리 바위)

▲ 절벽

▲ 기둥처럼 생긴 바위 (촛대바위)

(2) 육지 쪽으로 들어간 곳: 침식 작용으로 깎인 모래나 고운 흙이 바닷물에 의해 운반되고 퇴적 작용으로 쌓여 모래사장이나 갯벌이 됩니다.

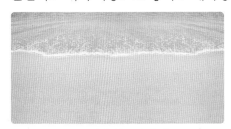
▲ 모래사장(모래 해변)

▲ 갯벌

3. 지표의 변화

[1-2] 다음은 두 종류의 흙을 물 빠짐 장치의 플라스틱 통에 각각 절반 정도 채운 뒤, 같은 양의 물을 비슷한 빠르기로 동시에 붓는 모습입니다. 물음에 답하시오.

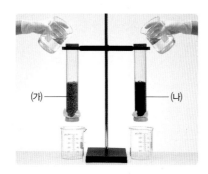

1 ✚ 7종 공통

다음은 같은 시간 동안 아래쪽 비커로 빠진 물의 높이를 나타낸 것입니다. 위 (가)와 (나) 중 물 빠짐이 더 좋은 흙이 들어 있는 것의 기호를 쓰시오.

구분	(가)	(나)
물의 높이	약 2 cm	약 1 cm

( )

2 ✚ 7종 공통

위 1번 답을 보고, (가)와 (나) 플라스틱 통에 담긴 흙은 다음의 ㉠과 ㉡ 중 각각 어느 곳에서 가져온 흙인지 기호를 쓰시오.

(가) ( ), (나) ( )

[3-4] 오른쪽과 같이 각설탕을 투명 용기에 넣고 흔들어 보았습니다. 물음에 답하시오.

3 천재

위 실험에서 각설탕의 크기는 어떻게 됩니까?
( )

① 처음보다 크기가 커진다.
② 처음보다 크기가 작아진다.
③ 처음의 크기에서 변화가 없다.
④ 크기가 커졌다가 다시 작아진다.
⑤ 크기가 작아졌다가 다시 커진다.

4 서술형 ✚ 7종 공통

위 실험 결과를 바탕으로 시간이 지나면서 다음과 같이 바위나 돌이 흙이 되는 까닭을 쓰시오.

 →
바위나 돌　　　　　　　　흙

_____

_____

5 ✚ 7종 공통

자연에서 오랜 시간 바위나 돌을 작게 부서지게 하는 것을 보기에서 두 가지 골라 기호를 쓰시오.

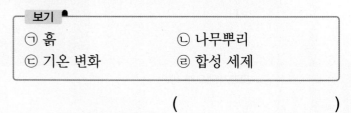

보기
㉠ 흙　　　　　　㉡ 나무뿌리
㉢ 기온 변화　　　㉣ 합성 세제

( )

6 ➕ 7종 공통

다음과 같이 바위틈에 들어가 얼었다 녹았다를 반복하면서 바위를 부서지게 하는 것은 무엇입니까?
( )

① 물
② 흙
③ 공기
④ 바람
⑤ 나무줄기

7 서술형 동아, 비상, 지학사, 천재

다음 글을 읽고, 흙에 대한 결론을 한 가지 쓰시오.

- 식물은 흙에 뿌리를 두고 자라며, 사람들은 이렇게 자란 식물을 먹거나 생활에 이용한다.
- 소나 염소 등의 동물은 흙에서 자란 다양한 식물을 먹고 자란다.
- 사람들은 흙을 이용하여 벽돌을 만들고, 집을 짓기도 한다.

8 동아, 금성, 김영사, 비상, 지학사, 천재

비가 온 후 운동장의 모습으로 옳지 <u>않은</u> 것은 어느 것입니까? ( )

① 땅이 편평하다.
② 흙이 깎인 곳이 있다.
③ 흙이 쌓인 곳이 있다.
④ 빗물이 흐른 자국이 있다.
⑤ 흙이 파여 물이 고인 곳이 있다.

9 ➕ 7종 공통

다음 밑줄 친 부분은 흐르는 물에 의한 어떤 작용에 대한 설명입니까? ( )

흐르는 물에 의하여 깎이거나 잘게 부서진 알갱이들이 다른 곳으로 운반된 후 <u>물살이 느린 곳에 쌓이는 것</u>이다.

① 운반 작용
② 침식 작용
③ 퇴적 작용
④ 퇴화 작용
⑤ 개화 작용

10 ➕ 7종 공통

다음과 같이 쟁반에 흙 언덕을 쌓고 흙 언덕의 위쪽에 색 모래를 뿌린 후, 흙 언덕 위쪽에서 천천히 물을 흘려보내려고 합니다. 이 실험의 결과에 대한 설명으로 옳은 것은 어느 것입니까? ( )

색 모래

① 색 모래가 물에 녹는다.
② 물이 모두 증발하여 없어진다.
③ 색 모래의 색깔이 노란색으로 변한다.
④ 위쪽의 흙이 물이 흐르는 방향으로 움직인다.
⑤ 아래쪽의 흙이 물이 흐르는 반대 방향으로 움직인다.

3 단원

[11-13] 다음은 강 주변의 모습입니다. 물음에 답하시오.

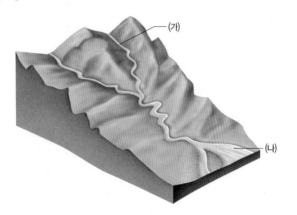

11 ➕ 7종 공통

위 (가)와 (나) 지역 중 침식 작용이 가장 활발하고, 큰 바위나 돌이 많은 곳의 기호를 쓰시오.

( )

12 ➕ 7종 공통

다음 ㉠~㉢ 중 위 (나) 지역에서 주로 볼 수 있는 모습의 기호를 쓰시오.

( )

13 ➕ 7종 공통

다음 보기 중 위 (가)와 (나) 지역에 해당하는 특징을 각각 골라 기호를 쓰시오.

보기
㉠ 퇴적 작용이 활발하다.
㉡ 침식 작용만 일어난다.
㉢ 고운 흙이나 가는 모래가 많다.
㉣ 강의 폭이 좁고 경사가 급하다.

(가) ( ), (나) ( )

[14-15] 다음은 바닷가에서 볼 수 있는 여러 지형입니다. 물음에 답하시오.

| (가) ▲ 갯벌 | (나) ▲ 모래사장 |
| (다) ▲ 해식 절벽 | (라) ▲ 해식 동굴 |

14 ➕ 7종 공통

위 (가)~(라) 중 침식 작용에 의하여 만들어진 지형을 두 가지 골라 기호를 쓰시오.

( )

15 서술형 ➕ 7종 공통

위 (나)와 같은 지형은 ㉠과 ㉡ 중 바닷가의 어떤 곳에서 주로 볼 수 있는지 기호를 쓰고, 바닷물의 어떤 작용에 의해 만들어지는지 쓰시오.

(1) 바닷가의 지형

| ㉠ | 육지 쪽으로 들어간 곳 |
| ㉡ | 바다 쪽으로 튀어나온 곳 |

( )

(2) 바닷물의 작용: _____

_____

[1-2] 다음은 운동장 흙과 화단 흙을 넣은 각각의 유리컵에 같은 양의 물을 넣고 유리 막대로 저은 뒤 그대로 둔 모습입니다. 물음에 답하시오.

1 ➕ 7종 공통

위 (가)와 (나) 중 화단 흙을 넣은 것의 기호를 쓰시오.

( )

2 서술형 ➕ 7종 공통

다음 ㉠과 ㉡은 위 (가)와 (나)의 물에 뜬 물질을 핀셋으로 건져서 거름종이 위에 올려놓은 것입니다. 각각 어느 유리컵에서 건진 것인지 기호를 쓰고, 어느 컵에 담긴 흙에서 식물이 더 잘 자랄지 그 까닭과 함께 쓰시오.

(1) 물에 뜬 물질을 건진 것

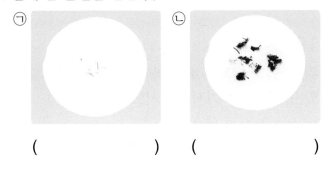

( ) ( )

(2) 식물이 잘 자라는 흙: _____

_____

3 ➕ 7종 공통

다음은 자연에서 흙이 만들어지는 과정을 나타낸 것입니다. ➡ 과정에 대한 설명으로 옳지 않은 것을 보기 에서 골라 기호를 쓰시오.

바위   돌과 모래   흙

보기
㉠ 바람에 의해 발생하기도 한다.
㉡ 아주 짧은 시간 동안 일어난다.
㉢ 바위틈에 들어간 씨가 싹 터서 자라는 과정의 영향을 받기도 한다.

( )

4 ➕ 7종 공통

오른쪽과 같이 바위틈에 들어간 물이 얼었다 녹는 과정을 오랜 시간 동안 반복했을 때에 대한 설명으로 옳은 것은 어느 것입니까? ( )

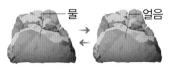

① 바위가 더 단단해진다.
② 바위틈이 점점 좁아진다.
③ 바위의 모서리가 뾰족해진다.
④ 바위틈이 커지다가 바위가 부서진다.
⑤ 물과 바위는 아무런 관련이 없어 변하지 않는다.

5 동아, 김영사, 아이스크림

과자를 담은 후 투명 용기를 흔들어 과자가 가루로 부서졌을 때 투명 용기를 흔드는 것은 실제 자연에서 무엇에 해당하는지 알맞은 것에 모두 ○표 하시오.

(1) 물이 돌을 부수는 작용 ( )
(2) 바람에 의해 모래가 옮겨지는 작용 ( )
(3) 나무뿌리가 바위틈에서 바위를 부수는 작용

( )

6 동아, 금성, 김영사, 비상, 지학사, 천재

다음과 같이 모래로 덮여 있는 운동장에 비가 온 후의 모습으로 옳지 <u>않은</u> 것은 어느 것입니까? (   )

① 물길이 생긴다.
② 물이 고인 웅덩이가 생긴다.
③ 굵은 물길과 가는 물길을 볼 수 있다.
④ 빗물이 운동장의 흙을 깎아 옮겨 놓는다.
⑤ 빗물이 바로 모래 속으로 스며들어 운동장의 모습이 변하지 않는다.

7 동아, 금성

다음과 같은 폭포에서 흐르는 물에 대한 설명으로 옳은 것을 보기 에서 골라 기호를 쓰시오.

보기
㉠ 폭포에서 흐르는 물은 흙을 운반하지 않는다.
㉡ 폭포의 위에서 아래로 떨어지는 물이 지표를 깎는다.
㉢ 흐르는 물의 반대로 폭포의 아래에서 위로 모래가 움직인다.

(   )

[8-10] 흙 언덕을 만들고 색 모래를 흙 언덕의 위쪽에 뿌린 후, 물을 흘려보내려고 합니다. 물음에 답하시오.

8 ➕ 7종 공통

위 흙 언덕의 ㉠ 부분에 색 모래를 뿌리는 까닭을 옳게 말한 사람의 이름을 쓰시오.

• 하민: 물이 흘러내리지 않게 하기 위해서야.
• 채원: 흙이 많이 흘러내리게 하기 위해서야.
• 시훈: 흙 언덕의 변화 모습을 쉽게 살펴볼 수 있기 때문이야.

(   )

9 서술형 ➕ 7종 공통

위와 같이 흙 언덕의 위쪽에서 물을 흘려보냈을 때 ㉡에서 주로 일어나는 변화를 실제 자연에서 흐르는 물에 의한 작용과 관련지어 쓰시오.

_____

_____

10 천재

위 흙 언덕 위쪽의 흙을 아래쪽에 많이 쌓이게 할 수 있는 방법을 두 가지 고르시오. (   )

① 물을 천천히 조금씩 붓는다.
② 물을 더 오랫동안 흘려보낸다.
③ 흙 언덕의 높이를 낮게 만든다.
④ 한꺼번에 많은 양의 물을 붓는다.
⑤ 흙 언덕 위쪽에 색 모래를 많이 뿌린다.

[11-13] 다음은 강 주변의 모습을 나타낸 것입니다. 물음에 답하시오.

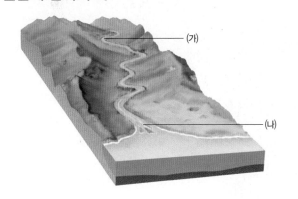

11 동아, 금성

오른쪽과 같은 래프팅은 흐르는 물에서 고무보트를 타는 레포츠입니다. 빠른 물살에서 즐기고 싶을 때는 위와 같은 강의 (가)와 (나) 중 어느 곳이 알맞은지 기호를 쓰시오.

(   )

12 ➕ 7종 공통

다음의 돌은 위 (가)와 (나) 중 각각 어느 지역에서 주로 볼 수 있는지 기호를 쓰시오.

(1)   (2)

(   ) (   )

13 서술형 ➕ 7종 공통

위 (가) 지역에서 (나) 지역으로 갈수록 강폭과 강의 경사는 어떻게 되는지 쓰시오.

_____

_____

14 ➕ 7종 공통

다음은 바닷가에서 볼 수 있는 지형입니다. 두 지형이 만들어지는 과정에 대해 옳게 비교한 사람의 이름을 쓰시오.

ㄱ   ㄴ

- 예원: ㉠은 작은 바위가 뭉쳐져서 만들어졌고, ㉡은 큰 바위가 부서져서 만들어졌어.
- 주아: ㉠은 큰 바위가 이동하여 만들어졌고, ㉡은 작은 모래가 이동하여 만들어졌어.
- 민찬: ㉠은 바닷물에 의해 바위가 깎여서 만들어졌고, ㉡은 모래가 쌓여서 만들어졌어.

(   )

15 ➕ 7종 공통

다음은 바닷가의 지형을 나타낸 것입니다. 보기 의 내용을 (가)와 (나)에 해당하는 내용으로 각각 분류하여 기호를 쓰시오.

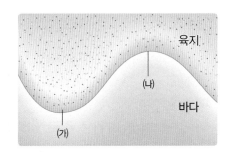

보기

㉠ 갯벌을 볼 수 있다.
㉡ 침식 작용이 활발하다.
㉢ 주로 퇴적 작용이 일어난다.
㉣ 가운데에 구멍 뚫린 바위를 볼 수 있다.

(가) (   ), (나) (   )

3
단원

3. 지표의 변화

문제 강의

● 정답과 풀이 10쪽

평가 주제 흙이 만들어지는 과정 이해하기

평가 목표 흙이 만들어지는 과정을 모형실험으로 설명할 수 있다.

1 과자를 투명한 용기의 $\frac{1}{3}$ 정도 채워 넣고 뚜껑을 닫은 후, 투명 용기를 흔들었습니다. 과자를 투명 용기에 넣고 흔들기 전과 흔든 후의 모습을 접시 위에 그림으로 그리고, 특징을 각각 쓰시오.

구분	과자를 투명 용기에 넣고 흔들기 전	과자를 투명 용기에 넣고 흔든 후
그림으로 나타내기	㉠	㉡
특징	㉢	㉣

도움 과자가 부서져 가루가 되는 것처럼 바위나 돌이 작게 부서져서 작은 알갱이가 됩니다.

2 오른쪽과 같은 버섯 바위는 주로 바람이 세게 부는 곳에서 볼 수 있습니다. 이러한 바위가 생기는 까닭을 위 1번의 모형실험과 관련지어 쓰시오.

도움 바람에 날리는 암석 부스러기나 모래알이 다른 암석의 표면을 깎습니다.

3. 지표의 변화

● 정답과 풀이 10쪽

평가 주제	흐르는 물에 의한 강 상류와 강 하류의 차이점 이해하기
평가 목표	강 상류와 강 하류의 강폭과 경사를 보고, 흐르는 물의 작용과 관련지어 설명할 수 있다.

[1-2] 다음은 강 상류와 강 하류의 강폭과 주변 경사를 나타낸 것입니다. 물음에 답하시오.

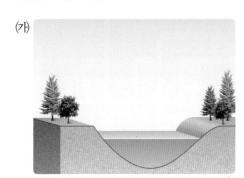

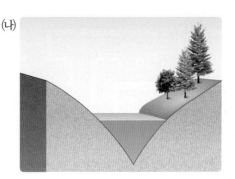

1 다음 ㉠~㉾을 위 ㈎와 ㈏의 주변에서 볼 수 있는 모습으로 분류하여 기호를 쓰시오.

㈎에서 볼 수 있는 모습	㈏에서 볼 수 있는 모습
(1)	(2)

도움 강 상류 주변에서는 높은 산이 보이고, 강 하류 주변에서는 넓은 평지가 보입니다.

2 위 ㈎, ㈏와 같이 강 상류와 강 하류의 모습이 다른 까닭을 강물과 관련지어 쓰시오.

_____

_____

도움 강 상류는 강폭이 좁고, 강 하류로 갈수록 강폭이 넓어집니다.

3 단원

미로를 따라 길을 찾아보세요.

● 정답 10쪽

4 물질의 상태

▶ 학습 내용과 교과서별 해당 쪽수를 확인해 보세요.

학습 내용	백점 쪽수	교과서별 쪽수				
		동아출판	비상교과서	아이스크림 미디어	지학사	천재교과서
1 고체의 성질	70~73	68~71	68~69	72~75	72~75	82~83
2 액체의 성질	74~77	72~73	70~71	76~77	76~77	84~85
3 공간을 차지하는 기체의 성질	78~81	74~75	72~73	78~79	78~79	86~89
4 이동하는 기체의 성질	82~85	76~77	74~75	80~81	80~81	90~91
5 무게가 있는 기체의 성질, 물질의 분류	86~89	78~81	76~79	82~85	82~85	92~95

★ 김영사, 동아출판, 지학사, 천재교과서의 「4. 물질의 상태」 단원에 해당합니다.
★ 금성출판사, 비상교과서, 아이스크림미디어의 「3. 물질의 상태」 단원에 해당합니다.

1 고체의 성질

1 우리 주변 물질의 상태

(1) 물질의 상태

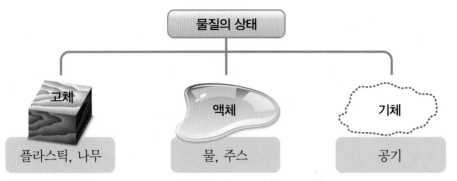

물질의 상태

고체	액체	기체
플라스틱, 나무	물, 주스	공기

① 우리 주변에 있는 물질은 서로 다른 상태로 존재하며, 대부분 고체, 액체, 기체 중 한 가지 상태로 존재합니다.

② 물질의 상태에는 고체, 액체, 기체의 세 가지 상태가 있습니다.

나뭇조각 전달하기	물 전달하기	공기 전달하기
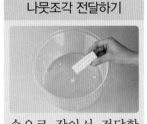		
손으로 잡아서 전달할 수 있고, 그릇에 넣어도 모양이 변하지 않음.	모양이 계속 변하고 흘러내려 전달하기 어려움.	눈에 보이지 않고 느낌이 없어서 전달한 것인지 알 수 없음.

2 고체의 성질

(1) 고체

① 고체는 담는 그릇이 바뀌어도 모양과 부피가 일정한 성질을 가지고 있는 물질의 상태입니다.

② 우리 주변에서 볼 수 있는 고체인 물체 예

▲ 책상   ▲ 연필   ▲ 가방   ▲ 책   ▲ 의자

(2) 가루 물질의 상태

① 가루 물질은 소금, 설탕, 모래 등과 같이 작은 알갱이들이 모여 있는 것입니다.

② 가루 물질을 모양이 다른 그릇에 옮겨 담으면 가루 전체의 모양은 변하지만 알갱이 하나하나의 모양은 변하지 않습니다. ➡ 가루 물질은 고체입니다.

소금 알갱이

소금을 다른 그릇에 옮겨 담았을 때

소금 알갱이

➕ 어항 속 물질의 상태

공기 기체
물 액체
돌 고체

➕ 공 안에 들어가 물 위를 걸을 수 있는 놀이 기구

공 안에 공기가 들어 있기 때문에 공 안에서도 숨을 쉴 수 있고 움직일 수 있습니다.

용어 사전

● **상태** 어떤 때에 사물이 보여 주는 모양이나 놓여 있는 형편.

● **부피** 입체가 차지하는 공간의 크기.

실험 1 물질의 상태 알아보기 📖 동아출판, 김영사, 비상교과서, 아이스크림미디어, 지학사, 천재교과서

❶ 플라스틱 막대, 나무 막대, 물, 주스, 지퍼 백에 든 공기 중 눈으로 직접 볼 수 있는 것이 무엇인지 관찰해 봅시다.

❷ 플라스틱 막대, 나무 막대, 물, 주스, 지퍼 백에 든 공기 중 손으로 잡을 수 있는 것이 무엇인지 관찰해 봅시다.

실험 결과

• 플라스틱 막대, 나무 막대, 물, 주스는 눈으로 볼 수 있고, 지퍼 백에 든 공기는 눈으로 볼 수 없습니다.

• 플라스틱 막대, 나무 막대는 손으로 잡을 수 있습니다.

• 물, 주스, 지퍼 백에 든 공기는 손으로 잡을 수 없습니다.

▲ 나무 막대	▲ 물	▲ 지퍼 백에 든 공기

실험 TIP !

납작한 지퍼 백을 벌려 흔들면서 공기를 모아 부풀린 지퍼 백과 납작한 지퍼 백의 차이를 관찰하며 공기의 존재를 생각해요.

실험 2 고체의 성질 알아보기 📖 7종 공통

❶ 플라스틱 막대와 나무 막대를 관찰해 봅시다.

❷ 플라스틱 막대를 여러 가지 모양의 투명한 그릇에 넣어 보면서 플라스틱 막대의 모양과 부피 변화를 관찰해 봅시다.

❸ 나무 막대를 여러 가지 모양의 투명한 그릇에 넣어 보면서 나무 막대의 모양과 부피 변화를 관찰해 봅시다.

❹ 플라스틱 막대와 나무 막대의 공통점을 정리해 봅시다.

실험 결과

① 플라스틱 막대와 나무 막대 관찰 결과

• 플라스틱 막대와 나무 막대는 단단하고, 손으로 잡을 수 있습니다.

• 플라스틱 막대와 나무 막대는 모양과 부피가 변하지 않습니다.

② 플라스틱 막대와 나무 막대를 여러 가지 모양의 투명한 그릇에 넣어 보기

• 담는 그릇이 달라져도 플라스틱 막대와 나무 막대의 모양이 변하지 않습니다.

• 고체는 담는 그릇이 바뀌어도 모양과 부피가 항상 일정합니다.

실험동영상

고체는 모양이 변하지 않기 때문에 입구의 크기보다 큰 물체는 그릇에 넣을 수 없어요.

4 단원

1 고체의 성질

1

우리 주변 대부분의 물질은 고체, (   ), 기체 중 한 가지 상태로 존재합니다.

2

나뭇조각, 물, 공기 중 손으로 잡아서 전달할 수 있는 것은 (   )입니다.

3

나뭇조각, 물, 공기 중 모양이 계속 변하고 흘러내리는 것은 (   )입니다.

4

담는 그릇이 바뀌어도 모양과 부피가 일정한 성질을 가지고 있는 물질의 상태는 (   )입니다.

5

작은 알갱이들이 모여 있는 소금, 설탕, 모래와 같은 가루 물질의 상태는 (   )입니다.

[6-8] 다음은 우리 주변의 여러 가지 물질입니다. 물음에 답하시오.

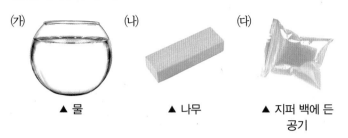

(가) ▲ 물   (나) ▲ 나무   (다) ▲ 지퍼 백에 든 공기

6 동아, 김영사, 비상, 아이스크림, 지학사, 천재

위 (가)~(다) 중 손으로 잡을 수 있는 것의 기호를 쓰시오.

(   )

7 동아

위 (가)~(다)를 다음의 분류 기준에 맞게 분류하였을 때 ㉠과 ㉡에 알맞은 기호를 쓰시오.

[분류 기준] 눈으로 볼 수 있나요?

㉠ 예.	㉡ 아니요.

8 동아, 김영사, 비상, 아이스크림, 지학사, 천재

위 (가)~(다)의 물질의 상태는 각각 무엇인지 쓰시오.

(가) (   ), (나) (   )
(다) (   )

9 ➕ 7종 공통

다음은 어떤 물질의 특징을 나타낸 것인지 보기 에서 골라 기호를 쓰시오.

> 눈으로 직접 볼 수 있지만, 손으로 잡기 어렵다.

보기 ●
ㄱ 물   ㄴ 나무
ㄷ 공기   ㄹ 금속

(　　　　　　　)

10 ➕ 7종 공통

다음은 공룡 인형을 다른 모양의 그릇에 옮겨 담았을 때의 모습입니다. 공룡 인형을 이루고 있는 물질의 상태를 쓰시오.

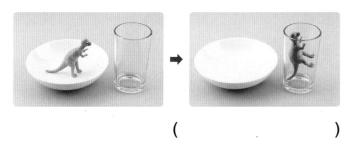

(　　　　　　　)

11 서술형 ➕ 7종 공통

오른쪽과 같이 필통에 담긴 연필과 지우개는 우리 주변에서 볼 수 있는 고체입니다. 고체란 어떤 성질이 있는지 쓰시오.

필통
지우개   연필

_____

_____

12 ➕ 7종 공통

다음과 같이 나무 막대를 여러 가지 모양의 투명한 그릇에 넣어 보았을 때 모양과 부피의 변화에 대해 옳게 말한 사람의 이름을 쓰시오.

• 보나: 막대의 모양이 변해.
• 새론: 막대의 모양과 부피가 모두 변하지 않아.
• 다인: 막대의 모양은 변하지 않지만, 부피는 변해.

(　　　　　　　)

13 ➕ 7종 공통

위 **12**번의 여러 가지 모양의 투명한 그릇에 넣었을 때 나무 막대와 결과가 같은 것을 보기 에서 모두 골라 기호를 쓰시오.

보기 ●
ㄱ 물   ㄴ 돌   ㄷ 우유
ㄹ 공기   ㅁ 철 못   ㅂ 플라스틱 막대

(　　　　　　　)

14 김영사, 비상, 아이스크림, 천재

다음은 소금을 모양이 다른 그릇에 옮겨 담았을 때의 모습입니다. 소금의 상태에 대한 설명으로 옳은 것에 ○표 하시오.

(1) 담는 그릇에 따라 모양이 변하므로 고체가 아니다.

(　　　)

(2) 소금 알갱이 하나하나의 모양이 변하지 않으므로 고체이다.

(　　　)

2 액체의 성질

1 액체의 성질

(1) 액체

① 액체는 담는 그릇에 따라 모양은 변하지만 부피가 일정한 성질을 가지고 있는 물질의 상태입니다.

② 우리 주변에서 볼 수 있는 액체 예

욕실에 있는 액체

샴푸, 욕실용 세제, 구강 청정제

주방에 있는 액체

간장, 식초, 참기름, 주방 세제

냉장고에 있는 액체

물, 우유, 주스, 음료수, 물약

자연에서 볼 수 있는 액체

빗물, 바닷물, 호숫물, 강물

➕ **액체인 꿀**

끈끈한 성질이 있는 꿀도 담는 그릇에 따라 모양은 변하지만 부피는 변하지 않으므로 액체입니다.

2 물과 주스 관찰하기

(1) 물과 주스의 특징: 물과 주스는 담는 그릇에 따라 모양이 변하지만 부피는 변하지 않습니다.

물	주스

• 투명하고 냄새가 없음. • 흐르는 성질이 있음. • 눈으로 볼 수 있음. • 손으로 잡기 어려움.	• 노란색이고, 단맛과 신맛이 남. • 흐르는 성질이 있음. • 눈으로 볼 수 있음. • 손으로 잡기 어려움.

(2) 빨대를 통과하는 음료수의 모양

① 컵에 담긴 음료수가 빨대로 이동하면서 모양이 변합니다.

② 컵 모양과 같았던 음료수의 모양은 빨대를 통과하면서 빨대와 같은 모양으로 변합니다.

➕ **일상생활에서 볼 수 있는 액체의 모양 변화**

▲ 물약   ▲ 기름

• 약병에 들어 있는 물약을 약컵에 부었더니 물약의 모양이 컵 모양으로 변했습니다.

• 병에 담긴 기름을 프라이팬에 부었을 때 기름의 모양이 변했습니다.

용어 사전

◆ **구강 청정제** 입 냄새를 없애기 위하여 사용하는 약품.

◆ **끈끈한** 끈기가 많아 끈적끈적한.

실험 액체의 성질 알아보기 📖 7종 공통

실험 TIP !

실험동영상

물을 옮겨 담을 때에는 물을 흘리거나 남기지 않아요.

❶ 투명한 그릇 한 개에 물을 넣은 뒤 유성 펜으로 물의 높이를 표시하고, 그릇에 담긴 물의 모양을 관찰해 봅시다.

❷ 물을 다른 모양의 그릇에 옮겨 담은 뒤 물의 모양을 관찰해 봅시다.

❸ 물을 또 다른 모양의 그릇에 옮겨 담은 뒤 물의 모양을 관찰해 봅시다.

❹ 처음에 사용한 그릇에 물을 다시 옮겨 담고 처음 표시한 물의 높이와 비교해 봅시다.

❺ 주스도 여러 가지 모양의 투명한 그릇에 옮겨 담으면서 그릇에 담긴 주스의 모양과 부피 변화를 관찰해 봅시다.

실험 결과

① 물의 모양과 부피 관찰하기

처음
물의 높이

나중
물의 높이

그릇에 담긴 액체의 높이를 표시할 때에는 그릇에 들어 있는 액체의 높이와 눈높이를 같게 해요.

• 담는 그릇에 따라 물의 모양은 변하지만, 부피는 변하지 않습니다.
• 처음에 사용한 그릇으로 옮겨 담으면 물의 높이가 처음과 같습니다.

② 주스의 모양과 부피 관찰하기

• 담는 그릇에 따라 주스의 모양은 변하지만, 부피는 변하지 않습니다.
• 처음에 사용한 그릇으로 옮겨 담으면 주스의 높이가 처음과 같습니다.

4
단원

2 액체의 성질

기본 개념 문제

1

담는 그릇에 따라 모양은 변하지만 부피가 일정한 성질을 가지고 있는 물질의 상태는 (   )입니다.

2

빵, 공기, 주방 세제 중 물약과 물질의 상태가 같은 것은 (   )입니다.

3

물을 모양이 다른 그릇에 옮겨 담으면 담는 그릇의 모양에 따라 물의 모양이 (   ).

4

물을 모양이 다른 그릇에 옮겨 담으면 담는 그릇에 따라 물의 부피가 (   ).

5

컵에 담긴 주스가 빨대로 이동하면 주스의 모양이 (   ) 모양으로 변합니다.

6 ➕ 7종 공통

오른쪽은 주방에서 많이 사용하는 간장, 식초, 참기름의 모습입니다. 이 물질들의 특징으로 옳은 것을 보기 에서 골라 기호를 쓰시오.

| 보기 •
| ㉠ 담는 그릇에 따라 맛이 변한다.
| ㉡ 담는 그릇에 따라 모양이 변한다.
| ㉢ 담는 그릇에 따라 색깔이 변한다.

(   )

7 ➕ 7종 공통

다음의 물질을 각각 다른 모양의 그릇에 옮겨 담았을 때 다른 결과가 나오는 한 가지의 기호를 쓰시오.

㉠ ▲ 꿀   ㉡ ▲ 간장   ㉢ ▲ 탁구공

(   )

8 ➕ 7종 공통

다음은 지아가 물질의 상태에 대해 퀴즈를 내고 있는 모습입니다. 지아가 설명하는 물질의 상태에 해당하는 것을 보기 에서 모두 골라 ○표 하시오.

담는 그릇에 따라 모양이 변하지만, 부피는 그대로야.

| 보기 •
| 꽃, 빗물, 유리컵, 샴푸, 셀로판테이프

9 ⊕ 7종 공통

다음은 보라의 관찰 일기 일부분입니다. 보라가 관찰한 ㉮에 알맞은 것은 어느 것입니까? (　　　)

> ㉮를 손에 부었더니 흘러내려서 손으로 잡을 수 없었다. ㉮를 유리컵에 넣고 높이를 표시한 후, ㉮를 둥근 모양의 그릇에 옮겼다가 다시 유리컵에 부었더니 높이는 처음과 같았다.

① 소금   ② 연필
③ 우유   ④ 종이컵
⑤ 농구공

10 서술형 동아

컵에 담은 주스를 동그라미와 하트 모양의 빨대로 마시고 있습니다. 컵에서 빨대로 이동하는 주스의 모양은 어떻게 변할지 쓰시오.

_____

_____

11 ⊕ 7종 공통

물과 주스의 특징을 비교한 것으로 옳지 않은 것은 어느 것입니까? (　　　)

① 물과 주스는 눈으로 볼 수 있다.
② 물과 주스는 손으로 잡기 어렵다.
③ 물은 투명하고, 주스는 노란색이다.
④ 물은 냄새가 없고, 주스는 단맛이 난다.
⑤ 물은 흐르는 성질이 있고, 주스는 흐르는 성질이 없다.

[12-14] 다음 실험 과정을 보고, 물음에 답하시오.

> ㉮ 투명한 그릇에 물을 넣고, 유성 펜으로 물의 높이를 표시한다.
> ㉯ 물을 다른 모양의 그릇에 차례대로 옮겨 담는다.
> ㉰ 처음에 사용한 그릇에 물을 다시 옮겨 담고 처음 표시한 물의 높이와 비교한다.

물의 높이

12 ⊕ 7종 공통

위 ㉯ 과정에서 관찰한 결과로 옳은 것에 ○표 하시오.

(1) 물의 맛이 계속 달라진다.   (　　　)
(2) 물의 색깔이 컵의 종류에 따라 달라진다. (　　　)
(3) 물의 모양이 컵의 모양에 따라 달라진다. (　　　)

13 ⊕ 7종 공통

위 ㉰ 과정 후 물의 높이로 옳은 것의 기호를 쓰시오.

㉠   ㉡   ㉢

(　　　　　　　)

14 ⊕ 7종 공통

위 결과로 알 수 있는 사실로 (　　) 안에 들어가기에 알맞지 않은 것을 보기 에서 골라 기호를 쓰시오.

> 물은 담는 그릇에 따라 (　　　　　　).

> 보기 ●
> ㉠ 색깔이 변한다.
> ㉡ 모양이 변한다.
> ㉢ 부피가 변하지 않는다.

(　　　　　　　)

4
단원

3 공간을 차지하는 기체의 성질

1 우리 주변의 공기

(1) 우리 주변에 공기가 있다는 것을 알 수 있는 방법 예

하늘을 날고 있는 연 ▶

▲ 공기가 들어 있는 튜브

▲ 바람에 흔들리는 나뭇가지

(2) 공기 느껴보기

빈 페트병의 입구를 손등에 가까이 가져가 페트병을 누르면 바람이 느껴집니다.

손등 가까이에서 부풀린 풍선의 입구를 쥐었던 손을 살짝 놓으면 바람이 느껴집니다.

선풍기에서 나오는 바람이 느껴지고, 머리카락이 바람에 날립니다.

➕ **풍선을 채우고 있는 공기의 모양**

풍선의 모양	공기의 모양
(하트 모양 풍선)	(하트 모양)
(강아지 모양 풍선)	(강아지 모양)

풍선을 채우고 있는 공기의 모양은 풍선의 모양과 같습니다.

2 공간을 차지하는 기체(공기)의 성질

(1) 기체

① 기체는 담는 그릇에 따라 모양이 변하고, 담긴 그릇을 항상 가득 채우는 성질을 가지고 있는 물질의 상태입니다. → 공기는 일정한 모양을 가지고 있지 않아요.

② 기체는 눈에 보이지 않지만 고체, 액체 물질과 같이 공간을 차지합니다.

③ 공기가 차지하는 공간의 모양은 담는 그릇의 모양에 따라 달라집니다.

(2) 공간을 차지하는 기체(공기)의 성질을 이용하는 경우 예

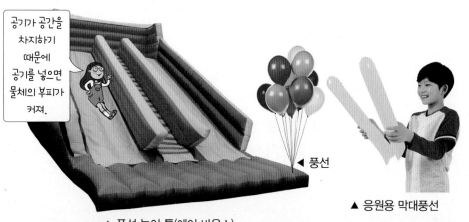

공기가 공간을 차지하기 때문에 공기를 넣으면 물체의 부피가 커져.

◀ 풍선

▲ 응원용 막대풍선

▲ 풍선 놀이 틀(에어 바운스)

➕ **공기를 빼내는 경우**

압축 팩에 넣어 공기를 뺀 후의 이불은 공기가 차지하는 공간을 줄이는 경우입니다.

▲ 고무보트

▲ 자동차 에어 백

▲ 에어 캡(뽁뽁이)

용어 사전

● **에어 캡** 기포가 들어간 필름. 두 장의 폴리에틸렌 필름 안에 공기의 거품을 가둔 것으로 물건에 충격을 줄여주거나 단열에 주로 사용함.

● **압축** 압력을 받아 부피가 작아지는 것.

교과서 **통합 대표 실험**

실험 1 우리 주변에 공기가 있는지 알아보기 📖 김영사, 천재교과서

❶ 빈 페트병의 입구 부분을 물이 담긴 수조에 넣고 페트병을 손으로 누르면서 나타나는 변화를 관찰해 봅시다.

❷ 부풀린 풍선의 입구를 물이 담긴 수조에 넣고 물속에서 풍선 입구를 쥐었던 손을 살짝 놓으면서 나타나는 현상을 관찰해 봅시다.

실험 결과

 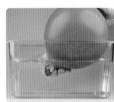

빈 페트병과 풍선의 입구에서 공기 방울이 생겨 위로 올라오면서 보글보글 소리가 납니다. ➡ 눈에 보이지 않지만 우리 주변에 공기가 있습니다.

실험 TIP!

실험동영상

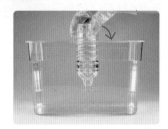

페트병을 물속에 넣을 때에는 수직으로 넣은 다음 기울여서 페트병을 눌러요.

실험 2 공기가 공간을 차지하는지 알아보기 📖 동아출판, 금성출판사, 김영사, 아이스크림미디어, 천재교과서

❶ 수조에 담긴 물의 높이를 유성 펜으로 표시한 뒤 페트병 뚜껑을 물 위에 띄웁니다.

❷ 물 위에 바닥에 구멍이 뚫리지 않은 투명한 플라스틱 컵을 뒤집어 페트병 뚜껑을 덮은 뒤 수조 바닥까지 천천히 밀어 넣었다가 플라스틱 컵을 천천히 위로 올립니다.

❸ 바닥에 구멍이 뚫린 투명한 플라스틱 컵으로 ❷의 과정을 반복합니다.

구멍

처음 물의 높이

실험동영상

• 바닥에 구멍이 뚫리지 않은 플라스틱 컵을 물속으로 밀어 넣을 때 컵 안의 공기가 새지 않도록 아래쪽으로 천천히 밀어 넣어요.

• 페트병 뚜껑 대신에 스타이로폼 공을 띄워서 실험할 수도 있어요.

4 단원

실험 결과

구분	바닥에 구멍이 뚫리지 않은 플라스틱 컵을 밀어 넣을 때	바닥에 구멍이 뚫린 플라스틱 컵을 밀어 넣을 때
모습		
페트병 뚜껑	페트병 뚜껑이 내려감.	그대로 물 위에 떠 있음.
수조 안 물의 높이	수조 안 물의 높이가 조금 높아짐.	수조 안 물의 높이에 변화가 없음.
차이점	컵 안의 공기가 공간을 차지하고 있어서 컵 안으로 물이 들어가지 못함.	컵 안에 있던 공기가 컵 바닥의 구멍으로 빠져나가기 때문에 컵 안으로 물이 들어감.
플라스틱 컵 올리기	• 페트병 뚜껑이 다시 위로 올라옴. • 높아졌던 수조 안 물의 높이가 원래대로 낮아짐.	• 페트병 뚜껑이 그대로 있음. • 수조 안 물의 높이에 변화가 없음.

페트병 입구에 풍선을 끼워 풍선 불기

구멍

페트병 속 공기가 공간을 차지하고 있어서 풍선이 잘 부풀지 않으므로 페트병에 구멍을 뚫어 페트병 속 공기가 빠져나가게 합니다.

➡ 공기는 눈에 보이지 않지만 공간을 차지합니다.

3 공간을 차지하는 기체의 성질

기본 개념 문제

1

풍선에서 나오는 바람, 선풍기 바람 등으로 우리 주변에 (   )이/가 있다는 것을 느낄 수 있습니다.

2

담는 그릇에 따라 모양이 변하고, 담긴 그릇을 항상 가득 채우는 성질을 가지고 있는 물질의 상태를 (   )(이)라고 합니다.

3

풍선 속 공기의 모양은 (   )의 모양과 같습니다.

4

빈 페트병을 물속에서 살짝 누르면 생기는 (   ) 방울을 보고 눈에 보이지는 않지만 우리 주변에 (   )이/가 있다는 것을 알 수 있습니다.

5

고무보트는 공기가 (   )을/를 차지하는 성질을 이용합니다.

6 ➕ 7종 공통

다음은 공통적으로 무엇을 이용하고 있는 것인지 쓰시오.

▲ 연날리기   ▲ 풍선 부풀리기

(   )

7 ➕ 7종 공통

기체에 대한 설명으로 옳은 것은 어느 것입니까?

(   )

① 우리 주변에는 기체가 없다.
② 기체의 양은 항상 일정하다.
③ 기체는 항상 담는 그릇의 반만 채운다.
④ 눈에 보이지 않는 것은 기체가 아니다.
⑤ 기체의 모양은 담는 그릇의 모양에 따라 달라진다.

8 천재

물이 든 수조에 공기를 넣은 풍선을 넣고 물속에서 풍선 입구를 쥐었던 손을 살짝 놓을 때 나타나는 현상으로 옳은 것에 모두 ○표 하시오.

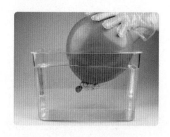

(1) 풍선의 크기가 그대로 유지된다.   (   )
(2) 풍선 입구에서 보글보글 소리가 난다.   (   )
(3) 풍선 입구에서 공기 방울이 생겨 위로 올라온다.
(   )

[9-11] 바닥에 구멍이 뚫린 플라스틱 컵과 구멍이 뚫리지 않은 플라스틱 컵으로 수조 안 물에 띄운 페트병 뚜껑을 덮어 수조 바닥까지 밀어 넣으려고 합니다. 물음에 답하시오.

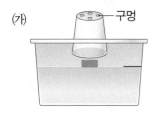
(가)

(나)

9 동아, 금성, 김영사, 아이스크림, 천재

위 (가)와 (나) 중 플라스틱 컵을 수조 바닥까지 밀어 넣을 때 물이 컵 안으로 들어가는 것의 기호를 쓰시오.

( )

10 동아, 금성, 김영사, 아이스크림, 천재

위 (가)와 (나) 중 플라스틱 컵을 수조 바닥까지 밀어 넣을 때 수조 안 물의 높이가 조금 높아지는 것의 기호를 쓰시오.

( )

11 서술형 동아, 금성, 김영사, 아이스크림, 천재

위 실험 결과를 통해 알 수 있는 사실을 공기의 성질과 관련지어 쓰시오.

_____

_____

12 동아, 비상

긴 모양의 풍선 ㉠을 비틀거나 묶어서 ㉡의 동물 모양을 만들었습니다. 공기의 모양에 대해 옳게 말한 사람의 이름을 쓰시오.

㉠

㉡

- 승민: ㉠과 ㉡ 풍선 속 공기의 모양이 같아.
- 도경: ㉠ 풍선 속 공기의 모양은 ㉠ 풍선의 모양과 같아.
- 지율: ㉠ 풍선 속 공기는 풍선의 모양과 같지만, ㉡ 풍선 속 공기는 풍선의 모양과 달라.

( )

13 ➕ 7종 공통

공기가 공간을 차지하는 성질을 이용하는 경우가 아닌 것의 기호를 쓰시오.

▲ 선풍기

▲ 에어 백

▲ 풍선 놀이 틀

( )

14 ➕ 7종 공통

액체와 기체의 공통점이 아닌 것을 보기 에서 골라 기호를 쓰시오.

보기
㉠ 손으로 잡을 수 없다.
㉡ 담는 그릇을 항상 가득 채운다.
㉢ 담는 그릇에 따라 모양이 변한다.

( )

4 이동하는 기체의 성질

1 다른 곳으로 이동하는 공기의 성질

(1) 이동하는 공기의 성질
① 나무나 물과 같이 공기도 물질이므로 다른 곳으로 이동할 수 있습니다.
② 이동한 공간에서도 공기는 항상 공간을 가득 채웁니다.

(2) 공기의 이동 느껴보기: 플라스틱 관의 양쪽에 셀로판테이프로 비닐장갑과 공기를 채운 비닐봉지를 연결한 후, 비닐봉지를 누르면 비닐장갑이 팽팽해지는 것은 비닐봉지에서 비닐장갑으로 공기가 이동하기 때문입니다.

(3) 공기가 이동하는 성질을 이용한 경우 예
① 부채와 선풍기는 공기의 이동으로 바람을 일으킵니다.
② 환풍기는 실내의 오염된 공기를 밖으로 이동시킵니다.
③ 풍력 발전기는 바람을 이용하여 전기를 만듭니다.
④ 수족관의 공기 공급 장치로 물 밖의 공기를 물속으로 이동시킵니다.

▲ 선풍기 ▲ 풍력 발전기 ▲ 수족관의 공기 공급 장치

2 공기가 공간을 차지하고 이동하는 성질 이용하기

공기 주입기로 풍선 부풀리기	공기 펌프로 자전거 타이어에 공기 넣기	비눗방울 불기
풍선 밖에서 풍선 안으로 공기가 이동함.	타이어 밖에서 타이어 안으로 공기가 이동함.	비눗방울 안으로 공기가 들어감.

움직이는 바람 인형	코끼리 나팔 불기	튜브에 공기 넣기
풍선 밖에서 풍선 안으로 공기가 이동함.	입구에 공기를 불어 넣으면 나팔이 길게 늘어남.	펌프를 누르면 공기가 튜브 안으로 이동함.

➕ 주사기에 연결한 비닐관의 끝을 손등에 향하게 한 뒤 피스톤을 누르기

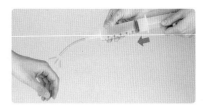

무엇인가 손등으로 지나가는 느낌이 드는 것은 공기가 이동하기 때문입니다.

➕ 고무장갑 안으로 들어간 손가락 빼내기

고무장갑에 손가락이 들어갔을 때 고무장갑에 공기를 넣고 입구를 막은 후 고무장갑의 입구를 누르면 손가락 쪽으로 공기가 이동하면서 안으로 들어간 손가락이 펴집니다.

용어 사전

● **공급** 요구나 필요에 따라 물품 따위를 제공함.
● **펌프** 압력을 통하여 액체, 기체를 빨아올리거나 이동시키는 기계.

실험 1 공기(기체)가 이동하는지 알아보기(페트병 누르기) 📖 동아출판

❶ 페트병 입구에 풍선을 끼웁니다.

❷ ❶의 페트병을 양손으로 힘껏 누르면서 풍선의 모양을 관찰해 봅시다.

❸ 페트병을 눌렀다 폈다 반복하면서 풍선의 모양을 관찰해 봅시다.

고무풍선

실험동영상

실험 결과

▲ 풍선을 끼운 페트병을 양손으로 힘껏 눌렀을 때

▲ 페트병을 누르던 손을 놓았을 때

• 페트병을 누르면 납작하게 접혀 있던 풍선에 공기가 채워지면서 풍선이 부풀어 오릅니다.

• 페트병을 누르던 손을 놓으면 풍선이 다시 납작해지면서 꺾입니다.

➡ 공기는 다른 곳으로 이동할 수 있습니다.

페트병에 끼운 풍선의 모양에 따라 풍선에 들어 있는 공기의 모양이 달라져요.

4 단원

실험 2 공기(기체)가 이동하는지 알아보기(주사기 밀기) 📖 비상교과서, 아이스크림미디어, 지학사, 천재교과서

❶ 주사기 한 개는 피스톤을 밀어 놓고 다른 한 개는 피스톤을 당겨 놓습니다.

❷ 각 주사기의 입구를 비닐관의 양쪽에 끼웁니다.

❸ 당겨 놓은 주사기의 피스톤을 밀거나 당길 때 어떤 변화가 나타나는지 관찰해 봅시다.

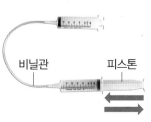
비닐관　　　피스톤

스타이로폼 공에 유성 펜으로 동물의 모습을 그려 주사기의 피스톤 끝에 양면테이프로 붙여 꾸밀 수 있어요.

실험 결과

구분	주사기의 피스톤을 밀 때	주사기의 피스톤을 당길 때
모습	피스톤 밀기	피스톤 당기기
다른 주사기 피스톤의 변화	당겨 놓지 않은 주사기의 피스톤이 뒤로 밀려남.	밀려났던 주사기의 피스톤이 제자리로 돌아옴.

• 주사기의 피스톤이 모두 당겨져 있으면 피스톤을 눌렀을 때 다른 쪽 주사기의 피스톤이 튀어나갈 수 있어요.

• 두 개의 주사기의 피스톤이 모두 들어가 있으면 피스톤이 당겨지지 않아요.

• 피스톤을 당겨 놓은 주사기 속의 공기가 피스톤을 당겨 놓지 않은 주사기 속으로 이동합니다.

➡ 공기는 다른 곳으로 이동할 수 있습니다.

4 이동하는 기체의 성질

1

선풍기 바람은 공기가 (   )하는 성질을 이용합니다.

2

공기 펌프로 자전거 타이어에 공기를 넣는 것은 공기가 다른 곳으로 (   )하고, 타이어 안에서 (   )을/를 차지하는 성질을 이용합니다.

3

풍력 발전기는 (   )의 이동인 바람으로 전기를 만듭니다.

4

움직이는 바람 인형은 풍선 (   )에서 풍선 (   )(으)로 공기가 이동합니다.

5

당겨 놓은 주사기의 피스톤을 누르면 주사기 안의 공기가 (   )합니다.

6 김영사

비닐장갑과 공기를 채운 비닐봉지를 플라스틱 관으로 연결한 후 비닐봉지 부분을 눌렀을 때의 결과로 옳은 것을 두 가지 고르시오. (   )

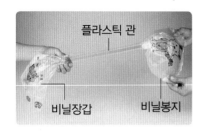

플라스틱 관

비닐장갑 비닐봉지

① 비닐장갑이 팽팽해진다.
② 비닐봉지가 더 팽팽해진다.
③ 공기가 비닐장갑으로 이동한다.
④ 비닐장갑의 손가락이 납작해진다.
⑤ 비닐장갑과 비닐봉지가 모두 납작해진다.

7 동아, 금성, 비상, 천재

다음과 같이 공기 주입기로 풍선에 공기를 넣을 때 공기가 이동하는 방향으로 알맞은 것의 기호를 쓰시오.

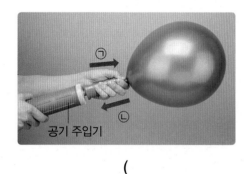

㉠
㉡
공기 주입기

(   )

8 ➕ 7종 공통

위 **7**번 답과 같이 이동한 공기에 대한 설명으로 옳은 것에 ○표 하시오.

⑴ 이동한 후 공기가 사라진다.   (   )
⑵ 이동한 곳에서 공간을 가득 채운다.   (   )
⑶ 이동한 후 바로 원래의 위치로 다시 이동한다.
          (   )

9 서술형　아이스크림

주사기에 연결한 비닐관의 끝을 손등에 향하게 한 뒤 피스톤을 누르면 무엇인가 손등으로 지나가는 느낌이 드는 까닭을 공기의 성질과 관련지어 쓰시오.

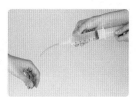

_____

_____

10 ✚ 7종 공통

오른쪽은 움직이는 바람 풍선에 공기를 넣는 모습입니다. 이때 이용한 공기의 성질로 옳은 것을 보기 에서 두 가지 골라 기호를 쓰시오.

보기
㉠ 공기가 무거운 성질
㉡ 공기가 이동하는 성질
㉢ 공기가 냄새가 없는 성질
㉣ 공기가 공간을 차지하는 성질

(　　　　　　　)

11 ✚ 7종 공통

공기의 성질을 이용한 경우가 <u>아닌</u> 것의 기호를 쓰시오.

▲ 선풍기

▲ 비눗방울

▲ 수족관의 공기 공급 장치

▲ 주전자의 물 끓이기

(　　　　　　　)

12 동아

입구에 풍선을 끼운 페트병을 양손으로 힘껏 누르면 풍선의 모양이 어떻게 되는지 옳게 말한 사람의 이름을 쓰시오.

풍선
페트병

• 승우: 풍선이 부풀어 올라.
• 지안: 풍선이 더 납작하게 변해.
• 민재: 풍선의 모양이 그대로 유지돼.

(　　　　　　　)

13 비상, 아이스크림, 지학사, 천재

다음과 같이 두 개의 주사기를 비닐관으로 연결한 뒤 당겨 놓은 주사기의 피스톤을 눌렀습니다. 이때 공기의 이동 방향을 (　　) 안에 화살표로 나타내시오.

공기　　　비닐관
(　　　　　　　)

14 비상, 아이스크림, 지학사, 천재

위 **13**번 답과 같이 공기가 이동한 후의 두 주사기의 모습으로 옳은 것의 기호를 쓰시오.

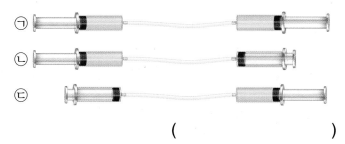
㉠
㉡
㉢

(　　　　　　　)

1 기체의 무게

(1) **기체의 무게**: 공기와 같은 대부분의 기체는 눈에 보이지 않지만 고체나 액체와 같이 공기(기체)도 무게가 있습니다.

(2) **공기에 무게가 있음을 알 수 있는 방법** 예

① 공기가 들어 있지 않은 공기 침대는 한 사람이 들 수 있지만, 공기를 가득 채운 공기 침대는 채워진 공기의 무게만큼 공기 침대가 무거워지기 때문에 여러 사람이 함께 들어야 옮길 수 있습니다.

② 찌그러진 축구공에 공기를 넣으면 공기를 넣기 전보다 무게가 늘어납니다.

(3) **공기의 실제 무게**

▲ 학교 체육관 안 공기의 무게: 약 5,000 kg   ▲ 버스 안 공기의 무게: 약 100~120 kg

2 물질의 상태에 따른 분류

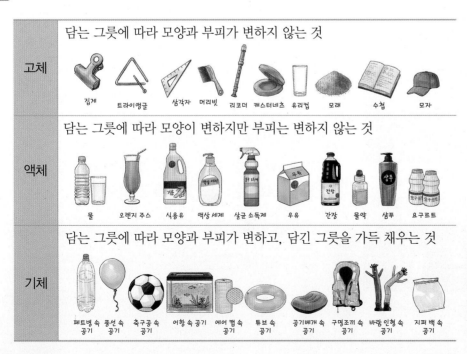

고체	담는 그릇에 따라 모양과 부피가 변하지 않는 것
	집게 트라이앵글 삼각자 머리빗 리코더 캐스터네츠 유리컵 모래 수첩 모자
액체	담는 그릇에 따라 모양이 변하지만 부피는 변하지 않는 것
	물 오렌지 주스 식용유 액상 세제 살균 소독제 우유 간장 물약 샴푸 요구르트
기체	담는 그릇에 따라 모양과 부피가 변하고, 담긴 그릇을 가득 채우는 것
	페트병 속 공기 풍선 속 공기 축구공 속 공기 어항 속 공기 에어 캡 속 공기 튜브 속 공기 공기배게 속 공기 구명조끼 속 공기 바람 인형 속 공기 지퍼 백 속 공기

➕ 우리가 공기의 무게를 느끼지 못하는 까닭

우리 주변을 둘러싸고 있는 공기는 무게가 있지만 공기가 누르는 힘만큼 우리 몸의 내부에서도 밖으로 밀어내기 때문에 우리는 공기의 무게를 느끼지 못합니다.

➕ 공기의 무게

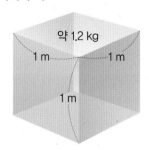
약 1.2 kg
1 m 1 m
1 m

가로, 세로, 높이가 모두 1 m인 공간에 들어 있는 공기의 무게는 약 1.2 kg입니다.

용어 사전

● **내부** 안쪽의 부분.

교과서 통합 대표 실험

실험 1   기체(공기)가 무게가 있는지 알아보기

동아출판, 금성출판사, 김영사, 비상교과서, 아이스크림미디어, 천재교과서

❶ 페트병 입구에 공기 주입 마개를 끼웁니다.

❷ 공기 주입 마개를 끼운 페트병의 무게를 전자저울로 측정합니다.

❸ 공기 주입 마개를 여러 번 눌러 페트병이 팽팽해질 때까지 공기를 채웁니다.

❹ 공기를 채운 페트병의 무게를 전자저울로 측정해 보고, 공기 주입 마개를 누르기 전과 누른 후의 무게를 비교해 봅시다.

실험 결과

▲ 공기 주입 마개를 누르기 전의 무게   ▲ 공기 주입 마개를 누른 후의 무게

누르기 전	열 번 눌렀을 때	스무 번 눌렀을 때	서른 번 눌렀을 때
54.1 g	54.3 g	54.5 g	54.7 g

- 공기 주입 마개를 누른 후에 페트병 안은 눈에 보이는 변화는 없지만, 페트병은 더 팽팽해집니다.
- 공기 주입 마개를 누르면 페트병 안으로 공기가 들어가므로 누르기 전보다 무게가 늘어납니다.
- 공기 주입 마개를 누르는 횟수가 늘어날수록 무게도 늘어납니다.

실험 2   공기 주입 용기로 공기의 무게 재기   지학사

❶ 전자저울을 이용하여 공기 주입 용기의 무게를 측정합니다.

❷ 공기 주입 용기 아래쪽에 있는 막대를 20번 당기고 밀면서 공기 주입 용기에 공기를 넣은 후 공기 주입 용기의 무게를 측정합니다.

실험 결과

공기 넣기

- 공기 주입 용기에 공기를 넣고 무게를 재면 처음보다 무게가 늘어납니다.
- 공기 주입 용기에 넣었던 공기를 빼면 빠진 공기의 무게만큼 줄어듭니다.

실험동영상

- 페트병 입구에 공기 주입 마개를 끼울 때 공기가 새지 않도록 꽉 조여요.
- 공기 주입 마개는 공기 압축 마개라고도 불러요.

전자저울 사용법

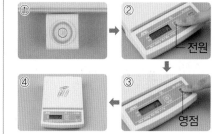

① 공기 방울이 붉은색 원 안의 한가운데에 오도록 하여 저울의 수평 맞추기
② 전원 단추를 눌러 전자저울을 작동시키기
③ 영점 단추를 눌러 영점 맞추기
④ 전자저울에 측정하려는 물체를 올려놓고 무게 측정하기

공기 주입 용기의 무게를 처음 잴 때는 공기를 빼는 버튼을 눌러 공기를 뺀 후 측정해요.

4 단원

5 무게가 있는 기체의 성질, 물질의 분류

기본 개념 문제

1

공기가 들어 있지 않은 공기 침대는 한 사람이 들 수 있지만, 공기를 가득 채운 공기 침대는 여러 사람이 옮겨야 하는 것은 공기가 (   )이/가 있기 때문입니다.

2

찌그러진 축구공에 공기를 넣으면 공기를 넣기 전보다 축구공의 무게가 (   ).

3

페트병의 입구에 끼운 공기 주입 마개를 여러 번 누를수록 페트병의 무게가 (   ).

4

버스 안 공기의 (   )은/는 약 100~120 kg입니다.

5

삼각자, 식용유, 어항 속 공기를 물질의 상태에 따라 분류할 때 모래와 같은 물질의 상태로 분류할 수 있는 것은 (   )입니다.

6 동아, 비상

똑같은 두 개의 축구공 중 ㉠은 공기가 빠졌고 ㉡은 공기가 가득 차 있습니다. 더 무거운 것의 기호를 쓰시오.

㉠ 공기가 빠진 축구공   ㉡ 공기가 가득 찬 축구공

(   )

7 ➕ 7종 공통

물놀이할 때 사용하는 고무보트를 사용하지 않을 때에는 접어서 운반하면 좋은 점을 보기 에서 골라 기호를 쓰시오.

보기
㉠ 고무보트가 더 부드러워진다.
㉡ 고무보트의 무게가 가벼워진다.
㉢ 고무보트를 더 크게 만들 수 있다.

(   )

8 천재

오른쪽과 같은 체육관을 가득 채우고 있는 이 물질에 대해 옳게 말한 사람의 이름을 쓰시오.

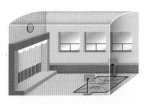

• 채이: 이 물질은 무게가 있어.
• 지우: 이 물질은 풍선 안에 있는 물질보다 가벼워.
• 혜솔: 이 물질은 눈에 보이지 않기 때문에 무게가 있다고 할 수 없어.

(   )

[9-11] 다음은 공기 주입 마개를 끼운 페트병의 무게를 전자저울로 측정하는 모습입니다. 물음에 답하시오.

9 동아, 금성, 김영사, 비상, 아이스크림, 천재

위 페트병이 팽팽해질 때까지 공기 주입 마개를 눌러 공기를 채운 후 무게를 측정한 경우의 기호를 쓰시오.

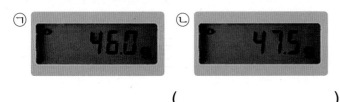

(　　　　　　　　)

10 동아, 금성, 김영사, 비상, 아이스크림, 천재

위 **9**번 답으로 알 수 있는 공기 주입 마개를 누르기 전과 누른 후의 무게를 ◯ 안에 >, =, <로 나타내시오.

| 공기 주입 마개를 누르기 전 | ◯ | 공기 주입 마개를 누른 후 |

11 ➕ 7종 공통

다음은 위 탐구 결과로 알 수 있는 사실입니다. (　) 안에 들어갈 알맞은 말을 쓰시오.

> 공기는 (　　　　)이/가 있다.

(　　　　　　　　)

12 지학사

같은 공기 주입 용기에서 아래쪽에 있는 막대를 당겨 공기를 넣은 경우와 공기를 빼는 버튼을 눌러 공기를 뺀 경우 중 전자저울로 무게를 측정했을 때 더 무거운 것의 기호를 쓰시오.

ⓐ 공기를 넣기　　　ⓑ 공기를 빼기

(　　　　　　　　)

13 아이스크림

잠수부가 바닷속에서 사진기를 들고 물고기의 모습을 찍고 있습니다. 찾을 수 있는 고체, 액체, 기체를 각각 쓰시오.

(1) 고체: (　　　　　　　　)
(2) 액체: (　　　　　　　　)
(3) 기체: (　　　　　　　　)

14 서술형　➕ 7종 공통

여러 가지 물질을 물질의 상태에 따라 분류한 것 중 <u>잘못된</u> 것을 찾아 쓰고, 그렇게 생각한 까닭을 물질의 상태의 특징과 관련지어 쓰시오.

고체	액체	기체
돌멩이, 운동화, 우유, 가위	주스, 식초, 분수대의 물	공 안의 공기, 비눗방울 안의 공기

(1) 잘못된 것: (　　　　　　　)

(2) 까닭: _____

_____

4 물질의 상태

1. 우리 주변 물질의 상태

(1) **물질의 상태**: 고체, 액체, 기체의 세 가지 상태가 있습니다.

(2) **물질 전달하기**

★ 물질 전달하기

나뭇조각
(고체)

물
(액체)

공기
(기체)

나뭇조각	손으로 잡아서 전달할 수 있고, 그릇에 넣어도 모양이 변하지 않음.
물	모양이 계속 변하고 흘러내려 전달하기 어려움.
공기	눈에 보이지 않고 느낌이 없어서 전달한 것인지 알 수 없음.

2. 고체의 성질

(1) [**❶**   ]: 담는 그릇이 바뀌어도 모양과 부피가 일정한 성질을 가지고 있는 물질의 상태입니다. ㉐ 책상, 연필, 가방, 의자

(2) **가루 물질의 상태**: 모양이 다른 그릇에 옮겨 담으면 가루 전체의 모양은 변하지만 알갱이 하나하나의 모양은 변하지 않으므로 가루 물질은 고체입니다.
㉐ 소금, 설탕, 모래

소금 알갱이

3. 액체의 성질

(1) [**❷**   ]: 담는 그릇에 따라 모양은 변하지만 부피가 일정한 성질을 가지고 있는 물질의 상태입니다. ㉐ 물, 주스, 간장, 주방 세제, 샴푸, 꿀

(2) **여러 가지 모양의 투명한 그릇에 물 옮겨 담기**: 담는 그릇에 따라 물의 모양은 변하지만, 부피는 변하지 않기 때문에 처음에 사용한 그릇으로 옮겨 담으면 물의 높이가 처음과 같습니다.

4. 공간을 차지하는 기체(공기)의 성질

(1) [**❸**   ]

① 담는 그릇에 따라 모양이 변하고, 담긴 그릇을 항상 가득 채우는 성질을 가지고 있는 물질의 상태입니다. ㉐ 지퍼 백 속의 공기

② 공기가 차지하는 공간의 모양은 담는 그릇의 모양에 따라 달라집니다.

(2) **공기가 공간을 차지하는지 알아보기**

★ 공간을 차지하는 공기의 성질 이용

▲ 풍선 놀이 틀

▲ 고무보트

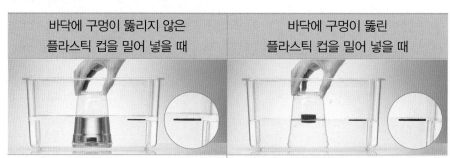

바닥에 구멍이 뚫리지 않은 플라스틱 컵을 밀어 넣을 때	바닥에 구멍이 뚫린 플라스틱 컵을 밀어 넣을 때
• 페트병 뚜껑이 내려감. • 수조 안 물의 높이가 조금 높아짐. • 컵 안의 공기가 공간을 차지하고 있어서 컵 안으로 물이 들어가지 못함.	• 페트병 뚜껑이 그대로 물 위에 떠 있음. • 수조 안 물의 높이에 변화가 없음. • 컵 안 공기가 바닥의 구멍으로 빠져나가기 때문에 컵 안으로 물이 들어감.

5. 다른 곳으로 이동하는 공기의 성질

(1) **이동하는 공기의 성질**: 공기도 물질이므로 다른 곳으로 이동할 수 있고, 이동한 공간에서도 공기는 항상 공간을 가득 채웁니다.

(2) **페트병을 눌러 공기(기체)가 이동하는지 알아보기**: 입구에 풍선을 끼운 페트병을 양손으로 힘껏 누르면 페트병의 공기가 ❹[＿＿＿＿＿]하여 풍선이 부풀어 오르고, 페트병을 누르던 손을 놓으면 풍선이 다시 납작해지면서 꺾입니다.

★ 풍선을 끼운 페트병 누르기

▲ 풍선을 끼운 페트병을 양손으로 힘껏 눌렀을 때

▲ 페트병을 누르던 손을 놓았을 때

(3) **주사기의 피스톤을 눌러 공기(기체)가 이동하는지 알아보기**

당겨 놓은 주사기의 피스톤을 밀 때	밀었던 주사기의 피스톤을 다시 당길 때
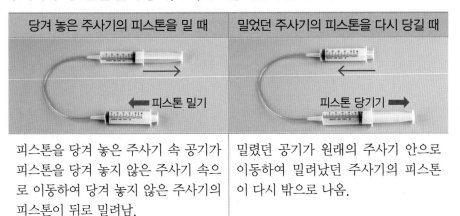 피스톤 밀기	피스톤 당기기
피스톤을 당겨 놓은 주사기 속 공기가 피스톤을 당겨 놓지 않은 주사기 속으로 이동하여 당겨 놓지 않은 주사기의 피스톤이 뒤로 밀려남.	밀렸던 공기가 원래의 주사기 안으로 이동하여 밀려났던 주사기의 피스톤이 다시 밖으로 나옴.

(4) **공기가 공간을 차지하고 이동하는 성질 이용** 예: 공기 주입기로 풍선 부풀리기, 공기 펌프로 타이어에 공기 넣기, 비눗방울 불기 등이 있습니다.

6. 무게가 있는 기체의 성질

(1) **기체의 무게**: 공기와 같은 대부분의 기체는 눈에 보이지 않지만 고체나 액체와 같이 공기(기체)도 무게가 있습니다.

(2) **공기에 무게가 있음을 알 수 있는 방법** 예

① 공기가 들어 있지 않은 공기 침대는 한 사람이 들 수 있지만, 공기를 가득 채운 공기 침대는 채워진 공기의 ❺[＿＿＿＿＿]만큼 공기 침대가 무거워지기 때문에 여러 사람이 함께 들어야 옮길 수 있습니다.

★ 공기의 무게

▲ 공기 주입 마개를 누르기 전

▲ 공기 주입 마개를 누른 후

공기를 넣은 후

② 페트병 입구에 끼운 공기 주입 마개를 누르는 횟수가 늘어날수록 페트병의 무게도 늘어납니다.

예 공기 주입 마개를 누르는 횟수를 늘렸을 때 무게의 변화

누르기 전	열 번 눌렀을 때	스무 번 눌렀을 때	서른 번 눌렀을 때
54.1	54.3	54.5	54.7

1 동아

플라스틱, 나무, 물, 주스, 공기를 다음의 분류 기준으로 분류하려고 합니다. 각각에 들어갈 알맞은 물질을 쓰시오.

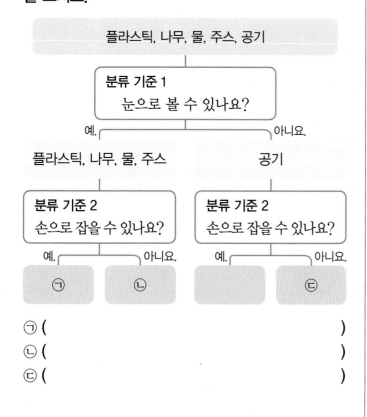

플라스틱, 나무, 물, 주스, 공기

분류 기준 1
눈으로 볼 수 있나요?

예. / 아니요.

플라스틱, 나무, 물, 주스 / 공기

분류 기준 2
손으로 잡을 수 있나요?

예. / 아니요.

ㄱ / ㄴ

분류 기준 2
손으로 잡을 수 있나요?

예. / 아니요.

ㄷ

ㄱ (   )
ㄴ (   )
ㄷ (   )

2 서술형 ⊕ 7종 공통

다음의 물체들이 고체인 까닭을 쓰시오.

▲ 공책   ▲ 색연필   ▲ 장난감 블록

_____

_____

3 ⊕ 7종 공통

다음과 같은 특징이 있는 것을 보기 에서 두 가지 골라 기호를 쓰시오.

- 담는 그릇에 따라 모양이 변한다.
- 눈에 보이지만 손으로 잡을 수 없다.
- 담는 그릇에 따라 부피가 변하지 않는다.

보기
ㄱ 자석   ㄴ 바닷물
ㄷ 설탕물   ㄹ 비닐봉지

(   )

4 ⊕ 7종 공통

오른쪽과 같이 컵에 담긴 나무 막대와 주스를 모양이 다른 그릇에 각각 옮겨 담았을 때의 결과로 옳은 것을 두 가지 고르시오. (   )

① 나무 막대와 주스의 부피가 변한다.
② 주스의 모양이 변하지만, 부피는 변하지 않는다.
③ 나무 막대의 모양과 크기가 모두 변하지 않는다.
④ 나무 막대는 모양이 변하고, 주스는 부피가 변한다.
⑤ 나무 막대와 주스 모두 담는 그릇에 따라 모양이 변한다.

5 ⊕ 7종 공통

물을 다른 모양의 그릇에 차례대로 옮겨 담으면서 관찰한 결과를 잘못 말한 사람의 이름을 쓰시오.

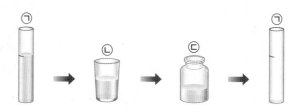

ㄱ → ㄴ → ㄷ → ㄱ

- 세아: ㄴ보다 ㄷ에서 물의 부피가 더 커.
- 준호: ㄷ의 물은 ㄱ과 ㄴ의 물과 모양이 달라.
- 라나: 처음 ㄱ과 마지막에 다시 담은 ㄱ의 물의 높이는 같아.

(   )

6 김영사, 천재

다음은 빈 페트병을 물속에 넣고 누르는 모습입니다. ( ) 안에 공통으로 들어갈 알맞은 말을 쓰시오.

빈 페트병의 입구에서 ( ) 방울이 생겨 위로 올라와 사라지는 것을 보고 우리 주변에 ( )이/가 있다는 것을 알 수 있다.

페트병

(   )

7 동아, 비상

풍선을 이용하여 여러 가지 모양을 만들 수 있는 것은 기체의 어떤 성질을 이용한 것입니까? (   )

① 눈에 보이지 않는다.
② 손으로 잡을 수 없다.
③ 투명하고 흘러내린다.
④ 일정한 모양을 가지고 있다.
⑤ 담는 그릇에 따라 모양이 변한다.

8 ➕ 7종 공통

다음 설명이 액체에만 해당하면 '액', 기체에만 해당하면 '기', 액체와 기체에 모두 해당하면 '공통'이라고 쓰시오.

(1) 눈으로 볼 수 있다. (   )
(2) 담는 그릇을 항상 가득 채운다. (   )
(3) 담는 그릇에 따라 모양이 변한다. (   )
(4) 손으로 만질 수 있지만 잡을 수는 없다. (   )

[9-10] 다음과 같이 물이 담긴 수조에 스타이로폼 공을 띄운 다음, 바닥에 구멍이 뚫린 컵으로 스타이로폼 공을 덮어 수조의 바닥까지 천천히 밀어 넣으려고 합니다. 물음에 답하시오.

구멍

9 동아, 금성, 김영사, 아이스크림, 천재

위 플라스틱 컵이 수조의 바닥에 닿았을 때 스타이로폼 공의 위치로 옳은 것의 기호를 쓰시오.

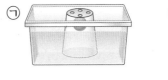 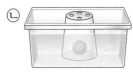

ㄱ   ㄴ

(   )

10 서술형   동아, 금성, 김영사, 아이스크림, 천재

위 플라스틱 컵을 수조 바닥까지 밀어 넣었을 때 ㉠~㉢ 중 수조 안 물의 높이로 알맞은 것의 기호를 쓰고, 그 까닭을 공기와 관련지어 쓰시오. (단, ──은 처음 물의 높이)

㉠   ㉡   ㉢

(1) 수조 안 물의 높이: (   )

(2) 까닭: _____

_____

4 단원

11 ➕ 7종 공통

오른쪽과 같이 손가락이 안쪽으로 들어간 고무장갑에 공기를 넣고 입구를 막은 후 입구를 눌러 손가락을 빼냈습니다. 공기의 성질을 이용한 방법을 가장 알맞게 말한 사람의 이름을 쓰시오.

- 윤솔: 손가락 쪽으로 공기가 이동한 거야.
- 건우: 고무장갑에서 공기가 모두 빠져나간 거야.
- 태이: 공기를 고무장갑 입구 쪽에 뭉치게 한 거야.

(   )

12 서술형 동아

페트병 입구에 풍선을 끼우고 페트병을 눌렀더니 납작했던 풍선이 팽팽하게 부풀어 올랐습니다. 풍선이 부풀어 오른 까닭을 쓰시오.

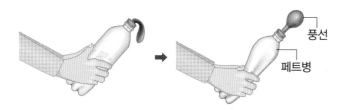

풍선
페트병

_____

_____

13 비상, 아이스크림, 지학사, 천재

오른쪽과 같이 피스톤을 당겨 놓은 주사기와 피스톤을 밀어 놓은 주사기의 입구를 비닐관의 양쪽에 끼웠습니다. ㉠ 주사기의 피스톤을 밀었을 때 ㉡ 주사기의 모습으로 알맞은 것에 ○표 하시오.

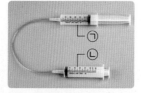

㉠
㉡

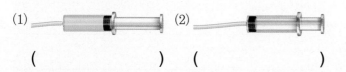

(1) (   ) (2) (   )

[14-15] 다음은 공기 주입 마개를 끼운 페트병의 무게를 전자저울로 측정하는 모습입니다. 물음에 답하시오.

(가)   (나)   (다)

공기 주입 마개를   공기 주입 마개   공기 주입 마개를
누르기 전   누르기   누른 후

14 동아, 금성, 김영사, 비상, 아이스크림, 천재

위 과정은 무엇을 알아보기 위한 것입니까? (   )

① 공기는 무게가 있는지 알아보기
② 공기는 색깔이 있는지 알아보기
③ 공기는 냄새가 있는지 알아보기
④ 공기를 눈으로 볼 수 있는지 알아보기
⑤ 공기는 어떤 종류가 섞여 있는지 알아보기

15 동아, 금성, 김영사, 비상, 아이스크림, 천재

위 (나) 과정 이전의 (가)와 이후의 (다)의 페트병의 무게에 대한 설명으로 옳은 것을 보기 에서 골라 기호를 쓰시오.

보기
㉠ (가)와 (다) 페트병의 무게는 같다.
㉡ (가)보다 (다) 페트병의 무게가 더 무겁다.
㉢ (가)보다 (다) 페트병의 무게가 더 가볍다.

(   )

1 동아

다음 (가)~(다)에 해당하는 것을 보기 에서 각각 골라 기호를 쓰시오.

> (가)는 눈에 보이지 않는다.
> (나)는 다른 그릇에 넣어도 모양이 변하지 않는다.
> (다)는 다른 그릇에 넣으면 부피는 변하지 않지만, 모양이 변한다.

보기
> ㉠ 지우개   ㉡ 식용유   ㉢ 공 안의 공기

(가) (   ), (나) (   )
(다) (   )

2 서술형 ✚ 7종 공통

손으로 나뭇조각, 물, 공기 전달하기 놀이를 할 때 친구는 무엇을 전달하려는 것인지 쓰고, 그것을 전달할 수 있는지, 전달하기 어려운지 그 까닭과 함께 쓰시오.

> "만질 수 있지만 흘러내려."

(1) 전달하려는 것: (   )

(2) 전달: _____

_____

3 ✚ 7종 공통

소금의 물질의 상태에 대한 설명으로 옳은 것을 보기 에서 골라 기호를 쓰시오.

보기
> ㉠ 손으로 잡기 어려우므로 기체이다.
> ㉡ 담은 그릇에 따라 소금의 전체 모양이 달라지기 때문에 액체이다.
> ㉢ 담은 그릇에 따라 소금 알갱이의 모양이 달라지지 않기 때문에 고체이다.

(   )

[4-6] 다음 실험 과정을 보고, 물음에 답하시오.

> 투명한 ㉠ 유리컵에 주스를 넣고, 유성 펜으로 주스의 높이 표시하기 → 주스를 다른 모양의 ㉡과 ㉢ 유리컵에 차례대로 옮겨 담으면서 주스의 모양 관찰하기 → 처음에 사용한 ㉠ 유리컵에 주스를 다시 옮겨 담아 주스의 높이 비교하기

㉠ 유리컵   ㉡ 유리컵   ㉢ 유리컵

4 ✚ 7종 공통

위 ㉠에서 ㉡과 ㉢ 유리컵으로 옮겨 담은 주스의 모양에 대한 설명으로 옳은 것에 ○표 하시오.

(1) ㉠, ㉡, ㉢ 유리컵의 주스의 모양이 모두 다르다.
(   )

(2) ㉠과 ㉡ 유리컵의 주스의 모양은 같지만, ㉢ 유리컵의 주스는 모양이 다르다.   (   )

(3) ㉠과 ㉢ 유리컵의 주스의 모양은 같지만, ㉡ 유리컵의 주스는 모양이 다르다.   (   )

5 ✚ 7종 공통

위 과정에서 주스의 부피에 대해 옳게 말한 사람의 이름을 쓰시오.

> • 가람: ㉠ 유리컵에 담은 주스의 부피가 가장 커.
> • 세이: 주스의 양이 계속 변해서 비교할 수 없어.
> • 보람: ㉠, ㉡, ㉢ 유리컵에 담은 주스의 부피는 모두 같아.

(   )

6 ✚ 7종 공통

위 실험을 주스 대신에 했을 때 결과가 같은 것의 예를 한 가지 쓰시오.

(   )

7 ✚ 7종 공통

다음은 어떤 단어에 대한 국어사전의 내용입니다. [　　]에 해당하는 단어의 물질이 있어서 우리 주변에서 일어나는 일로 알맞은 것에 ○표 하시오.

> [　　] (空氣)
>
> 지구를 둘러싼 대기의 하층부를 구성하는 무색, 무취의 투명한 기체. 산소와 질소가 약 1 대 4의 비율로 혼합된 것을 주성분으로 하며, 그 밖에 소량의 아르곤·헬륨 따위의 불활성 가스와 이산화 탄소가 포함되어 있다. 동식물의 호흡, 소리의 전파 따위에 필수적이다.

(1) ▲ 분수대의 물

(2) ▲ 하늘을 날고 있는 연

(　　　　)　(　　　　)

8 천재

빈 페트병의 입구를 손등에 가까이 가져가 페트병을 눌렀습니다. 손등에서의 느낌과 그런 느낌이 드는 까닭에 대해 옳게 말한 사람의 이름을 쓰시오.

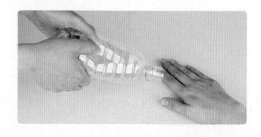

> • 민찬: 공기가 손등을 지나가서 바람이 느껴져.
> • 예나: 공기가 없기 때문에 아무런 느낌이 들지 않아.
> • 도담: 공기가 손등에서 사라지기 때문에 시원한 느낌이 들어.

(　　　　　　)

9 ✚ 7종 공통

오른쪽과 같은 모양의 풍선에 담긴 공기의 모양으로 알맞은 것의 기호를 쓰시오.

㉠

㉡

㉢

㉣

(　　　　　　)

10 서술형 동아, 금성, 김영사, 아이스크림, 천재

다음은 물 위에 띄운 페트병 뚜껑을 바닥에 구멍이 뚫리지 않은 플라스틱 컵을 뒤집어 덮은 뒤 수조 바닥까지 밀어 넣은 모습입니다. 페트병 뚜껑이 수조 바닥까지 내려간 까닭을 쓰시오.

플라스틱
컵

페트병 뚜껑

_____

_____

11 동아

다음과 같이 페트병 입구에 풍선을 끼우고 페트병을 양손으로 힘껏 눌렀다 폈다를 반복하였습니다. 공기가 이동하는 방향으로 알맞은 것을 각각 보기 에서 골라 기호를 쓰시오.

보기
㉠ 풍선 안 ➡ 페트병 안
㉡ 풍선 밖 ➡ 페트병 안
㉢ 페트병 안 ➡ 풍선 안
㉣ 페트병 밖 ➡ 페트병 안

(1)
페트병을 눌렀을 때
(   )

(2)
누르던 손을 놓았을 때
(   )

12 비상, 아이스크림, 지학사, 천재

피스톤을 밀어 놓은 주사기와 피스톤을 당겨 놓은 주사기를 비닐관 양쪽에 끼웠습니다. ㈎와 ㈏ 중 공기가 많이 든 주사기에서 다른 주사기로 공기를 이동시키는 방법으로 옳은 것을 보기 에서 골라 기호를 쓰시오.

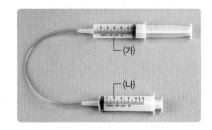

보기
㉠ ㈎의 피스톤을 밀어 넣는다.
㉡ ㈏의 피스톤을 더 밀어 넣는다.
㉢ ㈎와 ㈏의 피스톤을 동시에 잡아당긴다.

(   )

13 동아

오른쪽은 공기를 가득 채운 공기 침대를 옮기는 모습입니다. 한 사람이 공기 침대를 옮길 수 있는 방법을 옳게 말한 사람의 이름을 쓰시오.

• 도현: 공기 침대에서 공기를 빼내어 가볍게 하면 돼.
• 아람: 공기 침대의 공기를 빼내었다가 다시 넣으면 가벼워져.
• 윤서: 공기 침대에 공기를 더 넣어서 팽팽하게 만들면 돼.

(   )

14 동아, 비상

다음과 같이 찌그러진 축구공과 탱탱한 축구공의 무게를 측정하였습니다. 공기가 더 많이 들어 있는 것의 기호를 쓰시오.

㉠    ㉡

(   )

15 서술형 동아, 금성, 김영사, 비상, 아이스크림, 천재

공기 주입 마개를 끼운 페트병을 전자저울로 측정한 무게는 54.1 g입니다. 페트병이 팽팽해질 때까지 공기 주입 마개를 누른 후 측정한 무게는 어떻게 달라지는지 쓰시오.

▲ 공기 주입 마개를 누르기 전   ▲ 공기 주입 마개
　 무게 측정하기   　 누르기

_____

_____

평가 주제	공간을 차지하는 공기의 성질 이해하기
평가 목표	공기가 공간을 차지하는 성질을 설명할 수 있다.

[1-2] 다음과 같이 수조에 물을 담고 물에 띄운 페트병 뚜껑을 바닥에 구멍이 뚫리지 않은 플라스틱 컵과 구멍이 뚫린 플라스틱 컵으로 덮은 뒤 수조 바닥까지 밀어 넣으려고 합니다. 물음에 답하시오.

(가)

(나) 구멍

1 위 각각의 플라스틱 컵을 수조 바닥까지 밀어 넣을 때 페트병 뚜껑의 위치를 플라스틱 컵 안에 그림으로 그리시오.

(1)

바닥에 구멍이 뚫리지 않은
플라스틱 컵

(2)

바닥에 구멍이 뚫린
플라스틱 컵

도움 플라스틱 컵 바닥의 구멍에 의해 공기가 어떻게 되는지 생각해 봅니다.

2 위 1번의 바닥에 구멍이 뚫리지 않은 플라스틱 컵 안의 페트병 뚜껑이 그 위치에 있는 까닭을 공기의 성질과 관련지어 쓰시오.

도움 공간을 차지하는 공기의 성질을 생각해 봅니다.

_____

_____

4. 물질의 상태

평가 주제	공기의 다양한 성질 이해하기
평가 목표	공기의 다양한 성질을 이해하고 설명할 수 있다.

1 캠핑에 가서 사용하는 야영용 공기 침대와 선풍기는 공기의 성질을 이용합니다. 각각 공기의 어떤 성질을 이용한 것인지 쓰시오.

도움 물체에서 공기가 어떤 역할을 하는지 생각해 봅니다.

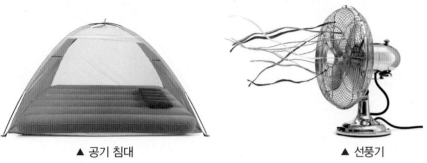

▲ 공기 침대   ▲ 선풍기

(1) 공기 침대: _____

(2) 선풍기: _____

2 공기 주입 마개를 끼운 페트병의 무게를 전자저울로 측정하고, 공기 주입 마개를 열 번 누른 후와 열다섯 번 누른 후의 무게를 각각 다시 측정하였습니다.

도움 공기 주입 마개를 누르면 페트병에 어떤 변화가 나타나는지 관찰합니다.

(1) 공기 주입 마개를 누르기 전, 공기 주입 마개를 열 번 누른 후, 공기 주입 마개를 열다섯 번 누른 후의 무게로 알맞은 것을 보기에서 각각 골라 쓰시오.

공기 주입 마개

페트병

전자저울

보기

| 50.1 | 46.8 | 44.6 |

구분	공기 주입 마개를 누르기 전	공기 주입 마개를 열 번 누른 후	공기 주입 마개를 열다섯 번 누른 후
무게(g)	㉠	㉡	㉢

(2) 페트병의 무게와 공기 주입 마개를 누른 횟수는 어떤 관계가 있는지 쓰시오.

_____

_____

다른 그림을 찾아보세요.

● 정답 15쪽

다른 곳이 15군데 있어요.

5

소리의 성질

▶ **학습 내용과 교과서별 해당 쪽수를 확인해 보세요.**

학습 내용	백점 쪽수	교과서별 쪽수				
		동아출판	비상교과서	아이스크림 미디어	지학사	천재교과서
① 소리가 나는 물체, 큰 소리와 작은 소리	102~105	92~95	92~95	98~101	96~99	106~109
② 높은 소리와 낮은 소리	106~109	96~97	96~97	102~103	100~101	110~111
③ 소리의 전달	110~113	98~101	98~101	104~105	102~103	112~115
④ 소리의 반사, 소음을 줄이는 방법	114~117	102~105	102~105	106~109	104~107	116~119

★ 김영사, 동아출판, 지학사, 천재교과서의 「5. 소리의 성질」 단원에 해당합니다.
★ 금성출판사, 비상교과서, 아이스크림미디어의 「4. 소리의 성질」 단원에 해당합니다.

1 소리가 나는 물체, 큰 소리와 작은 소리

1 물체에서 소리가 날 때의 공통점

(1) 소리가 나는 물체의 특징
① 물체에서 소리가 날 때는 물체가 떨립니다.
② 소리는 물체의 떨림으로 발생합니다.

종이 울릴 때	북을 칠 때	스피커에서 소리가 날 때
종이 떨리면서 소리가 남.	북면의 가죽이 떨리면서 소리가 남.	소리가 나는 부분에서 떨림이 느껴짐.

(2) 소리가 나는 소리굽쇠

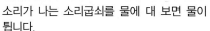
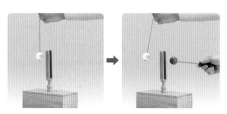

소리가 나는 소리굽쇠를 물에 대 보면 물이 튑니다.

소리가 나는 소리굽쇠에 실에 매단 스타이로폼 공을 대 보면 스타이로폼 공이 튀어 오릅니다.

2 큰 소리와 작은 소리

(1) 소리의 세기
① 소리의 크고 작은 정도를 소리의 세기라고 합니다.
② 큰 소리를 만들려면 물체가 크게 떨리도록 하고, 작은 소리를 만들려면 물체가 작게 떨리도록 해야 합니다.

종을 세게 흔들어 큰 소리 내기

종을 약하게 흔들어 작은 소리 내기

(2) 생활에서 큰 소리를 낼 때와 작은 소리를 낼 때
① 멀리 있는 친구를 부를 때, 선생님과 친구들에게 인사를 하거나 수업 시간에 발표를 할 때, 운동장에서 응원할 때에는 큰 소리를 냅니다.
② 도서관과 같은 공공장소에서 친구와 이야기할 때, 수업 시간에 친구에게 모르는 것을 물어보거나 모둠 활동을 할 때에는 작은 소리를 냅니다.

(3) 생활 속에서 들을 수 있는 큰 소리와 작은 소리 ⓔ

큰 소리	망치질하는 소리, 자동차의 경적 소리, 위급한 상황에서 도움을 요청하는 소리, 경기장에서 응원하는 소리
작은 소리	시계 소리, 까치발을 하고 걷는 소리, 아기에게 자장가를 불러 주는 소리

➕ 소리가 나는 까닭

모기가 날 때 '앵앵'거리는 소리와 벌이 날 때 '윙'하는 소리는 빠른 날갯짓의 떨림 때문에 나는 소리입니다.

기타 줄을 튕기면 기타 줄이 떨리면서 소리가 납니다.

➕ 소리가 나는 물체를 소리가 나지 않게 하는 방법

소리가 나는 물체의 떨림을 멈추게 하면 더 이상 소리가 나지 않습니다.

용어사전

• **북면** 장구나 북에서 손으로 치는 왼쪽 가죽면.
• **스피커** 소리를 크게 하여 멀리까지 들리게 하는 기구.
• **공공장소** 병원, 학교, 지하철역과 같이 사회의 여러 사람 또는 여러 단체에 공동으로 속하거나 이용되는 곳.
• **경적** 주의나 경계를 하도록 소리를 울리는 장치. 또는 그 소리. 주로 탈것에 장치함.

교과서 **통합 대표 실험**

실험 TIP !

실험동영상

소리가 나지 않을 때와 소리가 날 때 각각 손을 대 보고 차이를 느껴요.

실험 1 소리가 나는 물체 관찰하기 📖 7종 공통

❶ 소리가 나지 않는 물체에 손을 대 보고, 손의 느낌을 이야기해 봅시다.
❷ 소리가 나는 물체에 손을 대 보고, 손의 느낌을 이야기해 봅시다.

실험 결과

아~

- 소리가 나지 않는 트라이앵글, 목, 소리굽쇠에 손을 대 보면 떨림이 느껴지지 않습니다.
- 소리가 나는 트라이앵글, 목, 소리굽쇠에 손을 대 보면 떨림이 느껴집니다.
➡ 소리가 나는 물체는 떨림이 있다는 것을 알 수 있습니다.

실험 2 큰 소리와 작은 소리 내기 📖 7종 공통

❶ 작은북을 북채로 세게 칠 때와 약하게 칠 때의 소리를 비교해 봅시다.
- 북 위에 좁쌀이나 팥 등을 올려놓고 북채로 칩니다.
❷ 캐스터네츠를 세게 부딪칠 때와 약하게 부딪칠 때의 소리를 비교해 봅시다.

실험 결과

- 작은북을 세게 칠 때와 약하게 칠 때

두 개의 작은북을 나란히 놓고 작은북을 치는 힘의 크기를 다르게 하면 좁쌀이 튀어오르는 모습을 비교할 수 있어요.

작은북을 세게 칠 때	작은북을 약하게 칠 때
좁쌀	
• 큰 소리가 남. • 북이 크게 떨리면서 좁쌀이 높게 튐.	• 작은 소리가 남. • 북이 작게 떨리면서 좁쌀이 낮게 튐.

- 캐스터네츠를 세게 부딪칠 때와 약하게 부딪칠 때

캐스터네츠를 세게 부딪칠 때	캐스터네츠를 약하게 부딪칠 때
큰 소리가 남.	작은 소리가 남.

➡ 물체가 떨리는 크기에 따라 소리의 크기가 달라지며, 물체의 떨림이 클수록 큰 소리가 납니다.

📖 아이스크림

실험➕ **손바닥 위에 올려놓은 금속 그릇을 고무망치로 쳐서 소리 듣기**

강하게 치면 금속 그릇이 크게 떨리면서 큰 소리가 들립니다.

약하게 치면 금속 그릇이 약하게 떨리면서 작은 소리가 들립니다.

5 단원

기본 개념 **문제**

1

소리가 나는 물체에 손을 대 보면 (　　　　　)이/가 느껴집니다.

2

소리는 물체의 (　　　　　)(으)로 발생합니다.

3

소리의 (　　　　　)은/는 소리의 크고 작은 정도 입니다.

4

작은북을 북채로 세게 치면 (　　　　　) 소리가 나고 약하게 치면 (　　　　　) 소리가 납니다.

5

망치질하는 소리와 아기에게 자장가를 불러 주는 소리 중 큰 소리는 (　　　　　) 소리입니다.

6 ✚ 7종 공통

소리가 나는 물체에 대해 옳게 말한 사람의 이름을 쓰시오.

- 윤우: 소리가 나는 물체는 색깔이 변해.
- 혜진: 소리가 나는 물체에는 떨림이 있어.
- 준영: 소리가 나는 물체는 눈에 보이지 않아.

(　　　　　　　　　)

7 동아, 금성, 김영사, 천재

벌이 날 때 '윙~'하는 소리가 나는 까닭으로 옳은 것에 ○표 하시오.

(1) 입으로 소리를 내기 때문이다. (　　)
(2) 빠른 날갯짓의 떨림 때문이다. (　　)
(3) 다리를 빠르게 비비기 때문이다. (　　)

8 동아, 김영사, 천재

다음은 트라이앵글에 손을 대 보는 모습입니다. 소리가 나는 트라이앵글은 어느 것인지 기호를 쓰시오.

▲ 떨림이 느껴지는 트라이앵글

▲ 떨림이 느껴지지 않는 트라이앵글

(　　　　　　　　　)

9 금성, 비상, 천재

소리가 나는 소리굽쇠를 물 표면에 대 본 것의 기호를 쓰시오.

㉠ ㉡

(　　　　　　　)

10 ➕ 7종 공통

주변에서 들을 수 있는 작은 소리에는 '작', 큰 소리에는 '큰'이라고 쓰시오.

(1) 까치발을 하고 걷는 소리　　　　(　　　)
(2) 야구장에서 응원하는 소리　　　　(　　　)
(3) 시계 바늘이 움직이는 소리　　　　(　　　)
(4) 멀리 있는 친구를 부르는 소리　　(　　　)

11 서술형 ➕ 7종 공통

다음과 같이 "아~" 소리를 내면서 목에 손을 대었습니다. 손에서 느껴지는 느낌을 쓰시오.

아~

_____

_____

12 ➕ 7종 공통

다음은 작은북에 좁쌀을 올려놓고 북채로 치는 모습입니다. 작은북을 점점 더 세게 치면 좁쌀이 어떻게 될지 알맞은 것에 ○표 하시오.

좁쌀

(1) 좁쌀이 점점 더 높게 뛸 것이다.　　　(　　　)
(2) 좁쌀이 거의 뛰어 오르지 않을 것이다.　(　　　)
(3) 처음 칠 때와 비슷하게 좁쌀이 뛸 것이다. (　　　)

13 ➕ 7종 공통

다음 (　　　) 안에 들어갈 알맞은 말을 쓰시오.

> 소리의 크고 작은 정도를 소리의 (　㉠　)(이)라고 하며, 물체의 (　㉡　)이/가 클수록 큰 소리가 난다.

㉠ (　　　　　　　), ㉡ (　　　　　　　)

14 ➕ 7종 공통

작은 소리를 내야할 때로 가장 알맞은 것은 어느 것입니까? (　　　)

① 교실에서 발표를 할 때
② 멀리 있는 친구를 부를 때
③ 학예회에서 노래를 부를 때
④ 체육 대회에서 우리 팀을 응원할 때
⑤ 도서관에서 친구에게 이야기를 할 때

5 단원

2 높은 소리와 낮은 소리

1 높은 소리와 낮은 소리

(1) 소리의 높낮이
① 소리의 높고 낮은 정도를 소리의 높낮이라고 합니다.
② 물체가 빠르게 떨리면 높은 소리가 나고, 물체가 느리게 떨리면 낮은 소리가 납니다.

(2) 악기를 이용해 소리의 높낮이 비교하기: 악기의 줄, 음판, 관의 길이가 길수록 낮은 소리가 나고, 짧을수록 높은 소리가 납니다.

하프의 줄 튕기기	팬 플루트의 관 불기
 가장 긴 관 ——— 가장 짧은 관	
• 긴 줄을 튕기면 느리게 떨려 낮은 소리가 남. • 짧은 줄을 튕기면 빠르게 떨려 높은 소리가 남.	• 관의 길이가 길수록 입으로 불면 낮은 소리가 남. • 관의 길이가 짧을수록 입으로 불면 높은 소리가 남.

2 우리 주변에서 높낮이가 다른 소리를 내는 경우

높은 소리와 낮은 소리를 내면서 화음을 만들고 합창을 합니다.

여러 종류의 악기를 이용해서 높은 소리와 낮은 소리를 내면서 음악을 연주합니다.

뱃고동의 낮은 소리로 먼 곳까지 신호를 보냅니다.

화재 비상벨(화재 경보기)의 높은 소리로 불이 난 것을 알립니다.

수영장에서 안전 요원이 호루라기의 높은 소리로 위험을 알립니다.

구급차나 경찰차의 경보음의 높낮이를 다르게 하여 위급한 상황을 알립니다.

🔷 같은 높이의 음을 내는 악기와 다른 높이의 음을 내는 악기

• 북, 트라이앵글, 장구 등은 같은 높이의 음을 내는 악기입니다.
• 피아노, 실로폰, 기타 등은 다른 높이의 음을 내는 악기입니다.

🔷 생활에서 높은 소리를 이용하는 경우

소방차

소방차, 구급차, 경찰차, 화재 비상벨과 같이 주의를 집중하게 하고 위험을 알릴 때 높은 소리를 이용합니다.

용어 사전

🔹 **음판** 떨어서 소리를 내는 쇠붙이나 나무들의 조각.
🔹 **하프** 세모꼴의 틀에 47개의 현을 세로로 평행하게 걸고, 두 손으로 줄을 튕겨 연주하는 현악기.
🔹 **뱃고동** 배에서 신호를 하기 위하여 내는 고동. '붕' 소리를 냄.

교과서 **통합 대표 실험**

실험 1   높은 소리와 낮은 소리 만들기 📖 동아출판, 비상교과서, 아이스크림미디어, 지학사, 천재교과서

❶ 리코더를 불면서 높은 소리가 날 때와 낮은 소리가 날 때의 소리를 비교해 봅시다.

❷ 4 cm, 7 cm, 10 cm 길이로 자른 플라스틱 빨대의 한쪽 끝을 고무찰흙으로 막고 각각 불면서 높은 소리가 날 때와 낮은 소리가 날 때의 빨대 길이를 비교해 봅시다.

❸ 팬 플루트의 긴 관부터 짧은 관까지 차례대로 불면서 소리를 비교해 봅시다.

실험 결과

리코더	플라스틱 빨대	팬 플루트
• 구멍을 하나씩 열면 점점 높은 소리가 남. • 구멍을 하나씩 닫으면 점점 낮은 소리가 남.	• 빨대가 짧을수록 높은 소리가 남. • 빨대가 길수록 낮은 소리가 남.	• 팬 플루트 관의 길이가 짧을수록 높은 소리가 남. • 팬 플루트 관의 길이가 길수록 낮은 소리가 남.

➡ 악기의 관의 길이가 짧을수록 높은 소리, 길수록 낮은 소리가 납니다.

실험 2   높은 소리와 낮은 소리 비교하기 📖 7종 공통

❶ 작은 금속 그릇과 큰 금속 그릇을 각각 손바닥 위에 올려놓고, 고무망치로 쳤을 때 들리는 소리를 들어 봅시다.

❷ 실로폰 채로 음판을 치면서 높은 소리가 날 때와 낮은 소리가 날 때의 음판 길이를 비교해 봅시다.

❸ 기타 줄의 길이를 짧게 잡거나 길게 잡고 줄을 퉁겨 소리를 들어 봅시다.

실험 결과

금속 그릇	실로폰	기타
작은 금속 그릇을 칠 때 높은 소리가 남.	짧은 음판을 칠 때 높은 소리가 남.	기타 줄을 짧게 잡고 퉁기면 높은 소리가 남.
큰 금속 그릇을 칠 때 낮은 소리가 남.	긴 음판을 칠 때 낮은 소리가 남.	기타 줄을 길게 잡고 퉁기면 낮은 소리가 남.

➡ 소리가 나는 부분이 작거나 짧을수록 높은 소리, 크거나 길수록 낮은 소리가 납니다.

실험 TIP !

실험동영상

입으로 악기를 불 때 같은 힘으로 불어야 세기가 아닌 높낮이를 비교할 수 있어요.

붐웨커

길이가 다른 관을 두드려서 소리를 내는 붐웨커를 치면서 높은 소리와 낮은 소리를 비교할 수도 있어요.

5 단원

2 높은 소리와 낮은 소리

1

소리의 높고 낮은 정도를 소리의 (   )
(이)라고 합니다.

2

물체가 빠르게 떨리면 (   )은/는 소리가
나고, 물체가 느리게 떨리면 (   )은/는
소리가 납니다.

3

악기의 음판이나 관의 길이가 길수록 (   )
은/는 소리가 나고, 짧을수록 (   )은/는
소리가 납니다.

4

뱃고동 소리와 호루라기 소리 중 낮은 소리로 먼
곳까지 신호를 보내는 것은 (   )
소리입니다.

5

구급차의 경보음은 소리의 (   )을/를
다르게 하여 위급한 상황을 알립니다.

[6-8] 하프는 손으로 줄을 튕겨서 소리를 내는 악기
입니다. 물음에 답하시오.

6   아이스크림

위 하프의 ㉠과 ㉡ 중 손으로 튕겼을 때 더 낮은 소
리가 나는 줄의 기호를 쓰시오.

(   )

7   아이스크림

위 **6**번 답의 하프 줄에서 낮은 소리가 나는 까닭으로
옳은 것에 ○표 하시오.

⑴ 하프 줄을 튕기면 떨리지 않기 때문이다.   (   )

⑵ 하프의 긴 줄을 튕기면 느리게 떨리기 때문이다.
(   )

⑶ 하프의 짧은 줄을 튕기면 빠르게 떨리기 때문이다.
(   )

8   ✚ 7종 공통

위 하프와 같이 소리의 높낮이를 이용하여 연주하는
악기의 기호를 쓰시오.

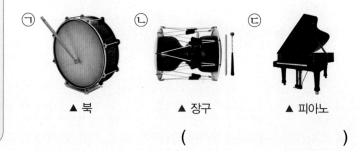

▲ 북   ▲ 장구   ▲ 피아노

(   )

● 정답과 풀이 16쪽

9 ➕ 7종 공통

소방차가 위급한 상황을 알리는 방법을 옳게 말한 사람의 이름을 쓰시오.

- 미나: 경보음의 소리를 작게 해.
- 재원: 경보음의 높낮이를 다르게 해.
- 호준: 경보음의 소리를 가장 낮게 해.

(   )

10 서술형   동아, 지학사

리코더를 불 때 처음에는 구멍을 전체 막은 후 막은 구멍을 하나씩 열었습니다. 소리가 어떻게 달라지는지 쓰시오.

_____

_____

11 천재

4 cm, 7 cm, 10 cm 길이로 자른 플라스틱 빨대의 한쪽 끝을 고무찰흙으로 막았습니다. 각각 불었을 때 가장 높은 소리가 나는 빨대와 낮은 소리가 나는 빨대는 어느 것인지 쓰시오.

(1) 가장 높은 소리가 나는 빨대: (   ) cm 빨대
(2) 가장 낮은 소리가 나는 빨대: (   ) cm 빨대

12 아이스크림

작은 금속 그릇과 큰 금속 그릇을 손바닥 위에 올려놓고 고무망치로 치려고 합니다. 두 금속 그릇을 같은 세기로 쳤을 때 소리의 높낮이에 대한 설명으로 (   ) 안에 들어갈 알맞은 말을 쓰시오.

▲ 작은 금속 그릇을 칠 때   ▲ 큰 금속 그릇을 칠 때

(㉠) 금속 그릇보다 (㉡) 금속 그릇을 칠 때 소리가 더 높다.

㉠ (   ), ㉡ (   )

13 금성, 김영사, 비상, 아이스크림, 지학사, 천재

다음 실로폰의 음판을 칠 때 ㉠과 ㉡ 중 더 높은 소리가 나는 것의 기호를 쓰시오.

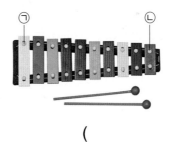

(   )

14 김영사, 지학사

다음은 기타 줄을 뚱기는 모습입니다. 높은 소리가 나는 경우의 기호를 쓰시오.

▲ 줄을 짧게 잡고 뚱길 때   ▲ 줄을 길게 잡고 뚱길 때

(   )

5 단원

3 소리의 전달

 개념 강의

1 소리의 전달

① 우리가 듣는 대부분의 소리는 기체인 공기를 통해 전달됩니다.
② 소리가 나는 물체가 떨리면서 주변의 공기를 떨게 하면 그 떨림이 우리에게 전달됩니다.
③ 북소리가 전달되는 과정

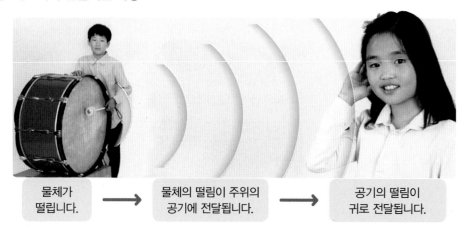

물체가 떨립니다. → 물체의 떨림이 주위의 공기에 전달됩니다. → 공기의 떨림이 귀로 전달됩니다.

2 여러 가지 물질을 통한 소리의 전달

(1) 고체를 통해 소리가 전달되는 경우

놀이터의 금속으로 된 그네나 철봉을 두드리고 반대편에서 귀를 대고 들어 보면 소리가 잘 들립니다.

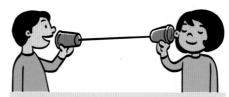

실 전화기의 한쪽 종이컵에 입을 대고 소리를 내면 실이 떨리면서 다른 쪽 종이컵에서 소리를 들을 수 있습니다.

(2) 액체를 통해 소리가 전달되는 경우

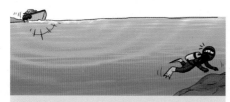

배에서 나는 소리는 물을 통해 잠수부에 전달됩니다.

수중 발레 선수는 물을 통해 전달되는 음악 소리에 맞추어 연기를 합니다.

(3) 기체를 통해 소리가 전달되는 경우

운동장에서 친구가 부르는 소리는 공기를 통해 친구에게 전달됩니다.

음악 소리, 악기 소리는 공기를 통해 전달되어 들을 수 있습니다.

➕ 공기를 뺄 수 있는 통 속에서 소리의 전달

공기를 뺄 수 있는 장치에 소리가 나는 스피커를 넣고 손잡이를 당겨 공기를 빼낼수록 스피커의 소리가 작게 들리거나 잘 들리지 않습니다.

손잡이
스피커

➕ 실 전화기의 소리가 잘 전달되는 조건

• 실을 팽팽하게 할수록, 길이를 짧게 할수록 소리가 잘 전달됩니다.
• 물을 묻히거나 초를 칠하면 실이 단단해져 소리가 잘 전달됩니다.

➕ 공기가 없는 달에서의 소리

달에는 소리를 전달해 줄 공기가 없기 때문에 소리가 전달되지 않습니다.

용어 사전

● **수중 발레** 한 명 이상이 음악의 반주에 맞추어 헤엄치면서 기술과 표현의 아름다움을 겨루는 경기의 하나.

교과서 통합 대표 실험

실험 1 실 전화기로 소리 전달하기 📖 동아출판, 금성출판사, 김영사, 천재교과서

클립

❶ 두 개의 종이컵 바닥에 납작못으로 각각 구멍을 뚫고, 실을 넣어 연결합니다.
❷ 종이컵을 연결한 실 끝에 클립을 묶어 실이 빠지지 않도록 합니다.
❸ 실 전화기의 실을 팽팽하게 당기면서 친구들과 이야기해 봅시다.
❹ 실 전화기의 실을 손으로 잡지 않을 때와 잡을 때의 소리를 비교해 봅시다.

실험 결과

실을 손으로 잡지 않았을 때	실을 손으로 잡았을 때
소리가 잘 들림.	소리가 잘 들리지 않음.

• 실 전화기의 실을 팽팽하게 당기면서 이야기하면 멀리서 이야기하는 친구의 목소리가 잘 들립니다. ➡ 실 전화기에서 소리는 실의 떨림으로 전달됩니다.

실험 2 여러 가지 물체(물질의 상태)를 통해 소리 전달하기 📖 7종 공통

❶ 책상에 귀를 대고 책상을 두드리는 소리를 들어 봅시다.
❷ 물이 담긴 수조에 스피커를 넣고 소리가 날 때 물 밖에서도 들리는지 확인해 봅시다. 플라스틱 관을 스피커에 가까이 하고, 멀리 하여 소리를 들어 봅시다.

실험 결과

책상에 귀를 대고 책상을 두드리는 소리 듣기	물속의 소리 나는 스피커의 소리 듣기
귀마개	귀마개 플라스틱 관
• 책상을 두드리는 소리가 잘 들림. • 책상을 두드리는 소리는 책상(고체 물질)을 통해 전달되었음.	• 물속에서는 물(액체 물질)을 통해 소리가 전달되었음. • 플라스틱 관(고체 물질)을 통해 소리가 전달되었음. • 물과 사람의 귀 사이에서는 공기(플라스틱 관 속 공기인 기체 물질)를 통해 소리가 전달되었음.

➡ 소리는 책상이나 플라스틱 관과 같은 고체, 물과 같은 액체, 공기와 같은 기체를 통해 전달됩니다.

실험 TIP !

실험동영상

 막대 풍선
 나무 막대

종이컵 두 개를 연결할 때 실 대신 용수철, 막대풍선, 나무 막대, 구리선, 낚싯줄 등을 사용할 수 있어요.

📖 비상교과서, 지학사

실험 ➕ 실을 통해 소리 전달하기

숟가락에 연결한 실을 귀에 걸고, 다른 사람이 젓가락으로 숟가락을 두드리면, 실을 통해 숟가락이 울리는 소리가 선명하게 들립니다.

잘 들려.

실험동영상

• 책상을 두드릴 때에는 책상에 귀를 대지 않는다면 들리지 않을 정도로 약하게 두드려요.
• 책상에 귀를 대고 소리를 들을 때에는 다른 쪽 귀를 막아 공기를 통한 소리 전달을 막아요.
• 물속에 넣는 스피커는 방수 스피커를 사용하고, 스피커가 없을 때에는 캐스터네츠를 물속에 넣고 부딪쳐 소리를 낼 수도 있어요.

귀마개
캐스터네츠

5 단원

3 소리의 전달

1

우리가 생활에서 듣는 대부분의 소리는 공기와 같은 (   ) 상태의 물질을 통해 전달됩니다.

2

금속으로 된 철봉에 귀를 대었을 때 철봉을 두드리는 소리를 들을 수 있는 것은 물질의 상태가 (   )인 것을 통해 소리를 듣는 것입니다.

3

실 전화기의 한쪽 종이컵에 입을 대고 소리를 내면 실의 (   )(으)로 소리가 전달됩니다.

4

바다 위에 떠 있는 배에서 나는 소리는 바닷속의 잠수부에게 (   )을/를 통해 전달됩니다.

5

운동장에서 친구가 부르는 소리와 스피커에서 나오는 음악 소리는 (   )을/를 통해 전달되어 우리가 들을 수 있습니다.

6 ➕ 7종 공통

소리의 전달에 대해 옳게 말한 사람의 이름을 쓰시오.

- 효린: 소리는 여러 가지 물질을 통해 전달돼.
- 서아: 공기가 없는 우주에서는 소리가 매우 느리게 전달돼.
- 연준: 대부분의 소리는 공기가 없는 곳에서 더 또렷하게 전달돼.

(   )

7 서술형 ➕ 7종 공통

친구가 북을 치고 있습니다. 멀리 떨어진 친구가 북소리를 듣는 과정을 쓰시오.

_____

_____

8 금성, 비상, 천재

다음 실험 과정을 보고, 결과로 가장 알맞은 것에 ○표 하시오.

[실험 과정]
1️⃣ 공기를 뺄 수 있는 장치 안에 스피커를 넣고 뚜껑을 닫은 후, 손잡이를 당겨 공기를 뺀다.
2️⃣ 스피커에서 나는 소리를 들어 본다.

스피커

(1) 스피커의 소리가 잘 들리지 않는다. (   )
(2) 스피커의 소리가 또렷하게 잘 들린다. (   )
(3) 스피커의 소리가 들리지 않다가 점점 크게 들린다.

(   )

9 동아, 금성, 김영사, 천재

두 개의 종이컵을 실로 연결하여 만든 실 전화기에 대한 설명으로 옳지 **않은** 것을 보기 에서 골라 기호를 쓰시오.

├─ 종이컵
└─ 실

보기

㉠ 실을 통하여 소리를 전달한다.
㉡ 실 전화기의 실을 팽팽하게 할수록 소리가 잘 전달된다.
㉢ 실 전화기로 이야기하면서 실에 손을 대 보면 아무 느낌이 없다.

(   )

10 ➕ 7종 공통

소리를 전달하는 물질의 상태가 다른 하나는 어느 것입니까? (   )

① 새 소리
② 텔레비전 소리
③ 개가 '멍멍' 짖는 소리
④ 멀리 있는 친구가 부르는 소리
⑤ 귀를 댄 철봉을 두드리는 소리

11 ➕ 7종 공통

수중 발레 선수들은 물속에서 음악 소리를 들으며 몸을 움직입니다. 물속에서 음악 소리를 전달하는 물질의 상태는 무엇인지 쓰시오.

(   )

[12-14] 다음은 여러 가지 물체를 통해 전달되는 소리를 들어 보는 모습입니다. 물음에 답하시오.

(가)
── 귀마개
▲ 책상에 귀를 댄 채 책상을 두드리는 소리 듣기

(나)
── 스피커
▲ 물속에 넣은 스피커의 소리 듣기

12 ➕ 7종 공통

위 (가)와 (나) 중 고체에 의해 소리가 전달되는 것은 어느 것인지 기호를 쓰시오.

(   )

13 ➕ 7종 공통

다음은 위 (나)에서의 소리의 전달 과정을 나타낸 것입니다. (   ) 안에 들어갈 알맞은 물질을 쓰시오.

물속에서는 (㉠)을/를 통해 소리가 전달된다.
→ 물과 사람의 귀 사이에서는 (㉡)을/를 통해 소리가 전달된다.

㉠ (   ), ㉡ (   )

14 ➕ 7종 공통

위 (가)와 (나) 결과를 통해 알 수 있는 소리의 전달에 대해 옳게 말한 사람의 이름을 쓰시오.

물체가 서로 붙어 있을 때에만 소리가 전달돼. (수아)
고체, 액체, 기체 모두 소리를 전달할 수 있어. (현준)
눈에 보이지 않는 기체는 소리를 전달하지 못해. (지호)

(   )

4 소리의 반사, 소음을 줄이는 방법

1 소리가 물체에 부딪칠 때 일어나는 현상

(1) 소리의 반사

① 소리가 나아가다가 물체에 부딪쳐 되돌아오는 현상을 소리의 반사라고 합니다.

② 소리는 단단한 물체에서는 잘 반사되지만, 부드러운 물체에서는 잘 반사되지 않습니다.

(2) 우리 생활에서 소리가 반사되는 경우 예

공연장 천장에 설치한 반사판에서 소리가 반사되어 모든 관객에게 소리를 고르게 전달할 수 있습니다.

산에서 "야호~" 외치면 소리가 나아가다가 바위에 반사되어 메아리가 들립니다.

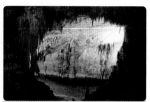

동굴에서 친구를 부르면 소리가 반사되어 울립니다.

➕ **빈 공간에서 소리를 내었을 때 소리가 울리는 까닭**

물체가 없는 빈 공간에서는 소리가 잘 반사되어 울리지만 물체가 있는 공간에서는 소리가 여러 방향으로 반사되어 울리지 않기 때문입니다.

2 소음을 줄이는 방법 → 소음을 들으면 스트레스를 받거나 공부에 집중을 하기 어려울 수 있어요.

(1) 일상생활에서 들리는 소음 예

발생하는 장소	발생하는 소음
도서관	책을 떨어뜨리는 소리, 사람들이 움직이는 소리
도로	자동차가 빠르게 달리는 소리, 자동차의 경적 소리
주택	의자 끄는 소리, 뛰는 소리, 음악 소리, 텔레비전 소리
공사장	건설 기계 소리, 땅을 뚫는 소리, 확성기 소리

(2) 소리의 성질을 이용하여 소음을 줄이는 방법

① 소리의 세기를 줄여서 소음을 줄입니다. → 소음을 줄이기 위해서 물체가 떨리는 것을 막아요.
예 확성기의 사용을 줄이거나 소리의 세기 줄이기, 스피커의 소리를 작게 하기

② 소리가 잘 전달되지 않도록 하여 소음을 줄입니다.

방음 귀마개를 착용해 공사장에서 발생한 소리가 귀로 전달되는 것을 줄이기

음악실 벽에 소리가 잘 전달되지 않는 물질을 붙여 소리가 밖으로 전달되지 않게 하기

커튼
이중창

커튼, 이중창을 설치해 건물 밖에서 발생한 소리가 안으로 전달되는 것을 줄이기

③ 소리가 반사하는 성질을 이용하여 사람이 없는 쪽으로 소음을 반사합니다.

도로 방음벽을 설치하여 도로 쪽으로 자동차 소음 반사하기

➕ **공동 주택에서 소음을 줄이는 방법**

• 천천히 걷거나 바닥에 소음 방지 매트를 깔아 뛰어다니는 소리를 줄입니다.
• 문을 살살 닫거나 문에 폭신한 물질을 붙여 문을 닫는 소리를 줄입니다.

용어 사전

• **메아리** 울려 퍼져 가던 소리가 산이나 절벽 같은 데에 부딪쳐 되울려오는 소리.

• **확성기** 소리를 크게 하여 멀리까지 들리게 하는 기구.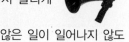

• **방지** 좋지 않은 일이 일어나지 않도록 미리 막는 것.

교과서 통합 대표 실험

실험 1 여러 가지 물체에 부딪친 소리 들어 보기 📖 동아출판

❶ 두 사람이 각각 긴 휴지 심을 비스듬히 들고 한쪽에서는 소리를 내고 다른 쪽에서는 소리를 들어 봅시다.

❷ 두 개의 휴지 심 앞에 나무판과 스펀지 판을 각각 대고 ❶을 반복합니다.

❸ 각 경우의 소리의 크기를 비교해 봅시다.

실험 결과

아무것도 대지 않았을 때	나무판을 대었을 때	스펀지 판을 대었을 때
소리가 가장 작게 들림.	소리가 가장 크게 들림.	아무것도 대지 않았을 때보다 소리가 크고, 나무판을 대었을 때보다 소리가 작게 들림.

➡ 나무판이나 스펀지 판을 대면 소리가 반사되어 되돌아오기 때문에 아무것도 대지 않았을 때보다 크게 들립니다.

실험 2 소리가 물체에 부딪쳤을 때 나타나는 현상 관찰하기 📖 김영사, 비상교과서, 아이스크림미디어

❶ 소리가 나는 스피커를 플라스틱 통에 넣고 소리를 들어 봅시다.

❷ 플라스틱 통의 위쪽에서 나무판(플라스틱 판)을 비스듬히 들고 스피커의 소리를 들어 보고, 나무판(플라스틱 판)이 없을 때와 있을 때의 소리의 세기를 비교해 봅시다.

❸ 스타이로폼 판을 이용해 ❷와 같은 방법으로 스피커의 소리를 들어 봅시다.

실험 결과

아무것도 들지 않았을 때	나무판을 들었을 때	스타이로폼 판을 들었을 때
소리가 가장 작게 들림.	소리가 가장 크게 들림.	아무것도 들지 않았을 때보다 소리가 크고, 나무판을 들었을 때보다 소리가 작게 들림.
스피커		

• 나무판(플라스틱 판)을 플라스틱 통 위쪽에서 비스듬히 들면 소리가 위쪽 방향으로 나아가다가 나무판에 부딪쳐 내 귀 쪽으로 오기 때문에 더 크게 들립니다.

• 소리는 단단한 물체(나무판, 플라스틱 판)에서는 잘 반사되지만, 부드러운 물체(스타이로폼 판)에서는 소리가 흡수되어 잘 반사되지 않습니다.

실험 TIP !

실험동영상

손을 귀에 대고 모았을 때 소리가 더 잘 들리는 까닭도 모은 손에 소리가 반사되기 때문이에요.

실험 ➕ 소리가 물체에 부딪칠 때 나타나는 현상 📖 금성출판사, 천재교과서

둥글게 만 두 개의 종이관을 직각이 되게 놓고 한쪽 종이관에 작은 소리가 나는 이어폰을 넣습니다.

실험 결과

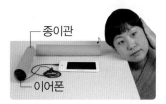
종이관
이어폰

이어폰을 넣지 않은 종이관에서도 음악 소리를 들을 수 있습니다.

나무판자

아무것도 없을 때보다 나무판자를 세웠을 때 소리가 더 크게 들립니다.

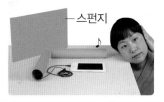
스펀지

나무판자를 세웠을 때보다는 작지만, 아무것도 없을 때보다는 크게 들립니다.

5 단원

기본 개념 문제

1

소리가 나아가다가 물체에 부딪쳐 되돌아오는 현상을 소리의 (   )(이)라고 합니다.

2

단단한 물체와 부드러운 물체 중 소리가 잘 반사되는 것은 (   ) 물체입니다.

3

동굴에서 친구를 부르면 소리가 울리는 것은 소리가 (   )되는 성질 때문입니다.

4

공사장에서 방음 귀마개를 착용해 공사장에서 발생한 소리가 귀로 (   )되는 것을 줄여 소음을 막습니다.

5

나무판과 스타이로폼 판 중 소리를 더 잘 반사하는 것은 (   )입니다.

6 김영사

다음은 소리의 반사에 대한 설명입니다. (   ) 안의 알맞은 말에 ○표 하시오.

> 소리는 ㉠ (단단한, 부드러운) 물체에서는 잘 반사되지만, ㉡ (단단한, 부드러운) 물체에서는 잘 반사되지 않는다.

7 ➕ 7종 공통

교실과 운동장에서 같은 소리의 세기로 이야기할 때 소리가 더 잘 들리는 경우의 기호를 쓰시오.

㉠  ㉡

▲ 교실에서 이야기할 때   ▲ 운동장에서 이야기할 때

(   )

8 ➕ 7종 공통

다음은 음악 공연장에서 소리가 전달되는 방법입니다. (   ) 안에 공통으로 들어갈 알맞은 말을 쓰시오.

> 공연장 천장에 설치한 (   )판에 음악 소리가 (   )되어 모든 관객에게 고르게 전달된다.

(   )

9 동아

산에 올라가서 "야호~" 외치면 반대편 산에서 메아리가 들려오는 까닭으로 소리의 성질과 관련있는 것을 보기 에서 골라 기호를 쓰시오.

> **보기**
> ㉠ 반대편에서 소리가 반사되기 때문이다.
> ㉡ 반대편으로 소리가 전달되지 않기 때문이다.
> ㉢ 반대편에서 다른 사람이 말해주기 때문이다.

(　　　　　)

10 김영사, 비상, 아이스크림

다음은 플라스틱 통에 스피커를 넣고 소리를 듣는 모습입니다. 스피커에서 나오는 소리의 세기가 같을 때 소리가 가장 크게 들리는 경우의 기호를 쓰시오.

㉠ 　㉡ 　㉢

아무것도 들지　나무판을　스타이로폼 판을
않았을 때　들었을 때　들었을 때

(　　　　　)

11 서술형　➕ 7종 공통

위 **10**번 답을 보고 알 수 있는 소리의 성질을 한 가지 쓰시오.

_____

_____

12 ➕ 7종 공통

도로에서 들리는 소음에 대해 잘못 말한 사람의 이름을 쓰시오.

> • 소영: 책장을 넘기는 소리가 크게 들려.
> • 현우: 자동차의 경적 소리에 깜짝 놀랐어.
> • 민철: 자동차가 빠르게 달리는 소리가 들려.

(　　　　　)

13 ➕ 7종 공통

일상생활에서 소음을 줄이는 방법으로 알맞은 것을 보기 에서 두 가지 골라 기호를 쓰시오.

> **보기**
> ㉠ 스피커 소리의 세기를 줄인다.
> ㉡ 음악실 벽에 확성기를 설치한다.
> ㉢ 도로 주변에 방음벽을 설치한다.
> ㉣ 집의 창문을 열어 밖의 소리가 통하게 한다.

(　　　　　)

14 ➕ 7종 공통

소리가 반사하는 성질을 이용하여 소음을 줄이는 경우로 알맞은 것의 기호를 쓰시오.

㉠ 　㉡

▲ 거실의 커튼　　　▲ 도로 방음벽

㉢ 　㉣

▲ 소음 방지 매트　　▲ 음악실 벽의 방음 물질

(　　　　　)

5 단원

★ 소리가 나는 소리굽쇠

▲ 물에 대 보면 물이 튑니다.

▲ 실에 매단 스타이로폼 공이 튀어 오릅니다.

1. 소리가 나는 물체

① 물체에서 소리가 날 때는 물체에 [❶   ]이 느껴집니다.

② 소리는 물체의 떨림으로 발생합니다.

종이 울릴 때	북을 칠 때	스피커에서 소리가 날 때
종이 떨리면서 소리가 남.	북면의 가죽이 떨리면서 소리가 남.	소리가 나는 부분에서 떨림이 느껴짐.

2. 큰 소리와 작은 소리

(1) 소리의 세기

① 소리의 크고 작은 정도를 소리의 [❷   ]라고 합니다.

② 큰 소리를 만들려면 물체가 크게 떨리도록 하고, 작은 소리를 만들려면 물체가 작게 떨리도록 해야 합니다.

(2) 생활 속에서 들을 수 있는 큰 소리와 작은 소리 예

큰 소리	망치질하는 소리, 자동차의 경적 소리, 위급한 상황에서 도움을 요청하는 소리, 경기장에서 응원하는 소리
작은 소리	시계 소리, 까치발을 하고 걷는 소리, 아기에게 자장가를 불러 주는 소리

(3) 작은북을 세게 칠 때와 약하게 칠 때

▲ 작은북을 세게 칠 때

▲ 작은북을 약하게 칠 때

작은북을 세게 칠 때	• 큰 소리가 남. • 북이 크게 떨리면서 좁쌀이 높게 튐.
작은북을 약하게 칠 때	• 작은 소리가 남. • 북이 작게 떨리면서 좁쌀이 낮게 튐.

3. 높은 소리와 낮은 소리

① 소리의 높고 낮은 정도를 소리의 [❸   ]라고 합니다.

② 물체가 빠르게 떨리면 높은 소리가 나고, 물체가 느리게 떨리면 낮은 소리가 납니다.

③ 악기의 줄, 음판, 관의 길이가 짧을수록 [❹   ]은 소리가 나고, 길수록 [❺   ]은 소리가 납니다.

▲ 실로폰의 짧은 음판을 칠 때 높은 소리가 납니다.

▲ 실로폰의 긴 음판을 칠 때 낮은 소리가 납니다.

4. 소리의 전달

(1) 소리의 전달

① 소리는 공기와 같은 기체, 물과 같은 액체, 책상과 같은 고체 상태의 물질을 통해 전달됩니다.

② 우리가 듣는 대부분의 소리는 ❻ [   ]와 같은 기체를 통해 전달됩니다.

(2) 고체를 통해 소리가 전달되는 경우

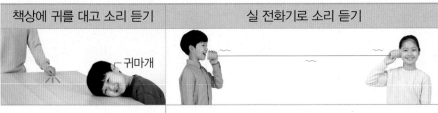

책상에 귀를 대고 소리 듣기	실 전화기로 소리 듣기
책상에 귀를 대고 책상을 두드리면 책상에서 소리가 잘 들림.	실 전화기의 한쪽 종이컵에 입을 대고 소리를 내면 실이 소리를 전달하여 다른 쪽 종이컵에서 들을 수 있음.

(3) 액체를 통해 소리가 전달되는 경우

① 수중 발레 선수는 물을 통해 전달되는 음악 소리에 맞추어 연기를 합니다.

② 배에서 나는 소리는 물을 통해 물속의 잠수부에 전달됩니다.

(4) ❼ [   ]를 통해 소리가 전달되는 경우: 운동장에서 친구가 부르는 소리, 새 소리 등은 공기를 통해 전달되어 들을 수 있습니다.

★ 액체를 통해 소리가 전달되는 경우

▲ 수중 발레 선수   ▲ 잠수부

5. 소리의 반사

(1) 소리의 반사

① 소리가 나아가다가 물체에 부딪쳐 되돌아오는 현상을 소리의 ❽ [   ]라고 합니다.

② 소리는 단단한 물체에서는 잘 반사되지만, 부드러운 물체에서는 잘 반사되지 않습니다.

(2) 우리 생활에서 소리가 반사되는 경우 예: 공연장 천장에 설치한 반사판에서 소리가 반사되어 모든 관객에게 소리를 고르게 전달할 수 있습니다.

★ 소리의 반사를 이용하는 공연장 천장의 반사판

6. 소음을 줄이는 방법

(1) 일상생활에서 들리는 소음 예

도로	자동차가 빠르게 달리는 소리, 자동차의 경적 소리
주택	의자 끄는 소리, 뛰는 소리, 음악 소리, 텔레비전 소리
공사장	건설 기계 소리, 땅을 뚫는 소리, 확성기 소리

(2) 소리의 성질을 이용하여 소음을 줄이는 방법

① 소리의 세기를 줄여서 소음을 줄입니다.

② 소리가 잘 전달되지 않도록 하여 소음을 줄입니다.

③ 소리가 반사하는 성질을 이용하여 사람이 없는 쪽으로 소음을 반사합니다.

1 ➕ 7종 공통

다음 중 손을 대었을 때 손에 떨림이 느껴지는 것의 기호를 쓰시오.

ㄱ ▲ 치지 않은 종

ㄴ ▲ 음악이 나오는 스피커

ㄷ ▲ 놓여 있는 트라이앵글

ㄹ ▲ 꺼져 있는 컴퓨터 모니터

(   )

2 동아

고무망치로 쳐서 소리가 나는 소리굽쇠에 실에 매단 스타이로폼 공을 대 보려고 합니다. 그 결과에 대한 설명으로 옳은 것은 어느 것입니까? (   )

스타이로폼 공

① 스타이로폼 공이 튀어 오른다.
② 스타이로폼 공의 크기가 커진다.
③ 스타이로폼 공의 무게가 무거워진다.
④ 스타이로폼 공이 소리굽쇠에 달라붙는다.
⑤ 스타이로폼 공이 그 자리에 가만히 있다.

3 ➕ 7종 공통

작은북 위에 좁쌀을 올려놓고 북채로 칠 때 작은북에서 큰 소리가 나는 경우에 해당하는 것을 보기 에서 두 가지 골라 기호를 쓰시오.

좁쌀

보기

ㄱ 좁쌀이 높게 튄다.
ㄴ 북이 크게 떨린다.
ㄷ 좁쌀이 튀지 않는다.
ㄹ 북에서 작은 소리가 난다.

(   )

4 ➕ 7종 공통

생활에서 소리를 낼 때 가장 작은 소리를 내는 경우의 기호를 쓰시오.

ㄱ 친구들 앞에서 발표할 때

ㄴ 멀리 있는 친구를 부를 때

ㄷ 도서관에서 친구와 이야기할 때

(   )

5 서술형 아이스크림

작은 금속 그릇과 큰 금속 그릇을 손바닥 위에 올려놓고 같은 세기로 두 그릇을 각각 칠 때 높은 소리가 나는 것의 기호를 쓰고, 그 까닭을 쓰시오.

ㄱ ▲ 작은 금속 그릇 치기

ㄴ ▲ 큰 금속 그릇 치기

(1) 높은 소리가 나는 것: (   )

(2) 까닭: _____

_____

6 금성, 김영사, 비상, 아이스크림, 지학사, 천재

다음은 실로폰의 모습입니다. ㉠~㉣ 음판을 같은 세기로 쳤을 때 낮은 소리가 나는 것부터 기호를 쓰시오.

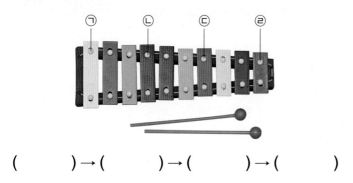

(   ) → (   ) → (   ) → (   )

7 서술형   김영사, 지학사

기타의 줄을 손으로 뚱겨서 낮고 작은 소리를 내려고 합니다. ㉠~㉤ 중 가장 낮은 소리를 내기 위해 손으로 잡아야 하는 위치의 기호를 쓰고, 작은 소리를 내는 방법을 함께 쓰시오.

_____

_____

8 금성, 비상

다양한 악기로 연주하는 관현악단의 연주를 듣고 난 후에 소리에 대해 가장 알맞게 말한 사람의 이름을 쓰시오.

- 보라: 관현악단의 연주는 소리의 높낮이가 일정했어.
- 리수: 소리의 높낮이를 변하게 할 수 있는 악기는 없었어.
- 지안: 여러 종류의 악기로 높은 소리와 낮은 소리를 내는 연주였어.

(   )

9 ✚ 7종 공통

달에서는 우주복을 입고 장치를 해야만 서로 대화를 할 수 있는 까닭으로 (   ) 안에 들어갈 알맞은 말을 쓰시오.

달에는 (㉠)이/가 없어서 (㉡)이/가 전달되지 않기 때문이다.

㉠ (   ), ㉡ (   )

10 동아, 금성, 김영사, 천재

실 전화기로 이야기할 때 소리가 더 잘 들리는 경우를 골라 ○표 하시오.

(1)   (   )

▲ 실을 팽팽하게 당기면서 이야기할 때

(2)   (   )

▲ 실을 느슨하게 늘어뜨리고 이야기할 때

5 단원

11 서술형 ➕ 7종 공통

다음과 같이 책상에 귀를 대고 다른 사람이 책상을 두드렸더니 책상을 두드리는 소리가 잘 들렸습니다. 이 결과를 통해 알 수 있는 사실을 한 가지 쓰시오.

귀마개

책상에서 소리가 잘 들려.

_____

_____

12 ➕ 7종 공통

음악 공연장 천장에 반사판을 설치하는 까닭으로 옳은 것은 어느 것입니까? (   )

반사판

① 다른 소리를 없애기 위해서이다.
② 소리의 세기를 줄이기 위해서이다.
③ 소리가 잘 흡수되게 하기 위해서이다.
④ 소리가 잘 반사되게 하기 위해서이다.
⑤ 소리의 높낮이가 달라지지 않게 하기 위해서이다.

13 김영사, 비상, 아이스크림

소리가 나는 스피커를 플라스틱 통에 넣고 소리를 들을 때 소리를 가장 크게 들을 수 있는 경우를 보기 에서 골라 기호를 쓰시오.

스피커

┌─ 보기 ●
│ ㉠ 플라스틱 통 위쪽에서 나무판을 비스듬히 든다.
│ ㉡ 플라스틱 통 뒤쪽에서 스펀지 판을 비스듬히 든다.
│ ㉢ 플라스틱 통 위쪽에서 스타이로폼 판을 비스듬히 든다.

(   )

14 동아

두 사람이 각각 긴 휴지 심을 비스듬히 들고 한쪽에서는 소리를 내고 다른 쪽에서는 소리를 들을 때 가장 소리가 크게 들리는 것부터 순서대로 기호를 쓰시오.

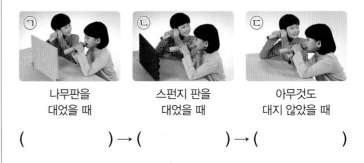

㉠	㉡	㉢
나무판을 대었을 때	스펀지 판을 대었을 때	아무것도 대지 않았을 때

(   ) → (   ) → (   )

15 동아, 금성, 비상, 천재

음악실에서 소음을 줄이는 방법에 대해 옳게 말한 사람의 이름을 쓰시오.

┌──────────────────────────
│ • 성윤: 벽을 흰색으로 칠해.
│ • 예나: 벽 옆에 표지판을 세워 두면 돼.
│ • 도하: 천장을 부드러운 곡선 모양으로 만들어.
│ • 준희: 벽에 소리가 잘 전달되지 않는 물질을 붙여.

(   )

1 금성, 김영사, 비상

오른쪽과 같이 소리가 나는 스피커에 손을 대었을 때 나타나는 현상으로 옳은 것은 어느 것입니까? (   )

① 소리가 높아진다.
② 소리가 더 커진다.
③ 스피커가 무거워진다.
④ 손에 떨림이 느껴진다.
⑤ 소리가 높아졌다가 낮아졌다가를 반복한다.

2 아이스크림

종으로 큰 소리를 내는 방법으로 알맞은 것을 두 가지 고르시오. (   )

① 종을 가만히 둔다.
② 종을 세게 흔든다.
③ 종을 크게 떨리게 한다.
④ 종을 천천히 작게 흔든다.
⑤ 종의 떨림을 손으로 잡는다.

3 서술형 ➕ 7종 공통

작은북에 좁쌀을 올려놓고 북채로 칠 때 오른쪽과 같이 좁쌀을 높게 튀어 오르게 하기 위한 방법을 한 가지 쓰시오.

좁쌀

_____

_____

4 동아, 금성, 김영사, 아이스크림, 지학사, 천재

다음의 리코더와 실로폰으로 소리의 높낮이를 다르게 하는 방법으로 각각에 해당하는 것을 보기 에서 골라 기호를 쓰시오.

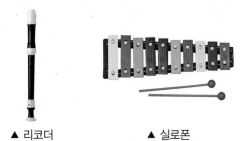

▲ 리코더   ▲ 실로폰

보기
㉠ 긴 음판을 친다.
㉡ 짧은 음판을 친다.
㉢ 구멍을 하나씩 연다.
㉣ 구멍을 하나씩 닫는다.

(1) 리코더로 높은 소리 내기: (   )
(2) 리코더로 낮은 소리 내기: (   )
(3) 실로폰으로 높은 소리 내기: (   )
(4) 실로폰으로 낮은 소리 내기: (   )

5 김영사, 아이스크림, 지학사

다음과 같이 기타 줄을 잡는 위치를 다르게 하여 뚱길 때 나는 소리와 다른 크기의 금속 그릇을 칠 때 나는 소리 중 소리의 높낮이가 관련 있는 것끼리 선으로 이으시오.

(1)

기타 줄을 짧게 잡고 뚱길 때

㉠

큰 금속 그릇을 칠 때

(2)

기타 줄을 길게 잡고 뚱길 때

㉡

작은 금속 그릇을 칠 때

6 서술형 금성, 비상, 지학사

오른쪽 팬 플루트의 1번째 관과 8번째 관을 같은 힘으로 불 때 무엇을 비교할 수 있는지 보기 에서 골라 기호를 쓰고, 그렇게 생각한 까닭을 쓰시오.

8번째 관
1번째 관

보기
⊙ 소리의 세기   ⊙ 소리의 반사
⊙ 소리의 전달   ⊙ 소리의 높낮이

(1) 비교할 수 있는 것: (   )

(2) 까닭: _____

_____

7 ✚ 7종 공통

소리의 높낮이에 대한 설명으로 옳지 <u>않은</u> 것은 어느 것입니까? (   )

① 뱃고동은 낮은 소리로 먼 곳까지 신호를 보낸다.
② 화재 비상벨의 낮은 소리로 불이 난 것을 알린다.
③ 안전 요원이 호루라기의 높은 소리로 위험을 알린다.
④ 합창단은 높은 소리와 낮은 소리가 어우러져 노래를 부른다.
⑤ 구급차는 경보음의 높낮이를 다르게 하여 위급한 상황을 알린다.

8 천재

우리가 새 소리를 들을 수 있는 까닭에 대해 옳게 말한 사람의 이름을 쓰시오.

• 지호: 햇빛이 있기 때문이야.
• 이준: 공기를 통해 새 소리가 전달되기 때문이야.
• 채아: 나뭇가지를 통해 새 소리가 전달되기 때문이야.

(   )

9 금성, 비상, 천재

공기를 뺄 수 있는 장치 안에 스피커를 넣고 뚜껑을 닫은 후, 손잡이를 당겨 공기를 빼면서 스피커에서 나는 소리를 들어 보았습니다. 결과로 옳은 것을 보기 에서 골라 기호를 쓰시오.

스피커

보기
⊙ 소리의 크기가 일정하다.
⊙ 소리가 점점 크게 들린다.
⊙ 소리가 점점 작게 들린다.
⊙ 소리가 점점 작게 들리다가 다시 커진다.

(   )

10 동아, 금성, 김영사, 천재

다음과 같이 실 전화기로 민아가 주훈이에게 이야기를 해 보았더니 주훈이가 잘 듣지 못했습니다. 민아의 소리가 주훈이에게 잘 전달되게 하는 방법으로 가장 알맞은 것은 어느 것입니까? (   )

민아   주훈

① 더 얇은 실로 연결한다.
② 실을 더 길게 연결한다.
③ 실을 더 팽팽하게 한다.
④ 실의 중간 부분을 끊는다.
⑤ 실의 중간 부분을 손으로 잡는다.

11 ✚ 7종 공통

책상에 귀를 대고 있을 때 책상을 두드리는 소리를 들어 보고, 물속에 넣은 스피커에서 나는 소리가 물 밖에서도 들리는지 확인해 보니 두 실험 모두 소리를 들을 수 있었습니다. 실험 결과를 통해 알 수 있는 사실로 알맞은 것을 보기 에서 골라 기호를 쓰시오.

▲ 책상에 귀를 대고 책상을 두드리는 소리 들어 보기

▲ 물속의 스피커에서 나는 소리 들어 보기

보기

㉠ 소리는 물속에서만 전달된다.
㉡ 소리는 공기가 없는 곳에서만 전달된다.
㉢ 소리는 고체, 액체, 기체를 통해 전달된다.

(   )

12 금성, 천재

둥글게 만 두 개의 종이관을 직각이 되게 놓고 한쪽 종이관에 작은 소리가 나는 이어폰을 넣었습니다. 이어폰을 넣지 않은 다른 쪽 종이관 끝에 귀를 대고 소리를 들을 때 가장 크게 들리는 경우에 ○표 하시오.

(1) ㉠ 부분에 스펀지를 세웠을 때 (   )
(2) ㉠ 부분에 나무판자를 세웠을 때 (   )
(3) ㉠ 부분에 아무것도 세우지 않았을 때 (   )

13 ✚ 7종 공통

위 12번 답과 관련 있는 소리의 성질은 무엇인지 쓰시오.

소리의 (   )

[14-15] 다음은 집에서 발생할 수 있는 다양한 소음을 줄이는 방법을 나타낸 것입니다. 물음에 답하시오.

14 서술형 ✚ 7종 공통

위 ㉠에서 발생하는 소음을 줄이기 위해 사용한 방법을 소리의 성질과 관련지어 한 가지 쓰시오.

_____

_____

15 ✚ 7종 공통

위 ㉡과 ㉢ 중 안의 소음이 밖으로 나가지 않게 한 것의 기호를 쓰고, 사용한 방법에 대해 옳게 말한 사람의 이름을 쓰시오.

(1) 안의 소음이 밖으로 나가지 않게 한 것: (   )
(2) 방법을 옳게 말한 사람

• 석진: 고무 받침대를 부착해 소리 전달을 막았어.
• 주완: 벽에 소리가 잘 전달되지 않는 물질을 붙였어.
• 효민: 소리가 반사되도록 천장에 단단한 물질을 붙였어.

(   )

5 단원

5. 소리의 성질

● 정답과 풀이 20쪽

| 평가 주제 | 높낮이가 다른 악기 소리 알기 |
| 평가 목표 | 악기로 높낮이가 다른 소리를 내는 방법을 설명할 수 있다. |

[1-3] 여러 가지 악기를 보고, 물음에 답하시오.

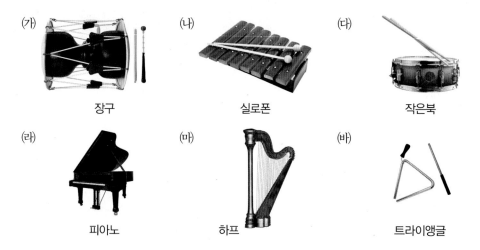

(가) 장구　(나) 실로폰　(다) 작은북
(라) 피아노　(마) 하프　(바) 트라이앵글

1 위 악기를 다음 분류 기준에 따라 분류하여 기호를 쓰시오.

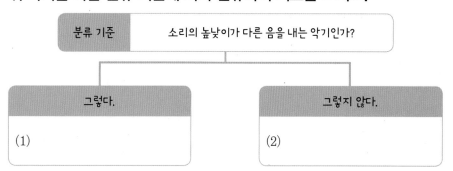

분류 기준 : 소리의 높낮이가 다른 음을 내는 악기인가?

그렇다. (1)

그렇지 않다. (2)

> 도움 소리의 높고 낮은 정도를 소리의 높낮이라고 합니다.

2 위 (나) 악기를 연주할 때 높은 소리를 내는 방법과 낮은 소리를 내는 방법을 각각 쓰시오.

⑴ 높은 소리를 내는 방법: ＿＿＿＿＿＿＿＿＿＿＿＿＿

⑵ 낮은 소리를 내는 방법: ＿＿＿＿＿＿＿＿＿＿＿＿＿

> 도움 악기의 줄, 음판, 관의 길이가 짧을수록 높은 소리가 나고, 길수록 낮은 소리가 납니다.

3 다음은 위와 같이 소리의 높낮이가 다른 까닭을 정리한 것입니다. ( ) 안에 들어갈 알맞은 말을 각각 쓰시오.

> 소리가 나는 부분이 빠르게 떨리면 (㉠)은/는 소리가 나고, 물체가 느리게 떨리면 (㉡)은/는 소리가 난다.

㉠ (   ), ㉡ (   )

> 도움 물체가 떨리는 빠르기에 따라 소리의 높낮이가 달라집니다.

평가 주제	소리가 물체에 부딪쳐 반사되는 현상 알기
평가 목표	소리의 반사를 이해하고, 물체의 종류에 따라 소리가 반사되는 정도가 다름을 설명할 수 있다.

[1-3] 다음과 같은 방법으로 친구의 목소리를 들어 보았습니다. 물음에 답하시오.

(가)
두 사람이 각각 긴 휴지 심을 들고 한쪽에서는 소리를 내고 다른 쪽에서는 소리를 들어 본다.

(나)
두 개의 휴지 심 앞에 나무 판을 대고 (가) 과정을 반복한다.

(다)
두 개의 휴지 심 앞에 스펀지 판을 대고 (가) 과정을 반복한다.

1 위 (가)와 (나) 중 (나)에서 친구의 목소리가 더 크게 들렸습니다. 그 까닭은 무엇인지 쓰시오.

_____

_____

> **도움** 소리가 나아가다가 물체에 부딪치면 반사되어 되돌아옵니다.

2 위 (나)와 (다) 중 친구의 목소리가 더 크게 들리는 경우의 기호를 쓰고, 그렇게 생각한 까닭을 쓰시오.

_____

_____

> **도움** 물체의 단단한 정도에 따라 소리가 반사되는 정도가 다릅니다.

3 위 2번 답을 참고하여 음악 공연장의 천장과 벽을 나무로 특수하게 만드는 까닭은 무엇일지 생각하여 쓰시오.

_____

_____

> **도움** 사람들이 공연장에 가는 까닭을 생각해 봅니다.

숨은 그림을 찾아보세요.

● 정답 20쪽

동아출판 초등 무료 스마트러닝

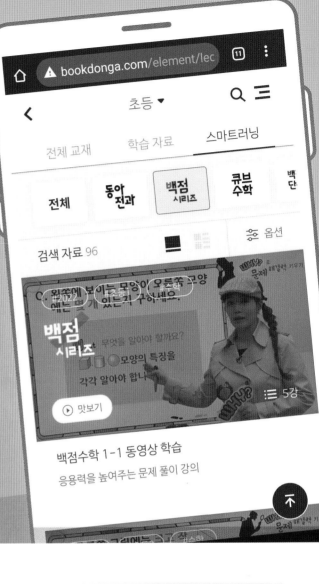

동아출판 초등 **무료 스마트러닝**으로
초등 전 과목·전 영역을 쉽고 재미있게!

백점수학 1-1 동영상 학습
응용력을 높여주는 문제 풀이 강의

과목별·영역별 특화 강의

전 과목 개념 강의

국어 독해 지문 분석 강의

구구단 송

그림으로 이해하는 비주얼씽킹 강의

과학 실험 동영상 강의

과목별 문제 풀이 강의

서비스 제공 교재 동아전과 | 백점 시리즈 | 큐브수학 | 빠작 초등 국어 | 초능력 | 초고필 | 하이탑 초등 과학

강의가 더해진, **교과서 맞춤 학습**

백점

과학 3·2

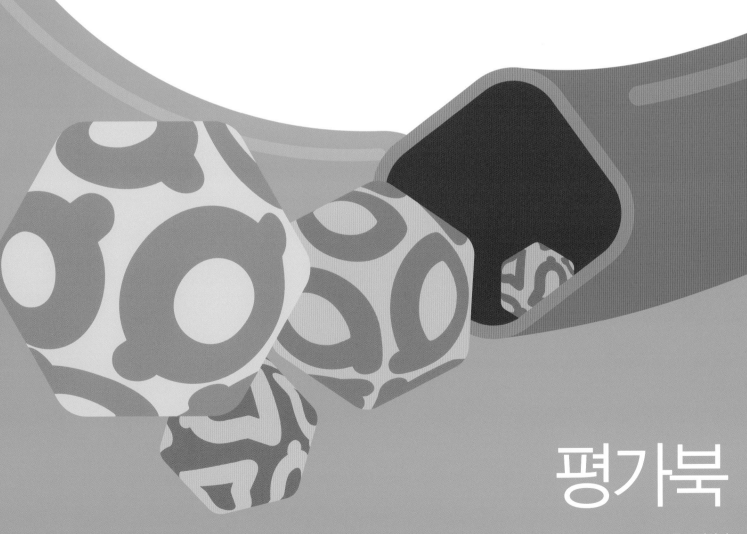

평가북

- 묻고 답하기
- 단원 평가
- 수행 평가

평가북 구성과 특징

1 **단원별 개념 정리**가 있습니다.

 • **묻고 답하기**: 단원의 핵심 내용을 묻고 답하기로 빠르게 정리할 수 있습니다.

2 **단원별 다양한 평가**가 있습니다.

 • **단원 평가, 수행 평가**: 다양한 유형의 문제를 풀어봄으로써 수시로 실시되는 학교 시험을 완벽하게 대비할 수 있습니다.

백점

BOOK 2 평가북

● 차례

2. 동물의 생활 2

3. 지표의 변화 14

4. 물질의 상태 26

5. 소리의 성질 38

과학 **3·2**

✏️ 빈칸에 알맞은 답을 쓰세요.

1 나비, 개미, 고양이 중에서 다리가 두 쌍인 동물은 어느 것입니까?

2 꿀벌, 달팽이를 날개가 있는 것과 날개가 없는 것으로 분류할 때 날개가 없는 것으로 분류되는 동물은 어느 것입니까?

3 땅에서 사는 동물 중 다리가 세 쌍이며 삽처럼 생긴 크고 넓적한 앞다리로 땅속에 굴을 파고 이동하는 동물은 어느 것입니까?

4 썩은 나뭇잎이나 동물의 똥을 먹으면서 땅속에서 사는 동물로 몸이 길쭉한 원통 모양이며, 피부가 매끄럽고 다리가 없어 기어 다니는 동물은 어느 것입니까?

5 까치, 금붕어 중에서 물속에서 아가미로 숨을 쉴 수 있는 동물은 어느 것입니까?

6 조개, 다슬기 중에서 갯벌에 사는 동물은 어느 것입니까?

7 직박구리, 매미 중에서 곤충으로 분류되는 동물은 어느 것입니까?

8 사막, 극지방 중에서 낙타가 사는 곳은 어디입니까?

9 사막딱정벌레와 북극곰 중에서 몸집이 크고 귀가 작아 몸의 열을 빼앗기지 않고 생활할 수 있는 동물은 어느 것입니까?

10 집게 차는 어떤 동물의 특징을 활용하여 만든 것입니까?

✏️ 빈칸에 알맞은 답을 쓰세요.

1 우리 주변에서 볼 수 있는 동물인 꿀벌과 공벌레 중에서 건드리면 몸을 공처럼 둥글게 만드는 동물은 어느 것입니까?

2 돌고래, 참새를 다리가 있는 것과 다리가 없는 것으로 분류할 때 다리가 있는 것으로 분류되는 동물은 어느 것입니까?

3 땅 위와 땅속을 오가며 사는 동물로 몸이 길고 비늘로 덮여 있으며, 다리가 없어 기어 다니고 혀의 끝이 두 개로 갈라져 있는 동물은 어느 것입니까?

4 노루, 수달 중에서 물에서 사는 동물은 어느 것입니까?

5 물에서 사는 동물인 고등어와 게 중에서 몸이 부드러운 곡선 형태이고 비늘로 덮여 있는 동물은 어느 것입니까?

6 날아다니는 동물인 제비와 잠자리 중에서 투명한 날개가 두 쌍인 동물은 어느 것입니까?

7 황새, 타조 중에서 날개가 한 쌍 있지만 날지 못하는 동물은 어느 것입니까?

8 사막에서 사는 동물로 뜨거운 모래 위에서 두 발씩 번갈아 들어 올리며 열을 식히는 동물은 어느 것입니까?

9 사막, 극지방 중에서 몸의 색깔이 눈과 비슷한 흰색이어서 먹잇감이나 자신을 잡아먹는 다른 동물의 눈에 덜 띄는 동물이 사는 곳은 어디입니까?

10 칫솔걸이 등에 사용하는 흡착판(압착 고무)은 어떤 동물의 특징을 활용하여 만들었습니까?

[1-3] 다음은 주변에서 볼 수 있는 여러 가지 동물입니다. 물음에 답하시오.

▲ 고양이 ㉠

▲ 달팽이 ㉡

▲ 공벌레 ㉢

▲ 꿀벌 ㉣

▲ 까치 ㉤

▲ 참새 ㉥

1 ➕ 7종 공통

위 동물 중 나무 위에서 주로 볼 수 있는 동물을 두 가지 골라 기호를 쓰시오.

( )

2 금성, 김영사, 비상, 지학사, 천재

다음은 위 동물 중 더 알아보고 싶은 동물의 특징을 동물도감에서 찾아 쓴 것입니다. ㉠~㉥ 중 어떤 동물의 특징인지 알맞은 것의 기호를 쓰시오.

- 날개가 있어 날아다닌다.
- 몸은 갈색과 흰색 깃털로 덮여 있다.
- 곤충이나 벼 등을 먹는다.

( )

3 동아, 김영사, 비상, 아이스크림, 지학사

위 동물들의 특징으로 옳은 것은 어느 것입니까?
( )

① ㉠은 다리 네 개로 걸어 다닌다.
② ㉡은 여섯 개의 긴 다리가 있다.
③ ㉢은 날개가 있어 날아다닐 수 있다.
④ ㉣은 몸이 짧은 검은색 깃털로 덮여 있다.
⑤ ㉤은 건드리면 몸을 공처럼 둥글게 만든다.

4 아이스크림, 지학사, 천재

우리 주변에서 볼 수 있는 작은 동물을 자세히 관찰하기 위해 사용할 수 있는 도구는 어느 것입니까?
( )

① ▲ 거울

② ▲ 돋보기

③ ▲ 손전등

④ ▲ 색안경

5 서술형 ➕ 7종 공통

여러 가지 동물을 다리의 개수에 따라 ㉠과 ㉡으로 분류하였습니다. 오른쪽 개구리는 ㉠과 ㉡ 중 어느 쪽으로 분류해야 하는지 기호를 쓰고, 그렇게 생각한 까닭을 쓰시오.

▲ 개구리

㉠	㉡
개미, 꿀벌, 나비	고양이, 소, 노루, 다람쥐

(1) 개구리 분류하기: ( )

(2) 그렇게 생각한 까닭: _____

_____

_____

6 ❹ 7종 공통

동물을 분류할 수 있는 기준으로 알맞지 <u>않은</u> 것은 어느 것입니까? (　　　)

① 날개가 있는 것과 없는 것
② 귀여운 것과 귀엽지 않은 것
③ 땅에 사는 것과 물에 사는 것
④ 지느러미가 있는 것과 없는 것
⑤ 다리가 두 개인 것과 네 개인 것

7 금성, 아이스크림, 지학사, 천재

다음 동물을 '더듬이가 있는가?'의 분류 기준에 따라 분류할 때, 같은 무리로 분류할 수 <u>없는</u> 것은 어느 것입니까? (　　　)

①
▲ 나비

②
▲ 꿀벌

③
▲ 거미

④
▲ 달팽이

8 동아, 김영사, 비상, 아이스크림, 지학사, 천재

땅속에서 사는 동물로 알맞은 것을 두 가지 골라 기호를 쓰시오.

㉠
▲ 소

㉡
▲ 지렁이

㉢
▲ 다람쥐

㉣
▲ 땅강아지

(　　　　　　　)

9 서술형　동아, 김영사, 비상, 지학사, 천재

다음 동물에게는 어떤 특징이 있는지 땅속에서 이동하는 방법과 관련지어 쓰시오.

▲두더지

_____

_____

_____

10 동아, 김영사, 비상, 아이스크림, 지학사, 천재

땅에서 사는 동물의 공통적인 특징으로 옳은 것은 어느 것입니까? (　　　)

① 아가미로 숨을 쉰다.
② 날개가 한 쌍 있어 날 수 있다.
③ 다리가 없는 동물은 기어 다닌다.
④ 땅속에 사는 동물은 모두 다리가 없다.
⑤ 지느러미가 있어서 물속에서 헤엄칠 수 있다.

11 ⊕ 7종 공통

다음 동물이 사는 곳으로 알맞은 것을 보기 에서 골라 각각 기호를 쓰시오.

┌─ 보기 ●
│ ㉠ 갯벌   ㉡ 강가나 호숫가   ㉢ 바닷속
└────────────

(1) 조개 ( )

(2) 오징어 ( )

(3) 고등어 ( )

(4) 개구리 ( )

12 금성, 비상, 아이스크림, 지학사, 천재

물에서 사는 동물의 특징으로 옳은 것은 어느 것입니까? ( )

① 수달은 아가미로 숨을 쉰다.
② 붕어는 지느러미로 헤엄친다.
③ 전복은 다리가 있어 걸어 다닌다.
④ 상어는 강이나 호수의 물속에서 산다.
⑤ 다슬기는 바닷속에서 물고기를 잡아먹으며 산다.

13 서술형 금성, 비상, 아이스크림, 지학사, 천재

다음은 붕어가 물에서 생활하기에 알맞은 점입니다. ㉠~㉢ 중 잘못된 부분의 기호를 쓰고, 바르게 고쳐 쓰시오.

┌──────────────────────────
│ 물속에 사는 붕어는 ㉠ 아가미로 숨을 쉬고, ㉡ 몸
│ 에 지느러미가 있어 물속에서 헤엄을 잘 칠 수 있
│ 다. 또 ㉢ 몸이 넓적한 상자 형태여서 물의 저항을
│ 적게 받는다.
└──────────────────────────

(1) 잘못된 부분: ( )

(2) 바르게 고쳐 쓰기: _____

_____

14 아이스크림, 천재

다음 중 날아다니는 동물끼리 옳게 짝 지은 것은 어느 것입니까? ( )

① 박새, 지렁이   ② 잠자리, 거미
③ 나비, 공벌레   ④ 땅강아지, 전갈
⑤ 직박구리, 박각시나방

15 동아, 김영사, 비상, 아이스크림, 지학사, 천재

날아다니는 오른쪽 동물의 특징을 옳지 않게 말한 사람의 이름을 쓰시오.

▲ 나비

┌──────────────────────────
│ • 태형: 날개 두 쌍이 있어.
│ • 아미: 짧고 단단한 부리가 있어.
│ • 지민: 몸이 머리, 가슴, 배의 세 부분으로 구분돼.
└──────────────────────────

( )

16 금성, 김영사, 비상, 아이스크림, 지학사, 천재

오른쪽 동물이 사람이 살기 어려운 사막의 환경에서 생활하기에 알맞은 까닭으로 옳은 것을 두 가지 고르시오.
(   )

▲ 사막여우

① 귓속에 털이 많아 모래가 잘 들어가지 않는다.
② 긴 꼬리로 땅바닥의 뜨거운 열기를 피할 수 있다.
③ 새벽에 땅 위로 나와 몸에 맺힌 이슬을 모아서 마신다.
④ 혹에 지방을 저장하고 있어서 오랫동안 물을 마시지 않아도 된다.
⑤ 몸에 비해 큰 귀를 가지고 있어서 몸속의 열을 밖으로 내보내는 체온 조절을 할 수 있다.

17 서술형   동아, 금성, 아이스크림, 지학사

다음 중 사막에서 사는 동물로 알맞은 것의 기호를 쓰고, 이 동물이 사막에서 잘 살 수 있는 까닭을 쓰시오.

▲ 박새

▲ 붕어

▲ 도마뱀

(1) 사막에서 사는 동물: (   )

(2) 사막에서 잘 살 수 있는 까닭: _____

_____

18 동아, 금성, 김영사, 아이스크림, 지학사, 천재

다음 여러 가지 동물 중 극지방에서 사는 동물로 가장 알맞은 것을 두 가지 골라 기호를 쓰시오.

ㄱ
▲ 북극곰

ㄴ
▲ 낙타

ㄷ
▲ 펭귄

ㄹ
▲ 미어캣

(   )

19 ➕ 7종 공통

오른쪽과 같이 생활용품에 이용되는 흡착판은 어떤 동물의 특징을 활용한 것입니까? (   )

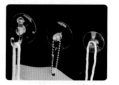
▲ 흡착판

① 모기의 침
② 오리의 발
③ 문어의 빨판
④ 산천어의 앞부분
⑤ 뱀이 이동하는 모습

20 서술형   동아, 김영사, 아이스크림, 지학사, 천재

다음과 같은 수리의 특징을 활용하여 만든 집게 차의 특징을 쓰시오.

> 수리의 발은 먹이를 잘 잡고 놓치지 않는다.

_____

_____

1 금성, 아이스크림, 지학사, 천재

다음 중 화단에서 볼 수 있으며, 다리 네 쌍으로 걸어 다니는 동물로 알맞은 것은 어느 것입니까? (　　　)

①
▲ 거미

②
▲ 나비

③
▲ 꿀벌

④
▲ 지렁이

2 동아, 금성, 비상, 천재

오른쪽 동물의 특징으로 옳은 것은 어느 것입니까? (　　　)

① 몸이 깃털로 덮여 있다.
② 주로 돌 밑에서 볼 수 있다.
③ 다리 두 쌍으로 걸어 다닌다.
④ 지느러미를 이용해서 헤엄친다.
⑤ 몸이 여러 개의 마디로 되어 있다.

▲ 금붕어

3 서술형   금성, 김영사, 비상, 아이스크림, 지학사, 천재

다음과 같은 동물들을 화단에서 많이 볼 수 있는 까닭을 쓰시오.

▲ 개미

▲ 공벌레

_____

_____

4 아이스크림, 지학사, 천재

우리 주변에서 볼 수 있는 작은 동물을 오른쪽 도구를 사용하여 관찰할 때의 좋은 점으로 알맞은 것을 두 가지 고르시오. (　　　)

▲ 확대경

① 동물의 움직임을 멈추게 할 수 있다.
② 움직이는 동물을 가두어 놓고 관찰할 수 있다.
③ 작은 동물을 확대하여 자세하게 관찰할 수 있다.
④ 멀리 있는 작은 동물을 자세하게 관찰할 수 있다.
⑤ 작은 동물의 모습을 생생한 사진으로 찍어 남길 수 있다.

5 ➕ 7종 공통

다음은 위 **4**번의 도구를 이용하여 개미를 관찰하고 그림으로 나타낸 것입니다. 개미의 특징으로 알맞은 것을 보기 에서 골라 기호를 쓰시오.

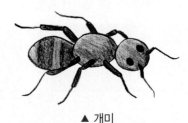
▲ 개미

보기

㉠ 다리가 세 쌍이다.
㉡ 몸이 가슴과 배의 두 부분으로 구분된다.
㉢ 대롱같이 생긴 입으로 꽃의 꿀을 먹는다.

(　　　　　　)

[6-7] 다음 여러 종류의 동물들을 보고, 물음에 답하시오.

▲ 개구리

▲ 상어

▲ 까치

▲ 달팽이

6 ➕ 7종 공통

위 동물을 '다리가 있는가?'의 분류 기준으로 아래와 같이 모두 분류하여 기호를 쓰시오.

(1) 그렇다.	(2) 그렇지 않다.

7 동아, 비상, 천재

위 **6**번에서 '그렇지 않다.'로 분류한 동물을 다시 '아가미로 숨을 쉬는가?'의 분류 기준에 따라 분류하여 빈칸에 각각 기호를 쓰시오.

아가미로 숨을 쉬는가?

그렇다. | 그렇지 않다.

(1) | (2)

8 ➕ 7종 공통

다음과 같이 두 무리로 동물을 분류한 기준으로 옳은 것은 어느 것입니까? (   )

| 나비, 꿀벌, 개미 | 뱀, 고양이, 참새 |

① 곤충인 것과 곤충이 아닌 것
② 알을 낳는 것과 새끼를 낳는 것
③ 날개가 있는 것과 날개가 없는 것
④ 다리가 있는 것과 다리가 없는 것
⑤ 지느러미가 있는 것과 지느러미가 없는 것

9 ➕ 7종 공통

오른쪽 동물의 이름을 쓰고, 이 동물의 특징으로 옳은 것을 다음 보기 에서 골라 기호를 쓰시오.

보기
㉠ 주둥이가 뾰족하고 몸이 털로 덮여 있다.
㉡ 몸이 길고 원통 모양이며, 다리가 없어 기어 다닌다.
㉢ 다리는 일곱 쌍이며, 위험을 느끼면 몸을 동그랗게 말고 움직이지 않는다.

(1) 동물 이름: (   )
(2) 동물의 특징으로 옳은 것: (   )

10 동아, 비상, 아이스크림, 지학사, 천재

땅강아지의 특징으로 옳은 것에 ◯표 하시오.

(1) 앞다리를 이용해서 땅을 팔 수 있다.   (   )
(2) 몸이 비늘로 덮여 있고, 혀가 가늘고 길다.
          (   )

11 ⊕ 7종 공통

땅에서 사는 동물 중에서 다리가 있는 동물의 이동 방법을 옳게 말한 사람의 이름을 쓰시오.

- 지우: 걷거나 뛰어다녀.
- 현경: 배를 땅에 대고 기어 다니지.
- 상진: 몸을 동그랗게 말고 굴러다니거나 빠르게 날아다니지.

(   )

[12-13] 다음은 물에서 사는 동물입니다. 물음에 답하시오.

ㄱ
▲ 게

ㄴ
▲ 다슬기

ㄷ
▲ 붕어

ㄹ
▲ 고등어

12 동아, 금성, 비상, 아이스크림, 지학사, 천재

위 동물 중 강이나 호수의 물속에서 사는 동물을 두 가지 골라 기호를 쓰시오.

(   )

13 동아, 김영사, 비상, 아이스크림, 지학사, 천재

위 동물 중 다음과 같은 특징이 있는 것의 기호를 각각 쓰시오.

(1) 물속 바위에 붙어서 배발로 기어 다닌다.

(   )

(2) 몸이 딱딱한 껍데기로 덮여 있고, 집게발 두 개가 있다.

(   )

14 동아, 금성, 김영사, 아이스크림, 천재

다음 동물의 특징으로 옳은 것을 두 가지 고르시오.

(   )

▲ 수달

① 갯벌에서 살고 있다.
② 몸이 비늘로 덮여 있다.
③ 발가락에 물갈퀴가 있다.
④ 지느러미가 있어 헤엄을 잘 친다.
⑤ 강가나 호숫가에서 물과 땅을 오가면서 살며, 물 속에서 헤엄칠 수 있다.

15 ⊕ 7종 공통

다음은 수리나 제비와 같은 새가 하늘을 날 수 있는 특징입니다. ( ) 안에 들어갈 알맞은 말을 쓰시오.

▲ 수리

▲ 제비

새는 뼛속이 비어 있으며, 몸이 깃털로 덮여 있고 (   )이/가 있어 하늘을 날 수 있다.

(   )

16 ➕ 7종 공통

우진이가 설명하고 있는 다음 동물은 무엇인지 이름을 쓰시오.

- 이 동물은 등에 있는 혹에 지방이 저장되어 있어서 물과 먹이가 없어도 며칠동안 생활할 수 있다.
- 발바닥이 넓적해서 모래에 발이 잘 빠지지 않아 사막의 환경에서 생활하기에 알맞다.

( )

17 서술형 동아, 금성, 아이스크림, 지학사

오른쪽 동물이 사막의 환경에서 잘 살 수 있는 특징을 한 가지 쓰시오.

▲ 사막에 사는 도마뱀

_____

_____

_____

18 동아, 금성, 김영사, 아이스크림, 지학사, 천재

북극곰이 극지방에서 살아가기에 알맞은 특징으로 옳은 것을 보기 에서 골라 기호를 쓰시오.

보기
㉠ 온몸의 털이 듬성듬성 나 있어 물속에서도 잘 헤엄칠 수 있다.
㉡ 몸집이 크고 귀가 작아 추운 환경에서도 체온을 잘 유지할 수 있다.
㉢ 검은색의 털을 가지고 있어 눈으로 뒤덮인 북극에서도 눈에 잘 띈다.

( )

19 금성, 김영사, 아이스크림, 천재

다음과 같은 특징이 있어 극지방에서 살 수 있는 동물은 어느 것입니까? ( )

- 몸에 지방층이 두껍다.
- 깃털이 촘촘해서 물이 몸속으로 스며들지 않는다.

① 닭 ② 펭귄 ③ 독수리
④ 도요새 ⑤ 딱따구리

20 ➕ 7종 공통

우리 생활에서 동물의 특징을 활용한 예가 옳지 않게 짝 지어진 것은 어느 것입니까? ( )

① 수리의 발 – 집게 차
② 문어의 빨판 – 흡착판
③ 상어의 비늘 – 전신 수영복
④ 산천어의 앞부분 – 고속 열차
⑤ 하늘다람쥐의 날개막 – 강력접착제

평가 주제	땅에서 사는 동물의 특징 알아보기
평가 목표	땅에서 사는 동물의 생김새와 생활 방식, 작은 동물의 관찰 방법을 알 수 있다.

[1-3] 다음은 땅에서 사는 동물을 관찰하고, 관찰한 내용을 글로 나타낸 것입니다. 물음에 답하시오.

동물 이름	개미	관찰한 날짜	20○○년 ○○월 ○○일
모습과 특징		• ㉠ 땅속이나 땅 위를 오가며 생활함. • 몸이 ㉡ 머리, 가슴, 배의 세 부분으로 구분됨. • 머리에는 ㉢ 더듬이가 한 쌍 있음. • ㉣ 다리 두 쌍으로 걸어서 이동하며 개미 중에는 날개가 있는 것도 있음.		

1 위 동물을 관찰할 때 이용하면 좋은 도구를 골라 ○표 하고, 이용했을 때 좋은 점을 쓰시오.

> 거울,   깔때기,   확대경,   유리막대,   스포이트,   약숟가락

_____

_____

2 위 ㉠~㉣ 중 잘못된 내용을 골라 기호를 쓰고, 바르게 고쳐 쓰시오.

_____

_____

3 다음 분류 기준에 따라 위 동물과 같은 무리로 분류할 수 있는 동물로 알맞은 것을 두 가지 골라 기호를 쓰시오.

오른쪽 ㉠~㉣을 곤충인 것과 곤충이 아닌 것으로 분류해 보자.

㉠ 잠자리 ㉡ 달팽이 ㉢ 매미 ㉣ 개구리

(   )

● 정답과 풀이 23쪽

| 평가 주제 | 사막이나 극지방에서 사는 동물의 특징 알아보기 |
| 평가 목표 | 사막이나 극지방에서 사는 동물의 생김새와 생활 방식을 알 수 있다. |

2
단원

[1-3] 다음은 사막이나 극지방에서 사는 동물들입니다. 물음에 답하시오.

▲ 전갈　　　　　　▲ 낙타　　　　　　▲ 북극곰

▲ 펭귄　　　　　　▲ 사막여우　　　　　　▲ 북극여우

1 위 동물들을 다음의 사는 곳에 따라 두 무리로 모두 분류하여 기호를 쓰시오.

(1) 사막에서 사는 동물	(2) 극지방에서 사는 동물

2 다음은 위 동물 중 사막에서 사는 어떤 동물에 대해 스무고개를 한 내용입니다. (　　) 안에 들어갈 동물로 알맞은 것을 골라 기호를 쓰시오.

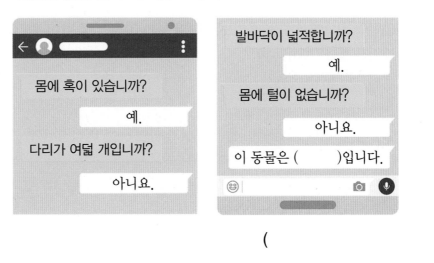

몸에 혹이 있습니까?
예.
다리가 여덟 개입니까?
아니요.

발바닥이 넓적합니까?
예.
몸에 털이 없습니까?
아니요.
이 동물은 (　　)입니다.

(　　　　　　　　　　　　　　)

3 위 **2**번의 답인 동물이 사막의 환경에서 잘 살 수 있는 까닭을 한 가지 쓰시오.

_____

_____

✏️ 빈칸에 알맞은 답을 쓰세요.

1 밭, 갯벌, 모래사장 중 색깔이 많이 어둡고 물이 고여 있는 흙이 있는 곳은 어느 곳입니까?

2 운동장 흙과 화단 흙 중 알갱이의 크기가 비교적 큰 것은 어느 것입니까?

3 운동장 흙과 화단 흙 중 식물이 잘 자라는 흙은 어느 것입니까?

4 바위나 돌이 오랜 시간에 걸쳐 서서히 작게 부서진 알갱이와 나무뿌리, 낙엽, 생물이 썩어 생긴 물질 등이 섞이면 무엇이 됩니까?

5 각설탕 여러 개를 플라스틱 통에 넣고 흔들면 설탕 알갱이의 크기는 어떻게 됩니까?

6 흐르는 물이 지표의 바위, 돌, 흙 등을 깎아 내는 작용을 무엇이라고 합니까?

7 흙 언덕의 위쪽에서 물을 흘려보낼 때 위쪽과 아래쪽 중 흙이 흘러내려 쌓이는 곳은 어디입니까?

8 강 상류와 강 하류 중 강폭이 좁고 경사가 급한 곳은 어디입니까?

9 바다 쪽으로 튀어나온 곳과 육지 쪽으로 들어간 곳 중에서 고운 모래나 흙이 밀려와 쌓이는 곳은 어느 곳입니까?

10 바닷가의 절벽과 갯벌 중 바닷물에 의하여 깎여서 만들어진 지형은 어느 것입니까?

✏️ 빈칸에 알맞은 답을 쓰세요.

1 흙은 장소에 따라 색깔, 알갱이의 크기 등의 성질이 어떻습니까?

2 운동장 흙과 화단 흙 중 물이 더 잘 빠지는 것은 어느 것입니까?

3 운동장 흙과 화단 흙에 각각 물을 넣고 유리 막대로 저은 뒤 그대로 놓아두었을 때, 물에 뜨는 물질이 더 많은 흙은 어느 것입니까?

4 식물이 잘 자라도록 도와주는 흙에 섞여 있는 물질은 무엇입니까?

5 차가워지거나 따뜻해지는 어떤 변화가 반복되면서 바위나 돌이 부서 집니까?

6 과자를 투명 용기에 넣고 흔들어 과자 가루가 되었습니다. 과자가 자연에서의 바위라면 과자 가루는 무엇을 의미합니까?

7 흐르는 물에 운반된 돌, 모래, 흙 등이 쌓이는 것을 무엇이라고 합니까?

8 흙 언덕의 위쪽에서 물을 흘려보낼 때 위쪽과 아래쪽 중 흙이 깎이는 곳은 어디입니까?

9 강 상류와 강 하류 중 모래나 진흙이 많은 곳은 어디입니까?

10 모래사장은 바닷물의 침식 작용과 퇴적 작용 중 어느 것에 의하여 만들어진 것입니까?

1 아이스크림

다음 혜리의 관찰 결과를 보고, 주변의 다양한 흙 중 어느 곳의 흙을 관찰한 것인지 기호를 쓰시오.

> 갈색이고, 알갱이가 보이며, 만지면 촉촉할 것 같다.

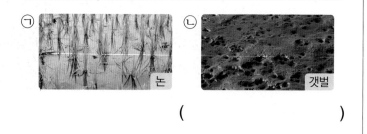

ㄱ 논   ㄴ 갯벌

(   )

2 ➕ 7종 공통

흙에 대한 설명으로 옳은 것은 어느 것입니까?
(   )

① 흙은 바위에서 나온 물질만 의미한다.
② 운동장 흙은 식물이 잘 자라는 흙이다.
③ 흙 속에 있는 모든 물질은 식물에게 양분이 된다.
④ 화단 흙에는 나뭇잎, 나무뿌리, 죽은 동물 등이 많이 섞여 있다.
⑤ 화단 흙과 운동장 흙에 물을 부었을 때, 물 위에 뜨는 부식물의 종류와 양은 같다.

3 ➕ 7종 공통

같은 양의 운동장 흙과 화단 흙에 같은 양의 물을 동시에 부어 같은 시간 동안 빠진 물의 높이가 다음과 같습니다. 5분 후에 흙 속에 물을 더 많이 가지고 있는 흙은 어느 것인지 쓰시오.

구분	운동장 흙	화단 흙
모습		
2분 30초 후 물의 높이	약 2 cm	약 1 cm
5분 00초 후 물의 높이	약 4.7 cm	약 2.3 cm

(   )

4 ➕ 7종 공통

두 개의 유리컵에 운동장 흙과 화단 흙을 각각 $\frac{1}{4}$ 정도 채워 넣고 두 개의 컵에 같은 양의 물을 붓고 저은 뒤 잠시 놓아두었습니다. 알맞은 것끼리 선으로 이으시오.

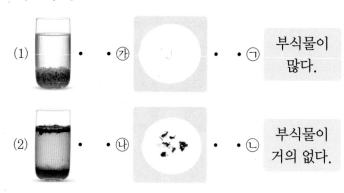

(1) • •⑦   • •ㄱ 부식물이 많다.

(2) • •⑭   • •ㄴ 부식물이 거의 없다.

5 서술형 ➕ 7종 공통

다음을 흙이 만들어지는 과정에 맞게 순서대로 기호를 쓰고, 흙이 만들어지는 과정에 대해 쓰시오.

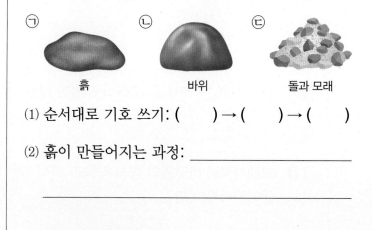

ㄱ 흙   ㄴ 바위   ㄷ 돌과 모래

(1) 순서대로 기호 쓰기: (   ) → (   ) → (   )

(2) 흙이 만들어지는 과정: _____

_____

_____

16 ➕ 7종 공통

다음 설명이 강 상류의 특징이면 '상'이라고 쓰고, 강 하류의 특징이면 '하'라고 쓰시오.

(1) 커다란 바위나 모난 돌이 많다. ( )
(2) 운반된 흙과 모래가 주로 쌓인다. ( )
(3) 물길의 폭이 좁고 경사가 급하다. ( )
(4) 강폭이 넓고, 흐르는 물의 양이 매우 많다.
( )

17 ➕ 7종 공통

강의 상류와 하류에서 흐르는 물이 활발하게 하는 작용이 다른 까닭은 무엇입니까? ( )

① 돌의 모양이 다르기 때문이다.
② 모래의 양이 다르기 때문이다.
③ 흐르는 물의 온도가 다르기 때문이다.
④ 땅을 이루는 물질이 다르기 때문이다.
⑤ 땅의 경사진 정도가 다르기 때문이다.

18 서술형 ➕ 7종 공통

강 상류에는 큰 바위가 많고, 강 하류에는 모래가 많은 까닭을 쓰시오.

▲ 강 상류의 바위

▲ 강 하류의 모래

_____

_____

19 ➕ 7종 공통

다음은 바닷가 주변 지형을 조사한 내용을 설명하는 모습입니다. 설명 내용 중 잘못된 부분이 있는 사람의 이름을 쓰시오.

내가 조사한 모래사장은 바닷물이 모래 알갱이들을 깎아서 만들어진 침식 지형이야.

내가 조사한 해식 동굴은 파도에 의해 바위들이 깎여서 바위에 큰 구멍이 만들어진 지형이야.

서윤 ▲

▲ 우진

( )

20 ➕ 7종 공통

다음과 같은 바닷가 지형에 대한 설명으로 옳은 것은 어느 것입니까? ( )

① 한 번 만들어진 지형은 변하지 않는다.
② 바닷물에 의한 퇴적 작용으로 만들어진다.
③ 주로 바람에 의한 침식 작용으로 생긴 것이다.
④ 바람에 날려 온 모래나 흙이 쌓여 만들어진다.
⑤ 파도에 의해 오랜 시간 동안 깎여서 만들어진다.

3
단원

1 동아, 아이스크림

다음을 산에 있는 흙과 모래사장에 있는 흙의 특징으로 분류하여 기호를 쓰시오.

> ㉠ 모래가 많다.
> ㉡ 물이 잘 빠진다.
> ㉢ 부식물의 양이 많다.
> ㉣ 흙의 색깔이 비교적 어둡다.

(1)

▲ 산에 있는 흙

(   )

(2)

▲ 모래사장에 있는 흙

(   )

2 아이스크림

바닷물이 빠져나간 갯벌에서는 많은 양의 흙을 볼 수 있습니다. 갯벌에서 볼 수 있는 흙의 특징으로 옳은 것은 어느 것입니까? (   )

① 색깔이 밝다.
② 거칠거칠하다.
③ 물기가 없어 흙이 갈라져 있다.
④ 나뭇가지, 죽은 곤충 등의 부식물이 많다.
⑤ 알갱이가 매우 작아 부드러운 느낌이 난다.

[3-4] 다음은 운동장 흙과 화단 흙을 관찰한 결과입니다. 물음에 답하시오.

(가)	(나)
어두운 갈색이며, 알갱이의 크기가 비교적 작다.	밝은 갈색이며, 알갱이의 크기가 비교적 크다.

3 ➕ 7종 공통

위 (가)와 (나) 중 운동장 흙의 기호를 쓰시오.

(   )

4 ➕ 7종 공통

위 (가)와 (나) 흙을 오른쪽과 같은 물 빠짐 장치에 넣고 두 흙에 같은 양의 물을 동시에 붓고 같은 시간 동안 아래쪽 비커에 빠져나온 물의 높이를 측정했습니다.

㉠과 ㉡ 중 물의 높이가 더 낮은 것의 기호를 쓰시오.

(   )

5 서술형 ➕ 7종 공통

오른쪽은 유리컵에 운동장 흙과 화단 흙을 각각 $\frac{1}{4}$ 정도 채워 넣은 후 같은 양의 물을 붓고 저은 뒤, 잠시 놓아둔 모습입니다. 화단 흙이 든 유리컵의 기호와 그것이 화단 흙인 것을 알 수 있는 까닭을 쓰시오.

(1) 화단 흙이 든 유리컵: (   )

(2) 알 수 있는 까닭: _____

_____

6 ➕ 7종 공통

다음과 같이 바위틈으로 들어간 물이 얼었다 녹았다를 오랜 시간 동안 반복하면 어떻게 되는지 옳게 말한 사람의 이름을 쓰시오.

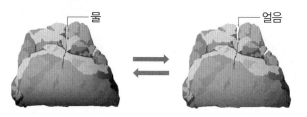

물   얼음

- 지호: 바위가 더 단단해져.
- 시아: 바위가 작게 부서져.
- 예준: 바위틈이 점점 작아져.

(   )

7 서술형 ➕ 7종 공통

다음 만화를 보고, 시간이 지나면서 나무뿌리가 점점 굵어지면 바위에게 어떤 일이 일어날지 쓰시오.

응?

야! 좀 비켜 봐.

왜 자꾸 미는 거야?

빠지직

_____

_____

8 동아, 비상, 지학사, 천재

우리가 생활 속에서 흙을 보존해야 하는 까닭으로 옳지 <u>않은</u> 것을 보기 에서 골라 기호를 쓰시오.

보기

㉠ 흙에서 다양한 생물이 살아가기 때문이다.
㉡ 식물은 흙에서 물과 영양분을 얻기 때문이다.
㉢ 쓰레기를 반드시 땅에 묻어야 하기 때문이다.
㉣ 흙이 만들어지는 데에는 오랜 시간이 필요하기 때문이다.

(   )

[9-10] 다음은 투명한 플라스틱 통에 과자를 넣고 20번 정도 세게 흔드는 모습입니다. 물음에 답하시오.

9 동아, 김영사, 아이스크림

위와 같이 흔든 후, 플라스틱 통 속 과자의 변화로 옳은 것을 두 가지 고르시오. (   )

① 과자 가루가 생겼다.
② 과자의 맛이 달라졌다.
③ 큰 과자의 모습을 그대로 유지하고 있다.
④ 큰 과자 알갱이가 부서져 작은 알갱이가 되었다.
⑤ 과자의 모서리는 조금 부서졌지만, 과자는 더 단단해졌다.

10 ➕ 7종 공통

위 **9**번과 같은 결과가 나타난 것은 실제 자연에서 바위나 돌이 부서져 무엇이 만들어지는 과정과 같은지 쓰시오.

(   )

11 동아, 금성, 김영사, 비상, 지학사, 천재

비가 오는 날 운동장에서 수아가 관찰할 수 있는 모습으로 알맞은 것을 두 가지 고르시오. (   )

① 물이 흐르다가 고인 곳이 있다.
② 빗물이 운동장에 모두 스며든다.
③ 큰 자갈이 있는 곳에서는 빗물이 모두 사라진다.
④ 흐르는 빗물이 운동장의 흙을 모두 한곳으로 모은다.
⑤ 빗물이 흐르면서 운동장의 흙을 깎아 흙탕물이 흐른다.

[12-13] 다음은 돌이 강물을 따라 여행하면서 하는 대화입니다. 물음에 답하시오.

(가) 센 물의 흐름 때문에 큰 바위에서 떨어져 나왔어.

(나) 물의 흐름이 약하네. 여기에서 쉬어야겠어.

(다) 물을 따라가는 여행이 너무 기대돼.

12 금성, 비상, 아이스크림

위 (가)~(다)는 각각 흐르는 물에 의한 어떤 작용이 가장 활발한 것인지 쓰시오.

(가) (   ), (나) (   )
(다) (   )

13 ✚ 7종 공통

위 (가)와 (나)는 각각 강의 어느 부분에서 가장 활발하게 작용하는지 쓰시오.

(가) (   ), (나) (   )

[14-15] 다음과 같이 흙 언덕을 만들고 윗부분에 색 모래를 뿌린 다음 물을 흘려보냈습니다. 물음에 답하시오.

▲ 흙 언덕 만들기

색 모래

▲ 흙 언덕 위쪽에 색 모래 뿌리기

물

▲ 흙 언덕 위쪽에서 물 흘려보내기

14 ✚ 7종 공통

위와 같이 흙 언덕 윗부분에 물을 흘려보냈을 때의 결과로 옳지 <u>않은</u> 것은 어느 것입니까? (   )

① 흙 언덕의 위쪽은 흙이 깎인다.
② 흙 언덕의 위쪽은 침식 작용이 활발하다.
③ 흙 언덕의 아래쪽에 흙이 흘러내려 쌓인다.
④ 흙 언덕의 아래쪽은 퇴적 작용이 활발하다.
⑤ 흐르는 물은 흙 언덕의 아래쪽 흙을 깎아 위쪽에 쌓는다.

15 서술형 ✚ 7종 공통

위 **14**번의 결과를 보고, 흐르는 물이 자연에서 지표를 변화시킬 수 있는 까닭을 쓰시오.

_____

_____

[16-17] 다음 강 주변의 모습을 보고, 물음에 답하시오.

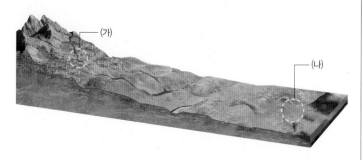

16 ➕ 7종 공통

다음은 주원이가 강 주변의 모습을 조사하면서 표시한 내용입니다. 위 (가)와 (나) 중 어느 곳을 조사한 것인지 기호를 쓰시오.

- 강폭이 다른 곳보다 (☑ 좁다, ☐ 넓다).
- 다른 곳보다 (☑ 바위, ☐ 모래)를 많이 볼 수 있다.
- (☐ 넓은 땅, ☑ 폭포)을/를 주로 볼 수 있다.

(   )

17 ➕ 7종 공통

위 (가)에서 (나)로 물이 흐르면서 지표에 작용하는 것으로 (   ) 안에 들어갈 알맞은 말을 쓰시오.

흐르는 물에 의해 (가)에서는 (㉠) 작용이 활발하고, (나)에서는 (㉡) 작용이 활발하다.

㉠ (   ), ㉡ (   )

18 서술형 ➕ 7종 공통

다음과 같이 바닷가에서 해수욕장으로 이용되는 곳의 특징을 그 지형이 만들어진 과정과 관련지어 쓰시오.

_____

_____

[19-20] 다음은 수조 한쪽 벽면에 흙을 비스듬하게 쌓고 수조에 물을 반쯤 채운 모습과 책받침으로 흙더미 쪽으로 물결을 만든 후의 모습입니다. 물음에 답하시오.

▲ 물결을 만들기 전   ▲ 물결을 만든 후

19 김영사, 지학사

위 ㉠과 같이 책받침으로 일으킨 물결은 실제 바닷가에서 무엇에 해당하는지 쓰시오.

(   )

20 김영사, 지학사

위와 같이 물결을 만들기 전과 만든 후의 모습을 보고 알 수 있는 사실은 무엇입니까? (   )

① 깎인 흙더미는 물속에서 녹는다.
② 파도에 의해 지표의 변화가 생긴다.
③ 흙의 알갱이가 클수록 잘 떠내려간다.
④ 파도에 의해서는 침식 작용만 일어난다.
⑤ 물속에서는 땅의 모양이 변하지 않는다.

| 평가 주제 | 운동장 흙과 화단 흙의 특징과 물 빠짐의 차이 이해하기 |
| 평가 목표 | 운동장 흙과 화단 흙의 색깔, 알갱이의 크기, 물 빠짐을 비교할 수 있다. |

[1-3] 다음은 운동장 흙과 화단 흙을 관찰한 후, 알갱이의 크기에 따른 물 빠짐을 비교하기 위해 설치한 물 빠짐 장치에 동시에 물을 붓는 모습입니다. 물음에 답하시오.

운동장 흙   화단 흙

1 위 물 빠짐 장치에 넣기 전에 관찰한 운동장 흙과 화단 흙의 알갱이의 크기를 비교하여 쓰시오.

_____

_____

2 위 물 빠짐을 비교하기 위한 실험에서 다르게 해 주어야 할 조건을 골라 ○표 하시오.

> 흙의 양,   흙의 종류,   물의 양,   흙을 넣는 플라스틱 통의 크기,   물을 붓는 빠르기

3 다음은 위 물 빠짐 장치에서 같은 시간 동안 비커에 모인 물의 높이입니다. 이 결과를 보고 알 수 있는 사실을 **1**번에서 관찰한 운동장 흙과 화단 흙의 알갱이 크기와 관련지어 쓰시오.

구분	운동장 흙	화단 흙
2분 30초 후 물의 높이	약 2 cm	약 1 cm
5분 00초 후 물의 높이	약 4.7 cm	약 2.3 cm

_____

_____

● 정답과 풀이 26쪽

평가 주제	바닷가 주변의 특징과 물의 작용 이해하기
평가 목표	바닷가 주변 지형의 특징을 알고, 바닷물의 작용과 관련지을 수 있다.

[1-2] 다음은 바닷가 주변의 모습입니다. 물음에 답하시오.

(나)

(가)

3 단원

1 다음 ㉠~㉣을 위 (가)와 (나) 중 주로 볼 수 있는 지형으로 분류하여 기호를 쓰시오.

㉠　　㉡　　㉢　　㉣

(가)에서 볼 수 있는 모습	(나)에서 볼 수 있는 모습

2 위 **1**번 답과 같이 (가)와 (나) 주변에서 볼 수 있는 모습이 다른 까닭을 바닷물인 파도가 하는 작용과 관련지어 쓰시오.

_____

_____

✏ 빈칸에 알맞은 답을 쓰세요.

1 나뭇조각, 물, 공기 중 눈에 보이고 손으로 잡아서 전달할 수 있는 것은 어느 것입니까?

2 나무 막대를 여러 가지 모양의 그릇에 넣으면 나무 막대의 모양과 부피는 변합니까, 변하지 않습니까?

3 담는 그릇이 바뀌어도 모양과 부피가 일정한 물질의 상태를 무엇이라고 합니까?

4 물을 여러 가지 모양의 그릇에 옮겨 담으면 물의 모양이 변합니까, 변하지 않습니까?

5 우리 주변의 물질 중 액체는 무엇이 있습니까?

6 부풀린 풍선을 물속에 넣고 풍선 입구를 쥐었던 손을 살짝 놓으면 생기는 것을 보고 주변에 무엇이 있다는 것을 알 수 있습니까?

7 담는 그릇에 따라 모양이 변하고 담긴 그릇을 항상 가득 채우는 물질의 상태를 무엇이라고 합니까?

8 바닥에 구멍이 뚫리지 않은 플라스틱 컵을 뒤집어 물이 담긴 수조의 바닥까지 밀어 넣으면 수조 안 물의 높이는 어떻게 됩니까?

9 공기는 다른 곳으로 이동할 수 있습니까, 이동할 수 없습니까?

10 찌그러진 축구공과 탱탱한 축구공 중 더 무거운 것은 어느 것입니까?

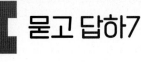
✏️ 빈칸에 알맞은 답을 쓰세요.

1　나뭇조각, 물, 공기 중 눈에 보이지 않고 손으로 잡을 수 없는 것은 어느 것입니까?

2　나뭇조각, 물, 공기 중 흘러내려 친구에게 전달하기 어려운 것은 어느 것입니까?

3　책, 꿀, 식초, 모래 중 고체인 것 두 가지는 어느 것입니까?

4　물을 여러 가지 모양의 그릇에 옮겨 담으면 물의 부피는 어떻게 됩니까?

5　담는 그릇에 따라 모양은 변하지만 부피는 일정한 물질의 상태를 무엇이라고 합니까?

6　빈 페트병의 입구 부분을 물속에 넣고 손으로 누르면 페트병의 입구에서 무엇이 생겨 위로 올라와 사라집니까?

7　바닥에 구멍이 뚫린 플라스틱 컵을 뒤집어 물이 담긴 수조의 바닥까지 밀어 넣을 때 플라스틱 컵 안의 공기는 어떻게 됩니까?

8　피스톤을 당겨 놓은 주사기와 피스톤을 밀어 넣은 주사기를 비닐관으로 연결한 후 당겨 놓은 주사기의 피스톤을 밀면 피스톤을 밀어 넣은 주사기는 어떻게 됩니까?

9　공기는 무게가 있습니까, 없습니까?

10　교실에는 눈에 보이지 않는 무엇으로 가득 차 있습니까?

1 서술형   동아, 김영사, 비상, 아이스크림, 지학사, 천재

나무 막대, 물, 공기를 친구에게 전달하고, 전달받은 친구는 그 물질을 플라스틱 그릇에 담아 보는 활동입니다. 나무 막대, 물, 공기 중 전달할 수 있는 것은 무엇인지 쓰고, 그 까닭을 쓰시오.

(1) 전달할 수 있는 것: (   )

(2) 까닭: _____

_____

2 아이스크림

어항 속에서 볼 수 있는 여러 가지 물질의 상태를 각각 쓰시오.

ㄱ 공기
ㄴ 물
ㄷ 공기 방울
ㄹ 돌멩이

㉠ (   ), ㉡ (   )
㉢ (   ), ㉣ (   )

3 ✚ 7종 공통

위 **2**번 어항 속 ㉠~㉣ 물질 중 손으로 잡아서 친구에게 전달할 수 있는 것의 기호를 쓰시오.

(   )

4 아이스크림

오른쪽과 같은 크기의 탁구공을 다음의 그릇에 각각 옮겨 담으려고 합니다. 각 그릇에 담았을 때의 모습을 그릇에 그려 넣으시오. (단, 주어진 공의 크기와 같은 크기로 그리고, 그릇의 입구가 공보다 작은 경우에는 그릇 안에 공을 넣을 수 없습니다.)

5 ✚ 7종 공통

우리 주변의 물질 중 액체인 것끼리 옳게 짝 지은 것은 어느 것입니까? (   )

①
집게   유리컵

②
수첩   식용유

③
물약   요구르트

④
모래   페트병 속 공기

6 ✚ 7종 공통

다음 세 물질의 공통된 성질로 옳은 것은 어느 것입니까? (　　　)

 우유  바닷물  샴푸

① 모양이 일정하다.
② 눈에 보이지 않는다.
③ 손으로 잡아서 옮길 수 있다.
④ 담긴 그릇에 항상 가득 찬다.
⑤ 담는 그릇에 따라 모양이 다양하게 변한다.

7 서술형 ✚ 7종 공통

물을 모양이 다른 그릇에 옮겨 담은 후 처음에 사용한 그릇에 다시 옮겨 담았을 때 물의 높이가 옳은 것의 기호를 쓰고, 그 까닭을 쓰시오.

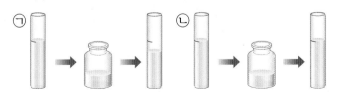

(1) 물의 높이가 옳은 것: (　　　　　　　)

(2) 까닭: _____

_____

8 ✚ 7종 공통

다음 (　　) 안에 공통으로 들어갈 알맞은 말을 쓰시오.

> 「명사」
> 「1」 기압의 변화 또는 사람이나 기계에 의하여 일어나는 (　　　　)의 움직임.
> ㉠ 바람이 불다. 바람이 세다.
> 「2」 공이나 튜브 따위와 같이 속이 빈 곳에 넣는 (　　　　).
> ㉡ 축구공에 바람을 가득 넣다.

(　　　　　　　　　　　)

9 ✚ 7종 공통

기체의 성질에 대해 잘못 말한 사람의 이름을 쓰시오.

담는 그릇에 따라 모양이 달라져. — 연우

담는 그릇에 따라 부피가 일정해. — 도람

어떤 모양의 그릇도 항상 가득 채워. — 서영

(　　　　　　　　　　　)

10 동아

물건을 보호할 때 사용하는 에어 캡에서는 볼록한 모습을 볼 수 있습니다. 작은 원 안에 들어 있는 것은 무엇인지 쓰시오.

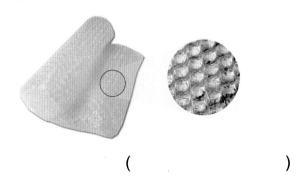

(　　　　　　　　　　　)

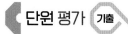
[11-12] 바닥에 구멍이 뚫린 플라스틱 컵과 구멍이 뚫리지 않은 플라스틱 컵을 뒤집어 각각 물에 띄운 페트병 뚜껑을 덮은 뒤 수조 바닥까지 밀어 넣으려고 합니다. 물음에 답하시오.

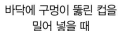

바닥에 구멍이 뚫린 컵을 밀어 넣을 때 | 바닥에 구멍이 뚫리지 않은 컵을 밀어 넣을 때

11 동아, 금성, 김영사, 아이스크림, 천재

위 플라스틱 컵을 수조 바닥까지 밀어 넣을 때 페트병 뚜껑의 위치와 수조 안 물의 높이가 다음과 같이 나타나는 경우의 기호를 각각 쓰시오.

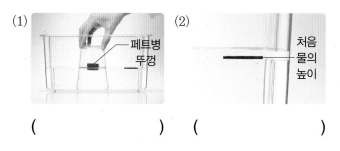

(   ) (   )

12 동아, 금성, 김영사, 아이스크림, 천재

다음은 위 **11**번 결과를 보고 알 수 있는 공기의 성질을 정리한 것입니다. ( ) 안에 들어가기에 가장 알맞은 것은 어느 것입니까? ( )

> 공기는 (   )

① 가볍다.
② 눈에 보인다.
③ 냄새가 있다.
④ 모양이 일정하다.
⑤ 공간을 차지한다.

13 김영사, 천재

다음은 부풀린 풍선의 입구를 물속에 넣고 풍선 입구를 쥐었던 손을 살짝 놓았을 때의 모습과 결과를 정리한 것입니다. ( ) 안에 들어갈 알맞은 말을 쓰시오.

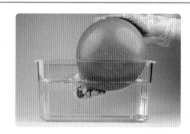

풍선 속에 있던 (㉠)이/가 풍선 속에서 풍선 밖으로 (㉡)하면서 보글보글 소리가 난다.

㉠ (   ), ㉡ (   )

14 ✚ 7종 공통

다음 물체에서 공기가 공간을 차지하는 성질을 이용하지 **않은** 것의 기호를 쓰시오.

㉠  | ㉡ 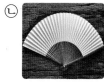 | ㉢

▲ 자동차 에어 백 | ▲ 부채 | ▲ 비눗방울

(   )

15 동아

페트병에 풍선을 끼운 후 페트병을 양손으로 힘껏 눌렀습니다. 페트병 안의 공기에 대한 설명으로 옳은 것은 어느 것입니까? ( )

① 공기가 사라진다.
② 공기가 제자리에 머문다.
③ 공기의 무게가 가벼워진다.
④ 공기가 풍선 쪽으로 이동한다.
⑤ 공기 속 물질의 종류가 달라진다.

16 비상, 아이스크림, 지학사, 천재

주사기 두 개의 피스톤을 다음과 같이 놓고 두 주사기를 비닐관으로 연결하였습니다. ㉠ 주사기의 피스톤이 화살표(➡) 방향으로 이동하게 하기 위한 방법을 옳게 말한 두 사람의 이름을 쓰시오.

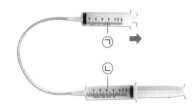

- 도훈: ㉠ 주사기의 피스톤을 당기면 돼.
- 준우: ㉠ 주사기의 피스톤을 더 밀어 넣어 봐.
- 소윤: ㉡ 주사기의 피스톤을 안쪽으로 밀면 돼.

( )

17 금성, 아이스크림

눈에 보이지 않지만 버스 안에는 가득 차 있는 것이 있습니다. 버스 안을 가득 채운 물질에 대한 설명으로 옳은 것을 보기 에서 골라 기호를 쓰시오.

보기

㉠ 버스 안을 가득 채우고 있는 물질은 액체 상태이다.
㉡ 버스 안을 가득 채우고 있는 물질은 무게가 없다.
㉢ 버스 안을 가득 채우고 있는 물질의 양이 많아지면 무게가 늘어난다.

( )

18 동아, 금성, 김영사, 비상, 아이스크림, 천재

다음은 공기 주입 마개를 끼운 페트병의 무게를 전자저울로 측정한 결과입니다. 이 페트병이 팽팽해질 때까지 공기 주입 마개를 누른 후 다시 측정한 무게로 알맞은 것은 어느 것입니까? ( )

① 30.6 g
② 43.7 g
③ 46.4 g
④ 46.9 g
⑤ 48.3 g

19 서술형 동아, 금성, 김영사, 비상, 아이스크림, 천재

위 **18**번과 같이 공기 주입 마개를 눌러 페트병이 팽팽해지면 페트병의 무게가 달라지는 까닭을 쓰시오.

_____

_____

20 ✚ 7종 공통

다음 ( ) 안에 들어갈 알맞은 말을 각각 보기 에서 골라 쓰시오.

보기

고체, 액체, 기체, 모양, 부피

(1) 고체는 담는 그릇에 관계없이 ( )과/와 ( )이/가 일정하다.
(2) 담는 그릇에 따라 모양이 변하지만, 부피는 변하지 않는 물질의 상태는 ( )이다.
(3) 담는 그릇에 따라 모양이 변하고, 담긴 그릇을 항상 가득 채우는 물질의 상태는 ( )이다.

4 단원

1 동아, 김영사, 비상, 아이스크림, 지학사, 천재

다음은 나뭇조각, 물, 공기 중 무엇에 대한 설명인지 쓰시오.

• 모양이 변한다.
• 손에 느껴지지 않는다.
• 지퍼 백에 넣으면 항상 가득 채운다.

(   )

2 ✚ 7종 공통

우리 주변의 다양한 물체 중 플라스틱 막대와 물질의 상태가 같은 것끼리 옳게 짝 지은 것은 어느 것입니까? (   )

① 철사, 가위, 식초
② 시계, 강물, 빗물
③ 화분, 우유, 커튼
④ 참기름, 의자, 베개
⑤ 설탕, 종이컵, 컴퓨터

3 서술형 김영사, 비상, 아이스크림, 천재

다음과 같은 가루 물질의 상태는 무엇인지 쓰고, 그렇게 생각한 까닭을 쓰시오.

▲ 소금   ▲ 모래

(1) 물질의 상태: (   )

(2) 까닭: _____

_____

4 ✚ 7종 공통

나무 막대와 주스를 여러 가지 모양의 투명한 그릇에 넣은 모습을 보고 알 수 있는 고체와 액체의 차이점으로 옳은 것을 보기 에서 골라 기호를 쓰시오.

나무 막대   주스

보기

㉠ 고체는 부피가 변하고, 액체는 모양이 변한다.
㉡ 고체는 모양이 변하지 않고, 액체는 모양이 변한다.
㉢ 고체는 부피가 변하지 않고, 액체는 부피가 변한다.

(   )

5 ✚ 7종 공통

다음은 물이 담긴 분무기를 눌러 물을 뿌리는 모습입니다. 분무기 안에 있는 물 ㉠과 분무기 밖으로 나오는 물 ㉡에 대해 옳게 말한 사람의 이름을 쓰시오.

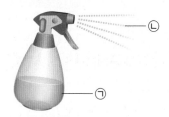

• 태현: ㉠과 ㉡은 색깔이 달라.
• 동윤: ㉠과 ㉡은 물질의 상태가 달라.
• 서영: ㉠과 ㉡은 물질의 상태가 같고, 모양만 달라.

(   )

6 서술형 ➕ 7종 공통

물을 관찰하고 작성한 탐구 일지에서 잘못된 부분을 골라 기호를 쓰고, 옳게 고쳐 쓰시오.

> 물은 투명하고 냄새가 없다. ㉠ 흐르지 않고 ㉡ 눈으로 볼 수 있으며, ㉢ 손으로 잡기 어렵다.

(1) 잘못된 부분: (   )

(2) 옳게 고쳐 쓰기: _____

_____

7 ➕ 7종 공통

우유 팩에 들어 있는 우유를 컵에 부었더니 우유의 모양이 변했습니다. 우유와 같은 결과를 볼 수 있는 경우를 모두 골라 ○표 하시오.

(1) 컵에 있는 물을 빨대로 마실 때 (   )

(2) 공기를 넣은 지퍼 백을 손으로 누를 때 (   )

(3) 병에 담긴 기름을 동그란 프라이팬에 부을 때

(   )

8 ➕ 7종 공통

투명한 그릇에 주스를 담고 높이를 표시한 후 다양한 모양의 그릇에 차례대로 옮겨 담았습니다. 다시 처음의 컵에 주스를 옮겨 담았을 때 주스의 높이에 대한 설명으로 옳은 것을 보기 에서 골라 기호를 쓰시오.

> 보기
>
> ㉠ 처음 표시한 높이와 같다.
> ㉡ 처음 표시한 높이를 알 수 없다.
> ㉢ 처음 표시한 높이보다 주스의 양이 많아진다.

(   )

9 ➕ 7종 공통

오른쪽과 같이 하늘을 날고 있는 연을 보고 알 수 있는 사실을 공기와 관련지어 옳게 말한 사람의 이름을 쓰시오.

> • 보영: 공기가 가볍다는 것을 알 수 있어.
> • 지윤: 눈에 보이지는 않지만 주변에 공기가 있어.
> • 준석: 공기는 움직이지 않는다는 것을 알 수 있어.

(   )

10 ➕ 7종 공통

오른쪽과 같은 모양의 풍선을 가득 채우고 있는 물질은 어떤 상태의 물질인지 쓰시오.

(   )

[11-12] 오른쪽은 수조의 물에 띄운 페트병 뚜껑을 바닥에 구멍이 뚫리지 않은 플라스틱 컵으로 덮은 뒤 수조 바닥까지 밀어 넣으려는 모습입니다. 물음에 답하시오.

플라스틱 컵

페트병 뚜껑

물의 높이

11 동아, 금성, 김영사, 아이스크림, 천재

위 플라스틱 컵을 수조 바닥까지 밀어 넣을 때 페트병 뚜껑의 위치와 수조 안 물의 높이 변화로 옳은 것을 보기 에서 각각 골라 기호를 쓰시오.

보기
㉠ 페트병 뚜껑이 아래로 내려간다.
㉡ 처음 물의 높이에서 변화가 없다.
㉢ 처음 물의 높이보다 조금 높아진다.
㉣ 페트병 뚜껑이 물 위에 그대로 떠 있다.

(1) 페트병 뚜껑의 위치: (   )
(2) 수조 안 물의 높이: (   )

12 ✚ 7종 공통

위 **11**번 답의 결과를 보고 알 수 있는 기체의 성질을 이용한 것을 두 가지 쓰시오.

(   )

13 비상

다음은 페트병 뚜껑을 닫고 페트병의 양옆을 손으로 눌렀을 때 나타나는 결과를 정리한 것입니다. (   ) 안에 들어갈 알맞은 말을 쓰시오.

페트병이 완전히 찌그러지지 않는 까닭은 페트병 안에 들어 있는 (㉠) 이/가 (㉡)하는 성질이 있기 때문이다.

㉠ (   ), ㉡ (   )

14 서술형 동아, 금성, 비상, 천재

다음과 같이 공기 주입기로 풍선에 공기를 넣을 수 있는 것은 공기의 어떤 성질 때문인지 쓰시오.

공기 주입기

_____

_____

15 비상

입으로 불면 코끼리 나팔이 길게 늘어나는 것과 선풍기 바람은 같은 공기의 성질을 이용한 것입니다. 이용한 공기의 성질은 어느 것입니까? (   )

▲ 코끼리 나팔 불기   ▲ 선풍기 바람

① 공기는 사라진다.
② 공기는 미끌미끌하다.
③ 공기는 눈에 보이지 않는다.
④ 공기는 손으로 잡을 수 없다.
⑤ 공기는 다른 곳으로 이동한다.

16 비상, 아이스크림, 지학사, 천재

피스톤을 밀어 놓은 주사기와 피스톤을 당겨 놓은 주사기를 비닐관 양쪽에 끼운 후 오른쪽 주사기의 피스톤을 밀 때 공기의 이동으로 옳은 것의 기호를 쓰시오.

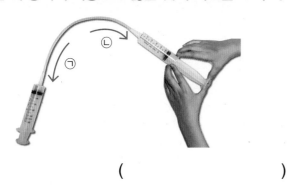

(   )

17 동아, 비상

찌그러진 축구공에 공기를 넣어 축구공이 탱탱해졌습니다. 축구공의 변화에 대해 옳게 말한 사람의 이름을 쓰시오.

▲ 찌그러진 축구공

▲ 탱탱한 축구공

- 나은: 공기를 넣으면 축구공의 색깔이 변해.
- 주영: 공기를 넣으면 축구공의 무게가 늘어나.
- 승현: 공기를 넣으면 축구공 표면의 물질이 달라져.

(   )

18 ✚ 7종 공통

고무보트가 무거워 옮기기 어려워하는 재완이가 고무보트를 쉽게 옮길 수 있는 방법으로 옳은 것을 보기 에서 골라 기호를 쓰시오.

고무보트가 너무 무거워.

┌─ 보기 ●────────────────
│ ㉠ 고무보트에서 공기를 뺀다.
│ ㉡ 고무보트 표면의 색깔을 바꾼다.
│ ㉢ 고무보트에 공기를 조금 더 넣는다.
└──────────────────────

(   )

19 서술형 동아, 금성, 김영사, 비상, 아이스크림, 천재

다음은 페트병 입구에 끼운 공기 주입 마개를 누르는 횟수를 다르게 하여 페트병의 무게를 측정한 결과입니다. ㉠ 페트병보다 ㉡ 페트병의 무게가 더 무거운 까닭을 쓰시오.

▲ 공기 주입 마개를 두 번 눌렀을 때

▲ 공기 주입 마개를 다섯 번 눌렀을 때

_____

_____

20 ✚ 7종 공통

다음은 물질의 상태에 따른 분류 놀이를 위한 붙임딱지입니다. 물질의 상태에 따라 알맞은 붙임딱지의 기호를 쓰시오.

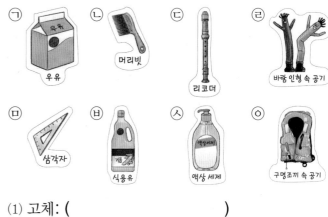

(1) 고체: (   )
(2) 액체: (   )
(3) 기체: (   )

평가 주제	액체의 성질 알기
평가 목표	그릇에 따른 모양과 부피 변화를 관찰하여 액체의 성질을 설명할 수 있다.

[1-2] 다음 실험 과정을 보고, 물음에 답하시오.

(가)

투명한 그릇 한 개에 물을 넣은 뒤 유성 펜으로 물의 높이를 표시하고, 그릇에 담긴 물의 모양을 관찰한다.

(나)

(가) 과정의 그릇에 들어 있는 물을 다른 모양의 그릇에 옮겨 담은 뒤 물의 모양을 관찰한다.

(다)

(나) 과정의 그릇에 들어 있는 물을 또 다른 모양의 그릇에 옮겨 담은 뒤 물의 모양을 관찰한다.

1 위 (다) 과정의 그릇에 들어 있는 물을 다시 처음에 사용한 (가) 과정의 그릇으로 옮겨 담았을 때의 결과를 쓰시오.

_____

_____

2 위 1번 답을 참고하여 액체의 성질을 모양과 부피를 관련지어 쓰시오.

_____

_____

3 다음 보기 에서 액체를 모두 골라 ○표 하시오.

> 보기
>
> 주스,   꿀,   설탕,   우유,   소금,   공기,   지우개,   참기름

평가 주제	공기의 성질 알아보기
평가 목표	실험을 통해 공기의 성질을 설명할 수 있다.

[1-3] 다음 실험 과정을 보고, 물음에 답하시오.

(가)
페트병 입구에 공기 주입 마개를 끼운다.

(나)
공기 주입 마개를 끼운 페트병의 무게를 전자저울로 측정한다.

(다)
공기 주입 마개를 여러 번 누른다.

(라)
팽팽해진 페트병의 무게를 전자저울로 측정한다.

1 위 실험에서 공기 주입 마개를 누르기 전 페트병의 무게와 공기 주입 마개를 열 번 누른 후, 스무 번 누른 후 페트병의 무게를 비교하여 가장 무거운 것부터 차례대로 기호를 쓰시오.

○ 공기 주입 마개를 누르기 전 페트병의 무게	○ 공기 주입 마개를 열 번 누른 후 페트병의 무게	○ 공기 주입 마개를 스무 번 누른 후 페트병의 무게

(   ) → (   ) → (   )

2 위 (다) 과정에서 공기 주입 마개를 여러 번 누르면 페트병이 팽팽해집니다. 그 까닭을 공기 주입 마개의 역할과 관련지어 쓰시오.

_____

_____

3 위 실험을 통해 알 수 있는 공기의 성질은 무엇인지 쓰시오.

_____

✏️ 빈칸에 알맞은 답을 쓰세요.

1 소리가 나는 스피커에 손을 대 보면 손에서 무엇이 느껴집니까?

2 작은북 위에 좁쌀을 올려놓고 북채로 작은북을 세게 칠 때와 약하게 칠 때 중 좁쌀이 더 높게 튀는 경우는 언제입니까?

3 소리의 크고 작은 정도를 무엇이라고 합니까?

4 망치질하는 소리나 자동차의 경적 소리는 큰 소리입니까, 작은 소리 입니까?

5 물체가 빠르게 떨릴수록 높은 소리가 납니까, 낮은 소리가 납니까?

6 피아노, 기타, 트라이앵글 중 같은 높이의 음을 내는 악기는 어느 것 입니까?

7 실로폰의 짧은 음판과 긴 음판 중 더 낮은 소리가 나는 것은 어느 것 입니까?

8 멀리 있는 새 소리를 들을 수 있는 것은 소리가 무엇을 통해 전달되 었기 때문입니까?

9 소리가 물체에 부딪쳐 되돌아오는 현상을 무엇이라고 합니까?

10 단단한 물체와 부드러운 물체 중 소리가 잘 반사되는 것은 어느 것입 니까?

✏️ 빈칸에 알맞은 답을 쓰세요.

1   소리가 나는 소리굽쇠를 물에 대 보면 물이 어떻게 됩니까?

2   물체의 떨림이 클수록 큰 소리가 납니까, 작은 소리가 납니까?

3   도서관과 같은 공공장소에서 친구와 이야기할 때 큰 소리를 냅니까, 작은 소리를 냅니까?

4   소리의 높고 낮은 정도를 무엇이라고 합니까?

5   팬 플루트의 짧은 관과 긴 관 중에서 입으로 불었을 때 더 높은 소리가 나는 것은 어느 것입니까?

6   금속으로 된 철봉을 두드리고 반대편에서 귀를 대고 들어 보면 소리가 잘 들리는 것은 고체, 액체, 기체 중 무엇을 통해 소리가 전달된 것입니까?

7   실 전화기의 실이 팽팽할 때와 실이 느슨할 때 중 소리가 잘 전달되는 경우는 언제입니까?

8   물속에서 소리가 전달됩니까, 전달되지 않습니까?

9   나무판과 스타이로폼 판 중 소리가 더 잘 반사되는 것은 어느 것입니까?

10   공사장에서는 무엇을 착용해 귀로 소음이 전달되는 것을 줄입니까?

5
단원

1 ⊕ 7종 공통

물체에서 소리가 날 때의 공통점은 무엇입니까?

( )

① 물체가 깨진다.
② 물체가 떨린다.
③ 물체의 무게가 변한다.
④ 물체의 색깔이 변한다.
⑤ 물체를 이루고 있는 물질의 상태가 변한다.

2 동아, 김영사, 천재

다음과 같이 소리가 나는 물체와 소리가 나지 않는 물체에 각각 손을 대 보았을 때의 느낌을 찾아 선으로 이으시오.

(1) 소리가 나는
트라이앵글에 손 대 보기

· · ㉠ 손에 떨림이 느껴진다.

(2) 소리가 나지 않는
소리굽쇠에 손 대 보기

· · ㉡ 손에 떨림이 느껴지지 않는다.

3 ⊕ 7종 공통

다음 중 가장 작은 소리에 ○표 하시오.

(1) 까치발로 걷는 소리
( )

(2) 자동차 경적 소리
( )

(3) 망치질 소리
( )

4 ⊕ 7종 공통

소리의 세기에 대한 설명으로 옳지 <u>않은</u> 것을 다음 보기 에서 골라 기호를 쓰시오.

보기 ●
㉠ 소리의 크고 작은 정도를 소리의 세기라고 한다.
㉡ 물체가 떨리는 정도에 따라 소리의 크기가 달라진다.
㉢ 자장가 소리는 작은 소리이고, 야구장의 응원 소리는 큰 소리이다.
㉣ 물체가 크게 떨리면 작은 소리가 나고, 물체가 작게 떨리면 큰 소리가 난다.

( )

5 서술형 ⊕ 7종 공통

작은북과 캐스터네츠를 연주할 때 큰 소리를 내는 방법과 작은 소리를 내는 방법을 각각 쓰시오.

▲ 작은북 연주하기

▲ 캐스터네츠 연주하기

(1) 큰 소리를 내는 방법: _____

_____

(2) 작은 소리를 내는 방법: _____

_____

[6-7] 오른쪽과 같이 팬 플루트를 불어 연주를 하였습니다. 물음에 답하시오.

6 금성, 비상, 지학사

다음 악보를 팬 플루트로 연주했을 때 ㉠~㉢ 중 가장 긴 관을 연주한 음의 기호를 쓰시오.

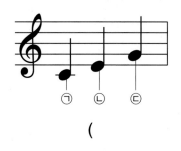

(   )

7 ✚ 7종 공통

위 팬 플루트와 같이 소리의 높낮이를 다르게 하여 연주할 수 있는 악기를 두 가지 고르시오. (   )

① 장구　　　　　　② 하프
③ 실로폰　　　　　④ 작은북
⑤ 캐스터네츠

8 천재

오른쪽과 같이 플라스틱 빨대를 4 cm, 7 cm, 10 cm 길이로 자른 뒤 한쪽 끝을 고무찰흙으로 막았습니다. 플라스틱 빨대를 입으로 불었을 때 가장 높은 소리가 나는 빨대의 길이부터 차례대로 쓰시오.

(   ) cm → (   ) cm → (   ) cm

9 서술형　김영사, 지학사

다음 기타의 ㉠ 부분을 눌러 잡고 ★ 부분의 기타 줄을 뜬겨 소리를 냈습니다. 더 낮은 소리를 내기 위해서는 줄을 누르는 부분을 ㉠보다 왼쪽, 오른쪽 중 어디를 눌러야 하는지 쓰고, 그 까닭을 쓰시오.

(1) 누르는 부분: ㉠보다 (   )

(2) 까닭: _____

_____

10 ✚ 7종 공통

건물에서 화재가 발생했을 때 화재 비상벨을 눌러 불이 난 것을 알려야 합니다. 이때 화재 비상벨의 소리에 대한 설명으로 옳은 것은 어느 것입니까? (   )

① 높은 소리로 불이 난 것을 알린다.
② 시끄럽지 않게 작은 소리로 알린다.
③ 뱃고동 소리처럼 낮은 소리로 비상 상황을 알린다.
④ 실로폰의 짧은 음판을 치는 것처럼 낮은 소리가 난다.
⑤ 하프의 긴 줄을 뜬기는 것처럼 물체가 느리게 떨리게 한다.

5단원

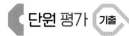
[11-12] 다음은 멀리서 북을 치는 소리를 듣는 모습입니다. 물음에 답하시오.

11 ◆ 7종 공통

위와 같이 북을 치는 소리가 멀리 있는 친구에게 들리는 과정으로 알맞은 것을 보기 에서 각각 골라 기호를 쓰시오.

> ┌─ 보기 ●
> ㉠ 북이 떨리지 않는다.
> ㉡ 공기가 떨리지 않는다.
> ㉢ 북의 떨림이 주위의 공기에 전달된다.
> ㉣ 공기의 떨림이 멀리 떨어져 있는 친구의 귀로 전달된다.

북을 친다. → (   ) → (   ) → 소리가 들린다.

12 ◆ 7종 공통

위 **11**번 답과 같은 방법으로 소리가 전달되는 것에 대한 설명으로 옳은 것은 어느 것입니까? (   )

① 소리는 기체에서만 전달된다.
② 북소리는 공기를 통해 전달된다.
③ 소리는 아무것도 없는 곳에서만 전달된다.
④ 북소리는 가까운 곳에는 전달되지 않는다.
⑤ 북면이 떨리지 않을 때 소리가 멀리 전달된다.

13 동아, 금성, 김영사, 천재

오른쪽과 같이 종이컵과 실을 연결하여 만든 실 전화기로 소리를 가장 잘 들리게 하는 방법으로 알맞은 것은 어느 것입니까? (   )

① 실을 손으로 잡고 말한다.
② 실의 중간을 자른 후에 말한다.
③ 실을 느슨하게 한 후에 말한다.
④ 실을 팽팽하게 당기면서 말한다.
⑤ 실을 길게 연결하여 멀리에서 말한다.

14 ◆ 7종 공통

효민이는 물이 담긴 수조에 넣은 스피커에서 나는 소리를 들을 수 있었습니다. 효민이의 탐구 결과를 보고 옳게 말한 사람의 이름을 쓰시오.

> • 재우: ㉠과 ㉡ 부분에서 소리를 전달하는 물질이 같아.
> • 서린: ㉠에서는 액체, ㉡에서는 기체 물질이 소리를 전달해.
> • 주하: ㉠에서는 소리가 전달되지 않고, ㉡에서만 소리가 전달돼.

(   )

15 ◆ 7종 공통

다음 각각의 상황에서 소리를 전달하는 물질 또는 물체는 무엇인지 쓰시오.

⑴ 실 전화기로 친구와 이야기를 한다.   (   )
⑵ 수중 발레 선수들이 물속에서 음악에 맞춰 아름다운 동작을 한다.   (   )
⑶ 횡단보도 건너편에 있는 친구가 내 이름을 부르는 소리가 들려 쳐다보았다.   (   )

[16-17] 다음은 나무판과 스타이로폼 판의 모습입니다. 물음에 답하시오.

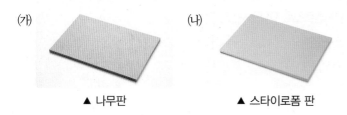

㈎
▲ 나무판

㈏
▲ 스타이로폼 판

16 김영사, 비상, 아이스크림

소리가 나는 스피커를 플라스틱 통에 넣고 소리를 듣고 있습니다. 위 ㈎와 ㈏ 중 플라스틱 통 위쪽에서 비스듬히 들었을 때 소리를 더 크게 들을 수 있는 것의 기호를 쓰시오.

스피커

(   )

17 ➕ 7종 공통

위 ㈎와 ㈏를 다음 (   )에 해당하는 것으로 구분하여 기호를 쓰시오.

> 소리는 (㉠)에서는 잘 반사되고, (㉡)에서는 잘 반사되지 않는다.

㉠ (   ), ㉡ (   )

18 ➕ 7종 공통

공연장 천장에 설치한 반사판의 역할로 옳은 것을 보기 에서 골라 기호를 쓰시오.

반사판

> **보기**
> ㉠ 소리를 흡수하여 소음을 줄인다.
> ㉡ 소리를 반사시켜 모든 관객이 잘 들리게 한다.
> ㉢ 소리의 높낮이를 변화시켜 다양하게 들리게 한다.

(   )

19 서술형 ➕ 7종 공통

다음은 운동장에서 축구를 하는 학생들의 모습입니다. 이곳에서 들리는 소음은 어떤 것이 있는지 한 가지 쓰시오.

――――――――――――――――――

――――――――――――――――――

20 ➕ 7종 공통

소리의 성질과 관련하여 소음을 줄이는 방법을 옳게 말한 사람의 이름을 쓰시오.

> • 규리: 소음을 발생시키는 물체를 더 많이 놓아야 해.
> • 지훈: 소음을 발생시키는 물체의 떨림을 더 크게 만들어.
> • 승현: 소음 피해가 적은 곳으로 소음을 반사시켜 보내야 해.

(   )

5단원

1 ⊕ 7종 공통

소리에 대한 설명으로 옳은 것을 보기 에서 두 가지 골라 기호를 쓰시오.

보기

㉠ 소리가 나는 물체에서 떨림이 느껴진다.
㉡ 소리가 나는 트라이앵글을 손으로 움켜쥐면 소리가 더 커진다.
㉢ 모기나 벌이 날 때 들리는 '윙'하는 소리는 입에서 나는 소리이다.
㉣ 소리가 나지 않는 스피커에 손을 대 보면 떨림이 느껴지지 않는다.

(   )

2 서술형 ⊕ 7종 공통

고무망치로 쳐서 소리가 나는 소리굽쇠의 소리가 나지 않게 하려면 어떻게 해야 하는지 쓰시오.

_____

_____

3 ⊕ 7종 공통

다음은 서율이가 아침에 들었던 소리에 대해 쓴 글입니다. 가장 작은 소리를 표현한 문장을 골라 기호를 쓰시오.

학교에 가려고 밖으로 나왔다. ㉠ 근처 공사장에서 망치질하는 소리가 들렸다. ㉡ 학교로 걸어가는 길에 구급차가 사이렌 소리를 내며 지나갔다. 많이 아픈 사람이 있는지 걱정이 되었다. ㉢ 학교에 도착하니 일찍 온 친구들이 운동장에서 축구를 하며 응원을 하고 있었다. 교실에 들어가 보니 ㉣ 친구들이 책을 읽으며 책장을 넘기는 소리가 들렸다.

(   )

4 아이스크림

큰 소리가 나는 경우끼리, 작은 소리가 나는 경우끼리 선으로 이으시오.

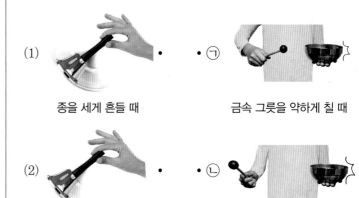

(1) 종을 세게 흔들 때   ·   ·㉠ 금속 그릇을 약하게 칠 때

(2) 종을 약하게 흔들 때   ·   ·㉡ 금속 그릇을 강하게 칠 때

5 ⊕ 7종 공통

다음과 같이 작은북 위에 좁쌀을 올려놓고 북채로 작은북을 칠 때의 결과로 ( ) 안에 들어갈 알맞은 말을 각각 골라 쓰시오.

좁쌀

작은북을 약하게 치면 좁쌀이 ㉠ (낮게, 높게) 튀고, 작은북을 세게 치면 좁쌀이 ㉡ (낮게, 높게) 튄다.

㉠ (   ), ㉡ (   )

6 ➕ 7종 공통

낮은 소리를 내는 방법으로 옳은 것은 어느 것입니까? (   )

① 큰북을 북채로 세게 칠 때
② 실로폰의 긴 음판을 칠 때
③ 작은북을 북채로 약하게 칠 때
④ 피아노의 건반을 약하게 칠 때
⑤ 기타 줄을 짧게 잡고 힘차게 퉁길 때

[7-8] 다음 여러 가지 악기를 보고, 물음에 답하시오.

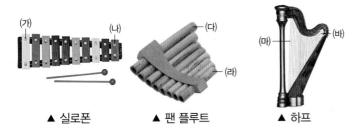

▲ 실로폰   ▲ 팬 플루트   ▲ 하프

7 ➕ 7종 공통

위 각각의 악기에서 높은 소리가 나는 부분끼리 옳게 짝 지은 것은 어느 것입니까? (   )

① (가), (다), (바)   ② (가), (라), (마)
③ (나), (다), (마)   ④ (나), (다), (바)
⑤ (나), (라), (바)

8 ➕ 7종 공통

위 악기에서 높낮이가 다른 소리가 나는 까닭을 정리한 것입니다. (   ) 안에 들어갈 알맞은 말을 쓰시오.

> 악기에서 소리가 나는 부분이 짧을수록 빠르게 떨려 (㉠   )은/는 소리가 나고, 소리가 나는 부분이 길수록 느리게 떨려 (㉡   )은/는 소리가 난다.

㉠ (   ), ㉡ (   )

9 동아, 김영사, 지학사

다음 악기의 소리에 대해 옳게 말한 사람의 이름을 쓰시오.

㉠  ㉡

리코더   기타

> • 은혜: ㉡의 줄을 짧게 잡고 퉁기면 낮은 소리가 나.
> • 시우: ㉠의 구멍을 처음에는 모두 막지 않고 하나씩 닫으면서 불면 점점 낮은 소리가 나.
> • 로하: ㉠과 ㉡은 높낮이를 다르게 하여 연주할 수 있지만, 소리의 세기는 다르게 할 수 없어.
> • 준우: ㉠은 높낮이를 다르게 하여 연주할 수 있지만, ㉡은 높이가 같은 음만 낼 수 있는 악기야.

(   )

10 서술형 ➕ 7종 공통

배에서 먼 곳까지 신호를 보내기 위한 뱃고동 소리는 낮은 소리를 이용합니다. 반대로 우리 주변에서 높은 소리를 이용한 예를 두 가지 쓰시오.

_____

_____

5
단원

11 ➕ 7종 공통

다음은 헤나의 일기 중 일부입니다. 밑줄 친 부분에서 소리를 전달한 물질은 어느 것입니까? (   )

> 구름사다리 놀이를 한 체육 시간이 끝나고 연수가 나를 부르는 소리가 들렸다. 연수와 나는 함께 세면대로 가서 손을 씻고 교실로 돌아왔다.

① 유리   ② 나무
③ 공기   ④ 수돗물
⑤ 구름사다리

12 ➕ 7종 공통

놀이터의 철봉에 준호가 귀를 대고 반대편에서 소영이가 철봉을 두드렸습니다. 준호의 생각으로 가장 알맞은 것을 보기 에서 골라 기호를 쓰시오.

보기
㉠ '두드리는 소리가 잘 들리네.'
㉡ '아무런 소리가 들리지 않아.'
㉢ '소리가 들리는 것 같지만 너무 작아.'

(   )

13 ➕ 7종 공통

소리의 전달에 대한 설명으로 옳은 것에 ○표, 옳지 않은 것에 ✕표 하시오.

(1) 우주에서는 소리가 매우 느리게 전달된다. (   )

(2) 소리는 여러 가지 물질을 통하여 전달된다.
                                 (   )

(3) 고체에서는 소리가 전달되지만, 액체와 기체에서는 소리가 전달되는지 확인할 수 없다. (   )

14 금성, 비상, 천재

오른쪽은 공기를 뺄 수 있는 장치에 소리가 나는 스피커를 넣은 모습입니다. 각 과정에 해당하는 결과를 각각 골라 기호를 쓰시오.

스피커

보기
㉠ 스피커의 소리가 일정하게 들린다.
㉡ 스피커의 소리가 점점 크게 들린다.
㉢ 스피커의 소리가 점점 작게 들린다.

(1) 손잡이를 당겨 공기를 뺄 때
(2) 공기가 없던 장치 안에 공기를 다시 채울 때

(   ) (   )

15 서술형   동아, 금성, 김영사, 천재

다음은 종이컵과 실을 연결하여 만든 실 전화기로 이야기를 듣는 모습입니다. ㉠과 ㉡ 중 친구의 목소리가 더 잘 들리는 것의 기호를 쓰고, 그 까닭을 쓰시오.

㉠

㉡

(1) 목소리가 더 잘 들리는 경우: (   )

(2) 까닭: _____

_____

16 ✚ 7종 공통

다음은 소리의 성질 중 무엇에 대한 설명인지 (   ) 안에 들어갈 알맞은 말을 쓰시오.

> 물체가 없는 빈 공간에서 소리가 울리는 것은 소리가 잘 (   )되기 때문이다.

(   )

17 ✚ 7종 공통

다음 중 소리가 반사되는 경우가 아닌 것을 보기 에서 골라 기호를 쓰시오.

> **보기**
> ㉠ 동굴에서 소리가 울리는 경우
> ㉡ 산에서 메아리가 되돌아오는 경우
> ㉢ 목욕탕에서 목소리가 울리는 경우
> ㉣ 책상에 귀를 대고 책상 두드리는 소리를 듣는 경우

(   )

18 금성, 천재

둥글게 만 두 개의 종이관을 직각이 되게 놓고 한쪽 종이관에 작은 소리가 나는 이어폰을 넣었습니다. 다른 쪽 종이관 끝에서 소리가 가장 크게 들리는 경우와 가장 작게 들리는 경우의 기호를 쓰시오.

㉠	㉡	㉢
나무판자를 세웠을 때	스펀지를 세웠을 때	아무것도 세우지 않았을 때

(1) 소리가 가장 크게 들리는 경우: (   )

(2) 소리가 가장 작게 들리는 경우: (   )

19 ✚ 7종 공통

도로에서 들리는 소음을 줄이기 위한 방법으로 알맞은 것을 두 가지 고르시오. (   )

① 도로변에 방음벽을 설치한다.
② 더 많은 자동차가 지나가게 한다.
③ 자동차가 더 빠르게 지나가게 한다.
④ 자동차의 색깔을 더 다양하게 만든다.
⑤ 자동차 운전자가 경적을 많이 울리지 않는다.

20 서술형 ✚ 7종 공통

다음은 생활에서 소음을 줄이는 방법을 정리한 것입니다. ㉠～㉣ 중 잘못된 것을 골라 기호를 쓰고, 옳게 고쳐 쓰시오.

소음	소음을 줄이는 방법
확성기 소리	㉠ 확성기의 사용을 줄인다.
스피커 소리	㉡ 스피커 소리의 세기를 줄인다.
음악실 소리	㉢ 벽에 소리가 잘 전달되는 물질을 붙인다.
굴착기 소리	㉣ 공사장 주변에 방음벽을 설치하여 소음을 차단한다.

(1) 잘못된 것: (   )

(2) 고쳐 쓰기: _____

_____

5 단원

평가 주제	소리가 물질을 통해 전달되는 성질을 이용해 실 전화기 만들기
평가 목표	소리가 전달되는 성질을 이용하여 실 전화기를 만들 수 있고, 소리가 잘 전달되게 하는 방법을 설명할 수 있다.

[1-3] 다음 실험 과정을 보고, 물음에 답하시오.

두 개의 종이컵 바닥에 납작못으로 각각 구멍을 뚫고, 실을 넣어 연결한다.

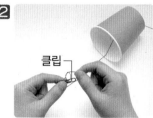
종이컵을 연결한 실 끝에 클립을 묶는다.

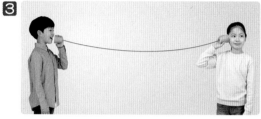
실 전화기로 친구와 이야기해 본다.

1 위 **2** 과정에서 실 끝에 클립을 묶는 까닭은 무엇인지 쓰시오.

_____

_____

2 위 실 전화기를 이용해 친구와 이야기할 때 실을 손으로 잡으면 어떻게 되는지 그 까닭과 함께 쓰시오.

_____

_____

3 위 **3** 과정에서 실 전화기를 이용해 친구와 이야기할 때 친구의 목소리가 잘 들리지 않았습니다. 친구의 목소리가 잘 들리도록 종이컵 사이의 실을 연결하시오.

초능력 쌤과
탐구력을 키우자

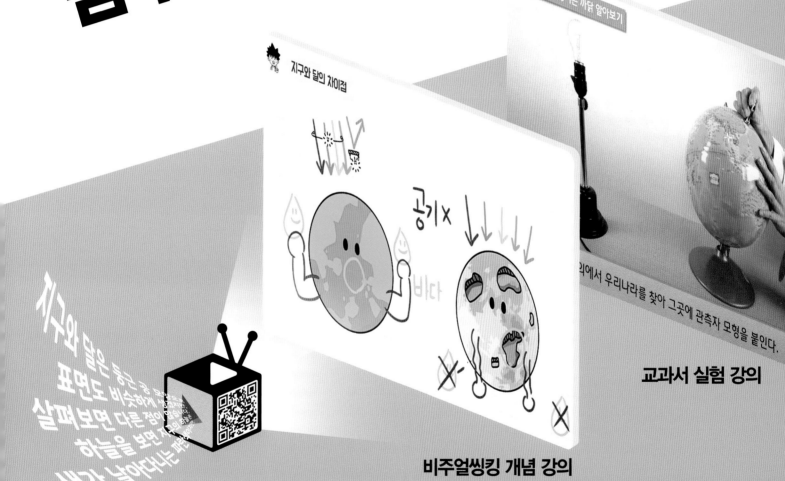

지구와 달의 차이점

낮과 밤이 생기는 까닭 알아보기

공기 X

바다

...리에서 우리나라를 찾아 그곳에 관측자 모형을 붙인다.

교과서 실험 강의

지구와 달은 둥근 공 모양...
표면도 비슷하게 생겼지...
살펴보면 다른 점이 많답...
하늘을 보면 지구의 하늘...
새가 날아다니는 모습...

비주얼씽킹 개념 강의

비주얼씽킹이란?

자신의 생각을 글과 이미지를 통해 체계화하여 기억력과 이해력을
키우는 시각적 사고 방법입니다. 비주얼씽킹 초등 과학으로
그림으로 생각하고 정리하는 힘을 키워 주세요.

초등학교   학년   반   번   이름

평가북

초등학교   학년   반   번   이름

강의가 더해진, 교과서 맞춤 학습

백점

과학 3·2

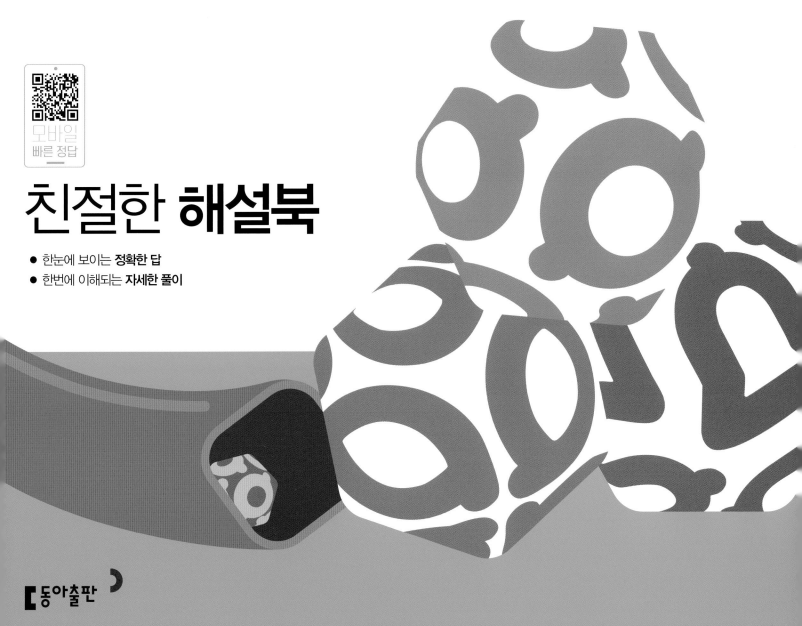

모바일
빠른 정답

친절한 해설북

● 한눈에 보이는 **정확한 답**
● 한번에 이해되는 **자세한 풀이**

동아출판

친절한 해설북 구성과 특징

1 해설로 개념 다시보기
- 문제와 관련된 해설을 다시 한번 확인하면서 학습 내용에 대해 깊이 있게 이해할 수 있습니다.

2 서술형 채점 TIP
- 서술형 문제 풀이에는 채점 기준과 채점 TIP을 구체적으로 제시 하고 있습니다.

차례

	개념북	평가북
1. 신나는 과학 탐구	01	
2. 동물의 생활	02	21
3. 지표의 변화	06	24
4. 물질의 상태	11	27
5. 소리의 성질	16	30

백점 과학 빠른 정답

QR코드를 찍으면 **정답과 해설**을 쉽고 빠르게 확인할 수 있습니다.

모바일
빠른 정답

1. 신나는 과학 탐구

◎ 나의 과학 탐구

9쪽	문제 학습

1 ㉠ 2 ㉠, ㉡, ㉢, ㉣ 3 ㉘ 막대 끝의 모양과 관계없이 비눗방울은 공 모양입니다. 4 ② 5 ㉢, ㉣
6 ①

1 주변에서 일어나는 일을 직접 관찰하면서 궁금한 점을 잊지 않도록 기록해 두었다가, 이로부터 탐구 문제를 정합니다.

2 탐구 계획서에는 탐구 문제, 탐구 순서 외에도 준비물, 예상되는 결과, 같게 해야 할 것, 다르게 해야 할 것 등을 씁니다.

3 막대 끝의 모양이 각각 동그라미, 네모, 별 모양일 때 나온 비눗방울의 모양이 모두 공 모양인 것으로 보아, 막대 끝의 모양과 관계없이 비눗방울은 공 모양이라는 것을 알 수 있습니다.

▲ 여러 가지 모양의 막대

▲ 여러 가지 모양의 막대에서 나온 공 모양의 비눗방울

채점 tip 막대 끝의 모양과 관계없이 비눗방울은 공 모양이라고 쓰면 정답으로 합니다.

4 탐구 과정을 반복해서 실행하면 더 정확한 결과를 얻을 수 있습니다.

5 ㉠ 발표 자료를 크고 화려하게 만드는 것이나 ㉡ 발표를 할 때 다른 나라에서 어떤 일이 일어날지는 탐구 결과 발표 자료를 만들 때 생각할 내용이 아닙니다.

6 탐구 문제는 관찰이나 실험 등 탐구 과정을 통해서 스스로 해결할 수 있는 것이 적절합니다. '우리 가족은 몇 명일까?'와 같이 탐구하는 사람이 답을 이미 알고 있는 것은 탐구 문제로 적절하지 않습니다.

> ㉘
> [탐구 문제] 바람개비가 돌아가는 속도는 날개의 개수에 따라 어떻게 다를까?
> • 다르게 해야 할 것: 바람개비 날개의 개수
> • 예상되는 결과: 날개의 개수가 많을수록 바람개비가 돌아가는 속도가 빠를 것입니다.

◎ 신나는 과학 탐구

12쪽	문제 학습

1 ㉠, ㉡ 2 ㉘ 동그라미 모양인가?, 네모 모양인가?, 다리가 있는가?, 머리 위에 뿔이 있는가? 3 ⑴ ○
4 ② 5 ㉡ 6 의사소통

1 ㉢ 날개에 점이나 무늬가 없이 하나의 색깔로만 이루어진 나비(두 번째 나비)도 있습니다.

2 분류는 대상들을 관찰하여 공통점과 차이점을 바탕으로 무리 짓는 것입니다.

채점 tip 가상 생물을 두 무리로 분류할 수 있는 객관적인 분류 기준을 두 가지 이상 모두 옳게 쓰면 정답으로 합니다.

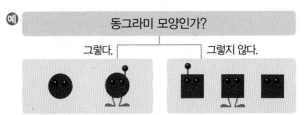
㉘ 동그라미 모양인가?
그렇다. | 그렇지 않다.

3 탐구의 측정 결과를 통해 쇠구슬을 넣지 않았을 때 물의 높이가 약 8.0 cm, 쇠구슬 1개를 넣었을 때 물의 높이가 약 8.5 cm, 쇠구슬 2개를 넣었을 때 물의 높이가 약 9.0 cm로 쇠구슬이 한 개씩 늘어날 때마다 물의 높이가 0.5 cm씩 일정한 간격으로 높아진 것을 알 수 있습니다.

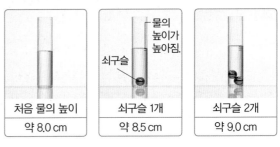

처음 물의 높이	쇠구슬 1개	쇠구슬 2개
약 8.0 cm	약 8.5 cm	약 9.0 cm

4 측정 결과를 바탕으로 물에 쇠구슬 한 개를 넣을 때마다 물의 높이가 0.5 cm씩 늘어난다는 규칙을 찾았으므로, 물에 쇠구슬 3개를 넣었을 때 물의 높이는 약 9.5 cm가 될 것입니다.

5 발자국의 크기로는 발자국의 주인이 안경을 썼는지 안 썼는지에 대해 추리할 수 없습니다.

6 의사소통을 할 때에는 정확한 용어를 사용하여 이해하기 쉽게 설명하는 것이 좋습니다. 또 타당한 근거를 제시하여 설명하고 표, 그림, 몸짓 등과 같은 다양한 방법을 활용합니다.

2. 동물의 생활

① 주변에서 사는 동물, 동물 분류하기

16쪽~17쪽 문제 학습

1 ⑩ 고양이, 까치   2 ⑩ 돋보기, 확대경   3 분류
기준   4 달팽이   5 동물   6 수현   7 ③   8 ㉡
9 (1) ㈎ (2) ⑩ 몸을 공처럼 둥글게 만듭니다.   10 ㈏
11 ①   12 ㉢   13 (1) 참새, 까마귀 (2) 개미, 나비

6 개는 나무 위에서는 보기 힘든 동물입니다. 또한 달
팽이는 날아다니는 동물이 아닙니다.

7 꿀벌은 주로 화단에서 볼 수 있는 동물입니다.

8 나비는 날개가 있어 날아다니며, 다리가 세 쌍, 더
듬이가 한 쌍인 동물(곤충)입니다.

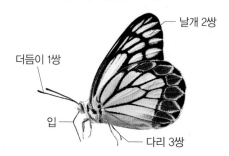
- 날개 2쌍
- 더듬이 1쌍
- 입
- 다리 3쌍

9 화단에서 볼 수 있고 몸이 여러
개의 마디로 되어 있는 동물은
공벌레입니다. 공벌레를 건드
리면 몸을 공처럼 둥글게 만드
는 특징이 있습니다.

▲ 공벌레

채점 tip (1)에 ㈎를 쓰고, (2)에 몸을 공처럼 둥글게 만든다는 내용
으로 모두 옳게 쓰면 정답으로 합니다.

10 까치는 나무 위나 화단에서 볼 수 있으며 날개가 있
어 날아다닙니다. 까치의 몸은 검은색과 흰색의 깃
털로 덮여 있습니다.

11 거미, 달팽이, 뱀은 모두 날개가 없는 동물입니다.

12 분류 기준으로 '뿔이 멋진 것과 뿔이 멋지지 않은
것'은 알맞지 않습니다. 어떤 동물의 뿔이 멋지고
멋지지 않은지를 판단하는 기준이 사람마다 다르기
때문입니다.

13 참새, 까마귀는 다리가 한 쌍(두 개)인 동물이고, 개
미, 나비는 다리가 세 쌍(여섯 개)인 동물로 분류할
수 있습니다.

② 땅에서 사는 동물, 물에서 사는 동물

20쪽~21쪽 문제 학습

1 땅(속)   2 ⑩ 뱀, 개미   3 다리   4 오징어
5 비늘   6 ㈐   7 (1) ㈎, ㈐ (2) ㈏, ㈐   8 (1) ㈎ (2)
⑩ 다리가 없어 기어 다닙니다.   9 ②, ④   10 털
11 (1) 게 (2) 조   12 ㈎   13 (1) ㉠ (2) ㉡ (3) ㉡
(4) ㉠   14 ⑩ 바위에 붙어서 기어 다닙니다.

6 두더지는 몸이 털로 덮여 있고 눈이 거의 보이지 않
으며, 앞발이 튼튼하여 땅속에 굴을 파서 이동하는
땅에서 사는 동물입니다.

7 지렁이와 두더지는 땅속에서 사는 동물이고, 소와 다
람쥐는 땅 위에서 사는 동물로 분류할 수 있습니다.

8 지렁이, 소, 다람쥐, 두더지 중에서 다리가 없는 동
물은 지렁이입니다.

채점 tip (1)에 ㈎를 쓰고, (2)에 다리가 없어 기어 다닌다는 내용으
로 모두 옳게 쓰면 정답으로 합니다.

9 다슬기와 게는 물에서 사는 동물이고, 공벌레와 땅
강아지는 땅에서 사는 동물입니다.

10 물에서 사는 동물인 수달은 몸이 길고 털로 덮여 있
으며, 다리 네 개로 걸어 다닙니다. 발가락에는 물
갈퀴가 있어 물속에서 헤엄을 잘 칠 수 있습니다.

11 게는 집게발 두 개와 걷거나 헤엄치는 데 이용하는
다리 여덟 개가 있습니다. 조개는 몸이 두 장의 딱
딱한 껍데기로 둘러싸여 있으며, 납작한 도끼 모양
의 발로 땅을 파고 들어가거나 기어 다닙니다. 게와
조개는 모두 갯벌에서 사는 동물입니다.

▲ 게

▲ 조개

12 물속에서 사는 동물인 붕어는 몸이 부드러운 곡선
형태인 유선형이고 비늘로 덮여 있으며, 지느러미
를 이용하여 헤엄을 칩니다.

13 ㈎ 붕어와 ㈐ 물방개는 강이나 호수의 물속에서 살
고, ㈏ 전복과 ㈐ 오징어는 바닷속에서 사는 동물입
니다.

14 ㈏ 전복은 바위에 붙어서 기어 다니는 동물입니다.

채점 tip 기어 다닌다는 내용을 포함하여 쓰면 정답으로 합니다.

❸ 날아다니는 동물, 사막이나 극지방에서 사는 동물

24쪽~25쪽 문제 학습

1 새 **2** 날개 **3** 사막 **4** 혹 **5** 펭귄 **6** ㉠
7 ㈜ **8** (1) ㉮, ㈏ (2) ㈐, ㈜ **9** 예 하늘다람쥐는
날개가 없지만 앞다리와 뒷다리 사이에 날개 역할
을 하는 막이 있어 날아서 이동할 수 있습니다. **10**
㉠ 건조 ㉡ 춥다 **11** ① **12** (1) ○ **13** 북극여우
14 ⑤

6 직박구리와 매미는 날아다니는 동물이고, 개는 날개
가 없으며 다리로 걷거나 뛰어다니는 동물입니다.

7 나비는 날개가 있어 날아다닐 수 있고, 몸이 머리,
가슴, 배의 세 부분으로 구분되는 곤충입니다. 대롱
같이 생긴 입으로 꽃의 꿀을 먹으며 삽니다.

8 ㈎ 까치와 ㈏ 박새는 새이고, ㈐ 잠자리와 ㈜ 나비
는 곤충입니다.

9 하늘다람쥐는 날개가 없지
만 날개 역할을 하는 막이
있어서 날 수 있습니다.

날개
역할을
하는 막

▲ 하늘다람쥐

채점 **tip** 하늘다람쥐는 날개 역할을 하는 막이 있기 때문에 날 수
있다는 내용을 포함하여 쓰면 정답으로 합니다.

10 사막은 물이 부족하고 매우 건조하며, 낮에는 햇볕
이 뜨겁고 밤에는 매우 춥습니다. 또 모래바람이 강
하게 붑니다.

11 낙타는 등에 지방을 저장한 혹이 있어서 물과 먹이
가 없어도 며칠 동안 살 수 있습니다.

12 낙타는 발바닥이 넓적해서 모래에 발이 잘 빠지지
않습니다. (2)는 사막여우의 특징이고, (3)은 전갈의
특징입니다.

13 북극여우는 몸에 털이 많고 귀가 작아서 몸의 열을
빼앗기지 않는 특징이 있습니다. 또한 여름에는 털
색깔이 땅과 비슷한 갈색이고, 눈이 많이 오는 겨울
에는 흰색 털이 나와서 다른 동물의 눈에 잘 띄지
않습니다.

14 사막이나 극지방에서 사는 동물은 사람이 살기 어
려운 환경에서도 잘 살 수 있는 알맞은 특징이 있습
니다.

❹ 동물의 특징을 모방하여 활용한 예, 동물의 생김새

28쪽~29쪽 문제 학습

1 수리 발 **2** 물 **3** 산양 **4** 홍합 접착제 **5** 로봇
6 ② **7** ㉠ **8** 산천어 **9** ㈏ **10** ⑤ **11** 예 빛을
내는 반딧불이의 특징을 활용하여 반짝이는 인형을
만들 수 있습니다. **12** (1) ○ **13** ③ **14** 정윤

6 물갈퀴는 개구리의 발을 모방하여 만든 물건입니다.

7 칫솔걸이와 같이 거울이나 유리에 붙이는 생활용품
의 흡착판은 문어 빨판의 잘 붙는 특징을 모방한 것
입니다.

8 앞부분이 부드러운 곡선 형태
인 산천어를 모방하여, 공기
저항을 줄여 빠르게 달리는
고속 열차를 만들었습니다.

▲ 산천어

9 에어컨 실외기 날개는 지느
러미에 혹이 있어서 물의 저
항을 줄이는 혹등고래의 특
징을 활용하였습니다.

▲ 혹등고래

10 지느러미에 혹이 있어서 물의 저항을 줄이는 것은
혹등고래의 특징입니다.

11 빛을 내는 반딧불이의 특징을 활용하여 만들 수 있
는 것을 다양한 방면에서 생각해 봅니다.

채점 **tip** 빛을 내는 반딧불이의 특징을 활용하여 만들 수 있는 것
을 한 가지 알맞게 썼으면 정답으로 합니다.

12 로봇 과학자들은 동물의 특징을 활용하여 로봇을
만들기도 합니다. 동물의 특징을 활용한 로봇에는
벌이나 소금쟁이와 같이 몸집이 작은 동물의 특징
을 활용한 것도 있습니다.

13 왜가리는 물속에 있는 먹이를 잡아먹기에 알맞은
긴 부리를 가지고 있습니다.

14 동물은 사는 곳의 환경에 비슷한 색깔과 모양을 가
져서 자신을 잡아먹는 천적의 눈을 피합니다.

30쪽~31쪽 교과서 통합 핵심 개념

❶ 물(연못) ❷ 분류 기준 ❸ 있는 ❹ 없는
❺ 날개 ❻ 혹 ❼ 흰 ❽ 편리

BOOK **1** 개념북

2 단원

1 ④ **2** ㉡ **3** ㉢, ㉣ **4** ⟮예⟯ 잠자리와 메뚜기는 곤충인 것으로 분류할 수 있고, 달팽이와 개구리는 곤충이 아닌 것으로 분류할 수 있습니다. **5** ㉡, ㉢ **6** (3) ○ **7** ⟮예⟯ 땅강아지는 삽처럼 생긴 크고 넓적한 앞다리가 있어, 땅속에서 쉽게 굴을 파서 이동할 수 있습니다. **8** ㉣ **9** ① **10** ④ **11** ① **12** ①, ③ **13** (1) ○ **14** ⟮예⟯ 북극여우는 귀가 작아 몸의 열이 밖으로 빠져나가는 것을 막아 줍니다. **15** ㉢

1 화단에서는 꿀벌, 나무 위에서는 참새, 연못에서는 금붕어를 볼 수 있습니다.

2 공벌레는 몸이 여러 개의 마디로 되어 있고, 건드리면 몸을 공처럼 둥글게 만듭니다.

3 ㉠은 몸이 무엇보다 크거나 작은 것인지 정해야 하며, ㉢에서 말하는 좋은 냄새는 사람마다 생각하는 기준이 다르므로 알맞지 않습니다.

4 몸이 머리, 가슴, 배의 세 부분으로 구분되고 다리가 세 쌍인 동물을 곤충이라고 합니다.

> 채점 tip 잠자리와 메뚜기는 곤충인 것으로, 달팽이와 개구리는 곤충이 아닌 것으로 분류하면 정답으로 합니다.

5 뱀과 지렁이는 다리가 없어 기어서 이동합니다.

6 땅에서 사는 동물 중에는 뱀이나 개미와 같이 땅 위와 땅속을 오가면서 사는 동물도 있습니다.

7 땅강아지는 삽처럼 생긴 앞다리가 있어 땅속에서 굴을 파서 이동할 수 있습니다.

> 채점 tip 땅강아지는 삽처럼 생긴 크고 넓적한 앞다리가 있어 땅속에서 쉽게 굴을 팔 수 있다는 내용을 포함하여 옳게 쓰면 정답으로 합니다.

8 수달은 몸이 길고 털로 덮여 있으며, 발가락에 물갈퀴가 있어 물속에서 잘 헤엄칠 수 있습니다.

9 붕어, 다슬기, 미꾸라지는 강이나 호수의 물속, 수달은 강가나 호숫가에서 볼 수 있는 동물입니다.

10 붕어와 고등어는 물속에서 헤엄쳐 이동하기에 알맞은 생김새를 가지고 있습니다.

11 나비, 까치와 같은 날아다니는 동물에게는 날개가 있습니다.

12 사막에 살면서 발을 번갈아 들어 올려 열을 식히는 동물은 사막에 사는 도마뱀입니다. 앞다리로 땅을 파서 굴을 만들어 이동하는 동물은 땅강아지입니다.

13 사막은 모래바람이 많이 불며 낮에는 매우 뜨겁고 밤에는 춥습니다. 또 비가 거의 내리지 않아 매우 건조하며 물의 양이 적습니다.

14 북극여우는 귀가 작아 몸의 열이 밖으로 빠져나가는 것을 막으며, 여름철에는 갈색이던 털의 색깔이 겨울에는 흰색으로 바뀌면서 먹잇감의 눈에 잘 띄지 않아, 사냥을 하기에 유리합니다.

> 채점 tip 북극여우가 극지방에서 잘 살 수 있는 까닭을 한 가지 옳게 쓰면 정답으로 합니다.

15 오리의 발가락 사이에는 막이 있어 물속에서 헤엄을 잘 치는 데, 이러한 오리의 발 모양을 활용하여 오리발을 만들었습니다.

1 ③ **2** ⑤ **3** (1) ㉠, ㉢ (2) ㉢, ㉣, ㉤ (3) ㉡ **4** ① **5** (1) ㉢ (2) ⟮예⟯ 다리가 없어 기어서 이동합니다. **6** ㉠, 확대경 **7** ④ **8** (2) ○ (3) ○ **9** ⟮예⟯ 날개가 있어 날아다닙니다. 몸이 가늘고 깁니다. 몸이 머리, 가슴, 배의 세 부분으로 구분됩니다. 다리가 세 쌍 있습니다. **10** ㉠, ㉡ **11** ② **12** ② **13** 영웅 **14** ③ **15** (1) 산천어 (2) ⟮예⟯ 앞부분이 부드러운 곡선 형태인 산천어의 특징을 모방하여 공기 저항을 줄인 고속 열차를 만들었습니다.

1 ① 개는 다리가 두 쌍입니다. ② 거미는 날개가 없습니다. ④ 달팽이는 다리가 없어 기어 다닙니다. ⑤의 내용은 거미의 특징입니다.

2 금붕어와 고등어는 지느러미가 있지만, 토끼와 달팽이는 지느러미가 없습니다.

3 노루와 다람쥐는 땅 위, 지렁이, 두더지, 땅강아지는 땅속, 개미는 땅 위와 땅속을 오가면서 삽니다.

4 두더지는 몸이 털로 덮여 있고, 튼튼한 앞발로 땅속에 굴을 파서 이동합니다.

5 땅에서 사는 동물 중 다리가 있는 동물은 걷거나 뛰어다니고, 다리가 없는 동물은 기어서 이동합니다.

> 채점 tip (1)에 ㉢, (2)에 기어서 이동한다고 쓰면 정답으로 합니다.

6 확대경을 이용하면 개미와 같이 움직이는 작은 동물을 가두어 놓고 자세하게 관찰할 수 있습니다.

7 붕어는 아가미로 숨을 쉬며, 지느러미를 이용하여 물속에서 헤엄칩니다.

8 물에서 사는 수달, 개구리, 다슬기 등의 동물에게는 지느러미가 없습니다.

9 잠자리는 날개가 있어 날아다닐 수 있고, 몸이 가늘고 길며 머리, 가슴, 배의 세 부분으로 구분되는 곤충입니다.

> **채점 tip** 잠자리의 특징을 두 가지 모두 옳게 쓰면 정답으로 합니다.

10 매미와 부엉이는 모두 날개로 날아다닐 수 있습니다.

11 설명에 해당하는 환경인 사막에서 사는 동물에는 사막여우, 전갈, 낙타, 사막딱정벌레 등이 있습니다.

12 전갈은 온몸이 딱딱한 껍데기로 덮여 있어 몸 안의 수분이 밖으로 잘 빠져나가지 않아 사막에서도 잘 살 수 있습니다.

13 사막에서 사는 동물은 물이 부족한 환경에서도 잘 살 수 있는 특징을 가집니다.

14 펭귄, 북극여우, 북극곰은 극지방에서 삽니다.

15 고속 열차에는 앞부분이 부드러운 곡선 형태인 산천어의 특징을 모방하였습니다.

> **채점 tip** (1)에 산천어를 쓰고, (2)에 고속 열차의 모습에 모방한 산천어 생김새의 특징을 옳게 쓰면 정답으로 합니다.

38쪽 수행 평가 ❶회

1 (1) 땅속 (2) 사막 (3) 땅 위
2 (1) 사막딱정벌레, 소 (2) 지렁이 (3) **예** 사막딱정벌레와 소는 다리가 있어서 걸어 다니고, 지렁이는 다리가 없어서 기어 다닙니다.
3 **예** 사막딱정벌레는 물구나무를 서서 몸에 있는 돌기에 맺힌 물을 입으로 흘려 보냅니다.

1 땅에서 사는 지렁이는 주로 땅속에서 생활하고, 사막딱정벌레는 사막, 소는 땅 위에서 삽니다.

2 사막딱정벌레와 소는 다리가 있는 동물이고, 지렁이는 다리가 없는 동물입니다.

> **채점 tip** (1)에 사막딱정벌레와 소, (2)에 지렁이를 쓰고, (3)에 사막딱정벌레와 소는 걸어 다니고, 지렁이는 기어 다닌다는 내용을 포함하여 모두 옳게 쓰면 정답으로 합니다.

3 사막딱정벌레는 물이 부족한 사막에 사는 동물로 사막에서 잘 살 수 있는 특징을 가집니다.

> **채점 tip** 사막딱정벌레는 물구나무를 서서 몸에 있는 돌기에 맺힌 물을 입으로 흘려 보내 물이 부족한 사막에서 잘 살 수 있다는 내용으로 쓰면 정답으로 합니다.

39쪽 수행 평가 ❷회

1 날개
2 **예** 새인 것과 곤충인 것, 다리가 두 개인 것과 다리가 여섯 개인 것, 날개가 두 개인 것과 날개가 네 개인 것, 깃털이 있는 것과 깃털이 없는 것 등으로 분류할 수 있습니다.
3 수리

1 수리, 잠자리, 박새는 몸에 있는 날개를 이용하여 날아다니는 동물들입니다.

2 수리와 박새는 새, 잠자리는 곤충이므로, 새의 특징과 곤충의 특징을 들어 분류할 수도 있습니다.

> **예**
>
> | [분류 기준] 새인 것과 곤충인 것 | |
> | --- | --- |
> | 새인 것 | 곤충인 것 |
> | 수리, 박새 | 잠자리 |

> **채점 tip** 수리, 잠자리, 박새를 두 무리로 분류할 수 있는 분류 기준을 한 가지 옳게 쓰면 정답으로 합니다.

3 먹이를 잘 잡고 놓치지 않는 수리의 발 모양을 모방하여 물건을 잡아서 원하는 곳으로 옮길 수 있는 집게 차를 만들었습니다.

40쪽 쉬어가기

3. 지표의 변화

① 장소에 따른 흙의 특징

44쪽～45쪽 문제 학습

1 밭 **2** 화단 흙 **3** 운동장 흙 **4** 클 **5** 부식물
6 ③ **7** (1) 화단 (2) 운동장 **8** ㉡ **9** ㉢ **10** ㉠
운동장 흙 ㉡ 화단 흙 **11** 수빈 **12** (1) ㉠, ㉡, ㉣
(2) ㉢ **13** ㈎ **14** (1) ㈏ (2) ㉞ 물에 뜬 부식물
이 식물이 잘 자랄 수 있도록 도와 주기 때문입니다.

6 갯벌 흙은 많이 어두운색을
띱니다. 물이 고여 있으며,
만지면 촉촉한 편입니다.

7 화단 흙은 어두운 갈색이며, 운동장 흙은 밝은 갈색
입니다. 따라서 (1)은 화단 흙, (2)는 운동장 흙입니다.

8 운동장 흙은 화단 흙에 비해 대체적으로 밝은색입
니다. 운동장 흙을 만져 보면 거칠지만, 화단 흙을
만져 보면 약간 부드럽습니다.

9 같은 양의 물을 비슷한 빠르기로 부었을 때 흙의 종
류에 따라 물이 빠지는 정도가 얼마나 다른지 비교
하기 위한 실험입니다.

10 같은 시간 동안 물이 더 많이 빠진 ㉠이 운동장 흙
이고, 물이 빠진 양이 적은 ㉡이 화단 흙입니다.

11 화단 흙보다 운동장 흙에서 같은 시간동안 더 많은
양의 물이 빠졌습니다. 운동장 흙은 물이 잘 빠지
고, 화단 흙은 물이 잘 빠지지 않습니다.

12 흙의 종류에 따른 부식물의 양을 비교하는 실험이
므로, 흙의 종류를 제외하고 나머지 조건은 모두 같
게 해야 합니다.

13 물에 뜬 물질이 작은 먼지 정도로 거
의 없는 ㈎에 운동장 흙이 들어 있습
니다.
　　　　　운동장 흙의 물에 뜬 물질 ▶

14 물에 뜬 물질이 많은 ㈏ 유리컵에는 화단 흙이 들어
있습니다. 화단 흙에는 식물이 잘 자랄 수 있도록
도와 주는 부식물이 많이 들어 있습니다.

　채점 tip (1) ㈏를 옳게 쓰고, (2) 물에 뜬 부식물이 식물이 잘 자랄
수 있도록 한다는 내용을 쓰면 정답으로 합니다.

② 흙이 만들어지는 과정

48쪽～49쪽 문제 학습

1 흙 **2** 오랜(긴) **3** 물 **4** 기온 **5** 오랜(긴)
6 물, 바람, 나무뿌리 **7** ㉢ **8** 현준 **9** ㉞ 나무가
자라면서 굵어지는 뿌리가 바위에 틈을 만들고 바위
를 넓혔기 때문입니다. **10** ㉡ **11** 나영 **12** (3) ○
13 ㉠ 짧은 ㉡ 긴 **14** (1) ㉡ (2) ㉠ (3) ㉢

6 자연에서 물, 바람, 나무뿌리, 비, 기온 변화 등의
영향으로 바위가 부서져 흙이 만들어집니다.

7 자연에서 바위나 돌은 오랜 시간에 걸쳐 여러 가지
과정으로 작게 부서져 흙이 만들어집니다.

8 물이 얼었다 녹았다를 반복하면서 바위에 힘을 작
용하면 바위틈이 더 벌어지면서 그 사이로 물이 더
많이 들어갑니다. 오랜 시간 동안 반복되면서 바위
가 부서집니다.

9 바위틈으로 들어간 나무의 씨가 싹 터 자라면서 점
점 굵어지는 뿌리가 바위에 힘을 작용하여 바위틈
이 더 벌어지고, 결국 바위가 부서지기도 합니다.

　채점 tip 자라면서 굵어진 뿌리가 바위에 틈을 만들고 바위를 넓
혔기 때문이라는 내용을 쓰면 정답으로 합니다.

10 자연에서는 강한 바람과 비, 차가워지거나 따뜻해
지는 기온 변화의 반복 등에 의해 바위나 돌이 부서
질 수 있습니다. 또한, 사람들의 필요로 인해 땅을
개발하면서 바위나 돌이 부서지기도 합니다.

11 동물과 식물이 살아가는 데에는 흙이 꼭 필요하기
때문에 주변에 나무를 심거나 가꾸기, 산에 쓰레기
를 버리지 않고 가져오기, 땅에 쓰레기를 함부로 버
리지 않기, 합성 세제의 사용 줄이기 등의 방법으로
흙을 오염시키지 않고 잘 보존해야 합니다.

12 과자 여러 개를 플라스틱 통에 넣고 흔들면 과자가
부서져 가루가 보입니다.

13 과자가 작은 가루로 부서지는 것은 짧은 시간에 가
능하지만, 실제 자연에서 바위가 부서져 흙이 만들
어지기까지는 아주 오랜 시간이 필요합니다.

14 모형실험의 과자는 실제 자연에서의 바위나 돌을 나
타내고, 플라스틱 통을 흔드는 것은 물이나 나무뿌리
등이 바위나 돌을 부수는 작용을 나타냅니다. 과자
가루는 바위가 부서져 만들어진 흙을 나타냅니다.

③ 흐르는 물에 의한 땅의 모습 변화

52쪽~53쪽 문제 학습

1 흙 2 침식 3 운반 4 (흐르는) 물 5 위, 아래
6 (1) ㉡ (2) ㉠ 7 (1) ○ (2) × (3) ○ 8 준호
9 (1) ㉠ (2) 예 침식 작용이 활발한 곳입니다. 10
운반 11 ④, ⑤ 12 찬규 13 ㉡ 14 (1) ㉠, ㉣
(2) ㉡, ㉢

6 비가 온 후 운동장에는 다양한 물길이 생기고 물이 고인 곳도 있으며, 흙이 깎이거나 쌓인 곳도 있습니다.

7 땅의 표면을 지표라고 합니다. 흐르는 물은 지표의 돌이나 흙을 함께 운반하면서 지표의 모습을 변화 시킵니다.

8 비가 온 후 산의 모습을 보면 흙이 깎여 있거나 운반되어 쌓여 있는 곳이 있습니다.

9 계곡은 흐르는 물이 바위, 돌, 흙 등을 깎아 내는 침식 작용이 활발한 침식 지형입니다.

   채점 tip (1) ㉠을 쓰고, (2) 침식 작용이 활발한 곳이라는 내용을 옳게 쓰면 정답으로 합니다.

10 경사진 곳에서 깎인 돌, 모래, 흙 등이 다른 곳으로 옮겨지는 운반 작용입니다.

11 강과 바다가 만나는 부분은 강의 경사가 급한 부분에서 흐르는 물에 의해 침식되어 운반된 돌, 모래, 흙 등이 쌓이는 퇴적 작용이 활발합니다.

12 흐르는 물에 의한 지표의 변화를 알아보는 실험이므로, 젖은 흙이 언제 마르는지 관찰할 필요는 없습니다.

13 흙 언덕의 위쪽에서 물을 흘려보냈을 때 흙이 흘러 내려 쌓이는 곳은 아래쪽인 ㉡입니다.

14 흙 언덕에 물을 흘려보내기 전에는 흙 언덕이 경사져 있지만, 물을 흘려보낸 후에는 위쪽의 흙이 깎여 아래쪽에 쌓여 있는 모습을 볼 수 있습니다.

④ 강과 바닷가 주변의 모습

56쪽~57쪽 문제 학습

1 하류 2 상류 3 침식, 퇴적 4 침식 5 모래사장
6 (1) ㉠ (2) ㉡ 7 ㉠ 8 윤서 9 (1) 강 하류
(2) 강 상류 10 ㉠ 침식 ㉡ 퇴적 11 예 파도에 의하여 침식되어 만들어진 지형입니다. 12 재이
13 (1) ○ 14 침식, 운반, 퇴적

6 강의 상류에서는 강물에 의한 침식 작용이 퇴적 작용보다 활발하게 일어나고, 하류로 갈수록 퇴적 작용이 침식 작용보다 활발하게 일어납니다.

7 강의 하류에는 알갱이의 크기가 작은 모래와 진흙을 많이 볼 수 있습니다. ㉡은 강의 상류, ㉢은 강의 중류에서 주로 볼 수 있는 돌의 모습입니다.

8 강 상류에는 큰 바위가 많고 강폭이 좁으며, 강의 경사가 급하여 물이 빠르게 흐릅니다.

9 (1)은 강폭이 넓고 경사가 완만한 강 하류의 모습이고, (2)는 강폭이 좁고 경사가 급하며 바위가 많은 강 상류의 모습입니다.

10 바닷가에서 바다 쪽으로 튀어나온 부분에서는 파도에 의한 침식 작용이 활발하여 파도가 바위의 약한 부분을 깎고, 육지 쪽으로 들어간 부분은 파도가 세지 않고 물살이 느려 침식 작용으로 깎인 모래나 고운 흙이 퇴적 작용으로 쌓입니다.

11 바다 쪽으로 튀어나온 곳은 파도가 세게 치기 때문에 침식 작용이 활발하여 가파른 절벽이나 구멍 뚫린 바위, 기둥처럼 생긴 바위 등이 만들어집니다.

   채점 tip 파도에 의해 침식되어 만들어졌다는 내용을 옳게 쓰면 정답으로 합니다.

12 파도에 의해 가운데의 구멍이 점점 더 커지면서 구멍 위의 연결된 부분이 가늘어지다가 결국 끊어질 것입니다. 이러한 파도에 의한 침식 작용은 아주 오랜 시간이 걸립니다.

13 바닷가에서 ㉮는 육지 쪽으로 들어간 곳으로, 침식 작용으로 깎인 모래나 고운 흙이 바닷물에 의해 운반되고 퇴적 작용으로 쌓여 모래사장(모래 해변)이나 갯벌이 됩니다.

14 바닷가에서 볼 수 있는 다양한 지형은 바닷물의 침식 작용, 운반 작용, 퇴적 작용으로 만들어집니다.

58쪽~59쪽 **교과서 통합 핵심 개념**

❶ 운동장 ❷ 화단 ❸ 흙 ❹ 물 ❺ 침식 작용

❻ 운반 작용 ❼ 퇴적 작용

60쪽~62쪽 **단원 평가 ❶회**

1 ㈎ **2** ㈎ ㉠ ㈏ ㉡ **3** ② **4** ⑩ 바위나 돌이 물과 나무뿌리 등에 의해 부서져서 알갱이의 크기가 작아지기 때문입니다. **5** ㉡, ㉢ **6** ① **7** ⑩ 흙은 사람에게 매우 소중합니다. 흙은 지구의 생물이 살아가는 터전이므로 흙을 보존해야 합니다. **8** ①

9 ③ **10** ④ **11** ㈎ **12** ㉡ **13** ㈎ ㉣ ㈏ ㉠, ㉢

14 ㈐, ㈑ **15** (1) ㉠ (2) ⑩ 육지 쪽으로 들어간 모래사장은 바닷물에 의해 운반된 모래나 고운 흙이 퇴적 작용으로 쌓여 만들어진 것입니다.

1 같은 시간 동안 ㈎에서 빠진 물의 높이는 약 2 cm이고, ㈏에서 빠진 물의 높이는 약 1 cm이므로 ㈎에 담긴 흙이 ㈏에 담긴 흙보다 물 빠짐이 더 좋습니다.

2 운동장 흙이 화단 흙보다 물이 더 잘 빠지기 때문에 물 빠짐이 좋은 ㈎에 담긴 흙이 ㉠에서 가져온 운동장 흙이고, ㈏에 담긴 흙이 ㉡에서 가져온 화단 흙입니다.

3 투명 용기를 흔들면 안에서 각설탕끼리 서로 부딪쳐 부서져서 투명 용기에 넣고 흔들기 전보다 알갱이의 크기가 작아집니다.

▲ 흔들기 전의 각설탕   ▲ 흔든 후의 각설탕

4 투명 용기 안의 각설탕이 부서져서 크기가 작아지는 것처럼, 바위나 돌이 부서져서 크기가 작아집니다.

채점 tip 바위나 돌이 부서져서 크기가 작아진다는 내용을 쓰면 정답으로 합니다.

5 자연에서는 물과 나무뿌리, 비, 바람, 반복되는 기온 변화 등에 의해 오랜 시간에 걸쳐 바위나 돌이 작게 부서집니다.

▲ 물이 얼었다 녹으면서 부서진 바위

6 바위틈에 물이 들어가 얼었다 녹았다를 반복하면서 바위를 부서뜨립니다.

7 흙은 지구의 생물이 살아가는 터전이고, 소중한 흙이 만들어지는 과정은 매우 오랜 시간이 걸리기 때문에 흙의 중요성을 알고 잘 보존해야 합니다.

채점 tip 흙이 소중하다는 내용을 쓰거나 흙은 우리가 살아가는 터전이므로 잘 보존해야 한다는 내용을 쓰면 정답으로 합니다.

8 비 온 후에는 흙이 파이거나 쌓여 땅이 울퉁불퉁합니다.

비가 온 후의 운동장 ▶

9 침식 작용에 의해 깎이거나 잘게 부서진 알갱이들이 다른 곳으로 운반되다가 물의 속도가 느려지는 곳에 쌓이는 것을 퇴적 작용이라고 합니다.

10 흙 언덕의 위쪽에서 물을 흘려보내면 위쪽의 흙이 물이 흐르는 방향으로 물과 함께 아래쪽으로 흘러내려 쌓입니다.

11 ㈎는 강의 상류 지역으로, 침식 작용이 활발하게 일어나고, 크고 모난 바위나 돌이 많습니다.

12 ㈏ 지역인 강의 하류에서는 강폭이 넓고 강의 경사가 완만하며, 강의 상류에 비해 물이 천천히 흐릅니다. ㉠은 강의 중류, ㉡은 강의 상류, ㉢은 강의 하류 모습입니다.

13 강의 상류인 ㈎ 지역은 침식 작용이 활발하지만, 침식 작용만 일어나는 것은 아닙니다. 강의 하류인 ㈏ 지역은 퇴적 작용이 가장 활발하게 일어나고, 고운 흙이나 가는 모래가 많습니다.

14 바닷가에서 바다 쪽으로 튀어나온 부분은 센 파도에 의해 바위의 약한 부분이 깎이면서 해식 절벽, 해식 동굴, 구멍 뚫린 바위 등과 같은 침식 지형이 만들어집니다.

15 침식 작용으로 깎인 모래나 고운 흙이 바닷물에 의해 운반되고 퇴적 작용으로 쌓여 모래사장이나 갯벌이 됩니다.

채점 tip (1) ㉠을 옳게 쓰고, (2) 퇴적 작용에 의해 모래나 흙이 쌓여 만들어진다는 내용을 쓰면 정답으로 합니다.

63쪽~65쪽 단원 평가 2회

1 ㈎ **2** (1) ㉠ (나), ㉡ ㈎ (2) 예 물에 뜬 부식물은 식물이 잘 자랄 수 있도록 도움을 주기 때문에 ㈎ 유리컵에 담긴 흙에서 식물이 더 잘 자랍니다. **3** ㉡ **4** ④ **5** (1) ○ (3) ○ **6** ⑤ **7** ㉡ **8** 시훈 **9** 예 ㉠에 있던 흙이 물과 함께 깎인 후 자연에서 흙이 쌓이는 퇴적 작용과 같이 ㉡으로 흘러내려 쌓입니다. **10** ②, ④ **11** ㈎ **12** (1) (나) (2) ㈎ **13** 예 ㈎인 강 상류에서 (나)인 강 하류로 갈수록 강폭이 넓어지고, 경사가 완만해집니다. **14** 민찬 **15** ㈎ ㉡, ㉣ (나) ㉠, ㉢

---

1 ㈎ 화단 흙은 물에 뜬 물질이 많이 있고, (나) 운동장 흙은 물에 뜬 물질이 거의 없습니다.

2 식물의 뿌리, 작은 나뭇가지, 죽은 동물, 나뭇잎 조각 등의 물에 뜬 부식물은 식물이 잘 자랄 수 있도록 도움을 줍니다.

채점 tip (1)을 각각 옳게 쓰고, (2) 물에 뜬 물질(부식물)이 많은 ㈎의 흙이 식물이 더 잘 자랄 수 있다는 내용을 쓰면 정답으로 합니다.

3 바위나 돌이 흙이 되는 과정은 오랜 시간에 걸쳐 서서히 일어납니다. 물, 비, 바람, 나무의 뿌리 등의 작용으로 바위가 작게 부서진 알갱이와 나무뿌리, 낙엽, 생물이 썩어 생긴 물질 등이 섞여 흙이 됩니다.

4 바위틈으로 들어간 물이 얼면서 바위에 힘을 작용하고, 바위틈이 더 벌어지면 물이 더 많이 들어갑니다. 오랜 시간 물이 얼었다 녹는 과정을 반복하면서 바위에 힘을 작용하면 결국 바위가 부서집니다.

| 바위틈에서 물이 얼었다 녹았다를 반복하거나, 나무뿌리가 자랍니다. | 바위가 작은 돌로 부서집니다. | 작은 돌은 다시 더 작은 돌 알갱이로 부서집니다. | 작은 돌 알갱이와 부식물이 섞여 흙이 됩니다. |

5 과자가 부서져 가루가 되는 것은 자연에서 바위나 돌이 부서져 흙이 만들어지는 과정과 같습니다.

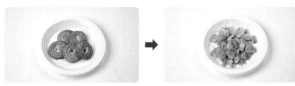

▲ 흔들기 전의 과자　　　▲ 흔든 후의 과자

6 비가 온 후에는 빗물이 운동장을 흐르면서 흙을 깎아 옮겨 놓기 때문에 물길이 생기고, 흙이 파인 곳에 물웅덩이가 생기기도 합니다.

7 폭포의 위쪽에서 아래쪽으로 빠르게 흐르는 물은 위쪽의 지표를 깎아 아래쪽으로 운반합니다.

8 흙 언덕 위쪽에 색 모래나 색 자갈을 뿌리면 물이 흐르면서 흙 언덕의 변화 모습을 쉽게 살펴볼 수 있습니다.

─색 모래

9 ㉠에 있던 흙이 물과 함께 아래쪽인 ㉡으로 흘러내려 쌓이는 것은 실제 자연에서의 퇴적 작용과 비슷합니다.

채점 tip 자연에서 흙이 쌓이는 퇴적 작용과 같이 흙 언덕 윗부분에서 흘러내린 흙이 ㉡에 쌓인다는 내용을 쓰면 정답으로 합니다.

10 흙 언덕의 위쪽에서 흘려보내는 물의 양이 많을수록, 물을 한 번에 더 많이 흘려보낼수록, 물을 더 오랫동안 흘려보낼수록, 흙 언덕의 기울기가 급할수록 언덕 위쪽의 흙을 아래쪽에 더 많이 쌓이게 할 수 있습니다.

11 강의 상류는 강폭이 좁고 강의 경사가 급해 물살이 빠른 편입니다. 빠른 물살에서 래프팅을 즐기려면 강의 하류인 (나)보다 강의 상류인 ㈎가 알맞습니다.

▲ 강 상류에서 래프팅하는 모습　　▲ 강 하류에서 래프팅하는 모습

12 강의 상류인 ㈎에는 큰 바위가 많고, 강의 하류인 (나)에는 알갱이가 작은 모래와 흙이 많습니다.

13 강 상류는 강폭이 좁고 경사가 급하지만, 강 하류는 강폭이 넓고 경사가 완만합니다.

채점 tip 강 상류에서 강 하류로 갈수록 강폭이 넓어지고 경사는 완만해진다는 내용을 옳게 쓰면 정답으로 합니다.

　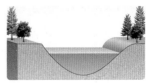

▲ 강 상류　　　▲ 강 하류

14 바다 쪽으로 튀어나온 절벽인 ㉠은 세게 부딪치는 파도가 바위를 깎으면서 만들어졌고, 육지 쪽으로 들어간 모래사장인 ㉡은 모래나 고운 흙이 바닷물에 의해 운반되고 퇴적 작용으로 쌓여 만들어졌습니다.

15 바다 쪽으로 튀어나온 ㈎ 지역은 파도가 세게 부딪치기 때문에 파도가 바위를 깎고 무너뜨리는 침식 작용이 활발합니다. 육지 쪽으로 들어간 ㈏ 지역은 파도가 잔잔하게 밀려와 고운 모래나 흙이 쌓이는 퇴적 작용이 활발합니다.

66쪽　수행 평가 ❶회

1 ㉠　㉡

㉢ 예 과자의 크기가 크고, 과자 가루가 거의 없습니다. ㉣ 예 과자의 크기가 작아지고, 과자 가루들이 생겼습니다.
2 예 투명 용기를 흔드는 힘에 의해 과자가 부서져 과자 가루가 생기는 것처럼 바람에 날리는 암석 부스러기나 모래알이 바위의 약한 아랫부분을 더 많이 깎아 버섯과 같은 모양의 바위를 만듭니다.

1 투명 용기를 흔들기 전에는 과자의 크기가 크고 과자 가루가 거의 없었지만, 투명 용기를 흔든 후에는 과자의 크기가 작아지고 과자가 부서져 가루들이 생겼습니다.

2 모래 바람이 많이 닿는 아랫부분이 윗부분보다 더 많이 깎여서 버섯과 같은 모양의 바위가 만들어집니다.

채점 tip 과자가 든 투명 용기를 흔들어 과자 가루가 생기는 것처럼 바람에 의해 바위의 아랫부분이 더 많이 깎여서 만들어진다는 내용을 쓰면 정답으로 합니다.

67쪽　수행 평가 ❷회

1 (1) ㉡, ㉢, ㉤ (2) ㉠, ㉢, ㉣
2 예 강의 위치마다 활발하게 일어나는 강물의 작용이 다르기 때문입니다.

1 강 하류인 ㈎는 강폭이 넓고 주변에서는 넓은 평지가 보입니다. 강 상류인 ㈏는 강폭이 좁고 물이 빠르게 흐릅니다.

2 강 상류에서는 강물이 바위를 깎는 침식 작용이 활발하게 일어나고, 강 하류에서는 운반된 물질이 쌓이는 퇴적 작용이 활발하게 일어납니다.

채점 tip 강의 위치에 따라 강물의 작용이 다르기 때문이라는 내용을 쓰면 정답으로 합니다.

68쪽　쉬어가기

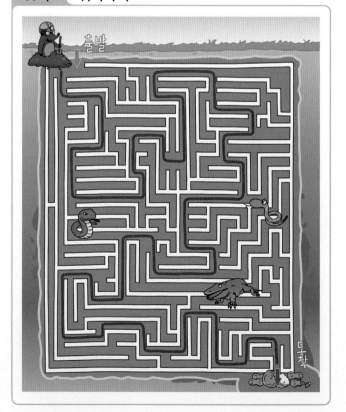

4. 물질의 상태

① 고체의 성질

72쪽~73쪽 문제 학습

1 액체 **2** 나뭇조각 **3** 물 **4** 고체 **5** 고체
6 (나) **7** ㉠ (가), (나) ㉡ (다) **8** (가) 액체 (나) 고체
(다) 기체 **9** ㉠ **10** 고체 **11** ⑩ 고체는 담는 그릇이 바뀌어도 모양과 부피가 일정한 성질이 있습니다.
12 새론 **13** ㉡, ㉢, ㉤ **14** (2) ○

6 나무는 손으로 잡을 수 있지만, 물은 흘러내려 손으로 잡기 어렵고, 지퍼 백에 든 공기는 눈에 보이지 않아 잡은 것인지 알 수 없습니다.

7 (가) 물과 (나) 나무는 눈으로 볼 수 있지만, (다) 지퍼 백에 든 공기는 눈에 보이지 않습니다.

8 흘러내려 손으로 전달하기 어려운 물은 액체, 손으로 잡아서 전달할 수 있는 나무는 고체, 눈에 보이지 않는 지퍼 백에 든 공기는 기체입니다.

9 물은 눈으로 직접 볼 수 있지만, 모양이 계속 변하고 흘러내려 잡거나 전달하기는 어렵습니다.

10 공룡 인형을 모양이 다른 그릇에 옮겨 담았을 때 공룡 인형의 모양과 부피가 변하지 않았으므로, 공룡 인형의 물질의 상태는 고체입니다. 공룡 인형이 담긴 모습이 다르다고 공룡 인형 자체의 모양이 변한 것은 아닙니다.

11 필통, 연필, 지우개는 항상 모양과 부피가 일정한 고체입니다.

채점 tip 고체는 담는 그릇이 바뀌어도 모양과 부피가 일정하다는 내용을 옳게 쓰면 정답으로 합니다.

12 나무 막대를 여러 가지 모양의 그릇에 넣어도 나무 막대의 모양과 부피는 변하지 않습니다.

13 돌, 철 못, 플라스틱 막대는 고체이므로 손으로 잡을 수 있고, 여러 가지 모양의 그릇에 넣었을 때 각각의 모양과 부피가 변하지 않습니다.

14 소금과 같은 가루 물질은 담는 그릇에 따라 가루 전체의 모양은 변하지만, 알갱이 하나하나의 모양은 변하지 않으므로 고체입니다.

└ 소금 알갱이

② 액체의 성질

76쪽~77쪽 문제 학습

1 액체 **2** 주방 세제 **3** ⑩ 변합니다 **4** ⑩ 변하지 않습니다 **5** 빨대 **6** ㉡ **7** ㉢ **8** 빗물, 샴푸
9 ③ **10** ⑩ 컵 모양이었던 주스는 빨대를 지날 때는 빨대의 모양(동그라미 또는 하트 모양)으로 변합니다. **11** ⑤ **12** ⑶ ○ **13** ㉡ **14** ㉠

6 간장, 식초, 참기름은 주방에서 자주 사용하는 액체 물질로, 담는 그릇에 따라 모양이 변합니다.

7 꿀과 간장은 액체이므로 담는 그릇에 따라 모양은 변하지만, 부피는 변하지 않습니다. 탁구공은 고체이므로 모양이 다른 그릇에 담아도 탁구공의 모양과 부피는 변하지 않습니다.

8 담는 그릇에 따라 모양이 변하지만 부피는 변하지 않는 물질의 상태는 액체입니다. 빗물과 샴푸가 액체에 해당합니다.

9 흘러내려서 손으로 잡을 수 없는 것은 액체인 우유입니다.

10 컵에 담겨 있을 때 컵 모양과 같았던 주스의 모양은 빨대를 통과하면서 빨대와 같은 모양으로 변합니다.

채점 tip 주스가 동그라미 모양이나 하트 모양인 빨대 모양으로 변한다는 내용을 쓰면 정답으로 합니다.

11 물과 주스는 액체 상태이므로 흐르는 성질이 있습니다.

12 물은 담는 그릇에 따라 모양이 달라지지만, 맛이나 색깔이 달라지지는 않습니다.

13 물은 담는 그릇에 따라 모양이 변하지만 부피는 변하지 않기 때문에 처음 사용한 그릇으로 다시 옮기면 물의 높이가 처음과 같습니다.

14 물은 담는 그릇에 따라 모양이 변하지만, 부피와 색깔은 변하지 않습니다.

BOOK ① 개념북

4 단원

❸ 공간을 차지하는 기체의 성질

80쪽~81쪽　문제 학습

1 공기　**2** 기체　**3** 풍선　**4** 공기, 공기　**5** 공간
6 공기　**7** ⑤　**8** ⑵ ○　⑶ ○　**9** ㈎　**10** ㈏
11 예 공기는 공간을 차지합니다.　**12** 도경　**13** ㉠
14 ㉡

6 연을 날리는 것과 풍선을 부풀리는 것은 우리 주변에 공기가 있기 때문에 할 수 있습니다.

7 기체는 담는 그릇에 따라 모양이 변하고, 담긴 그릇을 항상 가득 채우는 성질을 가지고 있는 물질의 상태로, 눈에 보이지 않지만 고체, 액체 물질과 같이 공간을 차지하고 담는 그릇의 모양에 따라 모양이 달라집니다.

8 풍선 입구를 쥐었던 손을 놓으면 풍선 입구에서 공기 방울이 생겨 위로 올라오면서 보글보글 소리가 납니다. 공기 방울을 보고 눈에 보이지는 않지만 우리 주변에 공기가 있다는 것을 알 수 있습니다.

9 ㈎ 플라스틱 컵의 바닥에 뚫린 구멍으로 컵 안에 있던 공기가 빠져나가기 때문에 수조의 물이 컵 안으로 들어갑니다.

10 ㈏ 플라스틱 컵과 같이 바닥에 구멍이 뚫리지 않은 컵은 컵 안에 있는 공기가 공간을 차지하고 있기 때문에 컵 안 공기의 부피만큼 수조 안 물이 밀려나와 수조 안 물의 높이가 조금 높아집니다.

11 바닥에 구멍이 뚫리지 않은 플라스틱 컵을 수조 바닥까지 밀어 넣을 때 컵 안의 공기가 공간을 차지하고 있어서 컵 안으로 물이 들어가지 못해 페트병 뚜껑이 수조 바닥까지 내려갑니다.

채점 tip 공기가 공간을 차지한다는 내용을 쓰면 정답으로 합니다.

12 공기는 항상 공간을 가득 채우기 때문에 ㉠과 ㉡ 풍선 속 공기의 모양은 각각의 풍선의 모양과 같습니다.

13 자동차의 에어 백과 풍선 놀이 틀(에어 바운스)은 공기가 공간을 차지하는 성질을 이용한 것입니다.

14 액체는 담는 그릇이 달라져도 부피가 변하지 않으므로 액체의 부피보다 더 큰 그릇은 가득 채우지 못합니다. 기체는 담는 그릇이 커져도 그 그릇을 항상 가득 채웁니다.

❹ 이동하는 기체의 성질

84쪽~85쪽　문제 학습

1 이동　**2** 이동, 공간　**3** 공기　**4** 밖, 안　**5** 이동
6 ①, ③　**7** ㉠　**8** ⑵ ○　**9** 예 공기가 이동하기 때문입니다.　**10** ㉡, ㉣　**11** ㉣　**12** 승우
13 ➡　**14** ㉢

6 공기가 든 비닐봉지를 누르면 공기가 비닐봉지에서 비닐장갑으로 이동하여 비닐봉지는 쭈그러들고 비닐장갑은 팽팽해집니다.

공기의 이동

7 풍선 밖에 있던 공기가 공기 주입기를 통해 풍선 안으로 이동합니다.

8 공기도 물질이므로 다른 곳으로 이동할 수 있고, 이동한 공간에서도 공기는 항상 공간을 가득 채웁니다.

9 공기는 다른 곳으로 이동할 수 있기 때문에 주사기 안의 공기가 밖으로 이동합니다.

채점 tip 공기가 이동하기 때문이라는 내용을 쓰면 정답으로 합니다.

10 공기 펌프로 바람 풍선의 아랫부분에 넣은 공기가 바람 풍선의 위쪽으로 이동하면서 공간을 차지합니다.

11 선풍기, 비눗방울, 수족관의 공기 공급 장치는 공기가 이동하는 성질을 이용합니다.

12 손으로 페트병을 누르면 페트병 속의 공기가 풍선으로 이동하기 때문에 풍선이 부풀어 오릅니다.

13 당겨 놓은 주사기의 피스톤을 밀면 주사기와 비닐관 속에 들어 있는 공기가 다른 쪽 주사기로 이동합니다.

14 당겨 놓은 주사기 속의 공기가 비닐관을 통해 피스톤을 당겨 놓지 않은 오른쪽 주사기로 이동하면서 주사기의 피스톤을 밀어냅니다.

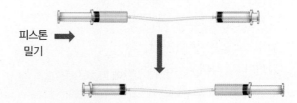

피스톤 밀기

⑤ 무게가 있는 기체의 성질, 물질의 분류

88쪽~89쪽 문제 학습

1 무게 **2** ㉮ 늘어납니다 **3** ㉮ 늘어납니다 **4** 무게
5 삼각자 **6** ㉡ **7** ㉡ **8** 채이 **9** ㉡ **10** <
11 무게 **12** ㉠ **13** (1) ㉮ 사진기, 산소통, 물안경
(2) ㉮ 바닷물 (3) ㉮ 공기 방울, 산소통 속의 기체
14 (1) 우유 (2) ㉮ 우유는 담는 그릇에 따라 모양이
변하지만 부피는 변하지 않으므로 액체로 분류해야
합니다.

6 공기가 빠진 ㉠ 축구공보다 공기가 가득 찬 ㉡ 축구
공 안에 더 많은 공기가 들어 있으므로, ㉡ 축구공
이 더 무겁습니다.

7 공기에 무게가 있기 때문에 공기가 든 고무보트에
서 공기를 빼내면 그만큼 고무보트가 가벼워져 쉽
게 옮길 수 있습니다.

8 체육관 안에는 공기가 가득 차 있으며, 체육관 안
공기의 무게는 약 5,000 kg입니다.

9 공기 주입 마개를 누르기 전보다 공기 주입 마개를
누른 후에 페트병의 무게가 더 늘어납니다.

10 공기 주입 마개를 누르기 전보다 공기 주입 마개를
누른 후에 페트병의 무게가 더 무거워진다는 것을
알 수 있습니다.

11 공기 주입 마개를 눌러 공기를 채운 페트병의 무게
가 처음보다 늘어난 것으로 공기에 무게가 있다는
것을 알 수 있습니다.

12 공기 주입 용기의 아래쪽 막대를 당겨 공기를 넣으
면 공기 주입 용기의 무게가 늘어나고, 공기를 빼는
버튼을 눌러 공기를 빼면 공기 주입 용기의 무게가
가벼워집니다.

13 잠수부가 들고 있는 사진기, 메고 있는 산소통, 몸
에 착용하고 있는 물안경과 장갑 등은 물속에서도
모양과 부피가 변하지 않는 고체입니다.

14 우리 주변의 물질은 고체, 액체, 기체의 다양한 상
태로 존재합니다. 각 물질의 상태마다 갖는 특징을
이용해 편리하게 사용할 수 있습니다.

채점 tip (1) 우유를 옳게 쓰고, (2) 우유는 담는 그릇에 따라 모양
이 변하고 부피는 변하지 않기 때문에 액체로 분류해야 한다는 내
용을 쓰면 정답으로 합니다.

90쪽~91쪽 교과서 통합 핵심 개념

❶ 고체 ❷ 액체 ❸ 기체 ❹ 이동 ❺ 무게

92쪽~94쪽 단원 평가 ❶회

1 ㉠ 플라스틱, 나무 ㉡ 물, 주스 ㉢ 공기 **2** ㉮ 담
는 그릇이 바뀌어도 물체의 모양과 부피가 변하지
않고 일정하기 때문입니다. **3** ㉡, ㉢ **4** ㉢, ㉣
5 세아 **6** 공기 **7** ⑤ **8** (1) 액 (2) 기 (3) 공통
(4) 액 **9** ㉠ **10** (1) ㉡ (2) ㉮ 플라스틱 컵 바닥의
구멍으로 공기가 빠져나가기 때문에 수조 안 물의 높
이는 처음의 높이에서 변하지 않습니다. **11** 윤솔
12 ㉮ 페트병에 있던 공기가 풍선으로 이동했기 때
문입니다. **13** (1) ○ **14** ① **15** ㉡

1 고체인 플라스틱과 나무는 눈으로 볼 수 있고 손으
로 잡을 수 있습니다. 액체인 물과 주스는 눈으로
볼 수 있으나 흘러내려 손으로 잡기는 어렵습니다.
기체인 공기는 눈에 보이지도 않고 손으로 잡을 수
도 없습니다.

2 공책, 색연필, 장난감 블록 등과 같이 담는 그릇이
바뀌어도 모양과 부피가 일정한 물질의 상태를 고
체라고 합니다.

채점 tip 항상 모양과 부피가 변하지 않고 일정하다는 내용을 쓰
면 정답으로 합니다.

3 담는 그릇에 따라 모양이 변하지만 부피는 변하지
않는 액체는 바닷물과 설탕물입니다.

4 고체인 나무 막대는 다른 그릇에 담아도 모양과 부피
가 변하지 않지만, 액체인 주스는 다른 그릇에 옮겨
담으면 모양이 변하고 부피는 변하지 않습니다.

▲ 나무 막대 옮겨 담기

▲ 주스 옮겨 담기

5 ㉠, ㉡, ㉢ 그릇에 담은 물의 부피는 같고, 그릇의
모양에 따라 담긴 물의 모양만 달라집니다.

6 페트병 입구에서 공기 방울이 생겨 위로 올라온 후
사라지는 모습을 보고, 공기는 눈에 보이지 않지만
우리 주변에 있다는 것을 알 수 있습니다.

7 기체는 담는 그릇에 따라 모양이 변하기 때문에 풍선으로 여러 가지 모양을 쉽게 만들 수 있습니다.

8 액체는 눈으로 보고 손으로 만질 수 있지만 자꾸 흘러내려 손으로 잡을 수는 없습니다. 기체는 눈에 보이지 않습니다.

9 컵 안에 있던 공기가 컵 바닥의 구멍으로 빠져나가기 때문에 컵 안으로 물이 들어가고, 스타이로폼 공은 물 위에 그대로 있습니다.

10 바닥에 구멍이 뚫린 플라스틱 컵을 수조 바닥까지 밀어 넣을 때 컵 안의 공기가 컵 바닥의 구멍으로 빠져나가기 때문에 수조 안 물의 높이는 변하지 않습니다.

> **채점 tip** (1) ㉡을 옳게 쓰고, (2) 컵 바닥의 구멍으로 공기가 빠져나가기 때문에 수조 안 물의 높이가 변하지 않는다는 내용을 쓰면 정답으로 합니다.

11 고무장갑에 손가락이 들어갔을 때 고무장갑에 공기를 넣고 입구를 막은 후 고무장갑의 입구를 누르면 손가락 쪽으로 공기가 이동하면서 안으로 들어간 손가락이 펴집니다.

12 페트병 속에 가득 차 있던 공기가 손으로 누르는 힘에 의해 풍선 속으로 이동하여 풍선이 부풀어 오릅니다.

> **채점 tip** 페트병의 공기가 풍선으로 이동했기 때문이라는 내용을 옳게 쓰면 정답으로 합니다.

13 당겨 놓은 주사기의 피스톤을 밀면 다른 쪽 주사기의 피스톤이 뒤로 밀려납니다.

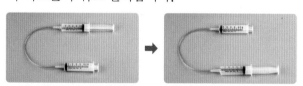

14 공기 주입 마개를 끼운 페트병의 무게를 측정하고 공기 주입 마개를 눌러 페트병이 팽팽해질 때까지 공기를 넣은 후 다시 페트병의 무게를 측정하면 공기가 무게가 있다는 것을 알 수 있습니다.

15 공기는 무게가 있기 때문에 공기를 채우기 전인 ㈎ 페트병의 무게보다 공기를 채운 ㈐ 페트병의 무게가 더 무겁습니다.

▲ 공기 주입 마개를   ▲ 공기 주입 마개를
누르기 전의 무게   누른 후의 무게

---

1 ㈎ ㉢ ㈏ ㉠ ㈐ ㉡   **2** (1) 물 (2) **예** 물은 흘러서 손으로 전달하기 어렵습니다.   **3** ㉢   **4** (1) ○   **5** 보람   **6** **예** 우유   **7** (2) ○   **8** 민찬   **9** ㉡   **10** **예** 컵 안에 있는 공기가 공간을 차지하여 컵 안으로 물이 들어가지 못하기 때문에 페트병 뚜껑도 컵이 내려가는 높이만큼 내려갑니다.   **11** (1) ㉢ (2) ㉠   **12** ㉠   **13** 도현   **14** ㉡   **15** **예** 공기 주입 마개를 누르기 전의 무게인 54.1 g보다 공기 주입 마개를 누른 후의 무게가 늘어납니다.

1 ㈎는 눈에 보이지 않는 기체이고, ㈏는 모양이 변하지 않는 고체입니다. ㈐는 부피는 변하지 않지만 담는 그릇에 따라 모양이 변하는 액체입니다.

2 물은 액체이기 때문에 흘러서 손으로 전달하기가 어렵습니다.

> **채점 tip** (1) 물을 옳게 쓰고, (2) 물은 흘러내려서 전달하기 어렵다는 내용을 쓰면 정답으로 합니다.

3 소금의 전체 모양은 달라져 보이지만 소금 알갱이 하나하나의 모양은 변하지 않는 고체입니다.

4 주스는 액체이므로 담긴 그릇의 모양에 따라 주스의 모양이 변합니다.

5 주스를 여러 가지 모양의 유리컵에 넣으면 담는 컵의 모양에 따라 주스의 모양은 변하지만 부피는 변하지 않습니다.

6 주변에서 볼 수 있는 액체인 물, 우유, 식용유, 간장, 샴푸 등의 액체는 모두 같은 결과를 볼 수 있습니다.

7 하늘을 날고 있는 연을 보고 눈에 보이지 않지만 주변에 공기가 있다는 것을 알 수 있습니다.

8 빈 페트병의 입구를 손등에 가까이 가져가 페트병을 누르면 페트병에서 공기가 나와 손등을 지나가면서 바람이 느껴집니다.

9 풍선을 채우고 있는 공기의 모양은 풍선의 모양과 같습니다.

10 바닥에 구멍이 뚫리지 않은 컵 안의 공기가 공간을 차지하고 있기 때문에 컵으로 물이 들어가지 못합니다.

> **채점 tip** 컵 안의 공기가 공간을 차지하고 있어 물이 들어가지 못하여 페트병 뚜껑도 내려간다는 내용을 쓰면 정답으로 합니다.

11 풍선을 끼운 페트병을 누르면 페트병 안의 공기가 납작하게 접혀 있던 풍선 안으로 이동하여 공기가 채워지면서 풍선이 하트 모양으로 팽팽하게 부풀어 오릅니다. 눌렀던 손에 힘을 빼 페트병이 펴지면 풍선 안의 공기가 페트병 안으로 이동합니다.

12 피스톤을 당겨 놓은 ㈎ 주사기에 공기가 더 많이 있으므로, ㈎ 주사기의 피스톤을 밀어 넣으면 공기가 비닐관을 통해 ㈏ 주사기로 이동합니다.

13 공기도 무게가 있기 때문에 공기를 빼내면 공기 침대의 무게가 가벼워져 한 사람이 쉽게 옮길 수 있습니다.

14 공기가 빠져 찌그러진 축구공보다 탱탱한 축구공 안에 공기가 더 많이 들어 있습니다.

15 공기 주입 마개를 누르기 전의 무게와 공기 주입 마개를 누른 후의 무게 차이만큼 공기 주입 마개를 눌러서 공기를 더 넣은 것입니다.

> 채점 tip 공기 주입 마개를 누르기 전의 무게보다 공기 주입 마개를 누른 후의 무게가 늘어난다는 내용을 쓰면 정답으로 합니다.

수행 평가 ❶회

1 (1) (2)

2 예 플라스틱 컵 안의 공기가 공간을 차지하기 때문에 페트병 뚜껑이 밀려 수조의 바닥까지 내려갑니다.

1 바닥에 구멍이 뚫리지 않은 플라스틱 컵으로 덮은 페트병 뚜껑은 밀려 수조의 바닥까지 내려갑니다. 바닥에 구멍이 뚫린 플라스틱 컵 안에 있던 공기는 컵 바닥의 구멍을 통해 빠져나가기 때문에 페트병 뚜껑이 밀리지 않고 그대로 있습니다.

2 바닥에 구멍이 뚫리지 않은 플라스틱 컵은 공기가 컵 안에서 공간을 차지하고, 바닥에 구멍이 뚫린 컵은 구멍으로 공기가 빠져나갑니다.

> 채점 tip 컵 안의 공기가 공간을 차지하기 때문에 페트병 뚜껑이 밀려 수조의 바닥까지 내려간다는 내용을 옳게 쓰면 정답으로 합니다.

수행 평가 ❷회

1 (1) 예 공기가 공간을 차지하는 성질을 이용합니다. (2) 예 공기가 이동하는 성질을 이용합니다.
2 (1) ㉠ 44.6 ㉡ 46.8 ㉢ 50.1 (2) 예 공기 주입 마개를 여러 번 누를수록 페트병에 공기가 많이 들어가 페트병의 무게가 무거워집니다.

1 공기 침대는 공기가 공간을 차지하는 성질을 이용하여 공기를 넣어 사용하고, 선풍기는 공기가 이동하는 성질을 이용하여 시원한 바람을 만듭니다.

> 채점 tip (1) 공기가 공간을 차지하는 성질을 이용한다고 쓰고, (2) 공기가 이동하는 성질을 이용한다는 내용을 쓰면 정답으로 합니다.

2 공기에 무게가 있으므로 페트병에 공기가 많이 들어갈수록 페트병의 무게가 무거워집니다.

> 채점 tip (1) 각각의 페트병의 무게를 옳게 골라 쓰고, (2) 공기 주입 마개를 여러 번 누를수록 페트병의 무게가 무거워진다는 내용을 쓰면 정답으로 합니다.

쉬어가기

5. 소리의 성질

1 소리가 나는 물체, 큰 소리와 작은 소리

104쪽~105쪽 문제 학습

1 떨림 2 떨림 3 세기 4 큰, 작은 5 망치질하는
6 혜진 7 (2) ◯ 8 ㉠ 9 ㉡ 10 (1) 작 (2) 큰
(3) 작 (4) 큰 11 ⑩ 손에 떨림이 느껴집니다.
12 (1) ◯ 13 ㉠ 세기 ㉡ 떨림 14 ⑤

6 물체가 떨리면서 소리가 나므로, 소리가 나는 물체에 손을 대 보면 떨림이 느껴집니다.

7 벌이 날 때 '윙~'하는 소리는 빠른 날갯짓의 떨림 때문에 나는 소리입니다.

8 소리가 나는 물체는 떨림이 있으므로 손을 대었을 때 떨림이 느껴지는 트라이앵글이 소리가 나는 것입니다.

9 소리가 나는 소리굽쇠를 물 표면에 대 보면 소리굽쇠의 떨림에 의해 물이 튑니다.

10 까치발을 하고 걷는 소리와 시계 바늘이 움직이는 소리는 주변에서 들을 수 있는 작은 소리입니다. 야구장에서 응원을 하거나 멀리 있는 친구를 부를 때에는 큰 소리를 냅니다.

11 "아~" 소리를 내면 떨림이 있기 때문에 손에 떨림이 느껴집니다.

채점 tip 손에 떨림이 느껴진다는 내용을 쓰면 정답으로 합니다.

12 작은북을 점점 더 세게 치면 북면의 가죽이 더 세게 떨리면서 좁쌀이 처음보다 더 높게 튀어 오를 것입니다.

▲ 처음에 작은북을 쳤을 때

▲ 작은북을 점점 더 세게 쳤을 때

13 소리의 크고 작은 정도를 나타내는 소리의 세기는 물체가 떨리는 정도에 따라 달라집니다. 물체가 크게 떨리면 큰 소리가 나고, 물체가 작게 떨리면 작은 소리가 납니다.

14 도서관과 같은 공공장소에서 친구와 이야기할 때에는 작은 소리를 내야 합니다.

2 높은 소리와 낮은 소리

108쪽~109쪽 문제 학습

1 높낮이 2 높, 낮 3 낮, 높 4 뱃고동
5 높낮이 6 ㉠ 7 (2) ◯ 8 ㉡ 9 재원
10 ⑩ 구멍을 하나씩 열면 점점 높은 소리가 납니다.
11 (1) 4 (2) 10 12 ㉠ 큰 ㉡ 작은 13 ㉡ 14 ㉠

6 긴 줄을 튕기면 짧은 줄을 튕겼을 때보다 낮은 소리가 납니다.

7 하프의 긴 줄을 튕기면 줄이 느리게 떨려 낮은 소리가 납니다.

8 북과 장구는 같은 높이의 음을 내는 악기이고, 피아노는 다른 높이의 음을 내는 악기입니다.

9 소방차와 구급차, 경찰차 등은 경보음의 높낮이를 다르게 하여 위급한 상황을 주변에 알립니다.

10 악기의 관의 길이가 짧을수록 높은 소리가 나고 길수록 낮은 소리가 나기 때문에 구멍을 하나씩 열수록 관의 길이가 짧아져 높은 소리가 납니다.

채점 tip 점점 높은 소리가 난다는 내용을 옳게 쓰면 정답으로 합니다.

11 빨대가 짧을수록 높은 소리가 나므로 길이가 가장 짧은 빨대를 불었을 때 가장 높은 소리가 납니다.

12 큰 금속 그릇을 칠 때보다 작은 금속 그릇을 칠 때 높은 소리가 납니다.

13 실로폰의 음판이 짧을수록 쳤을 때 더 높은 소리가 납니다. ㉠처럼 실로폰의 가장 긴 음판을 치면 가장 낮은 소리, ㉡처럼 가장 짧은 음판을 치면 가장 높은 소리가 납니다.

▲ 가장 낮은 음이 나는 경우   ▲ 가장 높은 음이 나는 경우

14 기타 줄을 길게 잡을 때보다 짧게 잡고 퉁길 때 높은 소리가 납니다.

❸ 소리의 전달

112쪽~113쪽 문제 학습

1 기체 2 고체 3 떨림 4 물(액체) 5 공기(기체)
6 효린 7 **예** 북이 떨리면서 그 떨림이 주위의 공기에 전달되고, 공기의 떨림이 친구의 귀에 전달됩니다.
8 ①○ 9 ㉢ 10 ⑤ 11 액체 (상태) 12 ㉮
13 ㉠ 물 ㉡ 공기 14 현준

6 소리는 고체, 액체, 기체와 같은 물질을 통해 전달됩니다. 우주에는 공기가 없기 때문에 지구에서처럼 공기를 통해서는 소리가 전달되지 않습니다.

7 북의 떨림은 주위의 공기를 떨리게 하고, 공기의 떨림이 귀에 전달됩니다.

채점 tip 북의 떨림이 공기에 전달되고, 공기의 떨림이 귀에 전달된다는 내용을 옳게 쓰면 정답으로 합니다.

8 손잡이를 당겨 장치 안의 공기를 빼내면 장치 안에 스피커의 소리를 전달해 줄 공기가 없기 때문에 스피커의 소리가 잘 들리지 않습니다.

9 실 전화기로 이야기하면서 실에 손을 대 보면 실의 떨림이 느껴집니다. 실이 떨리면서 소리를 전달합니다.

10 새 소리, 텔레비전 소리, 개가 짖는 소리, 친구가 부르는 소리는 공기(기체)를 통해 전달되고, 귀를 댄 철봉을 두드리는 소리는 금속인 철봉(고체)을 통해 소리가 전달됩니다.

11 액체인 물이 소리를 전달하기 때문에 물속에서도 소리를 들을 수 있습니다.

12 책상에 귀를 대고 책상을 두드리면 고체인 책상이 소리를 전달합니다.

13 액체인 물과 기체인 공기는 소리를 전달하기 때문에 물속에서는 물에 의해 스피커에서 나는 소리가 전달됩니다. 물 밖에서 사람의 귀까지는 그 사이의 공기가 스피커의 소리를 전달합니다.

공기가 소리를 전달합니다.
물이 소리를 전달합니다.

14 고체인 책상, 액체인 물, 기체인 공기를 통해 소리가 전달된다는 것을 알 수 있습니다.

❹ 소리의 반사, 소음을 줄이는 방법

116쪽~117쪽 문제 학습

1 반사 2 단단한 3 반사 4 전달 5 나무판
6 ㉠ 단단한 ㉡ 부드러운 7 ㉠ 8 반사 9 ㉠
10 ㉡ 11 **예** 소리는 물체에 부딪치면 반사됩니다. 소리는 단단한 물체일수록 더 잘 반사됩니다.
12 소영 13 ㉠, ㉢ 14 ㉡

6 소리는 단단한 물체에 부딪치면 잘 반사되지만, 부드러운 물체에 부딪치면 소리가 흡수되어 잘 반사되지 않습니다.

7 교실에서 이야기하면 교실 벽에서 소리가 반사되어 소리가 잘 들리지만, 운동장에서 이야기하면 소리가 앞으로 퍼져 나가고 되돌아오지 않기 때문에 잘 들리지 않습니다.

8 공연장 천장에는 반사판을 설치하거나 천장을 특수한 모양으로 만들어 공연 소리가 반사되어 모든 관객에게 소리를 고르게 전달할 수 있게 합니다.

9 소리는 단단한 물체를 만나면 반사하는 성질이 있기 때문에 산에서 "야호~" 외치면 소리가 나아가다가 반대편의 바위에 반사되어 메아리가 들립니다.

10 나무판을 플라스틱 통 위쪽에서 비스듬히 들면 소리가 위쪽 방향으로 나아가다가 단단한 나무판에 부딪쳐 내 귀 쪽으로 오기 때문에 가장 크게 들립니다.

11 소리가 나아가다가 물체에 부딪쳐 되돌아오는 소리는 단단한 물체에서는 잘 반사되지만 부드러운 물체에서는 잘 반사되지 않습니다.

채점 tip 소리가 반사되는 성질이 있다는 내용을 쓰거나, 단단한 물체일수록 소리가 잘 반사된다는 내용을 옳게 쓰면 정답으로 합니다.

12 도로에서는 자동차가 빠르게 달릴 때 들리는 소리나 자동차가 울리는 경적 소리 등의 소음이 발생합니다.

13 소음을 줄이려면 음악실 벽에 소리가 잘 전달되지 않는 물질을 붙여 소리가 밖으로 전달되지 않도록 하고, 창문을 닫거나 커튼을 설치하여 밖의 소음이 집 안으로 전달되지 않도록 합니다.

14 큰 도로변에는 도로 방음벽을 설치하여 시끄러운 자동차 소음이 도로 쪽으로 반사되고 주택 쪽으로 가지 않도록 합니다.

118쪽~119쪽 **교과서 통합 핵심 개념**

❶ 떨림   ❷ 세기   ❸ 높낮이   ❹ 높   ❺ 낮
❻ 공기   ❼ 기체   ❽ 반사

120쪽~122쪽 **단원 평가 ❶회**

1 ㉡   **2** ①   **3** ㉠, ㉡   **4** ㉢   **5** ⑴ ㉠ ⑵ **예** 소리가 나는 부분이 작을수록 높은 소리가 나기 때문에 큰 금속 그릇을 칠 때보다 작은 금속 그릇을 칠 때 더 높은 소리가 납니다.   **6** ㉠, ㉡, ㉢, ㉣   **7** ㉤, **예** 작은 소리를 내려면 기타 줄을 약하게 뚱깁니다.   **8** 지안   **9** ㉠ 공기 ㉡ 소리   **10** ⑴ ○   **11** **예** 소리는 책상을 통하여 전달됩니다.   **12** ④   **13** ㉠   **14** ㉠, ㉡, ㉢   **15** 준희

1 음악이 나오는 스피커에 손을 대 보면 스피커가 부르르 떨리면서 소리가 나는 것을 느낄 수 있습니다.

2 소리굽쇠에서 소리가 날 때 떨림이 생기므로, 스타이로폼 공이 튀어 오릅니다.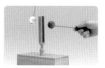

3 북에서 큰 소리가 날 때에는 북을 세게 칠 때이므로 좁쌀이 높게 튀고 북이 크게 떨립니다.

4 친구들 앞에서 발표할 때와 멀리 있는 친구를 부를 때에는 큰 소리를 내고, 도서관에서 친구와 이야기할 때에는 작은 소리를 냅니다.

5 작은 금속 그릇은 소리가 나는 부분이 작아 고무망치로 쳤을 때 높은 소리가 납니다.

채점 tip ⑴ ㉠을 옳게 쓰고, ⑵ 소리가 나는 부분이 작을수록 높은 소리가 나기 때문이라는 내용을 쓰면 정답으로 합니다.

6 실로폰 음판의 길이가 길수록 쳤을 때 낮은 소리가 납니다. 음판의 길이가 가장 긴 ㉠ 음판을 쳤을 때 가장 낮은 소리가 나고, 가장 짧은 ㉣ 음판을 쳤을 때 가장 높은 소리가 납니다.

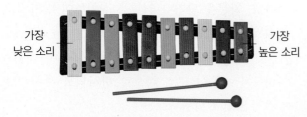

가장 낮은 소리   가장 높은 소리

7 기타 줄을 길게 잡을수록 낮은 소리가 나므로 ㉤의 위치를 잡아야 가장 낮은 소리를 낼 수 있습니다. 작은 소리를 내기 위해서는 기타 줄을 약하게 뚱기거나 약하게 칩니다.

채점 tip ㉤을 옳게 골라 쓰고, 작은 소리를 내기 위해서 줄을 약하게 뚱긴다는 내용을 쓰면 정답으로 합니다.

가장 높은 소리   가장 낮은 소리

8 관현악단은 여러 악기로 높낮이가 다른 소리를 이용해 아름다운 음악을 연주합니다.

9 소리는 대부분 공기에 의해 전달되지만 달에는 공기가 없기 때문에 우주복 등의 장치가 있어야만 대화를 할 수 있습니다.

10 실 전화기의 두 종이컵을 연결한 실을 팽팽하게 할수록 소리가 더 잘 전달됩니다.

11 소리가 고체인 책상을 통하여 전달된다는 것을 알 수 있습니다.

채점 tip 소리가 책상을 통하여 전달된다는 내용을 쓰거나 고체는 소리를 전달한다는 내용을 쓰면 정답으로 합니다.

12 음악 공연장 천장에 반사판을 설치하면 소리가 잘 반사되어 모든 곳의 사람들에게 소리가 고르게 잘 들립니다.

13 나무판은 단단하지만 스펀지 판과 스타이로폼 판은 부드럽기 때문에 단단한 나무판을 플라스틱 통 위  쪽에서 들었을 때 소리가 가장 잘 반사됩니다. 반사된 소리가 귀 쪽으로 오기 때문에 가장 크게 들립니다.

14 나무판이나 스펀지 판을 대면 소리가 반사되어 되돌아오기 때문에 아무것도 대지 않았을 때보다 소리가 크게 들립니다.

15 드럼, 기타, 피아노 등의 악기 소리가 시끄럽게 나는 음악실은 벽에 스펀지 등과 같이 소리를 흡수하여 잘 전달되지 않는 물질  을 붙여 소리가 밖으로 전달되는 것을 줄여 줍니다.

1 ④　　**2** ②, ③　　**3** 예 북을 세게 쳐서 북이 크게 떨리게 합니다.　　**4** (1) ㉢ (2) ㉣ (3) ㉡ (4) ㉠
5 (1) ㉡ (2) ㉠　　**6** (1) ㉣ (2) 예 팬 플루트의 긴 관 (1번)을 불 때는 낮은 소리가 나고, 짧은 관(8번)을 불 때는 높은 소리가 나기 때문입니다.　　**7** ②
8 이준　　**9** ㉢　　**10** ③　　**11** ㉢　　**12** (2) ○　　**13** 반사
14 예 매트를 깔아서 걷거나 뛸 때 소음이 전달되는 것을 줄입니다.　　**15** (1) ㉢ (2) 주완

1 소리가 나는 스피커에 손을 대 보면 떨림이 느껴집니다.

2 종을 세게 흔들어 종이 크게 떨리게 할수록 종소리를 크게 낼 수 있습니다.

3 북을 세게 칠수록 큰 소리가 나고, 북이 크게 떨리면서 좁쌀이 높게 튑니다.

> **채점 tip** 북을 세게 친다고 쓰거나 북이 크게 떨리게 한다는 내용을 옳게 쓰면 정답으로 합니다.

4 악기의 관이나 음판의 길이가 짧을수록 높은 소리가 나기 때문에 리코더의 구멍을 하나씩 열수록, 실로폰의 짧은 음판을 칠수록 점점 높은 소리가 납니다.

▲ 리코더의 구멍을 열어　　▲ 리코더의 구멍을 닫아
　 높은 소리 내기　　　　　　 낮은 소리 내기

5 기타 줄을 짧게 잡고 뚱길 때와 작은 금속 그릇을 칠 때에는 높은 소리가 나고, 기타 줄을 길게 잡고 뚱길 때와 큰 금속 그릇을 칠 때에는 낮은 소리가 납니다.

6 팬 플루트의 가장 긴 관에서는 가장 낮은 소리가 나고, 가장 짧은 관에서는 가장 높은 소리가 납니다.

> **채점 tip** (1) ㉣을 옳게 쓰고, (2) 관의 길이에 따라 소리의 높낮이가 다르다는 내용을 옳게 쓰면 정답으로 합니다.

7 화재 비상벨은 높은 소리로 불이 난 것을 알려 사람들이 대피할 수 있도록 합니다.

8 새 소리는 공기와 같은 기체 물질을 통해 전달되기 때문에 우리가 들을 수 있습니다.

9 소리가 공기를 통해 전달되기 때문에 통 속의 공기를 빼낼수록 소리를 전달할 물질이 없어지므로 스피커에서 나는 소리가 작게 들립니다.

10 실 전화기로 소리가 더 잘 들리게 하기 위해서는 실을 더 팽팽하게, 더 굵게, 더 짧게 합니다. 실의 떨림이 잘 전달될 수 있도록 실의 중간 부분을 손으로 잡지 않습니다.

이제 잘들려.

11 소리는 책상이나 플라스틱 관과 같은 고체, 물과 같은 액체, 플라스틱 관 속의 공기와 같은 기체 물질을 통해 전달됩니다.

12 나무판자와 같이 단단한 물체에는 소리가 잘 반사됩니다. 아무것도 세우지 않았을 때나 스펀지를 세웠을 때보다 나무판자에서 잘 반사된 소리가 종이관을 통해 내 귀로 전달되기 때문에 더 크게 들립니다.

13 소리는 나아가다가 물체에 부딪치면 되돌아오는 성질이 있습니다. 이러한 성질을 소리의 반사라고 합니다.

14 매트를 깔아서 소리의 전달을 줄이거나 뛰지 않고 조용히 걸어 소음이 발생하지 않게 하는 방법이 있습니다.

> **채점 tip** 소리의 전달을 막거나 소리를 반사하여 아래층으로 가지 않는 방법 등의 소리의 성질을 이용한 방법을 알맞게 쓰면 정답으로 합니다.

15 음악실 벽에 소리가 잘 전달되지 않는 부드러운 물질을 붙이면 소리가 밖으로 전달되는 것을 줄일 수 있습니다.

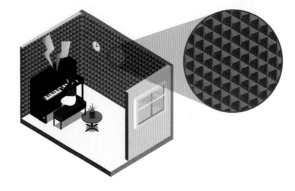

126쪽 수행 평가 ❶회

1 (1) (나), (라), (마) (2) (가), (다), (바)
2 (1) 예 음판의 길이가 짧은 것을 칩니다. (2) 예 음판의 길이가 긴 것을 칩니다.
3 ㉠ 높 ㉡ 낮

1 실로폰, 피아노, 하프는 높은 소리와 낮은 소리를 낼 수 있습니다. 장구, 작은북, 트라이앵글은 같은 높이의 음을 내는 악기입니다.

2 실로폰의 짧은 음판을 칠 때 높은 소리가 나고, 긴 음판을 칠 때 낮은 소리가 납니다.
채점 tip (1) 높은 소리를 내려면 짧은 음판을 치고, (2) 낮은 소리를 내려면 긴 음판을 친다고 쓰면 정답으로 합니다.

3 물체가 빠르게 떨리면 높은 소리가 나고, 물체가 느리게 떨리면 낮은 소리가 납니다.

127쪽 수행 평가 ❷회

1 예 소리가 나아가다가 나무판에 부딪쳐 반사되었기 때문입니다.
2 (나), 예 소리는 나무판과 같이 단단한 물체에서는 잘 반사되지만, 스펀지 판과 같이 부드러운 물체에서는 잘 반사되지 않기 때문입니다.
3 예 나무는 단단해서 소리를 잘 반사하기 때문에 천장과 벽을 나무로 만들어 모든 관람객에게 소리가 잘 들리도록 하기 위해서입니다.

1 나무판을 대면 아무것도 대지 않았을 때보다 소리가 더 크게 들리는 것은 소리가 나아가다가 나무판에 부딪쳐 되돌아오기 때문입니다. 이러한 성질을 소리의 반사라고 합니다.
채점 tip 소리가 나무판에 부딪쳐 반사되었기 때문이라는 내용을 쓰면 정답으로 합니다.

2 나무판이나 벽처럼 단단한 물체에서는 소리의 반사가 잘 일어나지만, 스펀지나 스타이로폼처럼 부드러운 물체에서는 소리가 흡수되어 잘 반사되지 않습니다.
채점 tip (나)를 쓰고, 부드러운 물체보다 단단한 물체에서 소리의 반사가 잘 일어난다는 내용을 쓰면 정답으로 합니다.

3 음악 공연장의 천장과 벽을 나무로 특수하게 설치한 까닭은 소리를 잘 반사하여 관람하는 모든 좌석의 사람에게 소리가 잘 들리게 하기 위해서입니다.
채점 tip 나무가 소리를 잘 반사하여 모든 사람이 소리가 잘 들리도록 하기 위해서라는 내용을 쓰면 정답으로 합니다.

128쪽 쉬어가기

2. 동물의 생활

| 2쪽 | 묻고 답하기 **1**회 |

1 고양이 **2** 달팽이 **3** 땅강아지 **4** 지렁이 **5** 금붕어 **6** 조개 **7** 매미 **8** 사막 **9** 북극곰 **10** 수리(의 발)

| 3쪽 | 묻고 답하기 **2**회 |

1 공벌레 **2** 참새 **3** 뱀 **4** 수달 **5** 고등어 **6** 잠자리 **7** 타조 **8** (사막에 사는) 도마뱀 **9** 극지방 **10** 문어(의 빨판)

| 4쪽~7쪽 | 단원 평가 기출 |

1 ㉤, ㉮ **2** ㉮ **3** ① **4** ② **5** (1) ㉡ (2) 예 개구리는 다리가 네 개인 동물이기 때문입니다. **6** ② **7** ③ **8** ㉡, ㉣ **9** 예 두더지는 앞발이 튼튼하여 땅속에 굴을 파서 이동합니다. **10** ③ **11** (1) ㉠ (2) ㉡ (3) ㉢ (4) ㉡ **12** ② **13** (1) ㉢ (2) 예 몸이 부드러운 곡선 형태(유선형)여서 물의 저항을 적게 받습니다. **14** ⑤ **15** 아미 **16** ①, ⑤ **17** (1) ㉢ (2) 예 서 있거나 이동할 때 뜨거운 모래 위에서 발을 식히기 위해 두 발씩 번갈아 들어 올립니다. **18** ㉠, ㉢ **19** ③ **20** 예 원하는 곳으로 무거운 물건을 집어 옮길 수 있습니다.

1 나무 위에서는 까치, 참새와 같은 새를 주로 볼 수 있습니다.

2 날개가 있어 날아다니며 몸이 갈색과 흰색 깃털로 덮여 있는 것은 참새 생김새의 특징입니다. 참새는 곤충이나 벼 등을 먹습니다.

3 고양이는 다리 네 개로 걷거나 뛰어다닙니다. ㉡ 달팽이는 다리가 없는 동물입니다. ㉢ 공벌레는 날개가 없습니다. ㉣ 꿀벌은 깃털이 없습니다. ㉤ 까치는 몸이 검은색과 흰색 깃털로 덮여 있으며, 건드렸을 때 몸을 공처럼 둥글게 만드는 것은 ㉢ 공벌레의 특징입니다.

4 돋보기를 이용하여 우리 주변에서 사는 작은 동물을 확대해 자세히 관찰할 수 있습니다.

5 ㉠은 다리가 여섯 개인 동물, ㉡은 다리가 네 개인 동물로 분류된 것입니다. 따라서 다리가 네 개인 개구리는 ㉡으로 분류해야 합니다.

채점 tip (1)에 ㉡을 쓰고, (2)에 개구리는 다리가 네 개인 동물이기 때문이라는 내용으로 옳게 쓰면 정답으로 합니다.

6 동물을 분류하는 분류 기준은 누가 분류하더라도 분류 결과가 같은 것이어야 합니다. 귀여운 것과 귀엽지 않은 것은 분류하는 사람에 따라 결과가 다를 수 있으므로 분류 기준으로 알맞지 않습니다.

7 나비, 꿀벌, 달팽이는 더듬이가 있는 동물로 분류할 수 있습니다. 거미는 더듬이가 없는 동물입니다.

8 소와 다람쥐는 땅 위에서 사는 동물이고, 지렁이와 땅강아지는 땅속에서 사는 동물입니다.

9 두더지는 앞발이 튼튼하여 땅속에 굴을 파서 이동할 수 있습니다. 또 몸이 털로 덮여 있고 꼬리가 짧습니다.

채점 tip 두더지의 앞발이 튼튼하여 땅속에 굴을 파서 이동할 수 있다는 내용을 포함하여 쓰면 정답으로 합니다.

10 땅에서 사는 동물 중에서 다리가 있는 동물은 걷거나 뛰어다니고, 다리가 없는 동물은 기어 다닙니다.

11 조개는 갯벌에서 살고, 오징어와 고등어는 바닷속에서 삽니다. 개구리는 강가나 호숫가에서 땅과 물을 오가며 사는 동물입니다.

12 붕어는 지느러미를 이용하여 물속에서 헤엄쳐 이동합니다. ① 수달은 코로 숨을 쉽니다. ③ 전복은 다리가 없으며 기어 다닙니다. ④ 상어는 바닷속에서 삽니다. ⑤ 다슬기는 강이나 호수의 물속에서 수초 등을 먹으면서 삽니다.

13 붕어는 몸이 부드러운 곡선 형태여서 물의 저항을 적게 받으므로 물속에서 헤엄을 잘 칠 수 있습니다.

채점 tip (1)에 ㉢을 쓰고, (2)에 몸이 부드러운 곡선 형태(유선형)라는 내용을 포함하여 쓰면 정답으로 합니다.

14 박새, 직박구리와 같은 새와 박각시나방, 나비, 잠자리와 같은 곤충은 날개가 있어 날 수 있는 동물입니다.

15 나비는 대롱같이 생긴 모양의 입이 있습니다.

16 사막여우는 귓속의 많은 털로 인해 모래바람이 불어도 귓속으로 모래가 잘 들어가지 않으며, 몸에 비해 큰 귀를 가지고 있어서 몸속의 열을 밖으로 내보내는 체온 조절을 잘 할 수 있습니다.

17 사막에서 사는 도마뱀은 뜨거운 사막의 모래 위에서 있거나 이동할 때 두 발씩 번갈아 들어 올리며 발의 열을 식힙니다.

> **채점 tip** ⑴에 ⓒ을 쓰고, ⑵에 서 있거나 이동할 때 두 발씩 번갈아 들어 올리며 발의 열을 식힌다는 내용을 포함하여 쓰면 정답으로 합니다.

18 낙타와 미어캣은 사막에서 사는 동물입니다.

19 흡착판(압착 고무)처럼 거울이나 유리에 붙일 수 있는 생활용품은 문어의 빨판이 잘 붙는 특징을 활용하여 만든 것입니다.

▲ 문어의 빨판

20 수리의 발의 특징을 활용하여 만든 집게 차는 원하는 곳으로 무거운 물건을 집어 옮길 수 있습니다.

> **채점 tip** 원하는 곳으로 물건을 집어 옮길 수 있다는 내용을 포함하여 쓰면 정답으로 합니다.

8쪽~11쪽　단원 평가 실전

1 ①　**2** ④　**3** 예 화단에는 숨을 곳이 있어서 개미나 공벌레와 같은 동물들이 안전하게 생활할 수 있기 때문입니다.　**4** ②, ③　**5** ㉠　**6** ⑴ ㉠, ㉢ ⑵ ㉡, ㉣　**7** ⑴ ㉡ ⑵ ㉣　**8** ①　**9** ⑴ 공벌레 ⑵ ㉢　**10** ⑴ ○　**11** 지우　**12** ㉡, ㉢　**13** ⑴ ㉡ ⑵ ㉠　**14** ③, ⑤　**15** 날개　**16** 낙타　**17** 예 사막에 사는 도마뱀은 뜨거운 모래 위에 서 있거나 이동할 때 발을 두 발씩 번갈아 들어 올리는 방법으로 발의 열을 식힐 수 있습니다.　**18** ㉡　**19** ②　**20** ⑤

1 나비와 꿀벌은 다리가 세 쌍이며, 지렁이는 다리가 없어 기어 다니는 동물입니다.

2 금붕어는 연못에서 볼 수 있고 지느러미를 이용해서 물속을 헤엄칩니다.

3 우리 주변에서 동물을 볼 수 있는 곳은 동물의 먹이가 있고, 숨을 곳이 있어서 안전하게 생활할 수 있는 곳입니다.

> **채점 tip** 화단에는 숨을 곳이 있기 때문에 안전하게 생활할 수 있다는 내용을 포함하여 옳게 쓰면 정답으로 합니다.

4 확대경을 사용하면 움직이는 동물을 가두어 놓고 관찰할 수 있고, 작은 동물을 확대하여 자세하게 관찰할 수 있습니다.

5 개미는 몸이 머리, 가슴, 배의 세 부분으로 구분됩니다. 대롱같이 생긴 입으로 꽃의 꿀을 먹는 것은 나비입니다.

▲ 개미의 생김새

6 개구리와 까치는 다리가 있지만, 상어와 달팽이는 다리가 없는 동물입니다.

7 다리가 없는 동물인 상어와 달팽이 중에서 아가미로 숨을 쉬는 동물은 상어이고, 아가미로 숨을 쉬지 않는 동물은 달팽이입니다.

▲ 상어의 아가미

8 나비, 꿀벌, 개미는 곤충이고, 뱀, 고양이, 참새는 곤충이 아닙니다.

9 공벌레는 일곱 쌍의 다리로 걸어 다니며, 위험을 느끼면 몸을 동그랗게 말고 움직이지 않습니다.

10 땅강아지는 삽처럼 생긴 크고 넓적한 앞다리를 이용해서 몸길이의 200배가 되는 긴 굴을 팔 수 있습니다.

11 땅에서 사는 동물 중에서 다리가 있는 동물은 걷거나 뛰어다닙니다. 다리가 없는 동물은 기어 다닙니다.

12 게는 갯벌에서 살고, 고등어는 바닷속에서 삽니다.

13 다슬기는 물속 바위에 붙어서 배발로 기어 다니며, 몸이 고깔 모양의 단단한 껍데기로 덮여 있습니다. 게는 몸이 딱딱한 껍데기로 덮여 있고, 집게발 두 개와 걷거나 헤엄치는 데 이용하는 다리 여덟 개가 있습니다.

14 수달은 발가락에 물갈퀴가 있어 물속에서 헤엄을 잘 치며, 강가나 호숫가에서 사는 동물입니다.

15 새는 날개가 있어 하늘을 날 수 있습니다.

16 낙타는 등에 있는 혹에 지방이 있어서 물과 먹이가 없어도 며칠동안 생활할 수 있습니다. 또 발바닥이 넓어 모래에 발이 잘 빠지지 않으며, 긴 속눈썹과 귀 주위의 긴 털, 여닫을 수 있는 콧구멍이 사막의 모래 먼지를 막아 줍니다. 이러한 특징이 있는 낙타는 사막의 환경에서 생활하기에 알맞습니다.

17 사막에 사는 도마뱀은 뜨거운 모래 위에서 발을 두 발씩 번갈아 들어 올리는 방법으로 발의 열을 식힐 수 있어 사막의 환경에서도 잘 살 수 있습니다.

채점 tip 사막에 사는 도마뱀의 특징을 한 가지 옳게 쓰면 정답으로 합니다.

18 북극곰은 몸집이 크고 귀가 작아 추운 극지방에서도 체온을 잘 유지할 수 있습니다. 또 발바닥에도 털이 많이 나 있어 차가운 얼음 위를 미끄러지지 않고 걸을 수 있습니다.

19 펭귄은 몸에 지방층이 두껍고, 깃털이 촘촘해서 물이 몸속으로 스며들지 않게 막아 주어 극지방에서도 잘 살 수 있습니다.

20 하늘다람쥐의 날개막을 활용하여 윙슈트를 만들었습니다.

12쪽   **수행 평가 ❶회**

1 확대경, ⑩ 확대경을 이용하면 작은 동물을 가두어 놓고 관찰할 수 있어, 빠르게 움직이는 동물을 확대하여 자세하게 관찰할 수 있습니다.
2 ㉣, ⑩ 개미는 다리 세 쌍으로 걸어서 이동합니다.
3 ㉠, ㉢

1 확대경을 이용하면 작은 동물을 가두어 놓고 확대하여 관찰할 수 있습니다.

채점 tip 확대경을 고르고, 확대경을 이용하면 동물을 가두어 놓고 자세하게 관찰할 수 있다는 내용을 포함하여 모두 옳게 쓰면 정답으로 합니다.

2 개미는 다리가 세 쌍 있으며 걸어서 이동합니다.

채점 tip ㉣을 고르고, '다리 두 쌍'을 '다리 세 쌍'으로 고쳐 쓰면 정답으로 합니다.

3 개미는 몸이 머리, 가슴, 배의 세 부분으로 구분되며 다리가 세 쌍 있는 곤충입니다. ㉠ 잠자리와 ㉢ 매미는 몸이 머리, 가슴, 배의 세 부분으로 구분되며 다리가 세 쌍 있는 곤충입니다. ㉡ 달팽이와 ㉣ 개구리는 곤충이 아닌 동물입니다.

13쪽   **수행 평가 ❷회**

1 (1) ㉠, ㉡, ㉢ (2) ㉢, ㉣, ㉤
2 ㉡
3 ⑩ 낙타는 등에 지방을 저장한 혹이 있어 물과 먹이가 없는 사막에서 며칠 동안 살 수 있습니다. 발바닥이 넓적해서 사막의 모래에 발이 잘 빠지지 않습니다.

1 전갈, 낙타, 사막여우는 사막에서 사는 동물이고, 북극곰, 펭귄, 북극여우는 극지방에서 사는 동물입니다.

2 몸에 혹이 있고, 발바닥이 넓은 특징을 가진 사막에 사는 동물은 ㉡ 낙타입니다.

3 낙타는 먹이가 부족할 때 혹에 저장된 지방을 에너지로 사용합니다. 또 낙타의 넓적한 발바닥은 모래 위를 걸을 때 발이 모래 속에 빠지는 것을 막아 줍니다.

채점 tip 낙타가 사막의 환경에서 잘 살 수 있는 까닭을 한 가지 옳게 쓰면 정답으로 합니다.

지방을 저장한 혹
넓적한 발바닥
긴 눈썹

3. 지표의 변화

14쪽 묻고 답하기 ❶회

1 갯벌   2 운동장 흙   3 화단 흙   4 흙   5 예 작아집니다.   6 침식 작용   7 (흙 언덕의) 아래쪽   8 강 상류   9 육지 쪽으로 들어간 곳   10 절벽

15쪽 묻고 답하기 ❷회

1 예 성질이 조금씩 다릅니다.   2 운동장 흙   3 화단 흙   4 예 식물 뿌리, 나뭇잎, 죽은 곤충   5 기온   6 흙   7 퇴적 작용   8 (흙 언덕의) 위쪽   9 강 하류   10 퇴적 작용

16쪽~19쪽 단원 평가 기출

1 ㉠   2 ④   3 화단 흙   4 (1) ㉮, ㉡ (2) ㉯, ㉠   5 (1) ㉡, ㉢, ㉠ (2) 예 바위가 작은 돌로 부서지고 작은 돌은 더 작은 모래로 부서집니다. 알갱이가 더 작게 부서지면서 부식물이 섞여 흙이 됩니다.   6 예 부서집니다   7 예 바위틈에서 나무뿌리가 점점 굵게 자라면서 바위가 힘을 받아 부서집니다.   8 ④, ⑤   9 ㉡, ㉢   10 누리   11 ㉢   12 ④   13 예 흐르는 물이 바위, 돌, 흙 등을 깎아 내는 침식 작용, 침식된 돌, 모래, 흙 등이 흐르는 물에 의해 이동하는 것을 운반 작용, 운반된 돌, 모래, 흙 등이 쌓이는 것을 퇴적 작용이라고 합니다.   14 (1) ㉠ (2) ㉡   15 ㉢   16 (1) 상 (2) 하 (3) 상 (4) 하   17 ⑤   18 예 강 상류에 있는 큰 바위가 침식되어 강 하류로 운반되면서 점점 깎인 모래가 하류에 쌓이기 때문입니다.   19 서윤   20 ⑤

1 흙은 장소에 따라 색깔, 알갱이의 크기 등의 성질이 조금씩 다릅니다. 논의 흙은 갈색이며, 만지면 촉촉하고 부드럽습니다.

2 부식물이 많은 흙은 화단 흙이고, 부식물은 식물이 자라는 데 필요한 양분이 되므로 화단 흙에서 식물이 잘 자랄 수 있습니다.

3 같은 시간 동안 운동장 흙의 물 빠짐이 더 좋으므로 화단 흙 속에 물이 더 많습니다.

4 (1) 운동장 흙은 물에 뜬 물질이 거의 없습니다. (2) 화단 흙에서 식물의 뿌리, 작은 나뭇가지, 죽은 동물, 나뭇잎 조각 등과 같은 물에 뜬 물질이 식물이 잘 자랄 수 있도록 도움을 주는 부식물입니다.

운동장 흙   화단 흙

5 바위나 돌이 오랜 시간에 걸쳐 서서히 작게 부서진 알갱이와 나무뿌리, 낙엽, 생물이 썩어 생긴 물질 등이 섞여서 흙이 됩니다.

채점 tip (1) ㉡, ㉢, ㉠ 순서를 옳게 쓰고, (2) 바위가 부서져 돌과 모래 등 작은 알갱이가 되고, 작은 알갱이에 다양한 부식물이 섞여 흙이 된다는 내용을 옳게 쓰면 정답으로 합니다.

6 바위틈으로 들어간 물이 얼었다 녹으면서 바위에 힘을 작용하는 것을 반복하면서 바위가 약해지고 결국 부서져 흙이 됩니다.

7 바위틈 사이로 나무뿌리를 내리기 시작하며, 시간이 흘러 나무가 자라면서 점점 뿌리가 굵어져 바위틈을 더욱 벌리고, 결국 바위가 부서집니다.

채점 tip 나무뿌리가 바위틈에서 굵게 자라면 바위가 힘을 받아 부서진다는 내용을 쓰면 정답으로 합니다.

8 흙은 지구의 생물이 살아가는 터전이지만, 만들어지는 과정은 매우 오랜 시간이 걸리기 때문에 오염되거나 유실되지 않도록 보존해야 합니다.

9 바위나 돌이 비, 바람, 나무뿌리 등의 외부 작용 때문에 작게 부서져 흙이 되는 것처럼 암석 조각이나 소금 덩어리를 통 속에 넣고 흔들면 부서져 가루가 보이고 크기가 작아집니다.

10 모형실험은 각설탕을 통에 넣고 흔드는 과정만으로 가루로 만들 수 있지만, 실제 흙이 만들어지는 과정은 물이나 생물의 작용, 기온 변화 등과 같은 다양한 원인의 작용으로 만들어지고, 이 과정은 오랜 시간이 걸립니다.

11 비가 온 후 운동장에 물길이 생기고, 웅덩이에 물이 고이기도 하는 것은 빗물이 흐르면서 운동장의 흙을 깎고 운반하기 때문입니다.

▲ 비가 오기 전　　　　　　▲ 비가 온 후

12 높은 곳에서 낮은 곳으로 흐르는 물은 지표를 깎아 돌과 흙 등을 낮은 곳에 옮겨 쌓으므로 오랜 시간 동안 지표의 모습이 서서히 변합니다.

13 흐르는 물은 침식 작용, 운반 작용, 퇴적 작용을 하여 지표의 모습을 변화시킵니다.

> **채점 tip** 흐르는 물이 바위, 돌, 흙 등을 깎아 내는 침식 작용, 깎은 흙을 이동시키는 운반 작용, 운반된 흙, 모래 등을 쌓는 퇴적 작용에 대해 옳게 쓰면 정답으로 합니다.

14 흐르는 물에 의해 흙 언덕 윗부분에서 깎인 흙이 물과 함께 흙 언덕의 아래쪽으로 운반되어 쌓입니다.

15 흙 언덕의 위쪽에서 한 번에 많은 양의 물을 흘려보내면 언덕 위쪽의 흙을 아래쪽에 더 많이 쌓이게 할 수 있습니다.

16 강폭이 좁은 강의 상류는 큰 바위가 많고, 바위를 깎는 침식 작용이 활발하게 일어납니다. 강폭이 넓은 강의 하류는 모래나 진흙이 많고, 운반된 모래와 흙이 쌓이는 퇴적 작용이 활발하게 일어납니다.

17 경사가 급한 상류에서는 침식 작용이 활발하게 일어나고, 경사가 완만한 하류에서는 퇴적 작용이 활발하게 일어납니다.

18 흐르는 물이 강 상류에 있는 바위를 깎고 운반하는 과정에서 모래가 만들어져 하류에 쌓입니다.

> **채점 tip** 강 상류에서 큰 바위가 침식되고 운반되면서 깎인 모래가 강 하류에 쌓였기 때문이라는 내용을 쓰면 정답으로 합니다.

19 모래사장은 침식 작용으로 깎인 모래가 바닷물에 의해 운반되고 쌓여 만들어진 바닷가 주변의 퇴적 지형입니다.

20 바다 쪽으로 튀어나온 부분에서 주로 볼 수 있는 해안 절벽은 바닷물(파도)의 작용으로 깎여서 만들어진 대표적인 침식 지형입니다.

20쪽~23쪽　단원 평가 (실전)

1 (1) ⓒ, ⓔ　(2) ⓖ, ⓛ　**2** ⑤　**3** (나)　**4** ⓖ
5 (1) ⓛ　(2) **예** 화단 흙에는 운동장 흙과 다르게 물에 뜬 물질이 많기 때문입니다.　**6** 시아　**7** **예** 나무가 자랄수록 바위틈이 벌어져서 바위가 부서집니다.　**8** ⓒ　**9** ①, ④　**10** 흙　**11** ①, ⑤
12 (가) 침식 작용 (나) 퇴적 작용 (다) 운반 작용　**13** (가) (강의) 상류 (나) (강의) 하류　**14** ⑤　**15** **예** 흐르는 물은 바위나 돌, 흙 등을 깎아 낮은 곳으로 운반하여 쌓아 놓으면서 지표를 변화시킵니다.
16 (가)　**17** ⓖ 침식 ⓛ 퇴적　**18** **예** 해수욕장은 파도에 의해 고운 모래나 흙이 퇴적되어 생긴 지형이므로, 파도가 세지 않고 넓게 펼쳐진 땅에 고운 모래가 쌓여 있습니다.　**19** 파도　**20** ②

1 산에 있는 흙은 부식물의 양이 많고 색깔이 비교적 어둡습니다. 바닷가의 모래사장에 있는 흙은 모래가 많고 부식물이 거의 없어 물이 잘 빠지며, 색깔이 비교적 밝습니다.

2 갯벌 흙은 많이 어두운색으로, 물이 고여 있어 촉촉합니다. 알갱이가 매우 작아 만지면 부드럽습니다.

3 운동장 흙은 주로 모래나 흙 알갱이가 보이며, 화단 흙보다 색깔이 밝은 편입니다.

4 같은 시간 동안 화단 흙인 (가)보다 운동장 흙인 (나)에서 물이 더 많이 빠지므로, ⓖ 비커의 물이 ⓛ 비커의 물보다 높이가 낮습니다.

5 운동장 흙에는 물에 뜬 물질이 거의 없지만, 화단 흙에는 식물의 뿌리, 작은 나뭇가지, 죽은 동물, 나뭇잎 조각 등과 같이 물에 뜬 물질이 많습니다.

> **채점 tip** (1) ⓛ을 옳게 쓰고, (2) 화단 흙에는 물에 뜬 물질이 많기 때문이라는 내용을 옳게 쓰면 정답으로 합니다.

6 바위틈으로 들어간 물이 얼었다 녹았다를 오랜 시간 동안 반복하면 바위에 힘이 작용하여 바위가 부서집니다.

7 바위틈으로 들어간 나무의 씨가 싹 터 자라면서 나무뿌리가 굵어지면 바위틈이 점점 더 벌어지다가 결국 바위가 부서집니다.

> **채점 tip** 바위틈이 벌어져서 바위가 부서진다는 내용을 쓰면 정답으로 합니다.

8 흙이 쓸려가지 않도록 주변에 나무를 심고 가꾸기, 흙의 오염을 막기 위해 쓰레기를 함부로 땅에 버리지 않기, 합성 세제나 화학 약품 등의 사용 줄이기 등의 방법으로 흙을 보존해야 합니다.

9 플라스틱 통을 흔들면 플라스틱 통에 과자가 부딪치기 때문에 큰 과자 알갱이가 부서져 작은 알갱이가 되고, 과자 가루도 생깁니다.

10 과자가 부서져 가루가 되는 것은 자연에서 바위나 돌이 부서져 흙이 만들어지는 과정과 같습니다.

11 비가 오면 운동장에는 다양한 물길과 작은 웅덩이가 생기기도 합니다. 흐르는 물에 의해 흙이 깎여 물과 함께 흙탕물이 흘러가기도 합니다.

12 센 물살 때문에 큰 바위에서 떨어져 나온 (가)는 침식 작용, 물의 흐름이 약해져 이동한 알갱이들이 쌓이는 (나)는 퇴적 작용, 흐르는 물에 의해 알갱이가 이동하는 (다)는 운반 작용이 활발합니다.

13 침식 작용은 강의 상류, 퇴적 작용은 강의 하류에서 가장 활발합니다.

14 흐르는 물은 흙 언덕 위쪽의 흙을 깎아 운반하여 흙 언덕의 아래쪽에 쌓습니다.

15 흐르는 물의 침식 작용, 퇴적 작용에 의해 서서히 지표가 변화됩니다.

채점 tip 흐르는 물이 바위나 돌, 흙 등을 깎아 낮은 곳에 쌓아 놓기 때문이라는 내용을 쓰면 정답으로 합니다.

16 강폭이 좁고 큰 바위나 폭포를 많이 볼 수 있는 곳은 강의 상류입니다.

17 강의 상류인 (가)에서는 흐르는 물에 의한 침식 작용이 활발하고, 강의 하류인 (나)에서는 강의 상류에서 깎이고 운반되면서 만들어진 모래나 흙이 주로 쌓이는 퇴적 작용이 활발합니다.

18 해수욕장으로 사용되는 곳은 바닷가 안쪽의 모래사장으로, 파도가 세지 않고 물살이 느려서 퇴적 작용에 의해 고운 모래가 쌓여 만들어진 곳입니다.

채점 tip 모래사장의 특징과 퇴적 작용에 의하여 생긴다는 내용을 옳게 쓰면 정답으로 합니다.

19 흙더미는 바닷가 절벽, 책받침으로 일으킨 물결은 바닷가에서 파도가 치는 것을 나타낸 것입니다.

20 흙더미가 깎여 나가 다른 쪽에 쌓이는 것은 파도에 의해 절벽이 깎이는 침식 작용에 의해 지표의 모습이 변한다는 것을 알 수 있습니다.

24쪽 수행 평가 ①회

1 예 운동장 흙은 알갱이의 크기가 비교적 크고, 화단 흙은 알갱이의 크기가 큰 것도 있고 작은 것도 있으며 대부분 운동장 흙보다 작습니다.
2 흙의 종류
3 예 운동장 흙이 화단 흙보다 알갱이의 크기가 더 크므로 운동장 흙에서 물이 더 빠르게 빠집니다.

1 운동장 흙의 알갱이가 화단 흙의 알갱이보다 비교적 큽니다.

채점 tip 운동장 흙은 알갱이의 크기가 크고, 화단 흙은 알갱이의 크기가 큰 것도 있고 작은 것도 있다고 쓰거나 운동장 흙보다 작다는 내용을 쓰면 정답으로 합니다.

2 물 빠짐을 비교하는 실험이므로, 흙의 종류만 다르게 해 주고 나머지 조건은 모두 같게 해 주어야 합니다.

3 같은 시간 동안 운동장 흙에서 더 많은 양의 물이 빠졌으므로, 알갱이의 크기가 클수록 물이 더 빠르게 빠진다는 것을 알 수 있습니다.

채점 tip 운동장 흙의 알갱이 크기가 화단 흙보다 커서 물이 더 빠르게 빠진다는 의미로 쓰면 정답으로 합니다.

25쪽 수행 평가 ②회

1 ㉡, ㉢ / ㉠, ㉣
2 예 육지 쪽으로 들어간 (가)는 파도의 퇴적 작용으로 모래나 고운 흙이 쌓여 만들어지고, 바다 쪽으로 튀어나온 (나)는 파도의 침식 작용으로 깎여 만들어집니다.

1 육지 쪽으로 들어간 (가)에서는 파도가 밀려와 고운 모래나 흙이 쌓이므로 ㉡ 모래사장과 ㉢ 갯벌과 같은 퇴적 지형을 볼 수 있습니다. 바다 쪽으로 튀어나온 (나)에서는 파도가 세게 부딪쳐 커다란 바위를 깎으며 구멍을 만들기 때문에 ㉠ 해식 동굴과 ㉣ 기둥처럼 생긴 바위와 같은 침식 지형을 볼 수 있습니다.

2 육지 쪽으로 들어간 부분은 파도가 약해지면서 흙을 쌓는 퇴적 작용이 활발하고, 바다 쪽으로 튀어나온 부분은 센 파도가 바위의 약한 부분을 깎아 만들어집니다.

채점 tip 육지 쪽으로 들어간 (가)는 파도의 퇴적 작용, 바다 쪽으로 튀어나온 (나)는 파도의 침식 작용으로 만들어진다는 내용을 쓰면 정답으로 합니다.

4. 물질의 상태

26쪽 묻고 답하기 ❶회

1 나뭇조각   2 변하지 않습니다.   3 고체
4 변합니다.   5 ⑩ 우유, 바닷물, 꿀   6 공기
7 기체   8 ⑩ 조금 높아집니다.   9 이동할 수 있습니다.   10 탱탱한 축구공

27쪽 묻고 답하기 ❷회

1 공기   2 물   3 책, 모래   4 ⑩ 변하지 않습니다.(일정합니다.)   5 액체   6 공기 방울   7 ⑩ 컵바닥의 구멍으로 빠져나갑니다.   8 ⑩ 피스톤이 밀려납니다.   9 무게가 있습니다.   10 공기

28쪽~31쪽 단원 평가 [기출]

1 (1) 나무 막대   (2) ⑩ 나무 막대는 손으로 잡아서 전달하고 그릇에 담을 수 있기 때문입니다.   2 ㉠ 기체 ㉡ 액체 ㉢ 기체 ㉣ 고체   3 ㉣
4

5 ③   6 ⑤   7 (1) ㉡   (2) ⑩ 물은 액체이므로 담는 그릇에 따라 모양이 변하지만 부피는 변하지 않으므로 물의 높이가 처음과 같아야 하기 때문입니다.
8 공기   9 도람   10 공기(기체)   11 (1) ㉮ (2) ㉯
12 ⑤   13 ㉠ 공기 ㉡ 이동   14 ㉡   15 ④
16 도훈, 소윤   17 ㉢   18 ⑤   19 ⑩ 공기 주입 마개를 누르면 페트병에 공기가 더 들어가고, 공기는 무게가 있기 때문에 늘어난 공기만큼 페트병의 무게가 늘어납니다.   20 (1) 모양(부피), 부피(모양)
(2) 액체 (3) 기체

1   고체인 나무 막대는 손으로 잡아서 전달할 수 있지만, 액체인 물은 흘러내리고 기체인 공기는 눈에 보이지 않아 전달하기 어렵습니다.

채점 tip (1) 나무 막대를 옳게 쓰고, (2) 나무 막대는 손으로 전달하고 그릇에 담을 수 있다는 내용을 쓰거나 고체이기 때문이라는 내용을 쓰면 정답으로 합니다.

2   어항 윗부분의 공기와 물속에서 볼 수 있는 공기 방울은 기체, 물고기가 헤엄쳐 다니는 부분의 물은 액체, 어항의 바닥에 깔린 돌멩이는 고체입니다.

3   고체인 ㉣ 돌멩이만 손으로 잡아서 전달할 수 있습니다.

4   고체인 탁구공을 여러 가지 모양의 그릇에 옮겨 담아도 탁구공의 모양과 크기가 변하지 않습니다. 고체는 모양이 변하지 않기 때문에 그릇의 입구보다 큰 물체는 그릇에 넣을 수 없습니다.

5   집게, 유리컵, 수첩, 모래는 고체입니다. 식용유, 물약, 요구르트는 액체입니다. 페트병 속 공기는 기체입니다.

6   우유, 바닷물, 샴푸는 물질의 상태가 액체입니다. 액체는 담는 그릇에 따라 모양은 변하지만 담긴 그릇을 항상 가득 채우지는 않습니다.

7   액체는 담는 그릇에 따라 모양이 변하지만 부피는 변하지 않습니다.

채점 tip (1) ㉡을 옳게 쓰고, (2) 물의 부피가 변하지 않기 때문이라는 내용을 쓰면 정답으로 합니다.

8   바람은 공기의 이동에 의해 나타나는 현상으로, '공기'에 대해 국어사전에서 찾은 내용입니다.

9   기체는 담는 그릇에 따라 모양과 부피가 변하고, 담긴 그릇을 항상 가득 채우는 성질이 있습니다.

10   에어 캡의 작은 원 하나하나에는 공기가 들어 있어서 싸고 있는 물건에 충격이 전달되지 않도록 하는 역할을 합니다.

11   바닥에 구멍이 뚫린 컵을 밀어 넣으면 페트병 뚜껑이 그대로 있고, 바닥에 구멍이 뚫리지 않은 컵을 밀어 넣으면 수조 안 물의 높이가 조금 높아집니다.

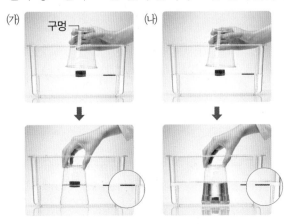

BOOK ❷ 평가북

4 단원

12 바닥에 구멍이 뚫리지 않은 플라스틱 컵 안에 있는 공기가 공간을 차지하고 있기 때문에 컵 안으로 물이 들어가지 못합니다.

13 부풀린 풍선 입구를 쥐었던 손을 살짝 놓으면 풍선 속의 공기가 풍선 밖으로 이동하면서 공기 방울이 보이고, 보글보글 소리가 납니다.

14 ㉡ 부채는 공기가 이동하는 성질을 이용합니다. ㉠ 자동차 에어 백과 ㉢ 비눗방울 불기는 공기가 공간을 차지하고 이동하는 성질을 이용합니다.

15 풍선을 끼운 페트병을 양손으로 힘껏 누르면 페트병 속의 공기가 풍선 쪽으로 이동하여 풍선이 부풀어 오릅니다.

16 ㉠ 주사기의 피스톤을 당기거나 ㉡ 주사기의 피스톤을 안쪽으로 밀면 주사기와 비닐관 안쪽의 공기가 ㉠ 주사기 쪽으로 이동합니다.

17 버스 안에는 눈에 보이지 않지만 공기가 가득 차 있습니다. 버스 안 공기의 무게는 약 100~120 kg으로 기체도 무게가 있으며, 양이 늘어나면 무게도 늘어납니다.

18 공기 주입 마개를 눌러 공기를 더 넣으면 페트병의 무게가 무거워지므로 공기 주입 마개를 누르기 전인 46.9 g의 무게보다 무거워야 합니다.

19 공기 주입 마개를 누르기 전보다 공기 주입 마개를 누른 후 페트병의 무게가 더 늘어납니다.

> **채점 tip** 공기는 무게가 있기 때문에 공기 주입 마개를 눌러 페트병에 공기를 더 넣으면 무게가 늘어난다는 내용을 알맞게 쓰면 정답으로 합니다.

20 담는 그릇에 따라 고체는 모양과 부피가 일정하고, 액체는 모양은 변하고 부피는 변하지 않으며, 기체는 모양과 부피가 변합니다.

---

1 공기 **2** ⑤ **3** (1) 고체 (2) **예** 담는 그릇에 따라 가루 물질 전체의 모양은 변하지만, 가루 물질의 알갱이 하나하나의 모양과 부피는 변하지 않기 때문입니다. **4** ㉡ **5** 서영 **6** (1) ㉠ (2) **예** 물은 흐르는 성질이 있습니다. **7** (1) ○ (3) ○ **8** ㉠ **9** 지윤 **10** 기체 (상태) **11** (1) ㉠ (2) ㉢ **12** **예** 고무보트, 바람 인형 **13** ㉠ 공기 ㉡ **예** 공간을 차지 **14** **예** 풍선 밖에 있던 공기가 공기 주입기를 통해 풍선 안으로 이동하고 공간을 차지하는 성질 때문에 풍선에 공기를 넣을 수 있습니다. **15** ⑤ **16** ㉠ **17** 주영 **18** ㉠ **19** **예** ㉡에서 공기 주입 마개를 더 많이 눌러 페트병에 공기를 더 넣었기 때문에 ㉠ 페트병보다 ㉡ 페트병이 더 무겁습니다. **20** (1) ㉡, ㉢, ㉺ (2) ㉠, ㉣, ㉅ (3) ㉤, ㉣

1 눈에 보이지 않는 공기는 손에 느껴지지 않아 잡을 수 없고, 모양이 변하며, 담는 그릇을 항상 가득 채웁니다.

2 플라스틱 막대는 고체입니다. 설탕, 종이컵, 컴퓨터는 플라스틱 막대와 같은 고체 상태입니다.

3 가루 물질의 알갱이 하나하나의 모양과 부피는 변하지 않습니다.

> **채점 tip** (1) 고체를 옳게 쓰고, (2) 가루 물질의 알갱이 하나하나의 모양과 부피는 변하지 않기 때문이라는 내용을 쓰면 정답으로 합니다.

4 고체는 담는 그릇이 바뀌어도 모양과 부피가 변하지 않고, 액체는 담는 그릇에 따라 부피는 변하지 않지만 모양이 변합니다.

5 분무기는 안에 있는 물을 작은 물방울로 만들어 공기 중에 뿌리는 것으로 분무기 안에 있는 물 ㉠과 분무기 밖으로 나오는 물 ㉡은 액체입니다. 물질의 상태는 변하지 않고 물의 모양만 달라집니다.

6 액체인 물은 흐르는 성질이 있습니다.

> **채점 tip** (1) ㉠을 옳게 쓰고, (2) 물은 흐르는 성질이 있다는 내용을 쓰면 정답으로 합니다.

7 우유를 컵에 붓거나 컵에 있는 물을 빨대로 마실 때, 병에 담긴 기름을 프라이팬에 부으면 모두 액체의 모양이 변하는 것을 볼 수 있습니다.

8 액체인 주스는 담는 그릇에 따라 모양은 변하지만 부피는 변하지 않으므로 처음에 사용한 그릇으로 옮겨 담으면 주스의 높이가 처음과 같습니다.

9 색깔과 냄새가 없는 공기는 눈에 보이지 않지만 하늘을 나는 연, 바람에 흔들리는 나뭇가지 등의 모습을 보고 공기가 있다는 것을 알 수 있습니다.

10 공기 주입기를 통해 풍선 밖에서 풍선 안으로 이동해 풍선을 가득 채우고 있는 공기는 기체입니다.

11 플라스틱 컵 안에 있는 공기가 공간을 차지하고 있기 때문에 컵 안의 공기 부피만큼 밀려나와 수조 안의 물의 높이가 조금 높아집니다.

12 고무보트, 바람 인형, 튜브, 에어 캡, 응원용 막대 풍선, 공기 침대, 공기 베개, 구조용 안전 매트 등은 공기가 공간을 차지하는 성질을 이용합니다.

13 눈에 보이지 않지만 페트병 안에는 공기가 가득 차 있어 공간을 차지하고 있기 때문에 손으로 눌러도 완전히 찌그러지지 않고 살짝만 눌립니다.

14 공기 주입기로 펌프질을 하면 풍선 밖의 공기가 풍선 안으로 이동하고, 풍선 안에서 공기가 공간을 차지하기 때문에 풍선이 점점 크게 부풀어 오릅니다.

채점 tip 공기가 이동하고 공간을 차지하는 성질을 이용한다는 내용을 쓰면 정답으로 합니다.

15 코끼리 나팔의 입구에 공기를 불어 넣으면 공기가 코끼리 나팔로 이동하면서 코끼리 나팔이 길게 늘어납니다. 선풍기에서 나오는 바람은 공기의 이동으로 시원함을 느낄 수 있습니다.

16 당겨 놓은 주사기 속의 공기가 피스톤을 당겨 놓지 않은 주사기 속으로 이동합니다.

17 찌그러진 축구공에 공기를 넣으면 공기를 넣기 전보다 축구공의 무게가 늘어납니다.

18 고무보트에서 공기를 빼내면 고무보트의 무게를 줄여 쉽게 옮길 수 있습니다.

19 공기는 무게가 있기 때문에 공기가 많이 들어 있는 페트병이 더 무겁습니다.

채점 tip ㉠ 페트병보다 ㉡ 페트병에 공기가 더 많이 들어 있기 때문이라는 내용을 쓰면 정답으로 합니다.

20 머리빗, 리코더, 삼각자는 모양과 부피가 변하지 않는 고체입니다. 우유, 식용유, 액상 세제는 모양이 변하고 부피는 변하지 않는 액체입니다. 바람 인형과 구명조끼 속의 공기는 모양과 부피가 변하는 기체입니다.

1 **예** 처음에 사용한 ㈎ 과정의 그릇으로 옮겨 담으면 물의 높이가 처음에 표시한 물의 높이와 같습니다.

2 **예** 액체는 담는 그릇에 따라 모양은 변하지만 부피가 일정한 성질을 가지고 있습니다.

3 주스, 꿀, 우유, 참기름

1 물을 여러 가지 모양의 그릇에 옮겨 담으면 담는 그릇에 따라 물의 모양은 변하지만, 부피는 변하지 않습니다.

채점 tip 물의 높이가 처음과 같다는 내용을 쓰면 정답으로 합니다.

2 물이나 주스와 같은 액체는 담는 그릇에 따라 모양은 변하지만 부피는 변하지 않습니다.

채점 tip 액체는 담는 그릇에 따라 모양은 변하지만, 부피는 변하지 않는다는 내용을 쓰면 정답으로 합니다.

3 주스, 꿀, 우유, 참기름 등은 담는 그릇에 따라 모양은 변하지만 부피가 일정한 성질을 가지고 있는 액체입니다. 설탕, 소금, 지우개는 고체, 공기는 기체입니다.

1 ㉢, ㉡, ㉠

2 **예** 공기 주입 마개가 페트병 바깥에 있는 공기를 페트병 안으로 넣기 때문에 공기 주입 마개를 여러 번 누르면 페트병이 팽팽해집니다.

3 **예** 공기는 눈에 보이지 않지만, 무게가 있습니다.

1 페트병 입구에 끼운 공기 주입 마개를 눌러 페트병에 공기를 더 넣고 무게를 측정해 보면 공기 주입 마개를 누르기 전보다 누른 후의 무게가 늘어난 것을 확인할 수 있습니다. 공기 주입 마개를 누르는 횟수가 늘어날수록 무게도 늘어납니다.

2 공기 주입 마개를 누르면 바깥에 있는 공기가 페트병 안으로 들어가기 때문에 페트병이 팽팽해집니다.

채점 tip 공기 주입 마개가 바깥에 있는 공기를 페트병 안으로 넣기 때문이라는 내용을 쓰면 정답으로 합니다.

3 공기와 같은 기체는 대부분 눈에 보이지 않지만, 고체나 액체처럼 무게가 있습니다.

채점 tip 공기는 무게가 있다는 내용을 옳게 쓰면 정답으로 합니다.

BOOK ❷ 평가북

4 단원

5. 소리의 성질

38쪽 묻고 답하기 ❶회

1 떨림 2 세게 칠 때 3 소리의 세기 4 큰 소리
5 높은 소리 6 트라이앵글 7 긴 음판 8 공기
9 소리의 반사 10 단단한 물체

39쪽 묻고 답하기 ❷회

1 예 물이 튑니다. 2 큰 소리 3 작은 소리
4 소리의 높낮이 5 짧은 관 6 고체 7 실이
팽팽할 때 8 전달됩니다. 9 나무판 10 (방음)
귀마개

40쪽~43쪽 단원 평가 기출

1 ② 2 (1) ㉠ (2) ㉤ 3 (1) ○ 4 ㉣ 5 (1) 예 작
은북과 캐스터네츠를 세게 칩니다. (2) 예 작은북
과 캐스터네츠를 약하게 칩니다. 6 ㉠ 7 ②, ③
8 4, 7, 10 9 (1) 오른쪽 (2) 예 기타 줄이 길수록 더
낮은 소리가 나기 때문입니다. 10 ① 11 ㉢, ㉣
12 ② 13 ④ 14 서린 15 (1) 실 (2) 물 (3) 공기
16 (가) 17 ㉠ (가) ㉤ (나) 18 ㉤ 19 예 학생들의
함성 소리나 응원하는 소리 등을 들을 수 있습니다.
20 승현

1 물체에서 소리가 날 때에는 물체가 떨립니다.

2 소리가 나는 트라이앵글이나 소리굽쇠에 손을 대면
떨림이 느껴집니다. 소리가 나지 않는 트라이앵글
이나 소리굽쇠에 손을 대면 떨림이 느껴지지 않습
니다.

3 생활 속에서 들을 수 있는 작은 소리에는 까치발을
하고 걷는 소리, 시계 소리 등이 있고, 큰 소리에는
자동차의 경적 소리, 망치질하는 소리 등이 있습니다.

4 물체가 크게 떨리면 큰 소리가 나고, 물체가 작게
떨리면 작은 소리가 납니다.

5 작은북과 캐스터네츠를 약하게 치면 작은북과 캐스
터네츠가 작게 떨리면서 작은 소리가 납니다. 작은
북과 캐스터네츠를 세게 치면 작은북과 캐스터네츠
가 크게 떨리면서 큰 소리가 납니다.

> **채점 tip** (1) 큰 소리를 내려면 작은북과 캐스터네츠를 세게 치고,
> (2) 작은 소리를 내려면 작은북과 캐스터네츠를 약하게 친다는 내
> 용을 옳게 쓰면 정답으로 합니다.

6 팬 플루트는 관의 길이가 길수록 낮은 소리가 나고,
관의 길이가 짧을수록 높은 소리가 납니다. 가장 긴
관을 연주한 경우는 가장 낮은 음인 ㉠입니다.

7 소리의 높고 낮은 정도를 소리의 높낮이라고 합니
다. 장구, 작은북, 캐스터네츠는 높이가 같은 음을
내는 악기입니다.

8 플라스틱 빨대의 길이가 짧을수록 높은 소리가 나
고, 플라스틱 빨대의 길이가 길수록 낮은 소리가 납
니다.

9 ㉠보다 오른쪽 부분을 손으로 누르고 줄을 뚱기면
뚱기는 줄의 길이가 길어지기 때문에 더 낮은 소리
가 납니다.

> **채점 tip** (1) '오른쪽'을 옳게 쓰고, (2) 기타 줄이 길수록 더 낮은
> 소리가 나기 때문이라는 내용을 옳게 쓰면 정답으로 합니다.

10 불이 난 것을 알리는 화재 경보음, 위급한 환자가
타고 있는 것을 알리는 구급차 소리, 수영장에서 안
전 요원이 부는 호루라기 소리 등은 높은 소리를 이
용하는 예입니다. 화재 비상벨을 작은 소리로 울리
면 사람들이 잘 들리지 않아 대피할 수 없습니다.

11 북을 치면 북면이 떨리고, 북면의 떨림이 주위의 공
기에 전달됩니다. 공기의 떨림이 멀리 떨어져 있는
친구의 귀까지 전달되면 소리를 들을 수 있습니다.

12 소리는 고체, 액체, 기체 물질을 통해 전달됩니다.
북소리, 학교 종소리 등의 생활에서 듣는 소리의 대
부분은 공기와 같은 기체를 통해 전달됩니다.

13 실 전화기의 실을 팽팽하게 당기면서 이야기하면
멀리서 이야기하는 친구의 목소리가 잘 들립니다.

14 물속인 ㉠ 부분에서는 물인 액체가 소리를 전달하
고, 물과 사람의 귀 사이인 ㉤에서는 공기인 기체가
소리를 전달합니다.

15 소리는 실과 같은 고체 물질, 물과 같은 액체 물질,
공기와 같은 기체 물질을 통하여 전달됩니다.

16 플라스틱 통 위쪽에서 스타이로폼 판을 비스듬히 들었을 때보다 나무판을 비스듬히 들었을 때 소리가 더 잘 반사되어 크게 들립니다.

17 소리는 나무판과 같이 단단한 물체에서는 잘 반사되지만, 스타이로폼 판과 같이 부드러운 물체에서는 흡수되어 잘 반사되지 않습니다.

18 공연장 천장에 설치한 반사판은 소리를 반사시켜 공연장 전체에 소리를 골고루 전달하는 역할을 합니다.

19 학생들의 함성 소리나 응원하는 소리, 선생님이 부는 호루라기 소리 등의 다양한 소음을 들을 수 있습니다.

> **채점 tip** 운동장에서 들을 수 있는 소음에 대한 내용을 알맞게 쓰면 정답으로 합니다.

20 소음을 줄이려면 소리의 세기 줄이기, 소음을 발생시키는 물체의 떨림을 작게 만들기, 소음을 발생시키는 물체에 소리가 잘 전달되지 않는 물질 붙이기 등의 방법으로 소음을 줄일 수 있습니다.

44쪽~47쪽   단원 평가 실전

1 ㉠, ㉣   **2** 예 소리가 나고 있는 소리굽쇠를 손으로 잡아 떨림을 멈추게 합니다.   **3** ㉣   **4** (1) ㉡ (2) ㉠   **5** ㉠ 낮게 ㉡ 높게   **6** ②   **7** ⑤   **8** ㉠ 높 ㉡ 낮   **9** 시우   **10** 예 위급한 환자가 타고 있는 것을 알리는 구급차 소리, 수영장에서 안전 요원이 부는 호루라기 소리, 불이 난 것을 알리는 화재 경보음 등이 있습니다.   **11** ③   **12** ㉠   **13** (1) × (2) ○ (3) ×   **14** (1) ㉢ (2) ㉡   **15** (1) ㉠ (2) 예 실 전화기의 실을 손으로 잡으면 소리가 잘 전달되지 않기 때문에 손으로 잡지 않았을 때 소리가 더 잘 들립니다.   **16** 반사   **17** ㉣   **18** (1) ㉠ (2) ㉢   **19** ①, ⑤   **20** (1) ㉢ (2) 예 음악실 벽에 소리가 잘 전달되지 않는 물질을 붙입니다.

1 소리가 나는 트라이앵글을 손으로 움켜쥐면 떨림이 멈추기 때문에 소리가 멈춥니다. 모기나 벌이 날 때 들리는 소리는 날갯짓의 떨림 때문에 나는 소리입니다.

2 고무망치로 쳐서 소리가 나는 소리굽쇠는 떨리기 때문에 소리가 납니다. 소리굽쇠를 손으로 움켜쥐어 떨림을 멈추게 하면 소리도 멈춥니다.

> **채점 tip** 손으로 잡는 등의 방법으로 소리굽쇠의 떨림을 멈추게 한다고 쓰면 정답으로 합니다.

3 생활 속에서 다양한 소리를 들을 수 있습니다. 망치질하는 소리, 구급차 사이렌 소리, 응원하는 소리 등은 생활 속에서 들을 수 있는 큰 소리이고, 책장 넘기는 소리는 작은 소리입니다.

4 종을 세게 흔들거나 금속 그릇을 강하게 치면 종이나 금속 그릇이 크게 떨려 큰 소리가 납니다. 종을 약하게 흔들거나 금속 그릇을 약하게 치면 종이나 금속 그릇이 작게 떨려 작은 소리가 납니다.

5 북을 약하게 칠수록 작은 소리가 나고, 북이 작게 떨리면서 좁쌀이 낮게 튑니다. 북을 세게 칠수록 큰 소리가 나고, 북이 크게 떨리면서 좁쌀이 높게 튑니다.

6 실로폰의 음판이 짧을수록 높은 소리가 나고, 음판이 길수록 낮은 소리가 납니다. 큰북과 작은북은 높이가 같은 음을 내는 악기입니다.

7 실로폰의 음판이 짧을수록 높은 소리가 나고, 음판이 길수록 낮은 소리가 납니다. 팬 플루트는 관의 길이가 짧을수록 높은 소리가 나고, 관의 길이가 길수록 낮은 소리가 납니다. 하프는 짧은 줄을 튕기면 높은 소리가 나고, 긴 줄을 튕기면 낮은 소리가 납니다.

8 악기의 줄, 음판, 관의 길이가 짧을수록 빠르게 떨려 높은 소리가 나고, 길수록 느리게 떨려 낮은 소리가 납니다.

9 리코더의 구멍을 모두 막았다가 하나씩 열면 점점 높은 소리가 나고, 리코더의 구멍을 모두 막지 않았다가 하나씩 닫으면 점점 낮은 소리가 납니다. 리코더와 기타는 소리의 높낮이를 다르게 하여 연주할 수 있으며, 소리의 세기도 다르게 할 수 있습니다. 기타 줄을 짧게 잡고 퉁기면 높은 소리가 나고, 길게 잡고 퉁기면 낮은 소리가 납니다.

10 구급차나 경찰차, 화재 비상벨의 경보음, 안전 요원의 호루라기 소리 등은 높은 소리로 위급한 상황을 알립니다.

> **채점 tip** 구급차 소리, 안전 요원의 호루라기 소리, 화재 경보음 등 높은 소리를 이용한 예를 두 가지 쓰면 정답으로 합니다.

11 공기를 통하여 소리가 전달되기 때문에 멀리 떨어져 있는 친구가 부르는 소리를 들을 수 있습니다.

12 놀이터의 금속으로 된 철봉이나 그네를 두드리면 금속을 통해 두드리는 소리가 전달되어 반대편에 귀를 대었을 때 소리를 잘 들을 수 있습니다.

13 소리는 고체, 액체, 기체와 같은 물질을 통하여 전달되지만, 공기가 없는 우주에서는 소리가 전달되지 않습니다.

14 손잡이를 당겨 장치 안의 공기를 빼낼수록 스피커의 소리를 전달할 물질이 없어져 소리가 점점 작게 들리지만, 공기를 다시 넣으면 작아졌던 소리가 다시 커집니다.

15 실 전화기의 실을 손으로 잡으면 실의 떨림이 잘 전달되지 않아서 소리가 잘 들리지 않습니다.

채점 **tip** (1) ㉠을 옳게 쓰고, (2) 실을 손으로 잡으면 소리가 잘 전달되지 않기 때문이라는 내용을 쓰면 정답으로 합니다.

16 물체가 없는 빈 공간에서는 소리가 잘 반사되어 소리가 울리지만, 물체가 있는 공간에서는 소리가 흡수되거나 여러 방향으로 반사되기 때문에 잘 울리지 않습니다.

17 책상에 귀를 대고 있을 때 책상을 두드리는 소리를 책상을 통해 듣는 것은 소리가 전달되는 성질을 이용한 것입니다.

18 단단한 나무판자를 세웠을 때 소리가 가장 크게 들립니다. 부드러운 스펀지를 세웠을 때에는 나무판자를 세웠을 때보다는 작게 들리지만 아무것도 세우지 않았을 때보다는 크게 들립니다.

19 도로에서는 자동차가 빠르게 달리는 소리, 자동차의 경적 소리 등의 소음이 발생하므로 자동차 운전자는 과속하지 않고 경적을 울리지 않는 방법으로 소음을 줄일 수 있습니다. 도로변에 소리를 반사하는 방음벽을 설치하여 소음을 줄일 수도 있습니다.

도로 방음벽

20 음악실 벽에 부드러운 물질을 붙이면 소리가 흡수되어 밖으로 잘 전달되지 않으므로 소음을 줄일 수 있습니다.

채점 **tip** (1) ㉢을 옳게 쓰고, (2) 벽에 소리가 잘 전달되지 않는 물질을 붙인다는 내용을 옳게 쓰면 정답으로 합니다.

---

1 예 실이 종이컵에서 빠지지 않도록 하기 위해서입니다.

2 예 실을 손으로 잡으면 실의 떨림이 멈추기 때문에 친구의 목소리가 잘 들리지 않습니다.

3

1 종이컵을 서로 당길 때 실이 빠지지 않도록 실 끝에 클립을 묶어 고정합니다. 클립으로 실을 고정할 때 실이 잘 풀리지 않도록 실을 여러 번 묶습니다.

채점 **tip** 실이 빠지지 않도록 하기 위해서라는 내용을 쓰면 정답으로 합니다.

2 실 전화기에서 소리는 실의 떨림으로 다른 쪽 종이컵으로 전달됩니다. 실을 손으로 잡아 떨림을 멈추게 하면 다른 쪽 종이컵에서는 소리를 들을 수 없습니다.

채점 **tip** 실의 떨림이 멈추기 때문에 소리를 잘 들을 수 없다고 쓰면 정답으로 합니다.

3 실이 팽팽할수록 실의 떨림이 소리를 잘 전달하므로 두 종이컵 사이의 실을 팽팽하게 합니다. 실이 굵을수록 소리를 잘 전달할 수 있고, 실에 물을 묻히면 실 사이의 공간이 물로 채워져 실이 더 단단해져서 소리를 잘 전달할 수 있습니다. 실의 길이가 너무 길면 실의 떨림이 줄어들기 때문에 실의 길이가 짧을수록 소리가 잘 전달됩니다.

4학년에도 백점 과학과 함께 하자!

연습! 서술형 평가

1 ~ 1-1

 →

1 그림 **가**에서 일어난 일은 무엇입니까? (   )

① 자신의 필통을 떨어뜨려 울었습니다.
② 남자아이가 놀려 친구가 화가 났습니다.
③ 친구의 연필을 잃어버려 당황했습니다.
④ 친구의 그림을 망가뜨려 당황했습니다.
⑤ 친구의 필통을 떨어뜨려 당황했습니다.

1-1
서술형
쌍둥이
문제

그림 **나**와 **다** 중에서 남자아이는 어떻게 말해야 할지 골라 기호를 쓰고, 그렇게 생각한 까닭을 쓰시오. [4점]

(   )와 같이 말하는 것이 좋습니다. 왜냐하면, _____

_____

2 ~ 2-1

처음으로 수라간 상궁을 보는 장면

❶
강아지를 잡으러 뛰어가던 동이와 장금이는 궁에서 나온 사람들을 만납니다.

❷
강아지를 찾기 위해 문지기와 실랑이를 하던 장금이는 지나가는 사람들이 누구인지 궁금해합니다.

문지기: 수라간에서 오신 분들이다.

❸
장금이는 수라간 상궁을 처음 보고 신기해 합니다.

장금: 수라간요?

2 장면 ❶~장면 ❸에서 알 수 있는 장금이의 마음은 어떠합니까? (   )

① 두렵고 무섭습니다.
② 속상하고 답답합니다.
③ 긴장이 되고 떨립니다.
④ 놀라움과 호기심을 느낍니다.
⑤ 궁으로 가게 된 것이 무척 기쁩니다.

2-1
서술형
쌍둥이
문제

장면 ❸에서 장금이가 처한 상황에 알맞은 표정을 쓰시오. [4점]

_____

_____

_____

3~3-1

① 과일 사러 온 거야, 언니 얘기 하러 온 거야?

미미는 어른들이 엄마를 '자두 엄마'로만 부르자 섭섭해합니다.

② 언니랑 같이 다니고 싶지 않아!

미미는 학교 친구와 선생님도 언니 자두에게만 관심을 기울이자 화가 납니다.

③ 그게 정말이야?

미미가 자신보다 더 유명해지고 싶어서 몰래 발레를 배웠다는 사실을 안 자두는 미안함을 느낍니다.

국어

1단원

3 이 장면에서 알 수 있는 내용으로 알맞지 <u>않은</u> 것은 무엇입니까? (   )

① 미미와 자두는 자매입니다.

② 자두는 미미가 자신보다 유명해지는 것이 싫었습니다.

③ 미미는 사람들이 언니에게만 관심을 기울여 화가 났습니다.

④ 미미는 엄마를 '자두 엄마'라고 부르는 것이 섭섭했습니다.

⑤ 미미는 자두보다 유명해지고 싶어서 몰래 발레를 배웠습니다.

3-1
서술형
쌍둥이
문제

㉠~㉢은 어떤 말투로 읽는 것이 알맞은지 각각 쓰시오. [6점]

㉠	(1)
㉡	(2)
㉢	(3)

4~4-1

"난 부벨라야. 네 이름은 뭐니?"

"이제야 뭔가 제대로 되네. 나는 지렁이라고 해."

"아니, 네 이름 말이야. 제이미나 다니엘 같은."

지렁이는 온몸이 흔들릴 정도로 고개를 가로저었어요.

"지렁이 이름이 제이미라고?" / 지렁이는 그렇게 되묻더니 요란하게 웃으며 말을 잇지 못했답니다.

"정말 웃기지도 않네. 우리 지렁이들은 젠체하고 살지 않아. 우리는 그냥 지렁이야."

㉠"너는 내가 무섭지 않니?" / "왜 너를 무서워해야 하는데?"

"내가 너보다 훨씬 덩치가 크니까." / 부벨라는 당연하다는 듯이 대답했어요.

4 이 글에서 알 수 있는 부벨라의 생각이나 마음으로 알맞은 것을 두 가지 고르시오. (   )

① 지렁이에 대해 궁금해합니다.

② 지렁이를 피해서 도망가고 싶습니다.

③ 지렁이가 자신을 무서워하지 않아 놀랍습니다.

④ 지렁이가 자신을 무서워하지 않아 화가납니다.

⑤ 지렁이에게 어울리는 이름을 지어 주고 싶습니다.

4-1
서술형
쌍둥이
문제

㉠을 읽을 때에 알맞은 표정, 몸짓, 말투를 쓰시오. [4점]

_____

_____

_____

1~2

1 그림 **가**~**라**의 상황을 보고, ㉠~㉣에 들어갈 알맞은 말을 각각 쓰시오. [5점]

㉠	(1)
㉡	(2)
㉢	(3)
㉣	(4)

2 그림 **가**~**라**에서 말을 하는 친구는 어떤 표정이나 몸짓, 말투로 표현해야 하는지 쓰시오. [5점]

가, 나	(1)
다, 라	(2)

3~4

가 시험을 볼 수 있다는 소식을 듣고 뒷산에 홀로 올라가는 장면

❶ 장금이가 양부모님에게 생각시 시험을 볼 수 있게 되었다는 소식을 전합니다.

❷ 장금이가 뒷산에 올라가서 돌아가신 엄마를 생각합니다.

장금: 엄마, 궁에 갈 수 있게 됐어요.

나 강아지 때문에 국수를 쏟아 꾸중을 듣는 장면

❶ 장금이의 강아지가 수라간 상궁이 만들던 국수를 쏟았습니다.

❷ 수라간 상궁이 장금이를 보내 주라고 하셨습니다.

궁녀: 고마운 줄 알아! 다른 상궁님 같았으면 너희는 옥살이야!

3 **가**와 **나**의 장면에서 알 수 있는 장금이의 마음은 어떠한지 각각 쓰시오. [5점]

가	(1)
나	(2)

4 **가**와 **나**의 장면 **❷**에서 장금이는 어떤 표정이 어울리는지 각각 쓰시오. [5점]

가	(1)
나	(2)

단계별 유형

5 「미미 언니 자두」에 나오는 인물의 표정, 몸짓, 말투를 생각하며 장면을 보고 물음에 답하시오. [10점]

① 자두는 미미가 은희와 함께 있는 것을 보고 왜 은희랑 놀고 있냐며 화를 냅니다.

② 그게 정말이야?

자두는 미미가 '자두 동생'으로만 불리는 것이 싫어 은희에게 발레를 가르쳐 달라고 했다는 말을 듣게 됩니다.

③ 자두야, 왜 그랬어?

학예회에서 자두는 미미를 돋보이게 하고 싶어서 일부러 자신의 무대를 망칩니다.

1단계 자두는 미미가 누구와 함께 있는 것을 보고 화를 냈는지 쓰시오.

( )

2단계 장면 ②에서 자두는 미미에게 어떤 마음이 들었을지 그렇게 생각한 까닭과 함께 쓰시오.

3단계 장면 ③에서 자신이 자두라면 어떻게 행동했을지 쓰시오.

6~7

가 정원사는 허리가 굽어서 아주 천천히 움직였는데, 움직이는 게 무척이나 힘들어 보였어요.

정원사는 접시를 들고 다시 집 밖으로 나왔어요. 그러고는 천천히 움직이며 정원 세 곳에서 각기 다른 종류의 흙을 접시에 담은 뒤, 접시를 부벨라에게 건네 주었어요.

"지렁이 친구가 정말 좋아할 거야."

㉠"고맙습니다, 고맙습니다."

나 부벨라는 친절한 정원사에게 어떻게든 꼭 보답을 하고 싶었어요. 그때 갑자기 부벨라의 손이 간지러워지기 시작하더니 아주 따뜻해졌어요. 무슨 일이 벌어지고 있는지는 정확히 알 수가 없었지요.

부벨라는 손을 들어 정원사를 가리켰어요. 그러자 손이 점점 더 간지러워지고 따뜻해졌어요. 그리고 깜짝 놀랄 만한 일이 벌어졌어요. 갑자기 정원사가 허리를 꼿꼿하게 펴더니 똑바로 선 거예요. 정원사는 한 발자국 한 발자국 내디뎌 보다가 덩실덩실 춤을 추었어요.

정원사가 웃으며 큰 소리로 외쳤어요.

㉡"이제 하나도 아프지가 않아!"

6 부벨라가 손을 들어 정원사를 가리키자 어떤 일이 일어났는지 쓰시오. [5점]

_____

_____

7 ㉠과 ㉡을 표현할 때 알맞은 표정, 몸짓, 말투를 쓰시오. [5점]

㉠	(1)
㉡	(2)

1 ~ 1-1

가 어린이들은 과학 실험을 하면서 호기심이 생기고 평소에 품었던 궁금증을 해결합니다. 또 실험을 하면서 탐구 능력을 키우기도 합니다. 과학 실험을 하면 이와 같은 좋은 점이 있지만 안전사고가 발생하는 경우도 있습니다. 그러므로 안전하게 과학 실험을 하려면 과학 실험 안전 수칙을 확인하고 실천해 안전사고의 위험을 줄여야겠습니다.

나 과학실에서는 절대 장난을 치면 안 됩니다. 과학실에는 깨지기 쉽거나 위험한 실험 기구가 많습니다. 장난을 치다가 유리로 만든 실험 기구가 깨지면 날카로운 유리 조각이 생겨 이 유리 조각에 사람이 다칠 수 있습니다. 또 장난을 치다가 알코올램프가 바닥에 떨어지면 과학실에 화재가 발생할 수도 있습니다.

1 이 글은 무엇에 대해 설명하는 글입니까? ( )

① 과학 실험을 잘하는 방법
② 과학실에서 하는 실험의 종류
③ 과학 실험 기구를 사용하는 방법
④ 화학 약품에 대한 정보를 얻는 방법
⑤ 과학 실험을 할 때 지켜야 할 안전 수칙

1-1 서술형 쌍둥이 문제 이 글을 읽고 알고 있는 내용과 새롭게 안 내용은 무엇인지 각각 한 가지씩 쓰시오. [4점]

알고 있는 내용	(1)
새롭게 안 내용	(2)

2 ~ 2-1

가 갯벌에 가 본 적이 있나요? 갯벌에서 무엇을 보았나요? 바닷물이 빠져나가는 썰물 때에 육지로 드러나는 바닷가의 편평한 곳을 갯벌이라고 불러요. 바닷물이 육지로 밀려오는 밀물 때 갯벌은 바닷물로 덮여 있어 보이지 않지만 자연과 사람에게 여러 가지 도움을 줍니다.

나 갯벌의 환경은 특별하고 다양합니다. 갯벌과 그 속에 사는 여러 생물은 자연과 사람을 위해 좋은 역할을 많이 합니다. 그러므로 갯벌은 쓸모없는 땅이 아니라 우리와 함께 살아가는 소중한 장소입니다. 소중한 갯벌을 잘 보존해야겠습니다.

2 이 글에서 갯벌에 대해 설명한 내용으로 알맞지 않은 것은 어느 것입니까? ( )

① 우리와 함께 살아가는 소중한 장소입니다.
② 쓸모없는 땅이므로 관심을 가져야 합니다.
③ 자연과 사람에게 여러 가지 도움을 줍니다.
④ 밀물 때 바닷물로 덮여 있어 보이지 않습니다.
⑤ 바닷물이 빠져나가는 썰물 때에 육지로 드러나는 바닷가의 편평한 곳을 말합니다.

2-1 서술형 쌍둥이 문제 글 나에서 글쓴이가 하고 싶은 말은 무엇인지 한 문장으로 쓰시오. [4점]

_____

_____

_____

3~3-1

봄 날씨를 나타내는 토박이말에는 '꽃샘추위', '꽃샘바람', '소소리바람' 같은 말이 있다. 이른 봄, 꽃이 필 무렵에 찾아오는 추위를 '꽃샘추위'라고 한다. 여기서 '샘'은 시기, 질투라는 뜻이다. 그래서 '꽃샘추위'는 꽃이 피는 것을 시샘하듯 몰아닥친 추위라는 뜻이 된다. 꽃샘추위 때 부는 바람은 '꽃샘바람'인데, 이보다 차고 매서운 바람은 '소소리바람'이다. 이 바람은 이른 봄에 살 속으로 스며드는 듯한 차고 매서운 바람을 일컫는다.

여름 날씨를 나타내는 토박이말에는 '마른장마', '무더위', '불볕더위' 같은 말이 있다. 여름이면 어김없이 장마와 더위가 찾아온다. 장마 때에는 비가 많이 오는데, 장마인데도 비가 오지 않거나 적게 오면 '마른장마'라고 한다. 더위는 크게 '무더위'와 '불볕더위'로 나눌 수 있다. '무더위'는 '물+더위'로 물기를 잔뜩 머금은 끈끈한 더위를 뜻하고, '불볕더위'는 '불볕+더위'로 볕이 불덩이처럼 뜨거운 더위를 뜻한다.

국어

2단원

3 날씨를 나타내는 토박이말과 그 뜻이 알맞게 짝지어지지 <u>않은</u> 것은 어느 것입니까? (   )

① 꽃샘바람 – 꽃샘추위 때 부는 바람

② 무더위 – 볕이 불덩이처럼 뜨거운 더위

③ 꽃샘추위 – 꽃이 피는 것을 시샘하듯 몰아닥친 추위

④ 마른장마 – 장마인데도 비가 오지 않거나 적게 오는 것

⑤ 소소리바람 – 이른 봄에 살 속으로 스며드는 듯한 차고 매서운 바람

3-1 이 글의 각 문단의 중심 문장을 정리해 쓰시오. [6점]

1문단	(1)
2문단	(2)

4~4-1

옷차림이 바뀌었어요

옛날과 오늘날 사람들의 옷차림에는 차이가 많이 있다. 사람들은 옛날에 우리나라 고유한 옷인 한복을 입었다. 오늘날에는 서양 사람들이 입던 차림의 옷인 양복을 주로 입는다. 그리고 명절이나 결혼식같이 특별한 행사가 있을 때에만 한복을 입는 경우가 많다. 지금부터 사람들이 입는 옷차림이 옛날과 오늘날에 어떻게 다른지 신분과 성별, 옷감 종류에 따라 나누어 알아보자.

4 이 글 뒤에 이어질 내용으로 알맞은 것은 어느 것입니까? (   )

① 한복을 입는 방법

② 오늘날 사람들이 입는 한복의 종류

③ 오늘날 사람들의 한복에 대한 생각

④ 오늘날 사람들이 입는 양복을 만드는 방법

⑤ 옛날 사람들과 오늘날 사람들의 옷차림의 다른 점

4-1 이 글의 제목과 내용으로 보아 알 수 있는 글쓴이의 생각을 쓰시오. [4점]

1~2

가 선생님께서 계시지 않을 때에는 과학 실험을 하지 않습니다. 과학실에는 조심히 다루어야 할 실험 기구와 위험한 화학 약품이 많습니다. 선생님의 말씀에 따라 실험 기구나 화학 약품을 다루어야 사고가 나는 것을 예방할 수 있습니다. 그러므로 선생님께서 계시지 않을 때에는 과학 실험을 해서는 안 됩니다.

나 실험할 때 책상에 바짝 다가가지 않습니다. 실험하다가 만약 실험 기구가 넘어지면 깨진 기구의 조각이나 기구 속 화학 약품이 주변에 튈 수 있습니다. 이때 책상에 바짝 다가가 앉아 있으면 다칠 수가 있습니다. 그러므로 실험을 할 때에는 책상에 너무 바짝 다가가 앉지 않고 실험 기구와 어느 정도 거리를 유지하는 것이 안전합니다.

다 과학 실험을 할 때에는 무엇보다 안전이 중요합니다. 실험이 재미있고 공부에 도움이 된다 하더라도 사고가 발생하면 아무런 소용이 없습니다. 그러므로 과학 실험 안전 수칙을 항상 기억하고 실천해 안전하게 실험을 할 수 있도록 노력해야 합니다.

1 글을 읽고 다음 질문에 대한 알맞은 답을 쓰시오. [5점]

> 과학실에 선생님께서 계시지 않을 때 실험하면 안 되는 까닭은 무엇일까?

_____

_____

2 앞으로 자신이 지킬 일을 생각하며 자신만의 과학 실험 안전 수칙을 한 가지 만들어 쓰시오. [5점]

_____

_____

3~4

갯벌을 보존해야 하는 까닭

가 갯벌은 육지에서 나오는 오염 물질을 분해해 좋은 환경을 만듭니다. 갯벌은 겉으로는 그냥 진흙탕처럼 보이지만 작은 생물이 갯벌에 많이 살고 있습니다. 이 생물들은 오염 물질 분해가 잘 이루어지게 합니다. 갯벌에서 흔히 사는 갯지렁이도 오염 물질 분해를 돕습니다.

나 갯벌은 기후를 조절하고 홍수를 줄여 주는 역할을 합니다. 갯벌 흙은 물을 많이 흡수해 저장했다가 내보내는 기능을 합니다. 그러므로 갯벌은 비가 많이 오면 빗물을 저장해 갑작스러운 홍수를 막아 줍니다. 그리고 주변 온도와 습도에 따라 물을 흡수하고 내보내는 역할을 알맞게 수행해 기후를 알맞게 만들어 줍니다.

3 글 **가**와 글 **나**의 중심 문장을 정리하여 쓰시오. [5점]

글 **가**	(1)
글 **나**	(2)

4 이 글을 통해 글쓴이가 전하고 싶은 생각은 무엇일지 쓰시오. [5점]

_____

_____

단계별 유형

5 다음 중 토박이말에 대해 설명하는 글을 읽고 물음에 답하시오. [10점]

> 가 가을 날씨를 나타내는 토박이말에는 '건들바람', '건들장마', '무서리', '올서리', '된서리' 같은 말이 있다. 여름이 지나고 가을이 되면 서늘한 바람이 불고 늦가을이 되면 서리가 내린다. 이른 가을날, 가볍고 부드럽게 건들건들 부는 서늘한 바람을 '건들바람'이라고 한다.
>
> 나 겨울 날씨를 나타내는 토박이말에는 '가랑눈', '진눈깨비', '함박눈', '도둑눈' 같은 말이 있다. 겨울에는 눈이 와야 겨울답다고 한다. 같은 눈이라도 눈의 생김새나 크기에 따라 그 이름이 다르다.
>
> 다 이처럼 계절에 따라 알고 쓰면 좋은 토박이말이 많다. 우리가 우리말의 말뜻을 배우고 익혀 제대로 쓰는 일에 더욱 힘을 쏟을 때, 더 아름답고 넉넉한 우리말과 우리글을 쓸 수 있게 될 것이다.

단계 ① 이 글에서 설명하는 것은 무엇인지 쓰시오.

- 계절별로 (   )을/를 나타내는 토박이말입니다.

단계 ② 이 글에서 전하고자 하는 중심 생각은 무엇인지 쓰시오.

_____

_____

단계 ③ '가을'과 '겨울'을 나타내는 토박이말을 사용해 각각 한 문장을 만들어 쓰시오.

- _____

  _____

- _____

6~7

> 가 옛날에는 신분에 따라 옷차림이 달랐지만 오늘날에는 직업이나 유행에 따라 다른 경우가 ㉠많다. 옛날에는 양반과 평민의 신분에 따라 옷차림이 달랐다. 양반 가운데에서 남자는 소매가 넓은 저고리와 폭이 큰 바지를 입었고, 여자는 폭이 넓고 긴 치마를 입었다. 평민 가운데에서 남자는 비교적 폭이 좁은 저고리와 바지를 입었고, 여자는 폭이 좁은 치마를 입었다. 그리고 평민이 입는 치마 길이는 양반보다 짧은 편이었다. 하지만 오늘날에는 직업이나 유행에 따라 옷을 입는 경우가 많다.
>
> 나 옛날에는 사람들이 성별에 따라 다른 옷을 입었지만 오늘날에는 자신이 좋아하는 옷을 입는다. 옛날에 남자는 아래에 바지를 입고 위에는 저고리와 조끼, 마고자를 입었다. 그리고 춥거나 나들이를 갈 때에는 겉에 두루마기를 입었다. 여자는 아래에 속바지와 치마를 입고 위에는 저고리를 입었다. 여자도 두루마기를 입지만 남자가 입는 두루마기와 모양이 달랐다. 오늘날에는 남자와 여자의 옷차림을 엄격하게 구분하지 않는다. 대신 각자 좋아하는 옷을 입기 때문에 옷차림이 사람에 따라 다르다.

6 이 글의 중심 생각을 한 문장으로 쓰시오. [5점]

_____

_____

7 ㉠과 뜻이 비슷한 낱말을 한 가지 찾고, 그 낱말을 활용하여 짧은 문장을 만들어 쓰시오. [5점]

> 넓다   풍족하다   좁다   모자라다

_____

연습! 서술형 평가

1 ~ 1-1

친구들과 했던 운동회가 기억에 남아.

정훈

┌─────────────────────────────────────┐
│ **기억에 남는 일: 친구들과 함께한 운동회** │
│   │
│ • 언제: 5월   │
│ • 어디에서: 학교 운동장   │
│ • 있었던 일: 친구들과 공 굴리기, 장애물 달리│
│   기와 같은 운동을 했다.   │
│ • 생각이나 느낌: ┌──────────────┐   │
│   │   ㉮   │   │
│   └──────────────┘   │
└─────────────────────────────────────┘

1 정훈이가 떠올린 기억에 남는 일은 무엇입니까?

(   )

① 방송국 체험을 한 일
② 처음으로 수영을 한 일
③ 친구들과 운동회를 한 일
④ 독서 그림 그리기를 한 일
⑤ 가족들과 함께 송편을 만든 일

1-1
서술형
쌍둥이
문제

오른쪽 표의 ㉮에 들어갈 내용을 떠올려 쓰시오.

[4점]

_____

_____

2 ~ 2-1

"아이고, 배야."
동생 주혁이가 끙끙 앓는 소리에 잠에서 깼다.
"열이 39도가 넘잖아! 배도 많이 아파하고, 큰일이네."
걱정스럽게 말씀하시는 아빠의 목소리도 들렸다. 나는 눈을 비비고 자리에서 일어났다.
"아빠, 무슨 일이에요?"
나는 주혁이 머리맡에 앉아 계신 아빠 옆으로 다가갔다.
"주혁이가 열이 많이 나는구나. 아무래도 장염에 걸린 것 같다. 이번 가을에만 두 번째네."
아빠께서 걱정스럽게 말씀하셨다. 주혁이는 얼굴을 찡그리며 힘들어했다.

2 '내'가 지난 밤에 겪은 일로 알맞은 것은 무엇입니까?

(   )

① 아빠께서 아프셨습니다.
② 동생 주혁이가 아팠습니다.
③ 동생 주혁이와 밤새 놀았습니다.
④ 동생이 우는 소리에 잠에서 깼습니다.
⑤ 엄마께서 아프셔서 밤새 간호를 했습니다.

2-1
서술형
쌍둥이
문제

'내'가 이 글을 쓴 까닭은 무엇일지 짐작하여 쓰시오. [4점]

_____

_____

3~3-1

봄에 있었던 일	여름에 있었던 일	가을에 있었던 일	

피자 만들기 체험을 한 일	갯벌 체험을 한 일	생일날 선물을 받은 일	형준

동생과 피자 만들기 체험을 한 일이 가장 기억에 남아.

국어

3단원

3 형준이가 떠올린 인상 깊은 일로 알맞지 <u>않은</u> 것을 두 가지 고르시오. (   )

① 갯벌 체험을 한 일
② 생일날 선물을 받은 일
③ 피자 만들기 체험을 한 일
④ 과수원에서 사과를 땄던 일
⑤ 친구들과 피구를 해서 신났던 일

3-1
서술형
쌍둥이 문제

형준이처럼 자신이 일 년 동안 겪은 일 중 인상 깊은 일을 한 가지 떠올려 쓰시오. [4점]

_____

_____

4~4-1

① 지금까지 우리 반에서 있었던 일을 떠올려 본다.
② 지금까지 우리 반에서 있었던 일과 관련된 사진을 모으거나 그림을 그린다.
③ 지금까지 우리 반에서 있었던 일 가운데에서 기억에 남는 일 다섯 가지를 투표로 정한다.
④ 다섯 가지 사건으로 모둠별 소식지를 만든다.
⑤ 모둠별 소식지를 모아 우리 반 소식지를 만든다.

4 ①~⑤는 무엇을 만드는 과정입니까? (   )

① 신문 기사
② 학급 신문
③ 가족 신문
④ 우리 반 소식지
⑤ 우리 학교 소식지

4-1
서술형
쌍둥이 문제

지금까지 우리 반에서 있었던 일 중에서 우리 반 소식지로 만들고 싶은 것을 한 가지 떠올려 쓰시오.
[4점]

_____

_____

실전! 서술형 평가

1~2

1 여자아이처럼 자신의 기억에 남는 일을 한 가지 떠올려 쓰시오. [5점]

_____

_____

2 문제 **1**번에서 떠올린 일을 다음 표에 간단히 정리하여 쓰시오. [5점]

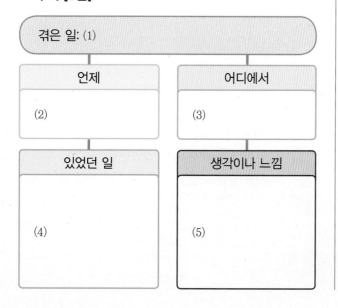

3~5

가 | 서연이가 정한 일 | 동생이 아팠던 일 |

서연아, 너는 여러 가지 겪은 일 가운데에서 왜 동생이 아팠던 일을 골라서 글을 쓰려고 하니?

동생이 아팠을 때에는 평소와 다른 느낌이 들었거든. 평소에 동생이 장난꾸러기처럼 보여서 밉기도 했는데 아프니까 잘 못해 준 것이 생각나서 미안한 마음이 들었어. 그래서 그 마음을 써 보고 싶었어.

서연

나 "주혁이가 열이 많이 나는구나. 아무래도 장염에 걸린 것 같다. 이번 가을에만 두 번째네."

아빠께서 걱정스럽게 말씀하셨다. 주혁이는 얼굴을 찡그리며 힘들어했다. 아빠께서 병원에 갈 채비를 하시는 동안 나는 주혁이 옆에 앉아 있었다.

"누나, 나 아파."

주혁이가 눈물이 그렁그렁한 얼굴로 말했다.

"병원 다녀오면 금방 나을 거야."

나는 주혁이의 이마에 차가운 물수건을 얹어 주었다. 마음이 아팠다. 동생이 얼른 나았으면 좋겠다.

3 서연이가 하루 동안 겪은 일 중 동생이 아팠던 일로 글을 쓰기로 한 까닭은 무엇인지 쓰시오. [5점]

_____

_____

4 글 **나**에서 알 수 있는 서연이의 마음은 어떠한지 쓰시오. [5점]

_____

_____

단계별 유형

5 다음은 서연이가 쓴 글에서 띄어쓰기가 틀린 문장입니다. 물음에 답하시오. [10점]

> **가** 주혁이가눈물이 그렁그렁한 얼굴로 말했다.
> **나** 마음이 아팠다.동생이 얼른 나았으면 좋겠다.
> **다** 이번 가을에만 두번째네.

1단계 **가**를 띄어쓰기를 바르게 하여 고쳐 쓴 친구의 이름을 쓰시오.

> 희연: 주혁이가 눈물이 그렁그렁한 얼굴로 말했다.
> 종민: 주혁이 가 눈물이 그렁그렁한 얼굴로 말했다.

(   )

2단계 **나**의 띄어쓰기가 틀린 까닭을 보고, 바르게 고쳐 쓰시오.

> **틀린 까닭** 마침표(.)나 쉼표(,) 뒤에 오는 말은 띄어 씁니다.

↓

> 바르게 고쳐 쓰기: _____
> _____
> _____

3단계 **다**를 바르게 고쳐 쓰시오.

_____
_____

6 자신이 겪은 일 가운데에서 한 가지를 골라 인상 깊은 부분이 잘 드러나도록 글로 쓰시오. [7점]

_____
_____
_____
_____
_____
_____
_____

7 문제 **6**번에서 자신이 쓴 글을 다시 읽어 보고, 고쳐 쓰고 싶은 점을 두 가지 쓰시오. [5점]

(1) _____
_____

(2) _____
_____

1 ~ 1-1

감기

내 몸에
불덩이가 들어왔다.
―뜨끈뜨끈.
불덩이를 따라
몹시 추운 사람도 들어왔다.
―오들오들.

약을 먹고 나니
느릿느릿,
거북이도 들어오고

까무룩,
잠꾸러기도 들어왔다.

내 몸에
너무 많은 것들이 들어왔다.
그래서
내 몸이 아주 무거워졌다.

1 이 시의 말하는 이는 지금 어떤 상태입니까? (　　　)

① 불을 쬐며 따뜻한 곳에 있습니다.
② 여러 사람을 흉내 내고 있습니다.
③ 추운 날씨에 힘들어하고 있습니다.
④ 감기에 걸려 힘들어하고 있습니다.
⑤ 배탈이 나서 힘들어하고 있습니다.

1-1
서술형
쌍둥이
문제

말하는 이가 '내' 몸에 불덩이가 들어왔다고 표현한 까닭은 무엇인지 쓰시오. [4점]

_____

_____

2 ~ 2-1

강가 고운 모래밭에서
발가락 옴지락거려
두더지처럼 파고들었다.

지구가 간지러운지
꿈질꿈질 움직였다.

아, 내 작은 신호에도
지구는 대답해 주는구나.

그 큰 몸짓에
이 조그마한 발짓
그래도 지구는 대답해 주는구나.

2 이 시의 말하는 이는 무엇을 하고 있습니까? (　　　)

① 강물에 발을 담그고 있습니다.
② 강가 모래밭에 발을 대 보았습니다.
③ 강가 모래밭에서 발장구를 치고 있습니다.
④ 강가 모래밭에서 두더지와 놀고 있습니다.
⑤ 강가 모래밭에서 모래성을 만들고 있습니다.

2-1
서술형
쌍둥이
문제

이 시에 사용된 감각적 표현을 쓰고, 그 표현에 대한 자신의 생각이나 느낌을 함께 쓰시오. [4점]

_____

_____

3~3-1

"질문 하나 해도 돼요?" / "물론이지, 에밀."

"조금 전에 어떻게 저란 걸 아셨어요? 앞이 보이지 않으시면서요."

아저씨는 웃으며 말했어요.

"그래, 난 태어날 때부터 앞을 보지 못했지. 그 대신 어릴 적부터 다른 감각들이 아주 발달되어 있단다. 촉각, 후각, 미각, 청각 이런 것들 말이야. 아까 네가 현관문을 열 때 너희 집 냄새와 네 바지가 구겨지는 소리, 그 밖에 설명하기 애매한 것들로 너란 걸 알았어."

"그러면 제가 투명 인간이어도 알아채실 수 있어요?"

"에밀, 넌 나에게 투명 인간이란다."

나는 잠시 망설이다 말했어요.

"그러면 아저씨는 뭐가 보여요? 검은색이요? 아니면 흰색이요?"

"아무것도 없는 게 보여."

"그게 무슨 말이에요?"

"에밀, 넌 네 무릎으로 뭐가 보이니?" / "아무것도 안 보여요."

"나도 마찬가지야. 내 눈은 네 무릎처럼 본단다."

3 에밀이 만난 아저씨에 대한 설명으로 알맞지 <u>않은</u> 것을 두 가지 고르시오. (   )

① 태어날 때부터 앞을 보지 못했습니다.

② 눈 대신 무릎으로 앞을 볼 수 있습니다.

③ 눈으로 검은색과 흰색만 구별할 수 있습니다.

④ 촉각, 후각, 미각, 청각 등이 발달되어 있습니다.

⑤ 앞이 보이지 않아도 에밀이 온 것을 알 수 있습니다.

3-1 서술형 쌍둥이 문제

에밀이 만난 아저씨를 보고 어떤 생각이나 느낌이 들었는지 쓰시오. [6점]

_____

_____

_____

4~4-1

천둥소리

하늘에 사는 아이들도
체육 시간이 있나 보다

우르르 쿵쾅,
운동장으로
뛰쳐나가는 소리

4 이 시에서는 어떤 대상을 재미있게 표현하였습니까?

(   )

① 노을빛

② 부슬비

③ 천둥소리

④ 안개 낀 날

⑤ 가을이 오는 소리

4-1 서술형 쌍둥이 문제

이 시에서는 '천둥소리'를 무엇이라고 표현하였는지 쓰시오. [4점]

_____

_____

_____

1~2

감기

내 몸에
불덩이가 들어왔다.
—뜨끈뜨끈.
불덩이를 따라
몹시 추운 사람도 들어왔다.
—오들오들.

약을 먹고 나니
느릿느릿,
거북이도 들어오고
까무룩,
잠꾸러기도 들어왔다.

내 몸에
너무 많은 것들이 들어왔다.
그래서
내 몸이 아주 무거워졌다.

1 이 시에서 감기에 걸린 상태를 생생하게 나타낸 감각적 표현을 두 가지 찾아 쓰시오. [5점]

_____

_____

2 감각적 표현에 주의하며 시를 읽고, 시에 대한 자신의 생각이나 느낌이 어떠한지 쓰시오. [5점]

_____

_____

_____

3~4

강가 고운 모래밭에서
발가락 옴지락거려
두더지처럼 파고들었다.

지구가 간지러운지
굼질굼질 움직였다.

아, 내 작은 신호에도
지구는 대답해 주는구나.

그 큰 몸짓에
이 조그마한 발짓
그래도 지구는 대답해 주는구나.

3 이 시를 읽고 다음 질문에 알맞은 답을 쓰시오. [5점]

말하는 이가 말한 작은 신호는 무엇인가요?	(1)
말하는 이는 왜 지구가 굼질굼질 움직였다고 했을까요?	(2)

4 이 시를 읽고 어떤 생각이나 느낌이 떠오르는지 쓰시오. [5점]

_____

_____

_____

단계별 유형

5 에밀이 블링크 아저씨와 함께한 일을 쓴 글입니다. 물음에 답하시오. [10점]

> **가** 블링크 아저씨에게 알려 주기 위해 나는 색깔을 떠올리는 것을 찾아봤어요.
>
> 가장 초록색인 것은 맨발로 걸을 때 발가락 사이로 살살 삐져나오는 촉촉한 풀잎이에요.
>
> 가장 붉은색인 것은 할아버지 밭에서 나는 토마토 맛이에요.
>
> 가장 푸른색인 것은 옆집 수영장에서 헤엄치는 것이에요.
>
> 가장 흰 것은 여름에 푹 자고 열 시쯤에 일어났을 때에요.
>
> **나** 나는 아저씨에게 색깔을 알려 주려고 애를 썼고, 아저씨는 내게 색깔을 연주해 주려고 애를 썼어요.
>
> 어떤 색은 다른 색보다 훨씬 쉬웠어요.
>
> 하지만 난 가끔 집에 돌아올 때에는 기운이 쭉 빠졌어요.
>
> 아저씨가 진짜 색깔을 볼 수 있으면 얼마나 좋을까요?

1단계 '나'는 블링크 아저씨에게 무엇을 알려 주기 위해 노력했는지 쓰시오.

(   )

2단계 '나'는 블링크 아저씨에게 흰색을 가르쳐 주기 위해 무엇을 떠올렸는지 쓰시오.

_____

_____

3단계 이 글을 읽고 어떤 생각이나 느낌이 들었는지 쓰시오.

_____

6 다음 시처럼 시를 쓰고 싶은 대상을 한 가지 떠올려 그 대상에 대한 느낌을 쓰시오. [7점]

> **천둥소리**
>
> 하늘에 사는 아이들도
> 체육 시간이 있나 보다
>
> 우르르 쿵쾅,
> 운동장으로
> 뛰쳐나가는 소리

본 느낌   냄새 맡은 느낌

(2)   (3)

대상

(1)

만져 본 느낌   먹어 본 느낌

(4)   (5)

7 다음 대상에 대한 느낌을 여러 가지 방법으로 표현하여 쓰시오. [7점]

흉내 내는 말을 넣어 표현하기	(1)
다른 대상에 빗대어 표현하기	(2)
노래하듯이 표현하기	(3)

5. 바르게 대화해요

연습! 서술형 평가

1 ~ 1-1

엄마: 진수야, 몸은 좀 괜찮니?
진수: 엄마, 어제보다 많이 좋아졌어. 내일은 학교에 갈 거야.
엄마: 그래.

1 이 대화에 대한 설명으로 알맞은 것은 무엇입니까?
( )

① 진수가 엄마께 꾸중을 듣고 있습니다.
② 진수가 엄마께 몸이 괜찮으신지 묻고 있습니다.
③ 진수가 엄마께 몸이 아프다고 말하고 있습니다.
④ 엄마께서 진수에게 몸이 괜찮은지 묻고 계십니다.
⑤ 진수가 엄마께 아파서 학교에 가지 못하겠다고 말씀드리고 있습니다.

1-1
서술형
쌍둥이
문제

이 대화에서 진수가 잘못한 점은 무엇인지 쓰시오.
[4점]

_____

_____

_____

2 ~ 2-1

2 대화 **가**에서 ㉠이 잘못된 표현인 까닭은 무엇입니까?
( )

① 띄어쓰기를 바르게 하지 않아서
② 손님에게 높임 표현을 사용하지 않아서
③ 사물인 사과주스를 높여 표현하지 않아서
④ 사물인 사과주스에 높임 표현을 사용해서
⑤ 사물인 사과주스에 알맞은 꾸며 주는 말을 사용하지 않아서

2-1
서술형
쌍둥이
문제

대화 **나**의 ㉡에 들어갈 알맞은 말을 쓰시오. [4점]

_____

_____

_____

3~3-1

지원: 여보세요, 민지 있나요?

민지: 여보세요?

지원: 여보세요, 민지 있나요?

민지: ㉠제가 민지인데, 누구신가요?

지원: 나, 지원이야.

3 민지가 ㉠과 같이 말한 까닭으로 알맞은 것을 두 가지 고르시오. (   )

① 지원이와 친하지 않아서

② 지원이의 목소리를 잘 몰라서

③ 전화를 건 사람이 누구인지 몰라서

④ 지원이가 잘 들리지 않게 작은 소리로 말해서

⑤ 전화를 건 지원이가 자신이 누구인지 밝히지 않아서

3-1 서술형 쌍둥이 문제

이 대화에서 지원이가 전화 통화를 할 때 고쳐야 할 점은 무엇인지 쓰시오. [4점]

_____

_____

_____

4~4-1

❶ 비 오는 날, 파란색 우산을 들고 어두운색 옷을 입은 훈이가 노란 우산을 들고 밝은색 옷을 입은 강이를 보고 유치원생 같다며 놀렸습니다.

❷ 강이는 훈이가 차가 오는지 보지 않고 횡단보도를 뛰어가는 것을 보았습니다. 우산으로 앞을 가리고 가던 훈이는 차에 치일 뻔하였습니다.

❸ 훈이는 강이에게 유치원생 같다고 놀린 것을 사과하였습니다. 그리고 둘은 비가 올 때에는 밝은색 우산을 들고, 앞을 가리지 않고 가야 한다는 것을 깨달았습니다.

4 강이에게 생긴 일은 무엇입니까? (   )

① 훈이와 다투다가 넘어졌습니다.

② 신호를 보지 않고 길을 건넜습니다.

③ 우산을 잃어버려서 비를 맞았습니다.

④ 넘어진 훈이를 도와주려다가 교통사고가 날 뻔했습니다.

⑤ 훈이가 차가 오는지 보지 않고 길을 걸어가다가 사고가 날 뻔한 것을 보았습니다.

4-1 서술형 쌍둥이 문제

장면 에서 강이의 마음과 그때 어울리는 표정을 쓰시오. [6점]

강이의 마음	(1)
어울리는 표정	(2)

실전! 서술형 평가

1~2

가
진영아, 네가 그린 그림 정말 멋지다!

영민 / 진영

나
아픈 친구를 도와주는 것을 보니 진영이는 마음이 참 따뜻하구나!

선생님 / 진영

1 대화 **가**와 **나**에서 진영이가 대화를 나누는 대상은 누구인지, 어떤 대답을 해야 하는지 각각 쓰시오. [5점]

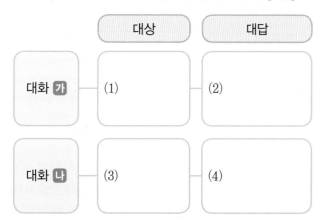

	대상	대답
대화 **가**	(1)	(2)
대화 **나**	(3)	(4)

2 대화 **가**와 **나**에서 진영이가 같은 뜻의 말이지만 형태가 다르게 말하는 까닭은 무엇인지 쓰시오. [5점]

_____
_____
_____

3 대화 **가**와 **나**에서 승민이가 할 알맞은 대답을 각각 쓰시오. [5점]

가
승민아, 요즘 재미있게 읽을 만한 책을 한 권 소개해 줄래?

나
승민아, 요즘 무슨 책을 그렇게 재미있게 보니? 선생님에게 소개해 주렴.

(1) **가**: _____
(2) **나**: _____

4 다음 민지와 지원이의 전화 대화에서 민지가 지원이의 말을 알아듣지 못한 까닭은 무엇인지 쓰시오. [5점]

지원: 나, 아까 학교 앞 문구점에서 미술 준비물을 샀는데 망가져 있어.
민지: 뭐가? 물감에 구멍이 났니? 아니면 물통?
지원: 아니, 물통에 물이 샌다고.
민지: 아, 물통을 말하는 거구나.

지원 / 민지

_____
_____

단계별 유형

5~6

지수: 정아야, 어제 우리 반 회의에서 책 당번을 정하기로 했잖아. 내 생각에는 책 당번을 일주일에 한 번씩 바꾸는 건 잘못된 것 같아. 각자 맡고 있는 역할도 있는데 일주일 동안 책을 관리하는 건 너무 힘들어.

정아: 응. 그런데……

지수: 내 생각에는 하루에 한 번씩 책 당번을 바꾸는 게 맞아. 회의 시간에 강력하게 말했어야 하는데, 내가 괜히 의견을 말 안 했나 봐. 내일 선생님께 다시 한번 말씀드려 볼까?

정아: (생각) 내 생각에는 하루에 한 번씩 바꾸면 친구들도 헷갈리고, 책 관리가 안 될 수도 있다고 말하고 싶었는데. 지수는 계속 자기 말만 하네. 지수에게 내 생각을 언제 말하지?

지수: 내 의견 어때? 왜 말이 없니?

정아: 그래.

5 이 대화에서 알 수 있는 문제점은 무엇인지 쓰시오. [5점]

_____

_____

_____

6 이 대화의 문제를 해결하기 위해 어떻게 해야 하는지 쓰시오. [5점]

_____

_____

_____

7 선생님께서 내 주신 과제를 하기 위해 미나가 한 대화입니다. 물음에 답하시오. [10점]

❶ 선생님: 이번 주 금요일까지 우리 주위 사람들이 좋아하는 음식을 조사해 오세요.

미나: 선생님, 주위 사람이면 누구를 말하는 건가요?

선생님: 가족, 친척, 이웃처럼 가까운 사람을 말한단다.

❷ 미나: 할아버지, ㉠가장 좋아하는 음식이 뭐야?

할아버지: 음식? 어떤 음식?

미나: 불고기, 김밥 같은 음식요.

할아버지: 응, 할아버지는 된장찌개가 최고야.

❸ 남동생: 누나, 뭐 해? 나랑 놀자.

미나: 참, 민철아! 너, ㉡ ?

남동생: 에이, 누난 그것도 몰라?

미나: 하하, 맞아. 우리 민철이는 통닭을 가장 좋아하지!

단계 ❶ 선생님께서는 무엇에 대해 조사해 오라고 하셨는지 쓰시오.

(   )

단계 ❷ ㉠을 대화를 하는 대상을 생각하여 바르게 고쳐 쓰시오.

_____

_____

단계 ❸ ㉡에 들어갈 알맞은 말을 쓰시오.

_____

1 ~ 1-1

"규리야, 왜 이렇게 늦었어? 걱정했잖아." / 짝 민호가 핀잔 투로 말했다.

"그랬어? 늦잠 자는 바람에……."

곧 수업 시작을 알리는 종이 울렸다.

1교시는 사회 시간이었다. 우리 지역의 자랑거리를 조사해서 발표하는 시간이었다.

우리 모둠 발표자는 나였다. 앞 모둠 발표가 거의 끝나 가자 나는 가슴이 콩닥콩닥 뛰기 시작했다.

'어쩌지? 실수하면 안 되는데…….'

발표 내용이 갑자기 뒤죽박죽되는 느낌이었다.

우리 모둠 차례가 되었고 겨우겨우 발표를 끝내고 자리로 돌아왔다.

1 규리가 한 일이나 겪은 일은 무엇인지 두 가지를 고르시오. ( )

① 친구들과 시장에 갔습니다.

② 집에서 사회 숙제를 하였습니다.

③ 발표 차례가 다가와서 걱정하였습니다.

④ 늦잠을 자서 학교에 늦게 도착했습니다.

⑤ 민호가 핀잔 투로 말하는 것을 듣고 다투었습니다.

1-1
서술형
쌍둥이
문제
규리가 사회 시간에 가슴이 콩닥콩닥 뛴 까닭은 무엇인지 쓰시오. [4점]

_____

_____

_____

2 ~ 2-1

운동회에 나갈 선수를 뽑기로 했어요. 모두 들뜬 마음으로 선생님의 말씀에 귀 기울였어요.

"제비뽑기로 선수를 뽑자. 누구나 한 경기씩 나갈 수 있도록 말이야."

"말도 안 돼. 가장 잘하는 사람이 나가야 하는 것 아닌가요?"

아이들은 투덜거리며 제비를 뽑았어요. 기찬이의 제비뽑기 순서가 다가왔어요. 기찬이는 '이어달리기'가 쓰인 쪽지를 뽑았어요. 울상이 된 기찬이를 보고 친구들이 몰려들었어요.

"안 봐도 질 게 뻔해!"

"어떡해! 이어달리기가 가장 점수가 높은데!"

2 이 글에서 일어난 일은 무엇입니까? ( )

① 기찬이가 이어달리기 제비를 뽑았습니다.

② 기찬이가 달리기를 못하는 친구를 놀렸습니다.

③ 가장 잘하는 사람이 운동회 선수로 뛰기로 했습니다.

④ 친구들은 기찬이가 달리기를 잘할 것이라고 생각했습니다.

⑤ 기찬이네 반 친구들은 운동회에 나갈 선수를 추천하여 정했습니다.

2-1
서술형
쌍둥이
문제
이 글에서 기찬이의 마음을 헤아려 쓰시오. [4점]

_____

_____

_____

3~3-1

해진이의 '화해하기' 비법
손 편지를 주며 사과한다.

편지에 '너, 화났냐?' 이런 식으로 쓰기는 곤란하잖아.

민주의 '화해하기' 비법
상냥하게 사과한다.

조금 더 상냥하게 말하면 좋을 것 같아.

근우의 '화해하기' 비법
진심을 담아서 표현한다.

진심을 담아서 말하더라도 표현 방법을 좀 생각하면 좋겠어.

진짜 사과나 사과 그림을 함께 선물하는 방법도 성공적이었어.

국어

6단원

3 친구들이 말한 '화해하기' 방법이 <u>아닌</u> 것은 무엇입니까? (   )

① 손편지를 줍니다.
② 진짜 사과를 줍니다.
③ 상냥하게 사과합니다.
④ 배 그림을 그려서 줍니다.
⑤ 진심을 담아서 표현합니다.

3-1 서술형 쌍둥이 문제 친구에게 사과하는 쪽지를 쓸 때 주의할 점은 무엇인지 쓰시오. [4점]

_____
_____
_____

4~4-1

'마음을 전하는 우리 반' 행사에 많이 참여해 주세요

우리 학교 전교 어린이회에서는 2학기를 맞이해 10월에 어떤 행사를 하면 좋을지 의논했습니다. 회의 시간에 각 학년 학생들은 각자 하고 싶은 행사를 많이 추천해 주었습니다. 그 가운데에서 전교 어린이회에서는 '마음을 전하는 우리 반' 행사를 함께 하기로 결정했습니다.

10월 넷째 주에 '마음을 전하는 우리 반'이라는 이름으로 각 반에서 행사를 합니다. '마음을 전하는 우리 반'은 자신의 마음을 다른 사람에게 전하는 행사입니다. 이때에는 친구들뿐만 아니라 주위 사람들에게 고마운 마음, 존경하는 마음, 미안한 마음 따위를 전할 수 있습니다. 전하는 방법은 다양하지만 예쁜 종이에 마음을 담아 손 편지를 써서 전하자는 의견이 많았습니다.

4 '마음을 전하는 우리 반'에 대한 설명으로 알맞지 <u>않은</u> 것은 어느 것입니까? (   )

① 10월 넷째 주에 각 반에서 합니다.
② 반 친구들에게만 마음을 전할 수 있습니다.
③ 자신의 마음을 다른 사람에게 전하는 것입니다.
④ 예쁜 종이에 마음을 담아 손 편지를 써서 전하자는 의견이 많았습니다.
⑤ 고마운 마음, 존경하는 마음, 미안한 마음 등 여러 가지 마음을 전할 수 있습니다.

4-1 서술형 쌍둥이 문제 '마음을 전하는 우리 반' 행사 때 자신은 누구에게 어떤 마음을 전하고 싶은지 쓰시오. [4점]

_____
_____
_____

1 다음 그림의 인물이 어떤 마음일지 생각하여 빈칸에 들어갈 알맞은 말을 쓰시오. [5점]

음식을 주셔서 _____

가

나

늦어서 _____

다 가을 현장 체험학습

와! _____

라

빨리 _____

(1) 그림 **가** : _____

(2) 그림 **나** : _____

(3) 그림 **다** : _____

(4) 그림 **라** : _____

2 다음 그림을 보고, 넘어진 친구에게 어떤 말을 할지 쓰시오. [5점]

_____

_____

3~4

나는 여러 가지 악기를 잘 다루고 노래도 잘 부르는 편이다. 오늘 음악 시간에는 리코더를 연주했다. 내 짝 민호는 리코더 연주가 서툴다. 선생님께서는 민호가 리코더 연주하는 것을 보더니 내게 말씀하셨다.

"규리야, 네가 민호 좀 도와주렴."

나는 음악 시간 내내 민호의 리코더 선생님이 되었다.

"규리야, '솔' 음은 어떻게 소리 내니?"

"응, 내가 가르쳐 줄게."

민호는 가르쳐 주는 대로 잘 따라 했다.

"아, 이렇게 하는 거구나. 고마워, 규리야."

민호가 잘하자 나도 덩달아 기분이 좋아졌다.

3 이 글에서 규리가 한 일이나 겪은 일은 무엇인지 쓰시오. [5점]

_____

_____

_____

4 규리의 마음이 어떠할지 짐작하여 쓰시오. [5점]

_____

_____

단계별 유형

5 기찬이에게 어떤 일이 일어났는지 생각하며 다음 글을 읽고, 물음에 답하시오. [10점]

> 운동회 날 아침, 친구들은 머리에 힘껏 청군 띠를 묶었어요. 그런데 어제부터 신나게 뛰어다니던 이호의 표정이 이상했어요. 다리를 배배 꼬며 안절부절못했어요.
>
> '아, 어제 떡을 너무 많이 먹었나 봐…….'
>
> "탕!"
>
> 출발 신호가 떨어졌어요. 백군 친구들은 쌩쌩 잘도 달렸어요. 기찬이네 반 친구들은 걱정이 앞섰어요. 청군은 이미 반 바퀴나 뒤처지고 있었어요.
>
> "진 거나 마찬가지야! 다음엔 거북이 나기찬인걸!"
>
> 아무도 기찬이를 응원하지 않고 딴전을 부렸어요. 기찬이는 이를 악물고 뛰었어요. 하지만 점점 뒤처지기만 할 뿐이었어요. 이미 백군의 마지막 선수가 달리고 있었어요. 하지만 기찬이는 반 바퀴도 채 뛰지 못하고 있었어요.

1단계 언제 있었던 일인지 쓰시오.

(   )

2단계 친구들이 기찬이에게 거북이라고 한 까닭은 무엇일지 쓰시오.

_____

_____

3단계 **2단계** 에서 답한 내용을 생각하며 이 글에 나타난 기찬이의 마음을 헤아려 쓰시오.

_____

6~7

> 우리 학교 전교 어린이회에서는 2학기를 맞이해 10월에 어떤 행사를 하면 좋을지 의논했습니다. 회의 시간에 각 학년 학생들은 각자 하고 싶은 행사를 많이 추천해 주었습니다. 그 가운데에서 전교 어린이회에서는 '마음을 전하는 우리 반' 행사를 함께하기로 결정했습니다.
>
> 10월 넷째 주에 '마음을 전하는 우리 반'이라는 이름으로 각 반에서 행사를 합니다. '마음을 전하는 우리 반'은 자신의 마음을 다른 사람에게 전하는 행사입니다. 이때에는 친구들뿐만 아니라 주위 사람들에게 고마운 마음, 존경하는 마음, 미안한 마음 따위를 전할 수 있습니다. 전하는 방법은 다양하지만 예쁜 종이에 마음을 담아 손 편지를 써서 전하자는 의견이 많았습니다.

6 '마음을 전하는 우리 반' 행사에서 하는 일은 무엇인지 쓰시오. [5점]

_____

_____

7 자신이 마음을 전하고 싶은 사람을 떠올려 다음 조건 에 맞게 쪽지를 쓰시오. [7점]

조건
• 어떤 일이 있었는지 쓰기
• 자신의 감정을 솔직하게 쓰기

1 ~ 1-1

'앉아서 하는 피구'는 공 하나로 교실에서 쉽게 즐길 수 있는 놀이이다. 먼저 교실에 있는 책상을 모두 뒤로 밀어 가로로 긴 네모 모양으로 피구장을 만든다. 그다음에는 학급 친구 전체를 두 편으로 나누고 두 편 대표가 가위바위보를 해서 먼저 공격할 쪽을 정한다.

규칙은 피구와 같지만 앉은 자세로 하는 것이 특징이다. 공을 굴리는 사람이나 피하는 사람 모두 앉은 자세로 해야 한다. 앉은 자세에서 무릎을 한쪽이라도 펴서 일어나는 자세가 되면 누구든 피구장 밖으로 나가야 한다. 상대를 맞힐 때에는 공을 바닥에 굴려서 맞혀야 한다. 공을 튀기거나 던져서 맞히면 맞은 사람은 밖으로 나가지 않는다. 공을 피할 때에는 옆으로 이동해 피하거나, 무릎을 가슴에 붙여 앉은 자세로 뜀을 뛰어 피할 수 있다.

1 글쓴이가 소개한 놀이에 대한 설명으로 알맞지 <u>않은</u> 것은 무엇입니까? (   )

① 공이 하나 필요합니다.

② 경기 규칙은 피구와 같습니다.

③ 앉은 자세로 경기를 해야 합니다.

④ 네모 모양의 피구장에서 경기를 합니다.

⑤ 공을 맞힐 때에는 날려서 맞혀야 합니다.

1-1 서술형 쌍둥이 문제

글쓴이는 '앉아서 하는 피구'의 어떤 내용을 소개하였는지 쓰시오. [4점]

_____

_____

2 ~ 2-1

국기에는 그 나라의 자연이 담겨 있어.

캐나다에는 설탕단풍 나무가 많이 자라.

설탕단풍 나무는 캐나다처럼 추운 날씨에 잘 자라거든.

가을에 붉은색으로 단풍이 들면 얼마나 고운지 몰라.

캐나다 사람들은 설탕단풍 나무에서 나오는 즙으로 달콤한 메이플시럽을 만들어 먹기도 해.

그래서 캐나다 사람들은 국기에 빨간 단풍잎을 그려 넣었어.

▲ 캐나다 국기

2 캐나다의 국기에는 어떤 모양이 들어 있습니까?

(   )

① 설탕

② 메이플시럽

③ 빨간 단풍잎

④ 캐나다 지도

⑤ 캐나다 겨울의 모습

2-1 서술형 쌍둥이 문제

캐나다 국기에 자연이 담겨 있다고 한 까닭은 무엇인지 쓰시오. [4점]

_____

_____

3 ~ 3-1

　　오늘은 학교에서 『바위나리와 아기별』이라는 책을 읽었다. 앞표지에 있는 바위나리와 아기별 그림이 무척 예뻐서 내용이 궁금했기 때문이다. 이 책은 바위나리와 아기별의 우정 이야기이다.
　　바위나리는 바닷가에 핀 아름다운 꽃이었다. 하지만 친구가 없어 늘 외로웠다. 어느 날 밤, 아기별이 하늘에서 내려와 둘은 친구가 되었고, 바위나리와 아기별은 밤마다 만나 즐겁게 놀았다.

3 이 글의 종류는 무엇입니까? (　　　　)

① 시
② 소설
③ 전기문
④ 기행문
⑤ 독서 감상문

3-1
서술형
쌍둥이
문제

글쓴이가 『바위나리와 아기별』이라는 책을 읽게 된 까닭은 무엇인지 쓰시오. [4점]

_____

_____

4 ~ 4-1

• 독서 감상문으로 교실 꾸미기를 하고, 친구들이 쓴 독서 감상문을 살펴보고 있습니다.

4 친구들이 쓴 독서 감상문에 들어있을 내용이 <u>아닌</u> 것은 무엇입니까? (　　　　)

① 책 내용
② 책의 두께
③ 인상 깊은 부분
④ 책을 읽게 된 까닭
⑤ 책을 읽은 뒤의 생각이나 느낌

4-1
서술형
쌍둥이
문제

이 그림에서 친구들이 말한 내용 외에 독서 감상문에 들어있을 내용을 두 가지 더 생각하여 쓰시오.

[4점]

_____

_____

1~2

가 두근두근, 두근두근!

　드디어 월드컵 개막식이 시작되었어.

　각 나라를 대표하는 선수들이 운동장으로 줄지어 들어오고 있어.

　커다란 국기를 펼쳐 들고서 말이야.

　갖가지 무늬와 색깔의 국기들이 물결처럼 출렁거려.

　그런데 왜 국기를 들고 입장하냐고?

　국기는 그 나라를 나타내는 깃발이거든.

나 **국기에는 그 나라의 전설이 담겨 있어.**

　멕시코 국기 이야기를 들어 볼래?

　어느 날, 아즈텍족이 신의 계시를 받았어.

　"독사를 물고 날아가는 독수리가 선인장 위에 앉으면 그곳에 도시를 세워라!"

　계시대로 독수리가 내려앉은 곳에 도시를 세웠더니 점점 강해져 아즈텍 제국으로 발전했고, 오늘날의 멕시코가 되었대.

　그래서 나라를 세운 이야기를 국기에 그려 넣은 거야.

1 각 나라를 대표하는 선수들이 왜 국기를 들고 입장한다고 하였는지 쓰시오. [5점]

_____

_____

2 멕시코 국기에는 어떤 전설이 담겨 있는지 쓰시오.

[5점]

_____

_____

3~4

3 그림의 친구는 어떤 방법으로 책을 소개하고 있는지 쓰시오. [5점]

_____

_____

4 그림 ❸과 그림 ❹에서는 무엇에 대해 이야기한 것인지 쓰시오. [5점]

_____

_____

_____

단계별 유형

5 독서 감상문의 특징을 생각하며 다음 글을 읽고 물음에 답하시오. [10점]

> **가** 오늘은 학교에서 『바위나리와 아기별』이라는 책을 읽었다. 앞표지에 있는 바위나리와 아기별 그림이 무척 예뻐서 내용이 궁금했기 때문이다. 이 책은 바위나리와 아기별의 우정 이야기이다.
>
> **나** ㉠나는 이 책에서 바위나리를 그리워하며 울다가 빛을 잃은 아기별이 하늘 나라에서 쫓겨나 바다로 떨어진 장면이 가장 기억에 남는다. 왜냐하면 살아 있을 때에는 만나지 못하다가 죽은 뒤에야 같이 있을 수 있게 된 것이 너무 슬펐기 때문이다. 바위나리는 몸이 아파 아기별을 만나지 못해 너무 슬펐다. 얼마나 슬펐으면 가슴이 미어졌을까?
>
> 이 책을 읽고 주위에 바위나리처럼 외로운 친구가 있는지 생각해 보았다. 그리고 그 친구에게 아기별과 같은 친구가 되어야겠다는 생각이 들었다.

1단계 이 글은 어떤 책을 읽고 쓴 글인지 쓰시오.

(   )

2단계 ㉠은 독서 감상문의 특징 중 무엇에 해당하는지 쓰시오.

(   )

3단계 글쓴이가 책을 읽고 난 뒤 생각하거나 느낀 점은 무엇인지 쓰시오.

_____

6~7

6 ㉠에 들어갈 독서 감상문에 쓸 내용을 한 가지 생각하여 쓰시오. [5점]

_____

_____

7 독서 감상문으로 교실을 꾸미는 방법에는 무엇이 있는지 생각하여 쓰시오. [5점]

_____

_____

연습! 서술형 평가

1 ~ 1-1

끝이 보이지 않을 만큼 넓디넓은 땅에, 잎이 세 개뿐인 나무들이 빽빽했습니다. 자세히 보니 그것은 클로버밭이었습니다. 발목까지밖에 오지 않던 화단 턱이 절벽처럼 높았습니다. 도대체 무슨 일이 일어난 것일까요?

"갑자기 세상이 왜 이렇게 커졌지?"

이야기 할아버지는 어리둥절해서 사방을 둘러보았습니다. 그날 밤도 할아버지는 여느 때처럼 어린이들을 위한 동시와 이야기를 쓰고 있었습니다. 잠시 바람을 쐬러 마당으로 나왔다가 순식간에 벌어진 일이었지요. 할아버지는 어쩔 줄 몰랐습니다.

"어, 이야기 할아버지 아니세요? 어쩌다 이렇게 작아지셨어요?"

할아버지만큼 커다란 베짱이가 말을 건넸습니다. 할아버지는 그제야 세상이 크게 변한 게 아니라 할아버지가 작게 줄어들었음을 알았습니다.

"글쎄, 나도 잘 모르겠다. 마당에 처음 보는 작은 열매가 있기에 먹어 보았을 뿐인데……."

베짱이는 할아버지 말을 듣고 이마를 '탁' 치며 말했습니다.

"그건 아마 '커졌다 작아졌다' 마법 열매였을 거예요! 그걸 한 알 더 먹어야 본래 크기로 돌아올 수 있어요."

1 할아버지에게 일어난 일은 무엇입니까? (   )

① 할아버지의 크기가 작아졌습니다.
② 할아버지의 나이가 적어졌습니다.
③ 할아버지가 마법사가 되었습니다.
④ 할아버지가 쓴 동시가 사라졌습니다.
⑤ 할아버지가 사는 세상이 실제로 크게 변했습니다.

1-1 서술형 쌍둥이 문제 할아버지가 작아진 까닭을 쓰시오. [4점]

_____

_____

2 ~ 2-1

네 번째, 땋은 실 끝 쪽에 매듭을 짓습니다. 매듭은 첫 번째 매듭을 지을 때 사용한 방법으로 지으며, 자신이 땋은 부분이 끝나는 곳보다 좀 더 앞쪽에 짓습니다. 매듭을 짓고 보면 줄이 짧아진 게 느껴질 겁니다. 원하는 길이보다 길게 땋아야 하는 까닭은 이렇게 줄이 짧아지기 때문입니다.

마지막으로, 양쪽 끝을 연결합니다. 양쪽 끝을 연결할 때에는 끝끼리 묶어도 좋고, 다른 실로 양쪽 매듭을 함께 이어 줘도 좋습니다. 어때요? 멋있는 실 팔찌가 만들어졌나요?

2 밑줄 친 '네 번째', '마지막으로'는 무엇을 나타내는 말입니까? (   )

① 차례   ② 나이
③ 장소   ④ 크기
⑤ 시간

2-1 서술형 쌍둥이 문제 이와 같은 글은 어떤 흐름에 주의하며 간추려야 할지 쓰시오. [6점]

_____

_____

3~3-1

우리 가족은 할머니 생신을 맞아 주말에 여행을 다녀왔다. 여행지는 전라북도 고창으로 예전에 텔레비전 여행 방송에서 본 기억이 있어서, 가기 전부터 많이 설레었다.

토요일 아침 일찍 출발해서, 맨 처음 도착한 고창 관광지는 고인돌 박물관이었다. 고인돌 박물관에서는 영화와 유물들을 보면서 고인돌의 역사를 알 수 있었다. 박물관 일 층에서는 고인돌 영화를 봤고 이 층에서는 고인돌과 관련된 여러 유물을 봤다. 박물관을 다 둘러보고 나니 고인돌 박사가 된 것 같은 기분이었다.

다음으로 간 곳은 동림 저수지 야생 동식물 보호 구역이었다. 동림 저수지는 겨울 철새가 많이 찾는 곳으로 우리 가족도 혹시 철새 떼의 춤을 볼 수 있을까 하는 기대로 방문해 보았다. 그곳에서 여러 가지 설명을 읽어 보았는데, 고창군 전 지역은 2013년부터 유네스코 생물권 보존 지역으로 지정되어 환경을 해치는 행위를 해서는 안 된다는 안내도 있었다.

3 글쓴이가 고창에서 간 장소를 두 가지 고르시오.

( )

① 동물원
② 동림 저수지
③ 철새 박물관
④ 영화 촬영지
⑤ 고인돌 박물관

3-1
서술형
쌍둥이
문제

이와 같은 글은 어떤 부분에 주의하며 간추려야 할지 쓰시오. [6점]

_____

_____

4~4-1

㉠			
❶ 잉근내군	❷ 괴양군	❸ 괴주군	❹ 괴산군
고구려	신라	고려	조선

괴산 지역 이름은 시간에 따라 변해 왔습니다. 고구려 때에는 '잉근내군'이라고 불리다가, 신라 경덕왕 때 '괴양군'으로 바뀌었습니다. 그 뒤 고려 시대에는 '괴주'라고 불리다가, 조선 태종 때부터는 지금 이름인 '괴산'이라는 지명으로 불렸습니다.

4 이 글은 어떤 소재로 글을 썼습니까? ( )
① 옛길 안내
② 지명 변화
③ 특산물 소개
④ 지역의 위치
⑤ 인구의 변화

4-1
서술형
쌍둥이
문제

㉠에 들어갈, 이 글에 어울리는 제목을 지어 쓰시오.
[4점]

_____

_____

_____

실전! 서술형 평가

단계별 유형

1 글의 특징을 생각하며 다음 두 글을 읽고 물음에 답하시오. [10점]

> **가** 실 팔찌 만들기의 준비물은 매우 간단합니다. 서로 다른 색깔 털실 세 줄, 셀로판테이프만 있으면 됩니다. 실은 굵을수록 엮기 쉬우므로 굵은 실을 준비하고 길이는 손목 둘레의 서너 배 정도로 자릅니다.
>
> 첫 번째, 서로 다른 색깔 실 세 가닥을 함께 잡고 매듭을 짓습니다. 실의 3~4센티미터를 남겨 두고 실 세 가닥을 한꺼번에 잡아 작은 원을 만듭니다. 그 뒤 짧은 쪽 실 세 가닥을 아까 만든 원 쪽으로 집어넣고 당기면 쉽게 매듭을 지을 수 있습니다.
>
> **나** 어떻게 감기약을 먹어야 좋을까요?
>
> 먼저, 병원에서 의사와 충분하게 상담한 뒤 자신의 증세에 맞는 감기약을 처방받습니다. 어른들이 먹는 감기약이나 언제 샀는지 모르는 감기약을 먹으면 오히려 더 큰 병에 걸릴 수도 있습니다. 어린이들이 감기약을 먹을 때에는 꼭 의사의 지시에 따릅니다.

단계 1 **가** 와 **나** 는 무엇에 대하여 쓴 글인지 쓰시오.

가	(1)
나	(2)

단계 2 **가** 와 **나** 의 비슷한 점을 쓰시오.

_____

_____

단계 3 **가** 와 **나** 는 어떤 점이 다른지 비교하여 쓰시오.

_____

_____

2~3

> **가** 어제 과학 관찰 보고서를 쓰려고 동물원에 갔다. 내 보고서 주제는 '날개가 있는 동물'로, 동물원의 많은 동물 가운데에서도 날개가 있는 동물을 찾아 관찰하는 것이다. 날씨가 추워서 야외 관람관은 문을 닫은 곳이 많아서 주로 실내 관람관에서 관찰했다.
>
> 동물원 입구를 지나 가장 먼저 간 곳은 '곤충관'이었다. 곤충관에는 여러 지역의 곤충들이 전시되어 있었는데, 날개가 있는 동물로 나비와 벌, 메뚜기와 같은 곤충들이 있었다.
>
> **나** 곤충관 바로 옆은 '야행관'이었는데 주로 밤에 활동하는 동물들이 있는 곳이었다. 야행관에도 날개가 있는 동물들이 있었다. 바로 박쥐와 올빼미였다. 외국에서 산다는 과일박쥐도 인상 깊었지만, 내 눈길을 끈 것은 수리부엉이이다.
>
> **다** 야행관 다음으로 간 곳은 '열대 조류관'이었다. 열대 조류관은 따뜻한 지역에 사는 새들이 사는 곳이었다. 열대 조류관은 아주 큰 실내 전시장으로, 천장이 높아서 머리 위로 화려한 색의 새들이 날아다니는 것을 볼 수 있었다.

2 '내'가 동물원에 간 까닭은 무엇인지 쓰시오. [5점]

_____

_____

3 동물원에서 어디어디를 갔는지 간추려 쓰시오. [5점]

_____

_____

4~5

오래전부터 기다려 오던 직업 체험학습을 가는 날이다. 학교에서 모두 함께 출발해 열 시에 직업 체험관에 도착했다. 도착하자마자 우리 반은 모둠별로 흩어졌다. 우리 모둠은 나, 민기, 혜정, 병주까지 네 명으로 모두 활발한 친구들이다.

우리 모둠은 가장 먼저 소품 설계관으로 출발했다. 소품 설계관은 작은 소품을 설계하고 직접 만들 수 있는 곳이다. 체험학습 계획을 세울 때 민기가 "집안 어른들께 선물로 드릴 만한 물건을 만들면 좋겠어."라고 의견을 냈기 때문에 소품 설계관을 첫 번째 체험활동 장소로 정했다. 민기는 어머니께 드릴 머리 끈을 만들고, 나는 할아버지께 드릴 손수건을 만들기로 했다. 내 손으로 만든 소품이 어딘가 부족해 보였지만 기분만은 진짜 디자이너가 된 것 같아 뿌듯했다.

디자이너 체험을 끝내자 거의 열한 시가 되었다. 우리는 제빵사 체험을 하려고 제빵 학원으로 갔다. 제빵 학원 앞에는 크게 '크림빵'이라고 적혀 있었다.

4 이 글은 어디에 갔다 온 뒤에 쓴 글인지 쓰시오. [5점]

_____

_____

5 이 글에서 시간 흐름과 장소 변화를 알 수 있는 부분을 각각 찾아 쓰시오. [5점]

시간 흐름	(1)
장소 변화	(2)

6~7

가 **괴산 특산물, 한지**

한지는 닥나무 껍질로 만든 우리 종이입니다. 괴산에서 만든 한지는 질기고 보관하기 좋아 외국으로 많이 수출한다고 합니다. 그럼 옛날 사람들은 한지를 어떻게 만들었을까요?

한지를 만드는 방법

① 닥나무 자르기 ② 닥나무 껍질 벗기기 ③ 껍질 삶기 ④ 껍질 씻기
⑤ 껍질 두드리기 ⑥ 닥풀 풀기 ⑦ 발로 한지 뜨기 ⑧ 한지 말리기

나 **산막이 옛길 안내**

괴산에는 사오랑 마을에서 산골 마을인 산막이 마을까지 연결되는 10리(약 4킬로미터)에 걸친 옛길이 있다. 이 옛길을 산책로로 만든 것이 지금의 산막이 옛길이다.

산막이 옛길은 주차장을 지나 오르막으로 시작한다. 오르막을 걷다 보면 차돌 바위 나루를 지나 소나무 동산에 이를 수 있다. 소나무 동산엔 40년이 넘은 소나무들이 숲을 이룬다.

6 이 글은 괴산의 자랑거리를 소개하는 글입니다. **가**와 **나**는 각각 어떤 소재로 글을 썼는지 쓰시오. [5점]

_____

_____

7 **가**의 '한지를 만드는 방법'과 **나**의 '산막이 옛길 안내'는 각각 어떻게 간추리면 좋을지 쓰시오. [5점]

_____

_____

1 ~ 1-1

"안녕이라고 말했잖아. 투루!"

무툴라는 이번에는 아주 크게 소리쳤어요.

"그래서 어쩌라고? 이 꼬맹이야! ⊙감히 아침 식사 하는 나를 귀찮게 해?"

"투루, 그렇게 거만하게 굴 것까진 없잖아! 너는 몸집이 가장 크다고 네가 가장 힘이 센 줄 알지? 난 줄다리기를 하면 널 언제든 이길 수 있어!"

"네가? 너 같은 꼬맹이가? 흥, 푸우하하하!"

1 투루의 성격으로 알맞은 것은 무엇입니까? (   )

① 미련합니다.

② 거만합니다.

③ 친절합니다.

④ 게으릅니다.

⑤ 성격이 급합니다.

1-1
서술형
쌍둥이
문제

⊙을 말할 때 투루는 어떤 표정이나 몸짓, 말투일지 쓰시오. [4점]

_____

_____

2 ~ 2-1

나그네: 뭐요? 문을 열어 달라고? 열어 주면 뛰쳐나와서 나를 잡아먹을 것이 아니오?

호랑이: 아닙니다. 제가 은혜를 모르고 그런 짓을 할 리가 있겠습니까? (앞발을 비비며 자꾸 절을 한다.)

나그네: 허허, 알았소. 설마 거짓말이야 하겠소? 내가 이 궤짝 문을 열어 주리다. 그 대신 약속을 꼭 지키시오.

호랑이: 네, 얼른 좀 열어 주십시오. 배가 고파서 눈이 빠질 지경입니다.

나그네가 문을 열자, 호랑이가 뛰쳐나와서 나그네를 잡아먹으려고 덤빈다.

나그네: 이게 무슨 짓이오? 약속을 지키지 않고…….

호랑이: 하하, 궤짝 속에서 한 약속을 궤짝 밖에 나와서도 지키라는 법이 어디 있어?

나그네: 조금 전에 은혜를 모를 리가 있겠느냐고 하면서 애걸복걸하지 않았소?

호랑이: 은혜 모르기는 사람이 더하지. 그러니까 사람은 보는 대로 잡아먹어도 괜찮아.

2 호랑이가 나그네에게 약속한 것은 무엇입니까?

(   )

① 궤짝 문을 열어 주겠다는 것

② 돈을 많이 벌게 해 주겠다는 것

③ 나그네를 잡아먹지 않겠다는 것

④ 사슴과 토끼를 잡아 주겠다는 것

⑤ 나그네에게 맛있는 음식을 주겠다는 것

2-1
서술형
쌍둥이
문제

호랑이의 성격은 어떠한지 그렇게 생각한 까닭과 함께 쓰시오. [6점]

_____

_____

국어

9단원

3~3-1

나그네: 아니지요. 호랑이가…….

호랑이: (답답하다는 듯이 화를 내며) ㉠왜 이렇게 말귀를 못 알아듣지? (궤짝 속으로 들어가며) 이 궤짝 속에 내가 이렇게 있었어. 내가 이렇게 갇혀 있었단 말이야. 알았지?

　토끼가 얼른 달려들어 문고리를 걸어 잠근다.

토끼: (웃으면서) 이제야 알았습니다. 설명하시지 않아도 잘 알겠습니다. 호랑이님이 어떻게 이 궤짝 속에 들어갔는지 잘 알았습니다. 그럼 저는 바빠서 이만 가 보겠습니다.

나그네: (토끼를 쫓아가며) 토끼님, 대단히 고맙습니다. 이 은혜를 어떻게 갚아야 할지…….

3 ㉠에서 호랑이의 마음으로 알맞은 것은 무엇입니까?

(　　)

① 설렙니다.

② 두렵습니다.

③ 답답합니다.

④ 미안합니다.

⑤ 기분이 좋습니다.

3-1
서술형
쌍둥이
문제

㉠에 어울리는 호랑이의 표정이나 몸짓, 말투를 쓰시오. [4점]

_____

_____

4~4-1

「토끼의 재판」 연극 발표회

4 무대에서 연극 발표회를 할 때 주의할 점이 <u>아닌</u> 것은 무엇입니까? (　　)

① 항상 무대의 왼쪽 끝에 섭니다.

② 인물의 말을 실감 나게 표현합니다.

③ 관람하는 친구들에게 얼굴을 보이게 섭니다.

④ 맡은 인물의 성격에 맞는 표정으로 발표합니다.

⑤ 친구들이 들을 수 있도록 큰 목소리로 말합니다.

4-1
서술형
쌍둥이
문제

연극 발표회의 무대에 설 때 생각해야 할 점을 쓰시오. [6점]

_____

_____

1~2

"안녕, 쿠부."

쿠부는 무툴라를 쳐다보았지만 아무 말도 하지 않았어요.

"내가 안녕이라고 말했잖아, 쿠부."

쿠부는 눈을 감더니 아무 말 없이 물속으로 사라져 버렸어요. 쿠부의 머리가 다시 물 밖으로 나오자 무툴라는 아주 크게 소리쳤어요.

"쿠부, 내가 안녕이라고 말했잖아!"

"그래서 어쩌라고, 이 꼬맹이야! 감히 내 아침잠을 방해하다니!"

"쿠부, 그렇게 거만하게 굴 것까진 없잖아! 너는 몸집이 가장 크다고 네가 가장 힘이 센 줄 알지? 난 줄다리기를 하면 널 언제든 이길 수 있어!"

㉠"네가? 너 같은 꼬맹이가? 푸우하하하!"

"내일 아침, 내가 밧줄을 가져올게. ㉡그럼 내가 얼마나 힘이 센지 알게 될 거야!"

무툴라가 자신만만하게 말했어요.

쿠부의 대답을 기다리지도 않고 무툴라는 깡충깡충 뛰어 그 자리를 떠났어요.

1 쿠부와 무툴라는 어떤 성격일지 쓰시오. [5점]

쿠부	(1)
무툴라	(2)

2 ㉠과 ㉡은 각각 어떻게 읽으면 좋을지 쓰시오. [5점]

_____

_____

단계별 유형

3 인물의 성격을 짐작하며 다음 글을 읽고 물음에 답하시오. [10점]

나그네: ㉠허허, 알았소. 설마 거짓말이야 하겠소? 내가 이 궤짝 문을 열어 주리다. 그 대신 약속을 꼭 지키시오.

호랑이: 네, 얼른 좀 열어 주십시오. 배가 고파서 눈이 빠질 지경입니다.

나그네가 문을 열자, 호랑이가 뛰쳐나와서 나그네를 잡아먹으려고 덤빈다.

나그네: 이게 무슨 짓이오? 약속을 지키지 않고 ······.

호랑이: 하하, 궤짝 속에서 한 약속을 궤짝 밖에 나와서도 지키라는 법이 어디 있어?

나그네: 조금 전에 은혜를 모를 리가 있겠느냐고 하면서 애걸복걸하지 않았소?

호랑이: 은혜 모르기는 사람이 더하지. 그러니까 사람은 보는 대로 잡아먹어도 괜찮아.

단계 1 이와 같은 극본에서 인물의 성격은 무엇을 보고 알 수 있는지 쓰시오.

(   )

단계 2 ㉠에서 나그네의 성격은 어떠한지 그렇게 생각한 까닭과 함께 쓰시오.

_____

_____

단계 3 **단계 2** 에서 답한 나그네의 성격에 알맞은 말투를 상상하여 쓰시오.

_____

_____

4~5

호랑이: (답답하다는 듯이 화를 내며) 왜 이렇게 말
귀를 못 알아듣지? (궤짝 속으로 들어가며) 이 궤
짝 속에 내가 이렇게 있었어. 내가 이렇게 갇혀
있었단 말이야. 알았지?

토끼가 얼른 달려들어 문고리를 걸어 잠근다.

토끼: (웃으면서) 이제야 알았습니다. 설명하시지
않아도 잘 알겠습니다. 호랑이님이 어떻게 이 궤
짝 속에 들어갔는지 잘 알았습니다. 그럼 저는 바
빠서 이만 가 보겠습니다.

나그네: (토끼를 쫓아가며) 토끼님, 대단히 고맙습니
다. 이 은혜를 어떻게 갚아야 할지…….

호랑이는 궤짝 속에 쭈그려 울부짖고, 사냥꾼들
이 돌아와 궤짝을 메고 고개를 넘어간다. 즐거운
음악이 흐르며 막이 내린다.

4 다음 그림을 보고 어떤 상황인지 쓰고, 그 상황에서 토
끼의 성격이나 마음을 짐작하여 쓰시오. [5점]

상황	(1)
토끼의 성격이나 마음	(2)

5 이 극본으로 역할극을 할 때, 문제 **4**번의 상황에서 토
끼 역할을 맡은 사람은 어떤 표정이나 몸짓, 말투로 표
현하는 것이 어울릴지 쓰시오.

[5점]

_____

_____

6~7

발표할 부분

소품

6 그림에서 「토끼의 재판」 연극 발표회에서 호랑이 역할
을 맡은 아이는 어떤 소품을 준비했는지 쓰시오. [5점]

_____

_____

_____

7 연극 발표회에 필요한 소품은 어떤 방법으로 준비하면
좋을지 쓰시오. [5점]

_____

_____

수학 1. 곱셈

연습! 서술형 평가

올림이 없는 (세 자리 수)×(한 자리 수)

1 계산을 하세요.

$$232 \times 3 = \boxed{}$$

tip (세 자리 수)×(한 자리 수)는 백, 십, 일의 자리를 각각 계산하여 더합니다.

1-1
서술형
쌍둥이
문제

사탕이 한 상자에 232개씩 들어 있습니다. 3상자에 들어 있는 사탕은 모두 몇 개인지 해결 과정을 쓰고, 답을 구하세요. [4점]

(   )

올림이 있는 (세 자리 수)×(한 자리 수)

2 □ 안에 알맞은 수를 써넣으세요.

$$\begin{array}{r} 3\ \ 1\ \ \boxed{} \\ \times \qquad 2 \\ \hline 6\ \ 3\ \ 4 \end{array}$$

tip □×2의 일의 자리가 수가 4인 경우를 먼저 찾은 다음 □ 안에 알맞은 수를 구합니다.

2-1
서술형
쌍둥이
문제

□ 안에 알맞은 수를 구하려고 합니다. 해결 과정을 쓰고, 답을 구하세요. [6점]

$$31\boxed{} \times 2 = 634$$

(   )

(몇십)×(몇십), (몇십몇)×(몇십)

3 다음 중 40×90과 곱이 <u>다른</u> 것은 어느 것일까요?

(   )

① 60×60   ② 72×50

③ 75×40   ④ 45×80

⑤ 900×4

tip (몇십)×(몇십)은 (몇)×(몇)의 계산 결과에 0을 2개 붙이고, (몇십몇)×(몇십)은 (몇십몇)×(몇)의 계산 결과에 0을 1개 붙입니다.

3-1
서술형
쌍둥이
문제

곱이 다른 하나를 찾아 기호를 쓰려고 합니다. 해결 과정을 쓰고, 답을 구하세요. [4점]

| ㉠ 75×40 | ㉡ 45×80 | ㉢ 40×90 |

(   )

(몇)×(몇십몇)

4 □ 안에 알맞은 수를 써넣으세요.

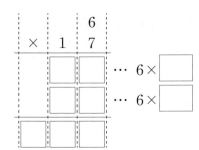

 (몇)×(몇십몇)은 (몇)×(몇)과 (몇)×(몇십)을 각각 계산한 후 두 곱을 더합니다.

4-1
서술형
쌍둥이
문제

잘못 계산한 곳을 찾아 바르게 계산하고, 계산이 잘 못된 이유를 쓰세요. [4점]

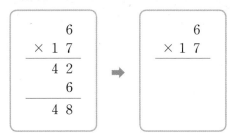

올림이 한 번 있는 (몇십몇)×(몇십몇)

5 계산 결과를 비교하여 ○ 안에 >, =, <를 알맞게 써 넣으세요.

$$14 \times 24 \bigcirc 25 \times 12$$

 (몇십몇)×(몇십몇)은 (몇십몇)×(몇)과 (몇십몇)×(몇십)을 각각 계산한 후 두 곱을 더합니다. 이때 올림이 있으면 올림한 수를 바로 윗자리의 곱에 더합니다.

5-1
서술형
쌍둥이
문제

계산 결과가 더 큰 것을 찾아 기호를 쓰려고 합니다. 해결 과정을 쓰고, 답을 구하세요. [6점]

ㄱ 14×24 ㄴ 25×12

(   )

올림이 여러 번 있는 (몇십몇)×(몇십몇)

6 두 곱의 합을 구하세요.

18×23 8×16

(   )

tip 곱셈식을 각각 계산한 후 두 곱을 더합니다.

6-1
서술형
쌍둥이
문제

한 상자에 18개씩 들어 있는 사과 23상자와 한 상자 에 8개씩 들어 있는 배 16상자가 있습니다. 사과와 배는 모두 몇 개인지 해결 과정을 쓰고, 답을 구하세요. [6점]

(   )

1. 곱셈 **39**

1 다음이 나타내는 수를 구하려고 합니다. 해결 과정을 쓰고, 답을 구하세요. [5점]

> 100이 3개, 10이 2개, 1이 1개인 세 자리 수의 3배

_____

_____

_____

_____

(   )

2 다음 곱셈을 계산할 때 $5 \times 3 = 15$의 5는 어느 자리에 써야 하는지 기호를 쓰려고 합니다. 해결 과정을 쓰고, 답을 구하세요. [5점]

$$\begin{array}{r} 5\ 0 \\ \times\ 3\ 0 \\ \hline ㉠\ ㉡\ ㉢\ ㉣ \end{array}$$

_____

_____

_____

(   )

3 재혁이는 50원짜리 동전을 67개 모았습니다. 재혁이가 모은 돈은 모두 얼마인지 해결 과정을 쓰고, 답을 구하세요. [5점]

_____

_____

_____

_____

(   )

4 세희는 동화책을 매일 16쪽씩 읽습니다. 세희가 8월 한 달 동안 읽은 동화책은 모두 몇 쪽인지 해결 과정을 쓰고, 답을 구하세요. [7점]

_____

_____

_____

_____

(   )

단계별 유형

5 계산 결과가 작은 순서대로 기호를 쓰려고 합니다. 해결 과정을 쓰고, 답을 구하세요. [7점]

> ㉠ 108×9 ㉡ 276×4
> ㉢ 472×3 ㉣ 535×2

_____

_____

_____

_____

( )

6 1부터 9까지의 수 중에서 □ 안에 들어갈 수 있는 가장 큰 수는 얼마인지 해결 과정을 쓰고, 답을 구하세요. [7점]

> 4×26 > □×19

_____

_____

_____

( )

7 어떤 수에 49를 곱해야 할 것을 잘못하여 더했더니 110이 되었습니다. 바르게 계산하면 얼마인지 구하려고 합니다. 물음에 답하세요. [10점]

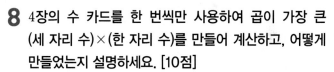 어떤 수를 □라고 하여 잘못 계산한 덧셈식을 쓰세요.

식 _____

 어떤 수를 구하세요.

( )

 바르게 계산하면 얼마인지 구하세요.

( )

8 4장의 수 카드를 한 번씩만 사용하여 곱이 가장 큰 (세 자리 수)×(한 자리 수)를 만들어 계산하고, 어떻게 만들었는지 설명하세요. [10점]

2 8 5 1

□□□ × □ = □

_____

_____

수학

1단원

1. 곱셈 **41**

2. 나눗셈

연습! 서술형 평가

내림이 없는 (몇십)÷(몇)

1 수 모형을 보고 □ 안에 알맞은 수를 써넣으세요.

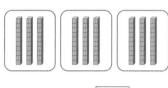

$$90 \div 3 = \boxed{}$$

tip 십 모형 9개를 똑같이 3묶음으로 나누면 한 묶음에 십 모형 몇 개가 있는지 살펴봅니다.

1-1 서술형 쌍둥이 문제

사탕 90개를 3개의 상자에 똑같이 나누어 담으려고 합니다. 한 상자에 사탕을 몇 개씩 담아야 하는지 해결 과정을 쓰고, 답을 구하세요. [4점]

_____

_____

(   )

내림이 있는 (몇십)÷(몇)

2 □ 안에 알맞은 수를 써넣으세요.

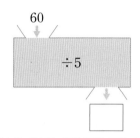

tip (몇십)÷(몇)의 나눗셈식을 세워 몫을 구합니다.

2-1 서술형 쌍둥이 문제

길이가 같은 막대 5개를 맞닿게 연결한 길이가 다음과 같습니다. 막대 한 개의 길이는 몇 cm인지 해결 과정을 쓰고, 답을 구하세요. [4점]

←60cm→

_____

_____

(   )

나머지가 없는 (몇십몇)÷(몇)

3 □ 안에 알맞은 수를 써넣으세요.

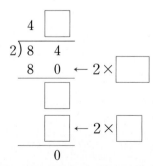

tip 나누어지는 수의 십의 자리 수부터 먼저 나눕니다.

3-1 서술형 쌍둥이 문제

잘못 계산한 곳을 찾아 바르게 계산하고, 계산이 잘못된 이유를 쓰세요. [4점]

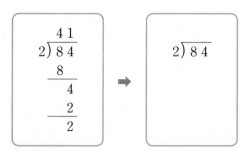

_____

_____

나머지가 있는 (몇십몇)÷(몇)

4 나눗셈의 몫과 나머지를 구하세요.

$$65 \div 4$$

몫 (   )
나머지 (   )

tip 몫을 구하고 남은 수가 나머지가 됩니다.

4-1 서술형 쌍둥이 문제
양파가 65개 있습니다. 한 봉지에 4개씩 포장하면 양파는 몇 봉지가 되고 몇 개가 남는지 해결 과정을 쓰고, 답을 구하세요. [6점]

_____

_____

_____

(   ), (   )

수학 2단원

(세 자리 수)÷(한 자리 수)

5 나눗셈의 몫을 구하세요.

$$900 \div 3$$

(   )

tip (몇백)÷(몇)은 (몇)÷(몇)의 값에 0을 2개 붙입니다.

5-1 서술형 쌍둥이 문제
다음과 같은 돈을 3명의 친구들이 똑같이 나누어 가지려고 합니다. 한 사람이 얼마씩 갖게 되는지 해결 과정을 쓰고, 답을 구하세요. [6점]

_____

_____

(   )

나눗셈의 활용

6 빈 곳에 알맞은 수를 써넣으세요.

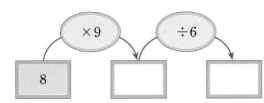

tip 앞에서부터 차례로 계산합니다.

6-1 서술형 쌍둥이 문제
색종이가 8장씩 9묶음 있습니다. 이 색종이를 한 명에게 6장씩 나누어 주면 몇 명에게 나누어 줄 수 있는지 해결 과정을 쓰고, 답을 구하세요. [6점]

_____

_____

_____

(   )

실전! 서술형 평가

1 다음은 세 변의 길이가 같은 삼각형입니다. 삼각형의 세 변의 길이의 합이 60 cm일 때 한 변은 몇 cm인지 해결 과정을 쓰고, 답을 구하세요. [5점]

_____

_____

_____

(   )

2 두 나눗셈의 몫의 차는 얼마인지 해결 과정을 쓰고, 답을 구하세요. [5점]

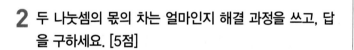

_____

_____

_____

(   )

3 어떤 수를 6으로 나누었을 때 나머지가 될 수 있는 수 중에서 가장 큰 수는 얼마인지 해결 과정을 쓰고, 답을 구하세요. [5점]

_____

_____

_____

(   )

4 지우개가 33개 있습니다. 9명이 똑같이 나누어 남김 없이 모두 사용하려면 지우개가 적어도 몇 개 더 필요한지 해결 과정을 쓰고, 답을 구하세요. [7점]

_____

_____

_____

(   )

5 잘못 계산한 곳을 찾아 바르게 계산하고, 계산이 잘못된 이유를 쓰세요. [7점]

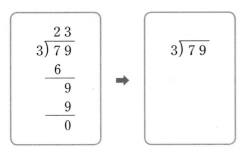

_____

_____

_____

6 3장의 수 카드를 한 번씩만 사용하여 몫이 가장 큰 (두 자리 수)÷(한 자리 수)를 만들려고 합니다. 이때 나머지는 얼마인지 해결 과정을 쓰고, 답을 구하세요. [7점]

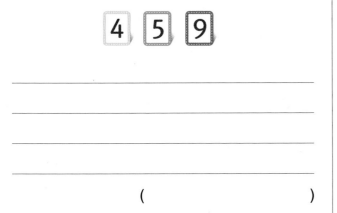

_____

_____

_____

(   )

7 124일은 몇 주 며칠인지 해결 과정을 쓰고, 답을 구하세요. [7점]

_____

_____

_____

(   )

단계별 유형

8 8로 나누어도 나누어떨어지고 5로 나누어도 나누어떨어지는 두 자리 수 중에서 가장 큰 수를 구하려고 합니다. 물음에 답하세요. [10점]

단계 **1** 8로 나누어떨어지는 두 자리 수를 큰 수부터 4개 쓰세요.

(   )

단계 **2** 5로 나누어떨어지는 두 자리 수를 큰 수부터 4개 쓰세요.

(   )

단계 **3** 8로 나누어도 나누어떨어지고 5로 나누어도 나누어떨어지는 두 자리 수 중에서 가장 큰 수를 쓰세요.

(   )

수학

3. 원

연습! 서술형 평가

여러 가지 방법으로 원 그리기

1 자로 점을 찍어 원을 완성하세요.

tip 중심점으로부터 같은 길이만큼의 거리에 점들을 찍어서 원을 완성합니다.

1-1
서술형 쌍둥이 문제

오른쪽과 같이 자로 점을 찍어 원을 그리려고 합니다. 원을 좀 더 정확하게 그리려면 어떻게 해야 할지 쓰세요. [4점]

원의 중심

2 누름 못과 띠 종이를 이용하여 원을 그렸습니다. 원의 중심을 찾아 기호를 쓰세요.

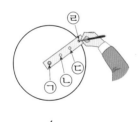

(   )

tip 원의 중심은 고정된 부분입니다.

2-1
서술형 쌍둥이 문제

원의 중심에 대해 잘못 설명한 사람을 찾아 이름을 쓰고, 바르게 고치세요. [4점]

- 민호: 원의 가장 안쪽에 있는 점이야.
- 태주: 원의 중심은 1개야.
- 유진: 원을 그릴 때 연필이 꽂혔던 점이야.

잘못 설명한 사람

바르게 고치기

원의 반지름

3 원의 반지름을 3개 그으세요.

tip 원의 중심과 원 위의 한 점을 선분으로 잇습니다.

3-1
서술형 쌍둥이 문제

한 원에서 반지름은 몇 개 그을 수 있는지 설명하세요. [4점]

원의 성질

4 원의 지름을 나타내는 선분을 찾아 쓰세요.

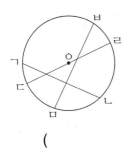

( )

tip 원의 지름은 원의 중심을 지나는 선분입니다.

4-1 서술형 쌍둥이 문제

다음 그림은 원의 지름을 잘못 나타낸 것입니다. 잘못 나타낸 이유를 쓰세요. [6점]

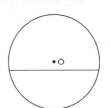

컴퍼스를 이용하여 원 그리기

5 컴퍼스를 이용하여 반지름이 2 cm인 원을 그리세요.

tip 반지름만큼 컴퍼스의 침과 연필심 사이를 벌려 원을 그립니다.

5-1 서술형 쌍둥이 문제

승민이는 다음과 같이 컴퍼스를 벌려서 반지름이 2 cm인 원을 그리려고 합니다. 원을 그리는 방법이 잘못된 이유를 쓰세요. [6점]

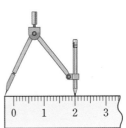

원을 이용하여 여러 가지 모양 그리기

6 주어진 모양을 그리기 위하여 컴퍼스의 침을 꽂아야 할 곳을 모눈종이에 모두 표시하세요.

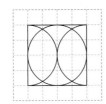

tip 원을 그릴 때 컴퍼스의 침은 원의 중심에 꽂아야 합니다.

6-1 서술형 쌍둥이 문제

다음 모양을 그린 방법을 설명하세요. [6점]

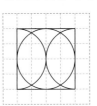

1 오른쪽 원을 보고 ㉠과 ㉡에 알맞은 수의 합은 얼마인지 해결 과정을 쓰고, 답을 구하세요. [5점]

- 원의 중심은 ㉠개입니다.
- 원의 반지름은 ㉡ cm입니다.

_____

_____

_____

_____

(   )

2 원 위의 두 점을 이은 선분 중에서 길이가 가장 긴 선분을 찾아 쓰려고 합니다. 해결 과정을 쓰고, 답을 구하세요. [5점]

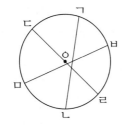

_____

_____

_____

_____

(   )

3 다음 그림을 보고 원의 지름과 반지름의 관계를 설명하세요. [5점]

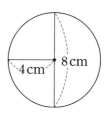

_____

_____

_____

4 성호와 희주 중에서 더 큰 원을 그린 사람은 누구인지 해결 과정을 쓰고, 답을 구하세요. [7점]

반지름이 8 cm인 원을 그렸어.

지름이 15 cm인 원을 그렸어.

성호

희주

_____

_____

_____

_____

(   )

5 지름이 24 cm인 원 2개를 다음과 같이 서로의 중심을 지나도록 그렸습니다. 삼각형 ㄱㄴㄷ의 세 변의 길이의 합은 몇 cm인지 해결 과정을 쓰고, 답을 구하세요. [7점]

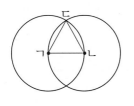

_____

_____

_____

(   )

6 다음과 같은 원을 그리려고 합니다. 컴퍼스의 침과 연필심 사이를 몇 cm로 벌려야 하는지 해결 과정을 쓰고, 답을 구하세요. [7점]

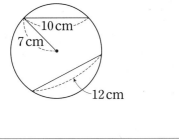

_____

_____

(   )

7 다음과 같이 직사각형 안에 크기가 다른 2개의 원이 있습니다. 크기가 작은 원의 반지름은 몇 cm인지 해결 과정을 쓰고, 답을 구하세요. [10점]

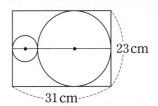

_____

_____

_____

(   )

단계별 유형

8 다음과 같은 모양을 그리기 위하여 컴퍼스의 침을 꽂아야 할 곳이 가장 많은 것을 찾아 기호를 쓰려고 합니다. 물음에 답하세요. [10점]

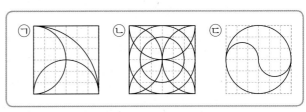

1단계 ㉠, ㉡, ㉢을 그리기 위하여 컴퍼스의 침을 꽂아야 할 곳에 모두 점을 찍으세요.

2단계 ㉠, ㉡, ㉢을 그리기 위하여 컴퍼스의 침을 꽂아야 할 곳은 각각 몇 군데일까요?

㉠: ☐ 군데, ㉡: ☐ 군데, ㉢: ☐ 군데

3단계 ㉠, ㉡, ㉢ 중 침을 꽂아야 할 곳이 가장 많은 것을 찾아 기호를 쓰세요.

(   )

수학

3단원

 4. 분수

연습! 서술형 평가

분수로 나타내기

1 공깃돌을 3개씩 묶고 □ 안에 알맞은 수를 써넣으세요.

21을 3씩 묶으면 15는 21의 $\dfrac{\square}{\square}$ 입니다.

tip 전체 ■묶음 중의 ●묶음은 $\dfrac{●}{■}$입니다.

1-1 서술형 쌍둥이 문제 민서는 아버지께서 사 오신 귤 21개를 3개씩 나누어 봉지에 담았습니다. 15는 21의 몇 분의 몇인지 해결 과정을 쓰고, 답을 구하세요. [4점]

_____

_____

_____

(   )

분수만큼 알기

2 □ 안에 알맞은 수를 써넣으세요.

(1) 18의 $\dfrac{2}{3}$는 □ 입니다.

(2) 45의 $\dfrac{4}{9}$는 □ 입니다.

tip 전체의 $\dfrac{1}{■}$이 ●이면 $\dfrac{▲}{■}$는 ● × ▲입니다.

2-1 서술형 쌍둥이 문제 ㉠과 ㉡의 차는 얼마인지 해결 과정을 쓰고, 답을 구하세요. [6점]

| ㉠ 18의 $\dfrac{2}{3}$ ㉡ 45의 $\dfrac{4}{9}$ |

_____

_____

_____

(   )

진분수

3 $\dfrac{●}{9}$는 진분수입니다. ●가 될 수 <u>없는</u> 수는 어느 것일까요? (   )

① 1   ② 3   ③ 5

④ 8   ⑤ 10

tip 진분수는 분자가 분모보다 작아야 합니다.

3-1 서술형 쌍둥이 문제 분모가 9인 진분수는 모두 몇 개인지 해결 과정을 쓰고, 답을 구하세요. [4점]

_____

_____

_____

(   )

대분수

4 보기 를 보고 오른쪽 그림을 대분수로 나타내세요.

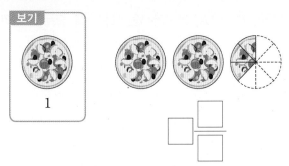

보기

1

tip 대분수는 자연수와 진분수로 이루어진 분수입니다.

⇨ ●와 $\frac{▲}{■}$는 ●$\frac{▲}{■}$로 나타냅니다.

4-1 서술형 쌍둥이 문제 연우와 친구들이 피자 2판을 먹고, 또 한 판을 똑같이 8조각으로 나눈 것 중의 3조각을 먹었습니다. 연우와 친구들이 먹은 피자의 양을 대분수로 나타내려고 합니다. 해결 과정을 쓰고, 답을 구하세요. [4점]

_____

_____

(   )

대분수를 가분수로 나타내기

5 그림을 보고 대분수를 가분수로 나타내세요.

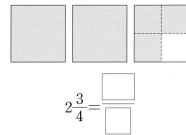

$$2\frac{3}{4} = \frac{\square}{\square}$$

tip 자연수를 분모가 4인 가분수로 나타낸 다음, 가분수와 진분수에서 단위분수 $\frac{1}{4}$이 몇 개인지 세어 가분수로 나타냅니다.

5-1 서술형 쌍둥이 문제 $2\frac{3}{4}$은 $\frac{1}{4}$이 몇 개인 수인지 해결 과정을 쓰고, 답을 구하세요. [4점]

_____

_____

(   )

분모가 같은 분수의 크기 비교

6 더 큰 수에 ○표 하세요.

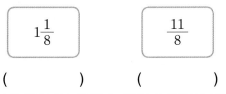

(   )   (   )

tip 대분수와 가분수의 크기 비교는 대분수를 가분수로 나타내거나 가분수를 대분수로 나타내어 분수의 크기를 비교합니다.

6-1 서술형 쌍둥이 문제 아영이는 $1\frac{1}{8}$시간 동안 숙제를 하고, $\frac{11}{8}$시간 동안 독서를 하였습니다. 아영이는 숙제와 독서 중에서 어느 것을 더 오래 하였는지 해결 과정을 쓰고, 답을 구하세요. [6점]

_____

_____

(   )

실전! 서술형 평가

1 색칠한 부분을 분수로 나타내려고 합니다. 해결 과정을 쓰고, 답을 구하세요. [5점]

⟨⊙⊙⊙⊙⊙○○○○⟩

(   )

2 ㉠과 ㉡에 알맞은 수의 합은 얼마인지 해결 과정을 쓰고, 답을 구하세요. [5점]

- 30을 5씩 묶으면 5는 30의 $\dfrac{㉠}{6}$ 입니다.
- 15를 3씩 묶으면 9는 15의 $\dfrac{㉡}{5}$ 입니다.

(   )

3 자연수가 3이고, 분모가 5인 대분수를 모두 구하려고 합니다. 해결 과정을 쓰고, 답을 구하세요. [7점]

(   )

4 가분수를 대분수로 잘못 나타낸 사람은 누구인지 해결 과정을 쓰고, 답을 구하세요. [7점]

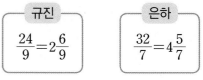

규진
$$\dfrac{24}{9} = 2\dfrac{6}{9}$$

은하
$$\dfrac{32}{7} = 4\dfrac{5}{7}$$

(   )

5 □ 안에 들어갈 수 있는 수는 모두 몇 개인지 해결 과정을 쓰고, 답을 구하세요. [7점]

$$\frac{13}{9} < \frac{\square}{9} < 2\frac{1}{9}$$

_____

_____

_____

(   )

6 딸기가 24개 있었습니다. 아버지께서 24개의 $\frac{1}{3}$만큼을, 어머니께서 24개의 $\frac{3}{8}$만큼을 드시고 나머지는 준서가 먹었습니다. 딸기를 가장 많이 먹은 사람은 누구인지 해결 과정을 쓰고, 답을 구하세요. [10점]

_____

_____

_____

_____

(   )

단계별 유형

7 3장의 수 카드를 사용하여 분수를 만들려고 합니다. 물음에 답하세요. [10점]

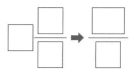

단계 1 수 카드 2장을 골라 한 번씩만 사용하여 만들 수 있는 진분수를 모두 쓰세요.

(   )

단계 2 수 카드 2장을 골라 한 번씩만 사용하여 만들 수 있는 가분수를 모두 쓰세요.

(   )

단계 3 수 카드 3장을 한 번씩만 사용하여 자연수가 6인 대분수를 만들고, 대분수를 가분수로 나타내세요.

단계 4 수 카드 3장을 한 번씩만 사용하여 가장 큰 대분수와 가장 작은 대분수를 각각 만드세요.

가장 큰 대분수 (   )
가장 작은 대분수 (   )

5. 들이와 무게

연습! 서술형 평가

들이 비교하기

1 주스병에 물을 가득 채운 후 물병에 옮겨 담았더니 그림과 같이 물이 채워졌습니다. 알맞은 말에 ○표 하세요.

주스병의 들이가 물병의 들이보다 더
(많습니다 , 적습니다).

tip 한 그릇에 물을 가득 채운 후 다른 그릇에 옮겨 담았을 때 물이 다 들어가면 물을 부은 쪽의 들이가 더 적습니다.

1-1 서술형 쌍둥이 문제 우유갑에 물을 가득 채운 후 비커에 옮겨 담았더니 그림과 같이 물이 채워졌습니다. 우유갑과 비커 중 들이가 더 적은 것을 쓰고, 그 이유를 쓰세요. [4점]

들이가 더 적은 것

이유

들이의 단위

2 □ 안에 알맞은 수를 써넣으세요.

1 L 30 mL = ☐ mL

tip 1 L = 1000 mL임을 이용하여 몇 L 몇 mL를 몇 mL로 나타냅니다.

2-1 서술형 쌍둥이 문제 빈 유리병에 주스 1 L 30 mL를 넣었더니 가득 찼습니다. 유리병의 들이는 몇 mL인지 해결 과정을 쓰고, 답을 구하세요. [4점]

( )

들이의 덧셈과 뺄셈

3 □ 안에 알맞은 수를 써넣으세요.

$$
\begin{array}{r}
2 \text{ L} \quad 600 \text{ mL} \\
+ \ 4 \text{ L} \quad 500 \text{ mL} \\
\hline
\boxed{} \text{ L} \ \boxed{} \text{ mL}
\end{array}
$$

tip 들이의 덧셈은 L는 L끼리, mL는 mL끼리 더하고, mL끼리의 합이 1000 mL이거나 1000 mL를 넘으면 1000 mL를 1 L로 받아올림하여 계산합니다.

3-1 서술형 쌍둥이 문제 들이가 다음과 같은 두 그릇에 물을 가득 채운 후 빈 수조에 모두 부으면 수조에 담긴 물의 양은 모두 몇 L 몇 mL인지 해결 과정을 쓰고, 답을 구하세요. [6점]

2 L 600 mL   4 L 500 mL

( )

무게의 단위

4 무게를 비교하여 ○ 안에 >, =, <를 알맞게 써넣으세요.

$$4 \text{ kg } 70 \text{ g } \bigcirc 4700 \text{ g}$$

tip 1 kg=1000 g임을 이용하여 같은 단위로 고쳐서 무게를 비교합니다.

4-1 서술형 쌍둥이 문제 무게가 더 무거운 것을 찾아 기호를 쓰려고 합니다. 해결 과정을 쓰고, 답을 구하세요. [4점]

> ㉠ 4 kg 70 g   ㉡ 4700 g

_____

_____

_____

(   )

수학
5단원

무게를 어림하고 재기

5 □ 안에 알맞은 단위를 골라 ○표 하세요.

50원짜리 동전의 무게는 약 4 □입니다.

(g , kg , t)

tip 1 kg은 설탕 한 봉지의 무게 정도이고, 1 t은 1 kg의 1000배 정도의 무게임을 알고 알맞은 단위를 고릅니다.

5-1 서술형 쌍둥이 문제 단위를 잘못 사용한 사람을 찾아 이름을 쓰고, 바르게 고치세요. [6점]

> • 시원: 농구공의 무게는 약 490 g이야.
> • 지나: 50원짜리 동전의 무게는 약 4 kg이야.

잘못 사용한 사람

_____

바르게 고치기

_____

무게의 덧셈과 뺄셈

6 빈 곳에 알맞은 무게를 써넣으세요.

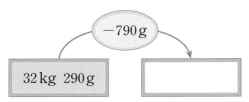

tip 무게의 뺄셈은 kg은 kg끼리, g은 g끼리 빼고, g끼리 뺄 수 없으면 1 kg을 1000 g으로 받아내림하여 계산합니다.

6-1 서술형 쌍둥이 문제 연성이가 책가방을 메고 저울에 올라가면 무게가 32 kg 290 g입니다. 책가방의 무게가 790 g이라면 연성이의 몸무게는 몇 kg 몇 g인지 해결 과정을 쓰고, 답을 구하세요. [6점]

_____

_____

_____

(   )

1 수지와 동욱이는 실제 들이가 1 L인 주스병의 들이를 다음과 같이 어림하였습니다. 주스병의 들이를 더 가깝게 어림한 사람을 찾아 쓰고, 그 이유를 쓰세요. [5점]

> • 수지: 약 1 L 200 mL
> • 동욱: 약 1 L 70 mL

더 가깝게 어림한 사람

이유

2 귤 4개의 무게를 재었더니 다음과 같았습니다. 귤의 무게가 모두 같다면 귤 한 개의 무게는 몇 g인지 해결 과정을 쓰고, 답을 구하세요. [5점]

( )

3 예인이가 물을 어제는 1 L 350 mL 마시고, 오늘은 1530 mL 마셨습니다. 어제와 오늘 중 예인이가 물을 더 적게 마신 날은 언제인지 해결 과정을 쓰고, 답을 구하세요. [5점]

( )

4 저울과 500원짜리 동전으로 고구마와 감자 중에서 어느 것이 500원짜리 동전 몇 개만큼 더 무거운지 구하려고 합니다. 해결 과정을 쓰고, 답을 구하세요. [7점]

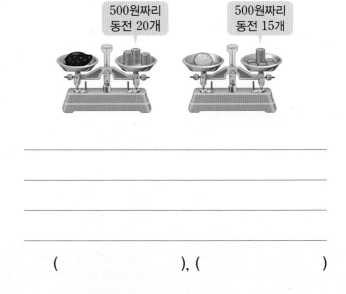

( ), ( )

5 한 포대에 $40\,kg$인 쌀 50포대를 트럭에 실었습니다. 트럭에 실은 쌀의 무게는 모두 몇 t인지 해결 과정을 쓰고, 답을 구하세요. [7점]

_____

_____

_____

(   )

6 가장 많은 들이와 가장 적은 들이의 합은 몇 L 몇 mL인지 해결 과정을 쓰고, 답을 구하세요. [7점]

$3\,L\ 500\,mL$	$2700\,mL$
$4\,L\ 800\,mL$	$5400\,mL$

_____

_____

_____

(   )

7 바구니에 무게가 같은 사과 6개를 담아서 무게를 재어 보니 $2\,kg\ 200\,g$이었습니다. 사과 한 개의 무게가 $300\,g$이라면 빈 바구니의 무게는 몇 g인지 해결 과정을 쓰고, 답을 구하세요. [10점]

_____

_____

_____

_____

(   )

단계별 유형

8 지원이와 유이 중에서 우유를 더 많이 마신 사람은 누구인지 구하려고 합니다. 물음에 답하세요. [10점]

	지원	유이
마시기 전	$2\,L$	$1\,L\ 100\,mL$
마신 후	$1\,L\ 750\,mL$	$700\,mL$

1단계 지원이가 마신 우유의 양은 몇 mL일까요?

(   )

2단계 유이가 마신 우유의 양은 몇 mL일까요?

(   )

3단계 우유를 더 많이 마신 사람은 누구일까요?

(   )

수학

5단원

6. 자료의 정리

연습! 서술형 평가

표를 보고 내용 알아보기

1 재현이네 반 학생들이 좋아하는 동물을 조사하여 표로 나타내었습니다. 물음에 답하세요.

학생들이 좋아하는 동물

동물	호랑이	사자	고양이	기린	합계
학생 수(명)	8	6	2		23

(1) 기린을 좋아하는 학생은 몇 명일까요?

( )

(2) 호랑이를 좋아하는 학생 수는 고양이를 좋아하는 학생 수의 몇 배일까요?

( )

(3) 좋아하는 학생이 가장 많은 동물부터 순서대로 쓰세요.

( )

tip 표에 나타난 합계를 이용하여 모르는 항목의 수를 구하고, 각 항목별 수로 여러 가지 내용을 알 수 있습니다.

1-1 서술형 쌍둥이 문제 우주네 반 학생들이 좋아하는 과목을 조사하여 표로 나타내었습니다. 표를 보고 알 수 있는 내용을 세 가지 쓰세요. [6점]

학생들이 좋아하는 과목

과목	국어	수학	사회	과학	합계
학생 수(명)	9	7	3	5	24

① _____

_____

② _____

_____

③ _____

_____

자료 정리하기

2 세현이네 반 학생들이 좋아하는 간식을 조사한 자료를 보고 표로 나타낸 것입니다. 알맞은 말에 ○표 하세요.

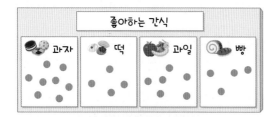

학생들이 좋아하는 간식

간식	과자	떡	과일	빵	합계
학생 수(명)	8	4	6	4	22

좋아하는 간식별 학생 수를 알아보는 데 더 편리한 것은 (자료 , 표)입니다.

tip 표는 각 항목별 조사한 수와 조사한 수의 합계를 알아보기 쉽습니다.

2-1 서술형 쌍둥이 문제 예린이네 반 학생들이 좋아하는 색깔을 조사하였습니다. 자료를 보고 표로 나타내고, 좋아하는 색깔별 학생 수를 알아보는 데 자료보다 표가 더 편리한 이유를 쓰세요. [4점]

좋아하는 색깔

예린	나은	혜진	도원	경준	은하	영욱
연주	지영	민욱	동호	아현	성민	시영
진성	희수	선아	규혁	유진	재성	채민

학생들이 좋아하는 색깔

색깔	빨강	초록	파랑	노랑	보라	합계
학생 수(명)						

_____

_____

그림그래프 알아보기

3 혜영이네 학교 3학년 학생들이 현장 체험 학습으로 가고 싶어 하는 장소를 조사하여 그림그래프로 나타내었습니다. 가장 많은 학생들이 가고 싶어 하는 장소는 어디일까요?

학생들이 가고 싶어 하는 장소

장소	학생 수
박물관	☺☺☺☺☺
미술관	☺☺☺☺☺☺
식물원	☺☺☺☺☺
과학관	☺☺☺

☺10명
☺1명

(   )

tip 10명을 나타내는 그림의 수가 많을수록 그 장소에 가고 싶어 하는 학생이 많습니다.

3-1 서술형 쌍둥이 문제

준규네 학교 3학년 학생들이 현장 체험 학습으로 가고 싶어 하는 장소를 조사하여 그림그래프로 나타내었습니다. 어디로 현장 체험 학습을 가면 좋을지 고르고, 그 이유를 쓰세요. [4점]

학생들이 가고 싶어 하는 장소

장소	학생 수
박물관	👤👤👤👤👤👤
미술관	👤👤👤👤👤👤👤
식물원	👤👤👤👤👤
과학관	👤👤👤

👤10명
👤1명

장소

이유

그림그래프 그리기

4 영민이네 학교 3학년 학생들의 혈액형을 조사하여 표로 나타내었습니다. 표를 보고 그림그래프로 나타내세요.

학생들의 혈액형

혈액형	A형	B형	O형	AB형	합계
학생 수(명)	34	28	42	24	128

학생들의 혈액형

혈액형	학생 수
A형	
B형	
O형	
AB형	

◎10명
○1명

tip 그림그래프를 그릴 때에는 주어진 그림의 크기와 조사한 수에 알맞게 그립니다.

4-1 서술형 쌍둥이 문제

표를 보고 그림그래프로 나타낸 것입니다. 잘못 나타낸 모둠을 찾아 쓰고, 잘못된 이유를 쓰세요. [6점]

모은 빈 병의 수

모둠	가	나	다	라	합계
빈 병의 수(개)	34	28	42	24	128

모은 빈 병의 수

모둠	빈 병의 수
가	🍶🍶🍶🍶🍶🍶
나	🍶🍶🍶🍶🍶🍶🍶🍶🍶
다	🍶🍶🍶🍶🍶
라	🍶🍶🍶🍶🍶🍶

🍶10개
🍶1개

잘못 나타낸 모둠

이유

1 윤성이네 학교 3학년 학생들이 지난 한 달 동안 읽은 책의 수를 조사하여 표로 나타내었습니다. 윤성이네 학교 3학년 학생들이 지난 한 달 동안 읽은 책은 모두 몇 권인지 해결 과정을 쓰고, 답을 구하세요. [5점]

학생들이 읽은 책의 수

반	1반	2반	3반	4반	합계
책의 수(권)	34	51	28	42	

_____

_____

_____

_____

(   )

2 1의 표를 보고 나타낸 그림그래프입니다. 그림그래프가 표보다 좋은 점을 쓰세요. [5점]

학생들이 읽은 책의 수

반	책의 수
1반	📕📕📕📖📖📖
2반	📕📕📕📕📕📖
3반	📕📕📖📖📖📖📖📖📖📖
4반	📕📕📕📕📖📖

📕10권
📖1권

_____

_____

3 2의 그림그래프를 보고 설명이 잘못된 것을 찾아 기호를 쓰고, 바르게 고치세요. [5점]

> ㉠ 책을 가장 많이 읽은 반은 3반입니다.
> ㉡ 책을 두 번째로 많이 읽은 반은 4반입니다.
> ㉢ 1반보다 책을 많이 읽은 반은 2반과 4반입니다.

잘못된 설명

_____

바르게 고치기

_____

_____

4 인우네 반과 민서네 반은 체육 활동을 함께 하려고 학생들이 하고 싶어 하는 운동을 조사하였습니다. 인우네 반과 민서네 반은 체육 활동에서 어떤 운동을 함께 하면 좋을지 고르고, 그 이유를 쓰세요. [7점]

학생들이 하고 싶어 하는 운동

운동	축구	피구	줄넘기	수영	합계
인우네 반 학생 수(명)	7	10	3	5	25
민서네 반 학생 수(명)	5	9	4	8	26

운동

_____

이유

_____

_____

5 희주네 마을의 목장에서 일주일 동안 생산한 우유의 양을 조사하여 그림그래프로 나타내었습니다. 우유 생산량이 가장 많은 목장은 가장 적은 목장보다 생산한 우유의 양이 몇 kg 더 많은지 해결 과정을 쓰고, 답을 구하세요. [7점]

목장별 우유 생산량

목장	우유 생산량
가	🥛🥛🥛🥛🥛🥛🥛
나	🥛🥛🥛🥛🥛🥛
다	🥛🥛🥛
라	🥛🥛🥛🥛🥛🥛

🥛10 kg 🥛1 kg

_____

_____

_____

(   )

6 호정이네 학교 3학년 학생들이 태어난 계절을 조사하여 그림그래프로 나타내었습니다. 호정이네 학교 3학년 학생이 모두 132명일 때, 가을에 태어난 학생 수는 그림 😊과 🙂을 각각 몇 개 그려야 하는지 해결 과정을 쓰고, 답을 구하세요. [10점]

학생들이 태어난 계절

계절	학생 수
봄	😊😊😊😊😊🙂🙂🙂🙂🙂
여름	😊🙂🙂🙂🙂🙂
가을	
겨울	😊😊😊🙂🙂

😊10명 🙂1명

_____

_____

_____

😊 (   )

🙂 (   )

7 어느 옷 가게에서 하루 동안 판매한 티셔츠의 수를 조사하여 표로 나타내었습니다. 물음에 답하세요. [10점]

하루 동안 판매한 티셔츠의 수

색깔	흰색	노란색	파란색	검은색	합계
티셔츠의 수(벌)	22	5	8		52

수학 6단원

단계1 검은색 티셔츠 판매량은 몇 벌일까요?

(   )

단계2 표를 보고 그림그래프로 나타낼 때 단위를 몇 가지로 나타내는 것이 좋을까요?

(   )

단계3 표를 보고 그림그래프로 나타내세요.

색깔	티셔츠의 수
흰색	
노란색	
파란색	
검은색	

단계4 판매한 티셔츠의 수가 가장 많은 색깔부터 순서대로 쓰세요.

(   )

환경

1 다음에서 설명하는 것은 무엇인지 쓰시오.

> 산, 들, 하천, 바다와 같은 땅의 생김새와 날씨에 영향을 주는 눈, 비, 바람, 기온 등을 말합니다.

(   )

1-1 자연환경이란 무엇인지 쓰시오. [5점]

_____

_____

자연환경을 이용하는 모습

2 다음 중 고장 사람들이 바다를 이용하는 모습은 어느 것입니까? (   )

① 논을 만듭니다.
② 도로를 만듭니다.
③ 항구를 짓습니다.
④ 등산로를 만듭니다.
⑤ 눈썰매장을 만듭니다.

2-1 다음 사진을 보고, 고장 사람들이 바다를 어떻게 이용하고 있는지 쓰시오. [4점]

_____

_____

계절에 따른 생활 모습

3 다음 계절과 관련된 생활 모습을 찾아 선으로 이으시오.

(1)	봄	•		•	㉠	눈썰매 타기
(2)	여름	•		•	㉡	벚꽃 구경하기
(3)	가을	•		•	㉢	해수욕하기
(4)	겨울	•		•	㉣	단풍 구경하기

3-1 다음 사진은 진우네 고장의 가을 모습입니다. 무엇을 하는 모습인지 쓰시오. [4점]

_____

_____

우리가 살아가는 데 꼭 필요한 것

4 다음에서 설명하는 것은 무엇인지 쓰시오.

> 사람이 살아가려면 몸을 보호하는 옷과 영양소와 힘을 얻기 위한 음식이 필요합니다. 또한 안전하고 편안하게 쉴 수 있는 집도 필요합니다. 이와 같은 것들을 ( )(이)라고 합니다.

( )

4-1

우리가 살아가는 데 의식주가 꼭 필요한 까닭을 쓰시오. [5점]

_____

_____

고장 사람들의 의생활 모습

사회

1단원

5 다음 날씨와 관련된 옷차림은 어느 것입니까?

( )

> 여름에는 덥고 햇볕이 강합니다.

①

②

③

④

⑤

5-1
우리 고장 사람들은 날씨가 더울 때와 날씨가 추울 때 주로 어떤 옷을 입는지 각각 쓰시오. [6점]

_____

_____

고장의 자연환경과 식생활 모습

6 다음 ( ) 안에 들어갈 알맞은 말에 ○표 하시오.

> (산이 많은 , 바다로 둘러싸인) 고장에는 생선을 이용한 음식이 많습니다.

6-1

각 고장에는 발달한 음식들이 있습니다. 고장마다 발달한 음식이 다른 까닭을 쓰시오. [6점]

_____

_____

1 자연환경과 인문환경은 무엇인지 구체적인 예를 써서 각각 설명하시오. [7점]

(1) 자연환경	
(2) 인문환경	

2 다음은 지원이네 고장의 위성 사진입니다. 지원이네 고장 사람들은 들을 어떻게 이용하고 있는지 세 가지 쓰시오. [7점]

3 다음 그래프를 보고 알 수 있는 점을 쓰시오. [5점]

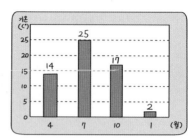

▲ 민우네 고장의 평균 기온

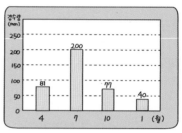

▲ 민우네 고장의 평균 강수량

4 다음 그림의 고장 사람들은 인문환경을 이용하여 어떤 일을 하는지 두 가지 쓰시오. [7점]

5 사람이 살아가는 데 다음과 같은 것들이 필요한 까닭을 각각 쓰시오. [6점]

(1) 의	
(2) 식	
(3) 주	

6 다음 사진에 나타난 다양한 고장의 의생활 모습을 보고 알 수 있는 점을 쓰시오. [7점]

▲ 춥고 눈이 많이 오는 고장 사람들의 옷차림

▲ 덥고 비가 많이 내리는 고장 사람들의 옷차림

▲ 햇볕이 뜨겁고 모래바람이 부는 고장 사람들의 옷차림

▲ 낮과 밤의 기온 차가 큰 고장 사람들의 옷차림

단계별 유형

7 다음 사진을 보고, 물음에 답하시오. [10점]

ㄱ  ㄴ

ㄷ  ㄹ

단계 **1** 다음에서 설명하는 집 모양을 찾아 기호로 쓰시오.

> 화산 폭발이 있었던 고장에서는 화산 폭발로 만들어진 단단하지 않은 바위의 속을 파서 집을 지었습니다.

( )

단계 **2** 위의 ㄱ과 같이 나뭇조각으로 지붕을 얹은 집을 무엇이라고 하는지 쓰시오.

( )

단계 **3** 위의 ㄷ과 같이 땅을 높여서 집을 지은 까닭을 쓰시오.

금속을 사용하기 시작한 시대의 생활 모습

1 다음 사진의 도구를 만드는 재료가 된 금속을 쓰시오.

▲ 거친무늬 청동 거울

▲ 비파형 동검

(   )

1-1 서술형 쌍둥이 문제

옛날에 다음과 같은 도구의 변화로 달라진 사람들의 생활 모습을 두 가지 쓰시오. [5점]

> 청동으로 만든 도구 ➡ 철로 만든 도구

_____

_____

음식을 만드는 도구의 발달 과정

2 다음 사진을 보고, 음식을 만드는 도구의 발달 과정을 순서대로 기호로 쓰시오.

㉠   ㉡   ㉢   ㉣

(   )

2-1 서술형 쌍둥이 문제

음식을 만드는 도구가 다음과 같이 발달하면서 달라진 사람들의 생활 모습을 두 가지 쓰시오. [5점]

> 토기 ➡ 시루 ➡ 가마솥 ➡ 전기밥솥

_____

_____

오늘날 사람들이 사는 집

3 다음에서 설명하는 집은 어느 것입니까? (   )

- 주로 철근과 콘크리트로 짓습니다.
- 여러 층으로 나누어 높게 짓습니다.

① 움집   ② 귀틀집
③ 초가집   ④ 기와집
⑤ 아파트

3-1 서술형 쌍둥이 문제

다음 사진에 나타난 집의 좋은 점을 쓰시오. [4점]

_____

_____

명절

4 우리나라의 명절이 <u>아닌</u> 것은 어느 것입니까?

( )

① 설날
② 추석
③ 동지
④ 단오
⑤ 크리스마스

4-1
서술형
쌍둥이
문제

오늘날 설날, 추석과 같은 명절에 하는 세시 풍속을 두 가지 쓰시오. [6점]

_____

_____

옛날의 세시 풍속

5 다음과 같은 세시 풍속이 행해졌던 명절은 언제입니까?

( )

달집태우기 ―

― 쥐불놀이

① 설날   ② 한식
③ 단오   ④ 추석
⑤ 정월 대보름

5-1
서술형
쌍둥이
문제

옛날에 정월 대보름에 행해졌던 다음과 같은 세시 풍속에 담긴 의미를 각각 쓰시오. [6점]

(1) 달집태우기	
(2) 오곡밥 먹기	

옛날의 세시 풍속에 영향을 준 것

6 다음 ( ) 안에 공통으로 들어갈 알맞은 말을 쓰시오.

> 우리 조상들은 주로 ( )을/를 짓고 살았습니다. 날씨와 계절의 변화는 ( )을/를 짓는 데 매우 중요했습니다. 이에 따라 ( )와/과 관련된 세시 풍속이 계절에 따라 다양했습니다.

( )

6-1
서술형
쌍둥이
문제

옛날에 행해졌던 다음의 세시 풍속에 담긴 의미를 쓰시오. [6점]

> 여름철에는 닭백숙이나 육개장처럼 영양이 풍부한 음식을 먹었습니다.

_____

_____

실전! 서술형 평가

단계별 유형

1 다음과 같은 농사 도구의 발달로 달라진 사람들의 생활 모습을 두 가지 쓰시오. [7점]

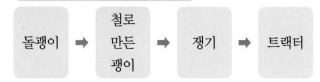

땅을 가는 도구의 발달

돌괭이 ➡ 철로 만든 괭이 ➡ 쟁기 ➡ 트랙터

곡식을 수확하는 도구의 발달

반달 돌칼 ➡ 철로 만든 낫 ➡ 탈곡기 ➡ 수확기 (콤바인)

_____

_____

2 다음과 같은 도구가 등장하면서 달라진 사람들의 생활 모습을 두 가지 쓰시오. [7점]

• 방직기   • 재봉틀

_____

_____

3 다음 사진을 보고, 물음에 답하시오. [10점]

㉠

㉡

1단계 위 ㉠ 집의 이름과 지붕의 재료를 각각 쓰시오.
(   )

2단계 위 ㉡ 집의 이름과 지붕의 재료를 각각 쓰시오.
(   )

3단계 위 ㉠ 집과 비교하여 ㉡ 집의 장점을 지붕과 관련지어 쓰시오.

_____

_____

4 시간이 흐르면서 집의 모습이 다음 그림과 같이 변화하였습니다. 집의 변화로 달라진 사람들의 생활 모습을 두 가지 쓰시오. [5점]

▲ 기와집　　　　　▲ 아파트

6 다음 그림을 보고, 옛날과 오늘날의 설날 세시 풍속의 공통점을 쓰시오. [5점]

▲ 옛날의 설날　　　　　▲ 오늘날의 설날

5 다음은 우리 조상들이 삼복에 행한 세시 풍속입니다. 무엇을 했는지 두 가지 쓰고, 이러한 세시 풍속을 행한 까닭도 각각 쓰시오. [7점]

7 다음은 우리 조상들이 행한 세시 풍속입니다. 이를 보고 알 수 있는 점을 농사와 관련지어 쓰시오. [7점]

겨울	• 나쁜 기운을 몰아내고 새해에는 복을 받기를 기원했습니다. • 정월 대보름에는 큰 보름달을 보며 풍년을 빌었습니다.
봄	한식에는 농사가 잘되기를 기원하며 조상들의 산소에 성묘를 했습니다.
여름	• 한 해 농사의 풍년을 기원하며 마을 사람들이 축제를 열었습니다. • 삼복에는 더운 날씨와 바쁜 농사일을 이겨 낼 수 있도록 영양이 풍부한 음식을 먹었습니다.
가을	추석에는 추수한 곡식과 과일로 차례를 지내고, 맛있는 음식을 나누어 먹었습니다.

오늘날의 결혼식 모습

1 오늘날의 결혼식에 대한 설명으로 알맞지 <u>않은</u> 것은 어느 것입니까? (   )

① 신랑은 주로 턱시도를 입습니다.
② 신부의 집에서 결혼식을 올립니다.
③ 신부는 주로 웨딩드레스를 입습니다.
④ 신랑과 신부가 결혼반지를 주고받습니다.
⑤ 보통 결혼식이 끝나면 신혼여행을 떠납니다.

1-1 오늘날의 결혼식에서 신랑과 신부의 옷차림을 간단히 설명하시오. [4점]

_____

_____

옛날과 오늘날의 결혼식 모습

2 옛날과 오늘날의 결혼식 모습에서 달라진 점이 <u>아닌</u> 것은 어느 것입니까? (   )

① 결혼식 때 입는 옷
② 결혼식을 하는 장소
③ 폐백을 드리는 장소
④ 결혼식을 할 때 주고받는 것
⑤ 신랑과 신부를 축하해 주는 마음

2-1 옛날과 오늘날의 결혼식에서 달라지지 않은 점을 두 가지 쓰시오. [6점]

_____

_____

옛날과 오늘날의 가족 형태

3 다음 그림의 가족 구성원을 보고, 어떤 가족 형태인지 보기 에서 찾아 쓰시오.

> **보기**
> • 핵가족   • 확대 가족

(1) (   ) (2) (   )

3-1 다음 그림을 보고, 옛날에 확대 가족이 더 많았던 까닭을 쓰시오. [5점]

▲ 옛날의 확대 가족 모습

_____

_____

옛날과 오늘날 가족 구성원의 역할

4 다음에서 옛날 가족 구성원의 역할에는 ○표, 오늘날 가족 구성원의 역할에는 ☆표 하시오.

(1) 집안일은 주로 여자가 하였습니다. ( )

(2) 가족 구성원이 모두 역할을 나누어 집안일을 합니다. ( )

(3) 집안의 중요한 일은 가족 구성원이 함께 의논해 결정합니다. ( )

4-1
서술형
쌍둥이
문제

다음 그림은 옛날과 오늘날 자녀를 돌보는 모습입니다. 그림을 보고, 달라진 가족 구성원의 역할을 비교하여 쓰시오. [5점]

▲ 옛날　　　　　▲ 오늘날

_____

_____

오늘날의 다양한 가족 형태

5 다음 그림을 보고 알 수 있는 점은 무엇입니까? ( )

> 한 가족이 된 기념으로 함께 사진을 찍어요!

① 확대 가족입니다.
② 가족 구성원의 수가 두 명입니다.
③ 원래는 한 가족이 아니었던 가족입니다.
④ 오늘날 찾아볼 수 없는 가족의 형태입니다.
⑤ 할아버지와 손자·손녀가 함께 사는 가족입니다.

5-1
서술형
쌍둥이
문제

텔레비전이나 책에서 본 다양한 가족의 형태 중 우리 가족과 다른 형태의 가족 모습을 한 가지 쓰시오.
[4점]

_____

_____

다양한 가족의 생활 모습

6 다음 ( ) 안에 들어갈 알맞은 말을 쓰시오.

> 가족마다 그 형태나 구성원이 다르기 때문에 살아가는 모습도 ( )합니다.

( )

6-1
서술형
쌍둥이
문제

다양한 가족들이 사는 모습은 서로 다를 수 있습니다. 서로가 다르기 때문에 우리가 다양한 가족을 대할 때 가져야 할 바람직한 태도를 쓰시오. [4점]

_____

_____

단계별 유형

1 다음 그림은 오늘날에 볼 수 있는 의식의 모습입니다. 물음에 답하시오. [10점]

ㄱ  ㄴ

ㄷ  ㄹ

단계 1 위 ㉠~㉣은 공통적으로 무엇을 하고 있는 모습인지 쓰시오.

(   )

단계 2 위 ㉠~㉣에서 다음의 설명과 관련된 모습을 찾아 기호로 쓰시오.

> 우리 조상들처럼 전통 혼례복을 입고 전통 혼례 방식으로 의식을 치릅니다.

(   )

단계 3 위 ㉠~㉣을 보고 알 수 있는 점을 쓰시오.

_____

_____

2 옛날에 행해진 다음과 같은 결혼 풍습에 담긴 의미를 쓰시오. [7점]

> 전통 혼례에서는 신랑이 신부에게 나무를 깎아 만든 기러기를 주었습니다.

_____

_____

3 확대 가족과 핵가족의 뜻을 각각 쓰시오. [7점]

(1) 확대 가족	
(2) 핵가족	

4 다음과 같은 사회 모습의 변화는 가족 형태에 어떤 영향을 주었는지 쓰시오. [7점]

> 산업이 발달하면서 도시가 만들어지고 다양한 일자리가 생겨났습니다.

_____

_____

5 다음 윤호네 가족의 대화를 읽고, 윤호네 가족 구성원의 입장을 각각 쓰시오. [10점]

> • 엄마: 여보, 어서 일어나요. 오늘은 아이들과 나들이 가기로 약속한 날이잖아요.
> • 아빠: 아직도 피곤이 가시지 않아요. 이번 주말에는 집에서 쉬면 안 될까요?
> • 누나, 윤호: 평일에는 부모님께서 바쁘시니 주말이라도 함께 시간을 보내고 싶어요.
> • 엄마: 아빠와 엄마는 평일에 일하느라 피곤해서 주말에는 쉬고 싶단다.

(1) 아버지	
어머니	평일에는 바쁘게 일했기 때문에 주말에는 쉬고 싶어 합니다.
(2) 누나	
(3) 윤호	

6 다음은 같은 건물에 살고 있는 여러 가족들의 모습을 나타낸 그림입니다. 그림을 보고 알 수 있는 점을 쓰시오. [5점]

_____

_____

7 다음 보기 의 낱말을 모두 넣어 가족의 역할을 나타내는 문장을 완성하시오. [5점]

> **보기**
> • 자신감   • 용기   • 격려

➡ 가족은 우리가 실수를 했을 때에도 이해해 주고

_____

_____

나의 과학 탐구

금성, 김영사, 아이스크림,
지학사, 천재

1 민준이와 아리의 대화를 보고 알맞은 탐구 문제를 정한 사람을 고르고, 그렇게 생각한 까닭을 쓰시오. [5점]

> 발포 비타민을 물과 식용유에 넣으면 어떻게 될지 탐구해 봐야겠어.

> 달 표면에서 맨발로 걸었을 때와 신발을 신고 걸었을 때의 느낌이 어떻게 다른지 탐구해 봐야겠어.

민준

아리

_____

_____

2 다음은 민결이가 세운 탐구 계획입니다. (개)와 (내)에 들어갈 알맞은 내용을 각각 쓰시오. [7점]

탐구 문제	회전판을 여러 장 겹치면 팽이가 도는 시간이 길어질까?	
탐구 문제를 해결할 수 있는 방법	다르게 해야 할 것	(개)
	다르게 한 것에 따라 바뀌는 것	(내)

(개): _____

_____

(내): _____

_____

3 다음 탐구 문제를 해결하기 위하여 준비물을 계획할 때 생각해야 할 것을 한 가지 쓰시오. [5점]

[탐구 문제]
회전판을 여러 장 겹치면 팽이가 도는 시간이 길어질까?

▲ 회전판

▲ 팽이 심

▲ 초시계

_____

_____

4 다음은 탐구 계획에 따라 탐구를 실행하고, 그 결과를 기록한 것입니다. 탐구 결과를 바탕으로 알게 된 것을 쓰시오. [7점]

[탐구 문제]
비눗방울이 나오는 막대 끝의 모양을 다르게 하면 다양한 모양의 비눗방울이 나올까?
[탐구 결과]

막대 끝의 모양		동그라미	네모	별
비눗방울 모양	예상	동그라미	네모	별
	결과	공 모양	공 모양	공 모양

_____

_____

5 발표 자료를 만들 때 들어가야 할 내용을 세 가지 이상 쓰시오. [5점]

발표 자료를 만들 때에는 …….

_____

_____

6 탐구 결과를 발표하는 과정에 대한 설명으로 잘못된 것을 골라 기호를 쓰고, 바르게 고쳐 쓰시오. [7점]

> ㉠ 탐구 결과를 발표하고, 친구들의 질문에 대답합니다.
> ㉡ 다른 친구가 발표할 때 눈을 감고 잠시 휴식을 취합니다.
> ㉢ 나의 발표에서 잘한 점과 보완해야 할 점을 정리해 봅니다.

(1) 잘못된 부분: (   )

(2) 바르게 고쳐 쓰기: _____

_____

_____

신나는 과학 탐구　　　동아

1 다음 나비를 관찰하고 아래와 같이 두 무리로 분류하였습니다. 분류 기준으로 알맞은 것을 쓰시오. [5점]

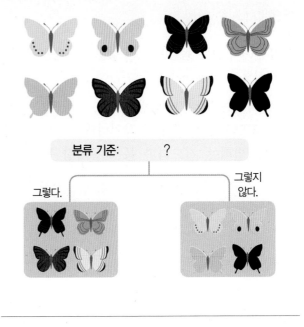

_____

_____

과학

1단원

2 다음은 물에 쇠구슬을 한 개씩 넣을 때마다 측정한 물의 높이입니다. 쇠구슬을 세 개 넣었을 때 물의 높이를 예상하여, 그렇게 생각한 까닭과 함께 쓰시오. [7점]

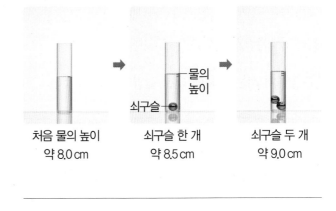

처음 물의 높이　　　쇠구슬 한 개　　　쇠구슬 두 개
약 8.0 cm　　　　약 8.5 cm　　　　약 9.0 cm

_____

_____

주변에서 사는 동물

1 주변에서 사는 동물에 대한 설명으로 옳은 것에 ○표 하시오.

(1) 거미는 다리가 세 쌍입니다. ( )

(2) 고양이는 날개가 두 장입니다. ( )

(3) 공벌레는 건드리면 몸을 공처럼 둥글게 만듭니다. ( )

1-1
서술형
쌍둥이
문제

오른쪽 공벌레는 손으로 건드리면 모습이 어떻게 바뀌는지 쓰시오. [4점]

▲ 공벌레

동물 분류하기

2 동물을 다음과 같이 분류했을 때, 분류 기준으로 가장 알맞은 것을 골라 기호를 쓰시오.

참새, 비둘기, 거미	뱀, 달팽이, 붕어

┌─────────────────────────────────┐
│ ㉠ 날개가 있는 것과 날개가 없는 것 │
│ ㉡ 다리가 있는 것과 다리가 없는 것 │
│ ㉢ 더듬이가 있는 것과 더듬이가 없는 것 │
└─────────────────────────────────┘

( )

2-1
서술형
쌍둥이
문제

동물을 다음과 같이 분류했을 때, 분류 기준을 한 가지 쓰시오. [4점]

공벌레, 잠자리, 메뚜기	고양이, 개구리, 참새

땅에서 사는 동물

3 땅에서 사는 동물에 대한 설명으로 옳은 것에 ○표 하시오.

(1) 다람쥐, 너구리, 공벌레는 땅속에서 삽니다.

( )

(2) 뱀과 고라니처럼 땅 위와 땅속을 오가며 사는 동물도 있습니다. ( )

(3) 두더지는 땅속에서 살고, 앞발이 튼튼하여 땅속에 굴을 파서 이동합니다. ( )

3-1
서술형
쌍둥이
문제

다음은 땅에서 사는 동물입니다. 땅에서 사는 동물 중 다리가 있는 동물과 다리가 없는 동물은 각각 어떻게 이동하는지 쓰시오. [6점]

▲ 너구리

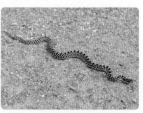
▲ 뱀

물에서 사는 동물

4 물에서 사는 동물에 대한 설명으로 옳지 <u>않은</u> 것에 ×표 하시오.

(1) 고등어는 아가미로 숨을 쉽니다. (　　　)

(2) 게와 조개는 딱딱한 껍데기가 있습니다.

(　　　)

(3) 물에서 사는 동물은 모두 지느러미가 있습니다.

(　　　)

(4) 개구리의 뒷발에는 물갈퀴가 있어 헤엄을 잘 칠 수 있습니다. (　　　)

4-1
서술형
쌍둥이
문제

오른쪽 금붕어는 강이나 호수의 물속에 삽니다. 금붕어와 같은 물고기가 물속에서 생활하기에 알맞은 점을 한 가지 쓰시오. [6점]

▲ 금붕어

_____

_____

날아다니는 동물

5 날아다니는 동물에 대한 설명으로 옳은 것은 어느 것입니까? (　　　)

① 밤에만 활동합니다.
② 모두 몸이 깃털로 덮여 있습니다.
③ 아가미가 있어 숨 쉴 수 있습니다.
④ 지느러미가 있어 헤엄칠 수 있습니다.
⑤ 날개 또는 날개의 역할을 하는 부분이 있습니다.

5-1
서술형
쌍둥이
문제

날아다니는 동물에는 까치와 같은 새뿐만 아니라 나비와 같은 곤충도 있습니다. 새와 곤충이 날아다니며 생활하기에 알맞은 점을 쓰시오. [4점]

▲ 까치　　　　▲ 나비

_____

_____

과학

2단원

사막에서 사는 동물

6 사막에서 사는 동물에 대한 설명으로 옳지 <u>않은</u> 것을 골라 기호를 쓰시오.

> ㉠ 도마뱀은 큰 귀를 가지고 있어서 몸의 열을 밖으로 잘 내보냅니다.
> ㉡ 전갈은 몸이 딱딱한 껍데기로 덮여 있어 몸 안의 수분이 잘 빠져나가지 않습니다.
> ㉢ 낙타는 등에 지방을 저장한 혹이 있어 먹이를 먹지 않고 며칠 동안 살 수 있습니다.
> ㉣ 사막딱정벌레는 물구나무를 서서 몸에 있는 돌기에 맺힌 물을 입으로 흘려 보냅니다.

(　　　　　　　)

6-1
서술형
쌍둥이
문제

사막여우는 몸에 비해 귀가 커서 사막의 환경에서 생활하기에 알맞습니다. 그 까닭을 쓰시오. [6점]

▲ 사막여우

_____

_____

1 다음은 하린이가 개미를 관찰한 후 그림으로 나타낸 것입니다. 그림을 보고, 관찰한 내용을 한 가지 쓰시오.
[5점]

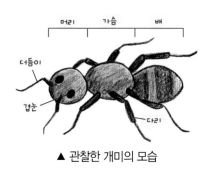

▲ 관찰한 개미의 모습

_____

_____

2 다음은 동물을 분류하는 다양한 기준에 대한 대화입니다. 동물을 특징에 따라 분류할 때, 분류 기준에 대하여 옳지 <u>않게</u> 말한 사람을 고르고, 그 까닭을 쓰시오. [5점]

민결: 무거운 동물과 가벼운 동물로 분류할 수 있어.

지아: 날개가 있는 것과 날개가 없는 것으로 분류할 수 있어.

민준: 알을 낳는 동물과 새끼를 낳는 동물로 분류할 수 있어.

시아: 몸이 털로 덮인 동물과 털로 덮이지 않은 동물로 분류할 수 있어.

_____

_____

단계별 유형

3 다음은 여러 가지 동물의 모습입니다. 물음에 답하시오. [10점]

▲ 거미　　▲ 사슴벌레　　▲ 개구리

▲ 뱀　　▲ 달팽이　　▲ 토끼

 위 동물을 두 무리로 분류할 수 있는 기준을 한 가지 정하여 쓰시오.

_____

_____

 위 **단계 1** 에서 정한 기준에 따라 위 동물들을 두 무리로 분류하여 쓰시오.

_____

_____

 위 동물을 더듬이가 있는 것과 더듬이가 없는 것으로 분류할 때 사슴벌레와 같은 무리로 분류할 수 있는 것을 쓰고, 그렇게 생각한 까닭을 쓰시오.

_____

_____

4 다음 금붕어의 ㉠과 ㉡ 부분의 이름을 쓰고, 각각 어떤 역할을 하는지 간단히 쓰시오. [7점]

▲ 금붕어

_____

_____

6 다음은 사막에 사는 낙타의 모습입니다. 낙타의 발바닥 모양과 관련지어 사막에서 잘 살 수 있는 까닭을 사막 환경의 특징과 관련지어 쓰시오. [5점]

▲ 낙타

_____

_____

5 박새와 나비, 잠자리의 공통점을 한 가지 쓰시오. [5점]

▲ 박새   ▲ 나비   ▲ 잠자리

_____

_____

7 등산화는 산양의 특징을 활용하여 만들었습니다. 산양의 어떤 특징을 활용한 것인지 쓰시오. [7점]

▲ 등산화   ▲ 산양

_____

_____

과학

2단원

흙이 만들어지는 과정

1 자연에서 흙이 만들어지는 과정에 대한 설명으로 옳은 것에 ○표 하시오.

⑴ 흙은 바위가 뭉쳐져서 만들어집니다. (　　　)

⑵ 바위틈에서 나무뿌리가 자라면서 바위가 부서집니다. (　　　)

⑶ 땅속에 있는 물에 의해 돌이 녹아 흙이 만들어집니다. (　　　)

⑷ 자연에서 바위가 흙으로 변하는 데는 짧은 시간이 걸립니다. (　　　)

1-1 서술형 쌍둥이 문제　오른쪽은 자연에서 흙이 만들어질 때 바위나 돌이 작게 부서지는 원인 중 하나의 모습입니다. 이와 같은 현상이 일어나는 과정을 쓰시오. [4점]

_____

_____

운동장 흙과 화단 흙

2 운동장 흙과 화단 흙에 대한 설명으로 옳은 것에 ○표 하시오.

⑴ 화단 흙은 운동장 흙에 비해 밝은색입니다. (　　　)

⑵ 운동장 흙보다 화단 흙에서 물이 더 빠르게 빠집니다. (　　　)

⑶ 운동장 흙이 화단 흙보다 알갱이의 크기가 더 큽니다. (　　　)

2-1 서술형 쌍둥이 문제　운동장 흙과 화단 흙으로 물 빠짐 장치를 설치하고 일정한 시간 동안 같은 양의 물을 비슷한 빠르기로 천천히 부었을 때, 물이 더 많이 빠지는 흙을 고르고, 물이 더 많이 빠지는 흙의 특징을 알갱이의 크기와 관련지어 쓰시오. [6점]

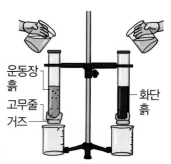

식물이 잘 자라는 흙

3 운동장 흙보다 화단 흙에서 식물이 잘 자라는 까닭으로 옳은 것은 어느 것입니까? (　　　)

① 물 빠짐이 좋기 때문입니다.

② 잘 뭉쳐지지 않기 때문입니다.

③ 햇빛을 더 많이 받기 때문입니다.

④ 알갱이의 크기가 크기 때문입니다.

⑤ 나뭇잎, 나뭇가지 등으로 이루어진 부식물이 많기 때문입니다.

3-1 서술형 쌍둥이 문제　흙 속에 오른쪽과 같은 물질이 있을 때 좋은 점을 한 가지 쓰시오. [4점]

_____

_____

흐르는 물과 지표의 변화

4 오른쪽과 같이 흙 언덕에 물을 흘려 보내는 실험에 대한 설명으로 옳은 것에 모두 ○표 하시오.

(1) 흙 언덕 위쪽의 흙은 깎입니다. (　　　)

(2) 흙 언덕 아래쪽에서는 물에 의하여 운반된 흙인 쌓입니다. (　　　)

(3) 흙 언덕 아래쪽에서는 물이 흘러 내려 흙이 많이 깎입니다. (　　　)

4-1 서술형 쌍둥이 문제

다음은 흙 언덕을 만들어 물을 흘려보내는 실험입니다. ㉠, ㉡ 부분에서 관찰할 수 있는 모습을 각각 쓰시오. [6점]

강 주변의 모습

5 강 상류에서 하류로 갈수록 강폭과 경사는 어떻게 되는지를 바르게 짝 지은 것은 어느 것입니까? (　　　)

	강폭	경사
①	좁아짐.	급해짐.
②	좁아짐.	완만해짐.
③	넓어짐.	급해짐.
④	넓어짐.	완만해짐.
⑤	변화 없음.	변화 없음.

5-1 서술형 쌍둥이 문제

강 하류의 특징과 이곳에서 활발하게 일어나는 흐르는 물의 작용을 다음 단어를 모두 사용하여 쓰시오. [6점]

> 강폭, 경사, 침식 작용, 퇴적 작용

바닷가 지형이 만들어지는 과정

6 다음 보기 는 바닷가에서 볼 수 있는 지형입니다. 바닷물의 퇴적 작용에 의하여 만들어진 지형을 모두 골라 기호를 쓰시오.

보기
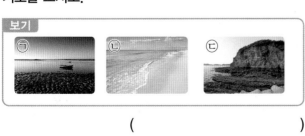
㉠　　㉡　　㉢

(　　　　　　　　　)

6-1 서술형 쌍둥이 문제

다음은 바닷가에서 볼 수 있는 지형입니다. 두 지형이 만들어지는 과정을 각각 쓰시오. [6점]

(가) 　　(나)

1 오른쪽과 같이 얼음 설탕을 투명한 플라스틱 통에 넣고 뚜껑을 닫은 후 흔들었더니 얼음 설탕 사이에 작은 가루 물질이 생겼습니다. 이 실험에서 얼음 설탕이 들어 있는 플라스틱 통을 흔드는 것과 비슷한 작용을 하는 것을 자연에서 흙이 만들어지는 과정에서 찾아 한 가지만 쓰시오. [5점]

_____

_____

2 다음은 자연에서 흙이 만들어질 때 바위나 돌이 작게 부서지는 원인 중 하나의 모습입니다. 이와 같은 현상이 일어나는 과정을 쓰시오. [5점]

_____

_____

단계별 유형

3 다음은 운동장 흙과 화단 흙의 물 빠짐 정도를 비교하기 위한 실험입니다. 물음에 답하시오. [10점]

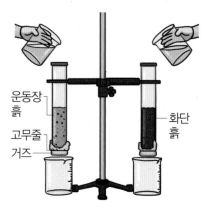

운동장 흙
화단 흙
고무줄
거즈

단계 1 위 실험에서 일정 시간 동안 비커에 모인 물의 양을 비교하여 쓰시오.

_____

_____

단계 2 다음의 운동장 흙과 화단 흙을 관찰해 보고, 알갱이의 크기를 비교하여 쓰시오.

▲ 운동장 흙　　　　　▲ 화단 흙

_____

_____

단계 3 위 실험 결과 비커에 모인 물의 양을 통해 알 수 있는 사실을 운동장 흙과 화단 흙의 알갱이의 크기와 관련지어 쓰시오.

_____

_____

4 다음과 같이 흙 언덕을 만들고 색 모래를 위쪽에 뿌린 다음 물을 흘려 보냈습니다. 이 실험에서 흐르는 물이 흙 언덕에서 어떠한 일을 하는지 쓰시오. [5점]

색 모래

---

5 다음은 강 상류와 하류에서 주로 볼 수 있는 돌의 모습을 각각 나타낸 것입니다. 강 상류에서 하류로 갈수록 돌의 크기가 어떻게 변하는지 쓰시오. [5점]

▲ 강 상류　　　　　▲ 강 하류

---

6 다음의 바닷가 지형은 침식 작용과 퇴적 작용 중에 어느 것이 활발하여 만들어진 지형인지 쓰고, 그 까닭을 쓰시오. [7점]

과학

3단원

7 다음의 바닷가에서 볼 수 있는 지형은 어떻게 만들어졌는지 쓰시오. [5점]

---

8 흙을 보존해야 하는 까닭을 한 가지 쓰시오. [5점]

우리 주변의 물질

1 나무 막대, 물, 공기의 특징을 관찰한 것으로 옳지 <u>않은</u> 것은 어느 것입니까? (   )

① 공기는 눈에 보이지 않습니다.
② 물은 손으로 잡을 수 없습니다.
③ 나무 막대는 손으로 잡을 수 있습니다.
④ 공기는 다른 그릇에 옮겨 담기 어렵습니다.
⑤ 나무 막대는 다른 그릇에 옮겨 담기 어렵습니다.

1-1 서술형 쌍둥이 문제

나무 막대, 물, 공기를 오른쪽과 같이 친구에게 전달할 때의 차이점을 쓰시오. [6점]

_____

_____

고체의 성질

2 고체에 대한 설명으로 옳지 <u>않은</u> 것에 ×표 하시오.

(1) 고체는 여러 가지 모양의 그릇에 옮겨 담아도 부피가 변하지 않습니다.   (   )
(2) 고체는 여러 가지 모양의 그릇에 옮겨 담아도 모양이 변하지 않습니다.   (   )
(3) 모래, 소금과 같은 가루 물질은 담는 그릇에 따라 모양이 변하므로 고체가 아닙니다. (   )

2-1 서술형 쌍둥이 문제

오른쪽과 같이 플라스틱 막대를 여러 가지 그릇에 담아 보았을 때 알 수 있는 사실을 고체의 모양과 크기와 관련지어 쓰시오. [4점]

_____

_____

액체의 성질

3 투명한 그릇에 물을 넣은 다음, 유성 펜으로 주스의 높이를 표시하였습니다. 물을 다음과 같이 여러 가지 모양의 그릇에 차례대로 옮겨 담으며 모양을 관찰한 뒤 처음에 사용한 그릇에 물을 다시 옮겨 담고 물의 높이를 비교하였습니다. (   ) 안에 들어갈 알맞은 말을 골라 ○표 하시오.

> 처음 사용한 그릇으로 다시 옮기면 주스의 높이가 (처음보다 적습니다, 처음과 같습니다, 처음보다 많습니다). 이와 같이 액체는 담는 그릇에 따라 모양이 변하지만 부피는 변하지 않습니다.

3-1 서술형 쌍둥이 문제

투명한 그릇에 주스를 넣은 다음, 유성 펜으로 주스의 높이를 표시하였습니다. 주스를 다음과 같이 여러 가지 모양의 그릇에 차례대로 옮겨 담으며 모양을 관찰한 뒤 처음에 사용한 그릇에 주스를 다시 옮겨 담고 주스의 높이를 비교하였습니다. 이를 통해 알 수 있는 사실을 쓰시오. [4점]

_____

_____

우리 주변의 공기

4 물속에서 빈 페트병을 눌러 보면 공기 방울이 위로 올라와 사라지는 것을 관찰할 수 있습니다. 이를 통해 알 수 있는 사실로, (　) 안에 들어갈 알맞은 말을 골라 ○표 하시오.

> 눈에 보이지 않지만 우리 주변에 (고체, 액체, 기체)가 있다는 것을 알 수 있습니다.

(　　　　　　　　　　)

4-1 서술형 쌍둥이 문제 우리 주변에 공기가 있다는 것을 확인할 수 있는 방법을 한 가지 쓰시오. [4점]

_____

_____

과학

기체의 성질

5 다음은 ㈎ 바닥에 구멍이 뚫린 플라스틱 컵과 ㈏ 바닥에 구멍이 뚫리지 않은 플라스틱 컵으로 각각 페트병 뚜껑을 덮은 뒤 수조 바닥까지 밀어 넣었을 때의 모습을 나타낸 것입니다. 다음 결과는 ㈎와 ㈏ 중 각각 어디에 해당하는지 기호를 쓰시오.

(1) 　(2)

(　　　　　) (　　　　　)

5-1 서술형 쌍둥이 문제 다음과 같이 바닥에 구멍이 뚫리지 않은 플라스틱 컵으로 페트병 뚜껑을 덮은 뒤 수조 바닥까지 밀어 넣었습니다. 이 실험 결과 페트병 뚜껑의 위치와 수조 안의 물의 높이는 어떻게 변하는지 각각 쓰시오. [6점]

바닥에 구멍이 뚫리지 않은 플라스틱 컵

_____

_____

4단원

기체의 무게

6 오른쪽과 같이 공기 주입 마개를 끼운 페트병을 전자저울에 올려놓고 무게를 측정하였더니 46.9 g이었습니다. 공기 주입 마개를 눌러 페트병이 팽팽해질 때까지 공기를 채운 후 전자저울에 올려놓았을 때 측정한 무게로 알맞은 것은 어느 것입니까? (　　　)

 공기 주입 마개

① 0 g　　② 30.0 g　　③ 40.0 g
④ 46.9 g　　⑤ 47.5 g

6-1 서술형 쌍둥이 문제 공기 주입 마개를 끼운 페트병을 전자저울에 올려놓고 무게를 측정한 후, 공기 주입 마개를 눌러 페트병이 팽팽해질 때까지 공기를 채운 후 전자저울로 무게를 다시 측정하였습니다. 공기 주입 마개를 누르기 전과 누른 후의 페트병의 무게를 비교하여 쓰시오. [4점]

_____

_____

1 다음은 나무 막대, 물, 공기를 각각 손으로 잡아서 친구에게 전달해주는 모습을 나타낸 것입니다. 세 물질 중에서 친구에게 쉽게 전달할 수 있는 것을 고르고, 그 까닭을 쓰시오. [5점]

▲ 나무 막대   ▲ 물   ▲ 공기

_____

_____

2 다음은 모양이 다른 그릇에 나무 막대를 옮겨 담았을 때의 모습입니다. 모양이 다른 그릇에 옮겨 담았을 때 나무 막대의 모양과 크기는 어떻게 되는지 쓰고, 이 실험을 통해 알 수 있는 나무 막대의 상태와 그렇게 생각한 까닭을 쓰시오. [7점]

(1) 다른 그릇에 옮겨 담았을 때 나무 막대의 모양

과 크기 변화: _____

_____

(2) 나무 막대의 상태와 그렇게 생각한 까닭: _____

_____

3 물을 다른 모양의 그릇에 옮겨 담은 후 처음에 사용한 그릇에 다시 옮겨 담았을 때 물의 높이를 예상하여 쓰고, 그렇게 생각한 까닭을 쓰시오. [7점]

_____

_____

4 다음 세 물질이 지닌 공통된 성질을 한 가지 쓰시오.

[5점]

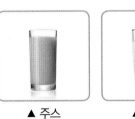      

▲ 주스   ▲ 우유   ▲ 간장

_____

_____

단계별 유형

5 다음은 주사기 한 개는 피스톤을 밀어 놓고 다른 한 개는 피스톤을 당겨 놓은 뒤 두 주사기를 비닐관으로 연결한 모습입니다. [10점]

비닐관

단계 1 위 화살표(⬅)와 같이 피스톤을 밀었을 때의 모습으로 옳은 것의 기호를 쓰시오.

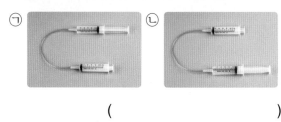

ㄱ   ㄴ

(   )

단계 2 위 **단계 1** 답과 같이 주사기의 모습이 되는 까닭을 쓰시오.

_____

_____

단계 3 위 실험을 통하여 알 수 있는 기체의 성질을 쓰시오.

_____

_____

6 다음과 같이 바닥에 구멍이 뚫리지 않은 플라스틱 컵을 뒤집어 페트병 뚜껑을 덮은 뒤 수조 바닥까지 밀어 넣었습니다. 이때 수조 안 물의 높이가 어떻게 변하는지 쓰고, 그렇게 생각한 까닭을 쓰시오. [7점]

바닥에 구멍이 뚫리지 않은 플라스틱 컵

_____

_____

7 다음 그림을 통해 알 수 있는 기체의 성질을 쓰시오. [5점]

아까보다 더 무거워진 것 같은데…

_____

_____

연습! 서술형 평가

소리의 발생

1 다음 중 떨림이 느껴지지 <u>않는</u> 물체는 어느 것입니까?
( )

① 가만히 둔 실로폰
② 연주하고 있는 큰북
③ 소리가 나는 소리굽쇠
④ 노랫소리가 나는 스피커
⑤ 노래를 부르고 있는 목의 성대

1-1
서술형
쌍둥이
문제

오른쪽과 같이 소리가 나는 소리굽쇠를 물에 대어 보면 어떤 현상이 나타나는지 쓰시오. [4점]

소리의 세기

2 다음은 작은북 위에 좁쌀을 올려놓고, 북채로 약하게 쳤을 때와 세게 쳤을 때의 모습을 순서없이 나타낸 것입니다. 세게 쳤을 때의 모습에 ○표 하시오.

(1)
( )

(2)
( )

2-1
서술형
쌍둥이
문제

작은북 위에 좁쌀을 올려놓고 북채로 약하게 치고 세게 칠 때, 각각 북소리의 크기에 따라 좁쌀이 움직이는 모습이 어떻게 다른지 비교하여 쓰시오. [6점]

소리의 높낮이

3 다음 중 소리의 높낮이를 이용하여 연주하는 악기가 <u>아닌</u> 것을 골라 기호를 쓰시오.

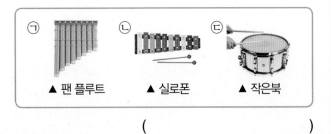

ㄱ ▲ 팬 플루트   ㄴ ▲ 실로폰   ㄷ ▲ 작은북

( )

3-1
서술형
쌍둥이
문제

다음 실로폰의 음판을 칠 때, 긴 음판에서 짧은 음판으로 순서대로 치면 소리의 높낮이가 어떻게 변하는지 쓰시오. [4점]

여러 가지 물질을 통한 소리의 전달

4 소리의 전달에 대한 설명으로 옳은 것은 어느 것입니까? (   )

① 소리는 고체에서만 전달됩니다.
② 소리는 물속에서만 전달됩니다.
③ 소리는 공기중에서만 전달됩니다.
④ 공기가 없는 달에서도 소리는 전달됩니다.
⑤ 소리는 나무, 철, 실을 통해서도 전달됩니다.

4-1 서술형 쌍둥이 문제

책상에 귀를 대고 책상을 두드리는 소리를 들으면 소리가 들리는 것을 경험할 수 있습니다. 이것을 통해 알 수 있는 사실을 한 가지 쓰시오. [4점]

_____

_____

소리의 반사

5 오른쪽과 같이 텅 빈 체육관에서 박수를 치면 잠시 뒤에 박수 소리가 다시 들립니다. 이와 같이 소리가 벽이나 산과 같이 딱딱한

물체에 의해 부딪쳐 되돌아오는 현상을 무엇이라고 하는지 쓰시오.

(   )

5-1 서술형 쌍둥이 문제

우리 생활에서 소리가 반사되는 경우를 찾아 한 가지 쓰시오. [4점]

_____

_____

소음을 줄일 수 있는 방법

6 다음 중 소리를 줄일 수 있는 방법으로 알맞지 <u>않은</u> 것을 골라 ×표 하시오.

⑴ 도로에 방음벽을 설치합니다.   (   )
⑵ 자동차 경적 소리를 줄입니다.   (   )
⑶ 도로에 과속 방지 턱을 설치합니다.   (   )
⑷ 학교 수업 시간에 발표할 때 조용히 말합니다.
(   )

6-1 서술형 쌍둥이 문제

오른쪽의 도로 방음벽을 통해 도로에서 나는 소음을 줄일 수 있습니다. 도로 방음벽이 소리의 어떤 성질을 이용하여 소음을 줄이는지 쓰시오. [6점]

▲ 도로 방음벽

과학 실전! 서술형 평가

1 다음과 같이 소리가 나는 물체의 공통점을 쓰시오. [5점]

▲ 소리가 나는 스피커   ▲ 소리가 나는 소리굽쇠를 물에 대었을 때

_____

_____

2 다음은 소리의 세기와 소리의 높낮이를 비교하기 위한 활동입니다. ㈎, ㈏는 각각 소리의 세기와 소리의 높낮이 중 무엇을 비교하는 활동인지 쓰시오. [5점]

> ㈎ 실로폰의 같은 음판을 약하게 치고, 세게 칩니다.
> ㈏ 실로폰의 긴 음판에서부터 짧은 음판을 순서대로 치고, 짧은 음판에서부터 긴 음판을 순서대로 칩니다.

_____

_____

3 다음과 같이 물이 담긴 수조에 소리가 나는 스피커를 넣은 뒤, 플라스틱 관을 스피커에 가까이 하였습니다. 이 실험을 통하여 알 수 있는 사실은 무엇인지 소리의 전달과 관련지어 쓰시오. [5점]

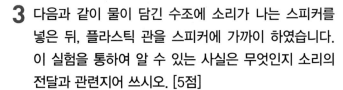

플라스틱 관
스피커

_____

_____

4 다음과 같이 공기를 뺄 수 있는 통 안에 소리가 나는 스피커를 넣고 공기를 빼면 소리가 커지는지, 작아지는지 쓰고, 그 까닭을 쓰시오. [7점]

스피커

_____

_____

5 다음과 같이 친구와 실 전화기로 통화할 때 실에 손을 대어 보았습니다. 실에 손을 대어 보았을 때의 느낌을 쓰고, 실 전화기에서 소리가 어떻게 전달되는지 쓰시오. [7점]

_____

_____

6 달에서 소리가 전달되는지, 전달되지 않는지 쓰고, 그 까닭을 쓰시오. [7점]

_____

_____

_____

단계별 유형

7 소리가 나는 스피커를 플라스틱 통 속에 넣고 다음과 같은 세 가지 상황에서 들리는 소리의 크기를 비교하는 실험을 하였습니다. 물음에 답하시오.

㈎ 아무것도 들지 않고 소리 듣기 ㈏ 나무판을 들고 소리 듣기 ㈐ 스타이로폼 판을 들고 소리 듣기

단계 1 위 ㈎~㈐에서 소리가 크게 들리는 순서대로 기호를 쓰시오.

(   )

단계 2 위 ㈎~㈐에서 소리의 크기가 다르게 들리는 까닭을 쓰시오.

_____

_____

단계 3 우리 생활에서 소리가 반사되는 성질을 이용한 예를 찾아 한 가지 쓰시오.

_____

_____

정답과 풀이

국어 ································ 93쪽

수학 ································ 102쪽

사회 ································ 110쪽

과학 ································ 115쪽

국어 1. 작품을 보고 느낌을 나누어요

연습! 서술형 평가
2~3쪽

1 ⑤

1-1 예시 답안 나, 표정과 몸짓에서 진심으로 미안해하는 마음이 느껴지고, 잘못을 뉘우치고 있는 것 같기 때문입니다.

채점 기준	답안 내용	배점
나라고 쓰고 그렇게 생각한 까닭을 구체적으로 쓴 경우		4
나라고 썼으나 그렇게 생각한 까닭을 '미안한 표정이라서'처럼 간단하게 쓴 경우		2

2 ④

풀이 장금이는 수라간 상궁을 처음 보고 호기심을 느꼈습니다.

2-1 예시 답안 눈을 크게 뜨고 입을 벌리며 말합니다.

채점 기준	답안 내용	배점
장면에 알맞은 장금이의 표정을 구체적으로 쓴 경우		4
'눈을 크게 뜸.'처럼 장면에 알맞은 장금이의 표정을 간단하게 쓴 경우		2

3 ②

풀이 자두는 미미가 자신보다 더 유명해지고 싶어서 몰래 발레를 배우기 위해 노력했다는 것을 알고 미안한 마음이 들었습니다. 이러한 상황으로 보아 미미가 자신보다 유명해지는 것이 싫었다는 것은 알맞지 않습니다.

3-1 예시 답안 (1) 작고 낮은 목소리로 못마땅하며 말합니다. (2) 높고 큰 목소리로 말합니다. (3) 깜짝 놀란 듯이 큰 목소리로 말합니다.

채점 기준	답안 내용	배점
(1)~(3)에 모두 알맞은 내용을 쓴 경우		6
(1)~(3) 중 두 가지만 알맞은 내용을 쓴 경우		4
(1)~(3) 중 한 가지만 알맞은 내용을 쓴 경우		2

4 ①, ③

4-1 예시 답안 쪼그리고 앉아서 놀란 표정으로 목소리를 높입니다.

채점 기준	답안 내용	배점
부벨라의 말에 알맞은 표정, 몸짓, 말투를 모두 쓴 경우		4
부벨라의 말에 알맞은 표정, 몸짓, 말투 중 두 가지만 쓴 경우		2

| 채점 시 유의 사항 | 부벨라는 덩치가 큰 자신을 지렁이가 무서워하는 것이 당연하다고 생각합니다. 자신의 생각과 다르게 행동하는 지렁이를 보며 부벨라가 어떤 생각이나 마음이 들었을지 생각하여 써야 합니다.

실전! 서술형 평가
4~5쪽

1 예시 답안 (1) 고마워. (2) 고맙습니다. (3) 미안해. (4) 미안해.

채점 기준	답안 내용	배점
(1)~(4)에 모두 알맞은 답을 쓴 경우		5
(1)~(4) 중 세 가지만 알맞은 답을 쓴 경우		3
(1)~(4) 중 두 가지만 알맞은 답을 쓴 경우		1

2 예시 답안 (1) 밝게 웃으며 크고 밝은 목소리로 말합니다. (2) 웃지 않고 고개를 숙이며 진심을 담아서 말합니다.

채점 기준	답안 내용	배점
(1)과 (2)에 모두 알맞은 답을 쓴 경우		5
(1)과 (2) 중 한 가지만 알맞은 답을 쓴 경우		3

3 예시 답안 (1) 궁으로 가게 되어 무척 기쁩니다. (2) 속상하고 죄송합니다.

풀이 가에서는 생각시 시험을 볼 수 있게 되어 기쁜 마음, 나에서는 국수를 쏟아 죄송한 마음이 들었습니다.

채점 기준	답안 내용	배점
(1)과 (2)에 모두 알맞은 답을 쓴 경우		5
(1)과 (2) 중 한 가지만 알맞은 답을 쓴 경우		3

4 예시 답안 (1) 눈물을 글썽이며 말합니다. (2) 죄송해하는 표정으로 말합니다.

채점 기준	답안 내용	배점
(1)과 (2)에 모두 알맞은 답을 쓴 경우		5
(1)과 (2) 중 한 가지만 알맞은 답을 쓴 경우		3

5 예시 답안 ❶ 은희
❷ 자신이 동생 미미의 기분을 잘 알아주지 못해서 미안한 마음이 들었을 것입니다.
❸ 자신의 무대를 망치는 대신 미미가 발레를 잘할 수 있도록 도와주었을 것입니다.

채점 기준	답안 내용	배점
❶~❸에 모두 알맞은 내용을 쓴 경우		10
❶~❸ 중 두 가지만 알맞은 내용을 쓴 경우		6
❶~❸ 중 한 가지만 알맞은 내용을 쓴 경우		3

6 예시 답안 부벨라가 손을 들어 정원사를 가리키자 정원사가 허리를 꼿꼿하게 펴더니 똑바로 섰습니다.

풀이 정원사는 허리가 아파서 천천히 움직였는데 부벨라가 따뜻해진 손으로 정원사를 가리키자 정원사가 갑자기 허리를 꼿꼿하게 펴고 똑바로 섰습니다.

채점 기준	답안 내용	배점
부벨라가 손을 들어 정원사를 가리키자 어떤 일이 일어났는지 정리하여 쓴 경우		5
지문의 내용을 그대로 쓰거나, 간략하게 줄여서 쓴 경우		2

정답과 풀이

국어

7 예시 답안 (1) 웃는 표정을 지으며 손을 공손하게 모으고 허리를 굽혀 인사하며 큰 목소리로 말합니다.
(2) 활짝 웃으며 덩실덩실 춤을 추고 큰 소리로 외칩니다.

채점 기준 답안 내용	배점
(1)과 (2)에 모두 알맞은 답을 쓴 경우	5
(1)과 (2) 중 한 가지만 알맞은 답을 쓴 경우	3

2. 중심 생각을 찾아요

연습! 서술형 평가 6~7쪽

1 ⑤

1-1 예시 답안 (1) 과학실에서는 절대 장난을 치면 안 됩니다.
(2) 유리로 만든 과학 실험 기구가 깨지면 크게 다칠 수 있다는 것입니다.

채점 기준 답안 내용	배점
(1)과 (2)에 모두 알맞은 답을 쓴 경우	4
(1)과 (2) 중 한 가지만 알맞은 답을 쓴 경우	2

| 채점 시 유의 사항 | 이미 알고 있는 내용과 새로 알게 된 내용은 자신의 경험을 통해 알 수 있습니다. 과학실에서 과학 실험을 해 본 자신의 경험을 떠올려 봅니다.

2 ②

2-1 예시 답안 소중한 갯벌을 잘 보존해야겠다는 것입니다.

채점 기준 답안 내용	배점
글쓴이가 하고 싶은 말이 잘 나타나도록 한 문장으로 쓴 경우	4
글쓴이가 하고 싶은 말은 나타나 있으나 한 문장으로 쓰지 못했거나 문장에 어색한 부분이 있는 경우	2

3 ②

풀이 '무더위'는 '물+더위'로 물기를 잔뜩 머금은 끈끈한 더위를 뜻합니다.

3-1 예시 답안 (1) 봄 날씨를 나타내는 토박이말에는 '꽃샘추위', '꽃샘바람', '소소리바람' 같은 말이 있다.
(2) 여름 날씨를 나타내는 토박이말에는 '마른장마', '무더위', '불볕더위' 같은 말이 있다.

채점 기준 답안 내용	배점
(1)에는 첫 번째 문단의 첫 번째 문장을 쓰고, (2)에는 두 번째 문단의 첫 번째 문장을 정리해서 쓴 경우	6
(1)과 (2) 중 한 가지만 알맞은 답을 쓴 경우	3

4 ⑤

4-1 예시 답안 옛날과 오늘날 사람들의 옷차림에 차이가 많다는 것입니다.

채점 기준 답안 내용	배점
'옛날과 오늘날 사람들의 옷차림이 달라졌다'처럼 글의 제목과 내용에서 짐작할 수 있는 글쓴이의 생각을 구체적으로 쓴 경우	4
'옷차림이 달라졌다.'처럼 옛날과 오늘날을 비교하여 옷차림이 달라졌다는 내용을 쓰지 못한 경우	2

실전! 서술형 평가 8~9쪽

1 예시 답안 선생님의 말씀에 따라 실험 기구나 화학 약품을 다루어야 사고가 나는 것을 예방할 수 있기 때문입니다.

채점 기준 답안 내용	배점
질문에 대한 알맞은 답을 글의 내용과 관련지어 구체적으로 쓴 경우	5
질문에 대한 답은 썼으나 글과 관련이 없는 내용으로 쓴 경우	2

2 예시 답안 실험실에서는 절대로 뛰거나 장난치지 않습니다. / 실험실 안에서는 음식을 먹으면 안 됩니다. / 실험 중 자리를 비우지 않습니다. / 화학 물질을 맛보면 안 됩니다.

채점 기준 답안 내용	배점
과학 실험을 할 때 지켜야 할 수칙을 알맞게 만들어 쓴 경우	5
과학 실험을 할 때 지켜야 할 수칙을 썼으나 글의 내용과 비슷하게 쓴 경우	2

3 예시 답안 (1) 갯벌은 육지에서 나오는 오염 물질을 분해해 좋은 환경을 만듭니다.
(2) 갯벌은 기후를 조절하고 홍수를 줄여 주는 역할을 합니다.

채점 기준 답안 내용	배점
(1)과 (2)에 모두 알맞게 정리하여 쓴 경우	5
(1)과 (2) 중 한 가지만 알맞게 정리하여 쓴 경우	3

4 예시 답안 갯벌이 주는 좋은 점을 알고 갯벌을 잘 보존해야 한다는 것입니다. / 갯벌을 보존해야 하는 까닭을 알고 소중한 갯벌을 보존해야 한다는 것입니다.

채점 기준 답안 내용	배점
글의 제목과 내용에서 짐작할 수 있는 글쓴이의 생각을 구체적으로 쓴 경우	5
글쓴이의 생각을 '갯벌을 보존하자'처럼 간단하게 쓴 경우	3

5 예시 답안 ❶ 날씨
❷ 날씨를 나타내는 토박이말이 많이 있으니 알고 자주 사용하자. / 우리말과 우리글을 사랑하는 마음으로 날씨를 나타내는 토박이말을 많이 사용하자.
❸ • 가을에는 건들바람이 많이 붑니다.
• 올해 겨울에는 함박눈이 많이 내렸으면 좋겠습니다.

채점 기준	답안 내용	배점
❶~❸에 모두 알맞은 내용을 쓴 경우		10
❶~❸ 중 두 가지만 알맞은 내용을 쓴 경우		6
❶~❸ 중 한 가지만 알맞은 내용을 쓴 경우		3

6 [예시 답안] 옛날 우리 조상들은 신분이나 성별에 따라 옷차림이 달랐지만 요즘에는 이런 구분이 많이 없어지고 있습니다.

채점 기준	답안 내용	배점
옛날 사람들과 오늘날 사람들의 옷차림을 비교, 정리하여 어떻게 다른지 한 문장으로 쓴 경우		5
옛날 사람들과 오늘날 사람들의 옷차림을 비교하여 썼으나 한 문장으로 쓰지 못했거나 맞춤법이 틀린 부분이 있는 경우		3

7 [예시 답안] 요즘은 옛날보다 먹을 것이 풍족합니다.

채점 기준	답안 내용	배점
뜻이 비슷한 낱말을 활용하여 알맞은 문장을 만들어 쓴 경우		5
뜻이 비슷한 낱말을 활용하여 문장을 만들었으나 어색한 부분이 있는 경우		3

3. 자신의 경험을 글로 써요

연습! 서술형 평가
10~11쪽

1 ③

1-1 [예시 답안] 친구들과 함께 여러 가지 경기에서 힘을 합쳐 운동을 하고 나니 더 친해진 것 같아 좋았습니다.

채점 기준	답안 내용	배점
운동회를 하고 난 뒤에 든 생각이나 느낌을 구체적으로 쓴 경우		4
운동회를 하고 난 뒤에 든 생각이나 느낌을 '재밌었다.'처럼 간단하게 쓴 경우		2

2 ②

2-1 [예시 답안] 동생 주혁이가 아픈 일은 평소와 달리 특별히 일어난 일이기 때문입니다.

채점 기준	답안 내용	배점
동생이 아픈 일이 평소와 달리 특별히 일어난 일이기 때문이라는 내용이 나타나게 쓴 경우		4
'특별한 일이어서'처럼 간단하게 쓴 경우		2

3 ④, ⑤

3-1 [예시 답안] 알파카 공원에 가서 알파카에게 먹이를 주었던 일이 가장 기억에 남습니다.

채점 기준	답안 내용	배점
자신이 겪은 일 중 인상 깊은 일을 구체적으로 쓴 경우		4
자신이 겪은 일 중 인상 깊은 일을 간단하게 쓴 경우		2

4 ④

4-1 [예시 답안] 우리 반 친구들과 함께 도자기 만들기 체험을 한 일입니다.

채점 기준	답안 내용	배점
기억에 남는 일을 떠올려 구체적으로 쓴 경우		4
기억에 남는 일을 간단하게 쓴 경우		2

실전! 서술형 평가
12~13쪽

1 [예시 답안] 젖소 농장에 가서 소젖을 짜는 체험을 하고, 치즈를 피자를 만들었던 일입니다.

채점 기준	답안 내용	배점
자신이 겪은 일 중 기억에 남는 일을 구체적으로 쓴 경우		5
자신이 겪은 일 중 기억에 남는 일을 간단하게 쓴 경우		3

2 [예시 답안] (1) 젖소 농장 체험

(2) 4월

(3) 젖소 농장

(4) 소의 젖을 짜는 체험을 하고, 피자 만들기 체험을 했습니다.

(5) 소의 젖을 짜는 일은 무척 신기했고, 좋아하는 피자를 직접 만들어 먹으니 더 맛있었습니다.

채점 기준	답안 내용	배점
(1)~(5)에 모두 알맞은 내용을 쓴 경우		5
(1)~(5) 중 네 가지만 알맞은 내용을 쓴 경우		3
(1)~(5) 중 세 가지만 알맞은 내용을 쓴 경우		2
(1)~(5) 중 두 가지만 알맞은 내용을 쓴 경우		1

3 [예시 답안] 동생이 아팠을 때 평소와 다른 느낌이 들었기 때문입니다. / 동생이 아프니까 잘 못해 준 것이 생각나서 미안한 마음이 들었기 때문입니다.

채점 기준	답안 내용	배점
서연이가 동생이 아팠던 일로 글을 쓴 까닭을 알맞게 쓴 경우		5
서연이가 동생이 아팠던 일로 글을 쓴 까닭을 간단하게 쓴 경우		3

| 채점 시 유의 사항 | 서연이가 친구에게 한 말에서 동생이 아팠을 때 평소와 다른 느낌이 들었고, 그때 어떤 마음이 든 것이 인상 깊었는지 파악해서 써야 합니다.

4 [예시 답안] 아픈 동생이 걱정되었습니다.

채점 기준	답안 내용	배점
서연이의 마음을 정확하게 쓴 경우		5
서연이의 마음을 간단하게 쓴 경우		3

5 [예시 답안] ❶ 희연

❷ 마음이 아팠다. 동생이 얼른 나았으면 좋겠다.

❸ 이번 가을에만 두 번째네.

채점 기준	답안 내용	배점
❶~❸에 모두 알맞은 내용을 쓴 경우		10
❶~❸ 중 두 가지만 알맞은 내용을 쓴 경우		6
❶~❸ 중 한 가지만 알맞은 내용을 쓴 경우		3

6 예시 답안 꿈 같았던 할아버지 댁에서의 시간

　지난여름에 일주일 동안 시골에 계신 할아버지 댁에서 지냈다. 처음에는 할아버지, 할머니와 함께 지내는 것이 지루할 것 같았다. 그런데 직접 가 보니 일주일이 정말 빠르게 지나갔다. 할아버지, 할머니께서 기르시는 고추를 함께 따기도 하고, 닭이 알을 낳는 모습도 보며 즐거운 시간을 보냈기 때문이다. 동생과 함께 할아버지, 할머니의 모습도 그림으로 그려 드렸는데 많이 기뻐하셨다. 다음에도 할아버지 댁에 가서 함께 지내고 싶다.

채점 기준	답안 내용	배점
자신이 겪은 일이 잘 드러나는 제목을 붙이고, 언제, 어디에서 누구와 겪은 일인지, 무슨 일이 있었는지, 어떤 마음이 왜 들었는지 잘 드러나게 글을 쓴 경우		7
자신이 겪은 일을 바탕으로 글을 썼지만 제목을 붙이지 않았거나, 맞춤법이 틀린 부분이 있거나, 써야 할 내용을 빠뜨린 경우		4

7 예시 답안 (1) 할아버지, 할머니의 모습을 그려 드렸을 때 나눈 대화를 더 자세하게 씁니다.
(2) 맞춤법이나 띄어쓰기가 잘못된 부분을 고쳐 씁니다.

채점 기준	답안 내용	배점
고치고 싶은 부분을 두 가지 모두 알맞게 쓴 경우		5
고치고 싶은 부분을 한 가지만 알맞게 쓴 경우		3

4. 감동을 나타내요

연습! 서술형 평가
14~15쪽

1 ④

1-1 예시 답안 감기에 걸려 열이 많이 나기 때문입니다.

채점 기준	답안 내용	배점
감기에 걸려 열이 많이 나기 때문이라는 내용을 포함하여 쓴 경우		4
'감기에 걸려서', '열이 많이 나서'처럼 열이 나는 까닭 중 일부분만 쓴 경우		2

2 ②

2-1 예시 답안 발가락을 구부려서 모래밭에 파고드는 모습을 두더지처럼 파고들었다고 표현한 것이 재미있었습니다.

채점 기준	답안 내용	배점
시에 쓰인 감각적 표현을 쓰고 그 표현에 대한 자신의 생각이나 느낌을 모두 알맞게 쓴 경우		4
시에 쓰인 감각적 표현은 알맞게 썼으나 그 표현에 대한 자신의 생각이나 느낌을 알맞게 쓰지 못한 경우		2

3 ②, ③

3-1 예시 답안 앞이 보이지 않아도 다른 감각들로 에밀이 온 것을 안다는 것이 신기했습니다.

채점 기준	답안 내용	배점
에밀이 만난 아저씨에 대한 생각이나 느낌을 글의 내용과 관련지어 알맞게 쓴 경우		6
에밀이 만난 아저씨에 대한 생각이나 느낌을 썼으나 글의 내용과 관련지어 쓰지 못한 경우		2

4 ③

4-1 예시 답안 하늘에 사는 아이들이 운동장으로 뛰쳐나가는 소리로 표현하였습니다.

채점 기준	답안 내용	배점
천둥소리를 하늘에 사는 아이들이 운동장으로 뛰쳐나가는 소리로 표현했다고 알맞게 쓴 경우		4
'하늘에 사는 아이들이 내는 소리'처럼 무엇이라고 표현했는지 간단하게 쓴 경우		2

실전! 서술형 평가
16~17쪽

1 예시 답안 "내 몸에 / 불덩이가 들어왔다.", "몹시 추운 사람도 들어왔다.", "거북이도 들어오고", "잠꾸러기도 들어왔다."

채점 기준	답안 내용	배점
시에 쓰인 감각적 표현을 두가지 찾아 쓴 경우		5
시에 쓰인 감각적 표현을 한 가지만 찾아 쓴 경우		3

| 채점 시 유의 사항 | 대상에 대한 느낌을 재미있게 표현하거나, 흉내 내는 말을 사용해서 표현한 부분을 찾아봅니다.

2 예시 답안 감기에 걸려 약을 먹고 잠이 오는 것을 '잠꾸러기도 / 들어왔다'고 표현한 것이 창의적입니다.

채점 기준	답안 내용	배점
시의 감각적 표현과 관련지어 자신의 생각이나 느낌을 쓴 경우		5
어떤 표현에 대한 생각이나 느낌인지 쓰지 않고, '재미있다'처럼 간단하게 쓴 경우		2

3 예시 답안 (1) 발가락으로 모래밭을 파고든 것을 말합니다.
(2) 모래가 움직이는 모습을 지구가 천천히 움직이는 모습이라고 생각했기 때문입니다.

채점 기준	답안 내용	배점
(1)과 (2)에 모두 알맞은 내용을 쓴 경우		5
(1)과 (2) 중 한 가지만 알맞은 내용을 쓴 경우		3

4 예시 답안 모래의 움직임을 지구의 대답이라고 생각한 점이 재미있습니다.

채점 기준	답안 내용	배점
시를 읽고 떠오른 생각이나 느낌을 구체적으로 쓴 경우		5
시를 읽고 떠오른 생각이나 느낌을 간단하게 쓴 경우		3

5 예시 답안 ❶ 색깔 / 색

❷ 여름에 푹 자고 열 시쯤에 일어났을 때를 떠올렸습니다.

❸ 에밀이 블링크 아저씨와 각자 자신의 방법으로 색깔을 설명하며 서로를 이해하기 위해 노력하는 것이 감동 깊었습니다.

채점 기준	답안 내용	배점
❶~❸에 모두 알맞은 내용을 쓴 경우		10
❶~❸ 중 두 가지만 알맞은 내용을 쓴 경우		6
❶~❸ 중 한 가지만 알맞은 내용을 쓴 경우		3

6 예시 답안 (1) 엄마가 썰어 주신 사과

(2) 반듯하고 예쁩니다.

(3) 새콤달콤합니다.

(4) 껍질은 매끈매끈하고 속은 차갑습니다.

(5) 시원하고 아삭합니다.

채점 기준	답안 내용	배점
(1)에 쓴 대상과 관련 있는 내용을 (2)~(5)에 모두 쓴 경우		7
(1)에 쓴 대상과 관련 있는 내용을 (2)~(5) 중 세 가지만 쓴 경우		5
(1)에 쓴 대상과 관련 있는 내용을 (2)~(5) 중 두 가지만 쓴 경우		3
(1)에 쓴 대상과 관련 있는 내용을 (2)~(5) 중 한 가지만 쓴 경우		1

| 채점 시 유의 사항 | 대상에 따라 냄새가 없거나 맛볼 수 없는 것이 있으므로 적절한 대상을 찾아 써야 합니다.

7 예시 답안 (1) 뾰족뾰족 가시 달린 밤송이

(2) 고슴도치처럼 따가운 밤송이

(3) 다가오지 마! / 겉은 뾰족한 밤 / 알고 보면 / 속은 세상 가장 고소한 밤

채점 기준	답안 내용	배점
밤송이에 대한 생각이나 느낌을 세 가지 방법으로 모두 알맞게 표현한 경우		7
밤송이에 대한 생각이나 느낌을 두 가지 방법으로 알맞게 표현한 경우		5
밤송이에 대한 생각이나 느낌을 한 가지 방법으로 알맞게 표현한 경우		3

5. 바르게 대화해요

연습! 서술형 평가
18~19쪽

1 ④

1-1 예시 답안 웃어른인 엄마께 높임 표현을 사용하지 않고 말하였습니다.

채점 기준	답안 내용	배점
웃어른께 높임 표현을 사용하지 않고 말하였다는 내용을 쓴 경우		4
높임 표현을 사용하지 않았다는 내용이나 반말로 말하였다는 내용만 쓴 경우		2

2 ④

2-1 예시 답안 드시고 계세요

채점 기준	답안 내용	배점
엄마와 할아버지를 모두 높여 알맞은 높임 표현을 쓴 경우		4
'드시고 있어요', '먹고 계세요'처럼 한 부분만 알맞게 고쳐 쓴 경우		2

3 ③, ⑤

3-1 예시 답안 전화를 건 지원이가 자신이 누구인지 밝혀야 합니다.

채점 기준	답안 내용	배점
지원이가 전화 통화를 할 때 지켜야 할 점을 구체적으로 쓴 경우		4
지원이가 전화 통화를 할 때 지켜야 할 점을 간단히 쓴 경우		2

4 ⑤

4-1 예시 답안 (1) 놀라고 당황하였습니다.

(2) 눈을 크게 뜨고 입을 크게 벌리며 놀라고 당황한 표정을 짓습니다.

채점 기준	답안 내용	배점
강이의 마음과 어울리는 표정을 모두 정확하게 쓴 경우		6
강이의 마음과 어울리는 표정 중 한 가지만 알맞게 쓴 경우		3

실전! 서술형 평가
20~21쪽

1 예시 답안 (1) 영민 (2) 고마워.

(3) 선생님 (4) 고맙습니다.

채점 기준	답안 내용	배점
대화하는 대상이 누구인지, 그때에 해야 할 말이 무엇인지 모두 알맞게 쓴 경우		5
대화하는 대상은 알맞게 썼으나 할 말을 알맞게 쓰지 못한 경우		2

2 예시 답안 대화하는 상대가 다르기 때문입니다.

채점 기준	답안 내용	배점
대화하는 상대가 다르기 때문이라고 정확하게 쓴 경우		5
'사람이 달라서'처럼 간단하게 쓴 경우		2

3 예시 답안 (1) 이 책이 재미있어.

(2) 이 책이 재미있습니다.

채점 기준	답안 내용	배점
대화하는 대상에 알맞은 대답을 모두 쓴 경우		5
대화하는 대상에 알맞은 대답을 한 가지만 쓴 경우		2

4 예시 답안 전화 통화에서는 상황을 볼 수가 없기 때문에 지원이가 무엇을 말하는지 민지가 정확히 알 수 없었습니다.

채점 기준	답안 내용	배점
민지가 지원이의 말을 알아듣지 못한 까닭을 정확하게 쓴 경우		5
'상황을 몰라서'처럼 까닭을 간단하게 쓴 경우		2

5 예시 답안 지수가 정아의 말을 들으려고 하지 않았습니다.

채점 기준 답안 내용	배점
지수가 정아의 말을 듣지 않았다는 내용을 정확하게 쓴 경우	5
'지수가 자기 말만 하였다'처럼 간단하게 쓴 경우	3

6 예시 답안 지수가 정아의 상황을 헤아려 정아의 말을 귀 기울여 들어야 합니다.

채점 기준 답안 내용	배점
전화 대화에서 지수가 고쳐야 할 점을 정확하게 쓴 경우	5
지수가 고쳐야 할 점을 간단하게 쓴 경우	2

7 예시 답안 ❶ 우리 주위 사람들이 좋아하는 음식
❷ 가장 좋아하시는 음식이 뭐예요?
❸ 가장 좋아하는 음식이 뭐야?

채점 기준 답안 내용	배점
❶~❸에 모두 알맞은 내용을 쓴 경우	10
❶~❸ 중 두 가지만 알맞은 내용을 쓴 경우	6
❶~❸ 중 한 가지만 알맞은 내용을 쓴 경우	3

| **채점 시 유의 사항** | 할아버지께서는 웃어른이므로 동생과 다른 표현을 사용하여 물어보아야 한다는 점을 생각하여 씁니다.

● **6. 마음을 담아 글을 써요**

연습! 서술형 평가 22~23쪽

1 ③, ④

1-1 예시 답안 발표를 하다가 실수할까 봐 걱정이 되었기 때문입니다.

채점 기준 답안 내용	배점
발표하다가 실수할까 봐 걱정했기 때문이라는 내용을 쓴 경우	4
'발표 때문에'처럼 까닭을 간단하게 쓴 경우	2

2 ①

2-1 예시 답안 이어달리기 점수가 큰데 달리기를 잘하지 못해서 마음이 무거웠을 것입니다.

채점 기준 답안 내용	배점
이어달리기를 잘하지 못해 마음이 무거웠다는 내용을 쓴 경우	4
'속상하다'처럼 간단하게 쓴 경우	2

3 ④

3-1 예시 답안 어떤 일이 있었는지 쓰고, 자신의 감정을 솔직하게 씁니다.

채점 기준 답안 내용	배점
사과하는 쪽지를 쓸 때 주의할 점을 구체적으로 쓴 경우	4
'솔직하게 쓴다'처럼 간단하게 쓴 경우	2

4 ②

4-1 예시 답안 우리 학교 지킴이 선생님께 고마운 마음을 전하고 싶습니다.

채점 기준 답안 내용	배점
누구에게 어떤 마음을 전하고 싶은지 모두 쓴 경우	4
누구에게 전하고 싶은지는 썼으나 어떤 마음을 전하고 싶은지 쓰지 못한 경우	2

실전! 서술형 평가 24~25쪽

1 예시 답안 (1) 고맙습니다. (2) 정말 미안해.
(3) 신난다! (4) 나아야 해.

채점 기준 답안 내용	배점
(1)~(4)에 모두 알맞은 내용을 쓴 경우	5
(1)~(4) 중 세 가지만 알맞은 내용을 쓴 경우	3
(1)~(4) 중 두 가지만 알맞은 내용을 쓴 경우	2
(1)~(4) 중 한 가지만 알맞은 내용을 쓴 경우	1

2 예시 답안 괜찮니? / 다친 데는 없니? / 넘어져서 아프겠다. / 많이 아프면 내가 가방을 들어 줄게.

풀이 친구의 상황과 친구의 마음을 모두 생각해서 위로하는 말을 해야 합니다.

채점 기준 답안 내용	배점
넘어진 친구에게 해 줄 말을 친구의 마음을 배려하여 알맞게 쓴 경우	5
'그러게, 조심 좀 하지.'처럼 넘어진 친구에게 해 줄 말을 썼으나 친구의 마음을 배려하지 못한 경우	2

3 예시 답안 음악 시간에 짝 민호에게 리코더 연주 방법을 알려 주었습니다.

채점 기준 답안 내용	배점
규리가 한 일이나 겪은 일을 구체적으로 쓴 경우	5
'리코더를 연주했다.'처럼 한 일이나 겪은 일을 정확하게 쓰지 못한 경우	3

4 예시 답안 뿌듯하고 자랑스러웠을 것입니다.

채점 기준 답안 내용	배점
규리의 마음을 알맞게 짐작하여 쓴 경우	5
'좋다'처럼 규리의 마음을 간단하게 쓴 경우	2

5 예시 답안 ❶ 운동회 날 (아침)
❷ 달리기를 못하기 때문입니다.
❸ 달리기를 못하고 친구들도 자신을 무시해서 속상했을 것입니다.

채점 기준	답안 내용	배점
❶~❸에 모두 알맞은 내용을 쓴 경우		10
❶~❸ 중 두 가지만 알맞은 내용을 쓴 경우		6
❶~❸ 중 한 가지만 알맞은 내용을 쓴 경우		3

6 예시 답안 친구들이나 주위 사람들에게 고마운 마음, 존경하는 마음 등 자신의 마음을 손 편지로 써서 전합니다.

채점 기준	답안 내용	배점
'마음을 전하는 우리 반' 행사에서 하는 일을 정확하게 쓴 경우		5
'마음을 전합니다'처럼 행사에서 하는 일을 간단하게 쓴 경우		2

7 예시 답안 수지야, 안녕? 나 은우야.

오늘 수업 시간에 주사위 놀이를 할 때 놀이 규칙을 정하는데 내가 화를 내는 바람에 우리 모둠은 주사위 놀이를 다 마치지 못했잖아? 그래서 속상하고 미안했어. 다들 하고 싶어서 기대했던 놀이였는데 말이야. 다음부터는 그런 문제가 생기면 화부터 내지 않고 차분하게 이야기해서 문제를 해결하도록 노력할게. 정말 미안해.

채점 기준	답안 내용	배점
누구와 언제 있었던 일인지, 자신이 전하고 싶은 마음이 무엇인지 잘 나타나도록 조건 에 맞게 쪽지를 쓴 경우		5
자신이 마음을 전하고 싶은 사람과 전하고 싶은 마음은 나타나 있으나 조건 에 맞게 쓰지 못한 부분이 있는 경우		2

| **채점 시 유의 사항** | 쪽지는 간단하게 자신의 마음을 전하는 글이므로 무조건 형식을 갖추어서 써야 하는 것은 아니지만 받는 사람이 누구인지, 어떤 일이 있었는지, 자신이 전하고 싶은 마음이 무엇인지는 잘 나타나게 써야 합니다.

● 7. 글을 읽고 소개해요

연습! 서술형 평가   26~27쪽

1 ⑤
풀이 글쓴이는 '앉아서 하는 피구'를 할 때 준비할 내용과 규칙을 소개하였습니다.

1-1 예시 답안 놀이 이름, 준비할 내용, 놀이 규칙을 소개하였습니다.

채점 기준	답안 내용	배점
놀이 이름, 준비할 내용, 놀이 규칙을 모두 쓴 경우		4
놀이 이름, 준비할 내용, 놀이 규칙 중 두 가지만 쓴 경우		2

2 ③
2-1 예시 답안 캐나다에 많이 자라는 설탕단풍 나무의 잎이 국기에 그려져 있기 때문입니다.

채점 기준	답안 내용	배점
글의 내용에서 까닭을 찾아 정리하여 쓴 경우		4
글의 내용과 관련이 적은 내용을 상상하여 쓴 경우		1

3 ⑤
풀이 이 글은 『바위나라와 아기별』이라는 책을 읽고 쓴 독서 감상문입니다.

3-1 예시 답안 앞표지에 있는 바위나라와 아기별 그림이 무척 예뻐서 내용이 궁금했기 때문입니다.

채점 기준	답안 내용	배점
책을 읽게 된 까닭을 글에서 찾아 쓴 경우		4
책을 읽게 된 까닭을 상상하여 쓴 경우		1

4 ②
풀이 독서 감상문에 책의 두께를 쓸 필요는 없습니다.

4-1 예시 답안 책을 읽은 까닭과 인상 깊은 부분을 씁니다.

채점 기준	답안 내용	배점
독서 감상문에 들어있을 내용을 두 가지 이상 쓴 경우		4
독서 감상문에 들어있을 내용을 한 가지만 쓴 경우		2

실전! 서술형 평가   28~29쪽

1 예시 답안 국기는 그 나라를 나타내는 깃발이기 때문입니다.

채점 기준	답안 내용	배점
글에서 내용을 찾아 알맞게 쓴 경우		5
글에서 찾은 내용이 아니라 자신의 생각을 쓴 경우		1

2 예시 답안 독수리와 독사와 선인장에 대한 아즈텍족의 전설이 담겨 있습니다.

채점 기준	답안 내용	배점
전설의 내용을 정리하여 쓴 경우		5
전설의 내용 전체를 그대로 옮겨 쓰거나 너무 간단하게 쓴 경우		2

3 예시 답안 '책 보여 주며 말하기'로 책을 소개하고 있습니다.

채점 기준	답안 내용	배점
'책 보여 주며 말하기'라는 내용으로 쓴 경우		5
'책 보여 주며 말하기'가 아닌 다른 내용으로 쓴 경우		1

4 예시 답안 책에서 가장 인상 깊었던 부분과 그 까닭을 말하였습니다.

채점 기준	답안 내용	배점
❸과 ❹에서 소개하는 내용을 모두 쓴 경우		5
❸에서 소개한 내용은 썼으나, ❹가 까닭을 말한 것임을 파악하지 못한 경우		2

5 예시 답안 ❶『바위나리와 아기별』을 읽고 쓴 글입니다.
❷ 인상 깊은 부분에 해당합니다.
❸ 외로운 친구가 있는지 생각해 보았고, 그 친구에게 아기별과 같은 친구가 되어야겠다는 생각을 하였습니다.

채점 기준 답안 내용	배점
❶~❸을 모두 알맞은 내용으로 쓴 경우	10
❶~❸ 중 두 가지만 알맞은 내용으로 쓴 경우	6
❶~❸ 중 한 가지만 알맞은 내용으로 쓴 경우	3

6 예시 답안 책을 읽은 뒤의 생각과 느낌을 쓰면 좋을 것 같아.

채점 기준 답안 내용	배점
독서 감상문에 쓸 내용을 알맞게 쓴 경우	5
독서 감상문에 쓸 내용이 아닌 것을 쓴 경우	1

7 예시 답안 독서 감상문으로 책 나무를 만들어 꾸미거나, 모둠별로 독서 감상문 전시회를 할 수도 있습니다.

채점 기준 답안 내용	배점
독서 감상문으로 교실을 꾸미는 방법을 알맞게 쓴 경우	5
독서 감상문이 아닌 다른 것으로 교실을 꾸미는 방법을 쓴 경우	1

⬤ 8. 글의 흐름을 생각해요

연습! 서술형 평가
30~31쪽

1 ①

1-1 예시 답안 '커졌다 작아졌다' 마법 열매를 먹었기 때문입니다.

채점 기준 답안 내용	배점
할아버지가 마법 열매를 먹었기 때문이라는 내용으로 쓴 경우	4
세상이 크게 변했기 때문이라는 내용으로 쓴 경우	1

2 ①

2-1 예시 답안 일 차례에 주의하며 간추려야 합니다.

채점 기준 답안 내용	배점
'일', '차례'라는 말이 포함되게 쓴 경우	6
'일', '차례' 중 한 가지 말만 포함되게 쓴 경우	2

3 ②, ⑤

3-1 예시 답안 장소 변화에 주의하며 간추립니다.

채점 기준 답안 내용	배점
'장소', '변화'라는 말이 포함되게 쓴 경우	6
'장소', '변화' 중 한 가지 말만 포함되게 쓴 경우	2

4 ②

4-1 예시 답안 '괴산'이라는 이름은 어떻게 변해 왔을까요?

채점 기준 답안 내용	배점
글의 중요한 내용을 알 수 있는 제목을 쓴 경우	4
글의 중요한 내용이 드러나지 않는 제목을 쓴 경우	2

실전! 서술형 평가
32~33쪽

1 예시 답안 ❶ (1) 실 팔찌를 만드는 방법
(2) 감기약을 먹는 방법
❷ 일을 하는 방법을 알려 줍니다.
❸ 가는 물건을 만드는 차례를 알려 주고, 나는 일할 때 주의할 점을 알려 줍니다.

채점 기준 답안 내용	배점
❶~❸을 모두 알맞은 내용으로 쓴 경우	10
❶~❸ 중 두 가지만 알맞은 내용으로 쓴 경우	6
❶~❸ 중 한 가지만 알맞은 내용으로 쓴 경우	3

2 예시 답안 과학 관찰 보고서를 쓰기 위해서입니다.

채점 기준 답안 내용	배점
까닭을 글에서 찾아 알맞게 쓴 경우	5
까닭을 글에서 찾지 않고 상상하여 쓴 경우	2

3 예시 답안 동물원에서는 제일 먼저 곤충관에 갔고, 그 옆의 야행관을 지나 열대 조류관에 갔습니다.

채점 기준 답안 내용	배점
곤충관, 야행관, 열대 조류관을 갔다는 내용을 간추려 쓴 경우	5
곤충관, 야행관, 열대 조류관 중 두 가지만 쓴 경우	2

4 예시 답안 직업 체험관에 갔다 온 뒤에 쓴 글입니다.

채점 기준 답안 내용	배점
'직업 체험관'이라는 말이 들어가게 쓴 경우	5
'직업 체험관' 중 한 군데의 장소만 골라서 쓴 경우	2

5 예시 답안 (1) 열 시, 열한 시
(2) 학교, 직업 체험관, 소품 설계관, 제빵 학원

채점 기준 답안 내용	배점
(1)과 (2)를 모두 알맞게 쓴 경우	5
(1)과 (2) 중 한 가지만 알맞게 쓴 경우	2

6 예시 답안 가는 특산물을 소재로, 나는 옛길 안내를 소재로 글을 썼습니다.

채점 기준 답안 내용	배점
가와 나를 모두 알맞게 쓴 경우	5
가와 나 중 한 가지만 알맞게 쓴 경우	2

7 예시 답안 가는 일 차례, 나는 장소 변화의 흐름에 따라 간추리는 것이 좋습니다.

채점 기준	답안 내용	배점
가와 **나**를 간추리는 방법을 모두 알맞게 쓴 경우		5
가와 **나**를 간추리는 방법 중 한 가지만 알맞게 쓴 경우		2

| **채점 시 유의 사항** | **가**와 **나**의 글 흐름에 맞게 헷갈리지 않고 간추리는 방법을 썼는지에 유의하며 채점합니다.

● 9. 작품 속 인물이 되어

연습! 서술형 평가
34~35쪽

1 ②

풀이 투루는 무툴라를 무시하는 거만한 성격을 가졌습니다.

1-1 **예시 답안** 고개를 뒤로 젖히는 몸짓과 거들먹거리는 말투일 것입니다.

채점 기준	답안 내용	배점
투루의 성격에 어울리는 내용으로 쓴 경우		4
투루의 성격에 어울리지 않는 내용으로 쓴 경우		1

2 ③

2-1 **예시 답안** 자신을 구해 준 나그네를 잡아먹으려고 하는 행동으로 보아 호랑이는 고마움을 잘 모르는 성격입니다.

채점 기준	답안 내용	배점
호랑이의 성격과 성격을 짐작한 까닭을 모두 알맞게 쓴 경우		6
호랑이의 성격은 짐작했으나 짐작한 까닭은 쓰지 못한 경우		2

3 ③

3-1 **예시 답안** 답답해서 가슴을 치며 큰 목소리로 말하는 것이 어울립니다.

채점 기준	답안 내용	배점
답답한 마음에 어울리는 내용으로 쓴 경우		4
답답한 마음에 어울리지 않는 내용으로 쓴 경우		1

4 ①

풀이 무대의 왼쪽 끝이 아니라 가운데에 서야 합니다.

4-1 **예시 답안** 무대 가운데에 서야 합니다. / 무대에서 말을 주고받을 때에는 상대를 바라봅니다. / 연극을 보는 친구들에게 모습이 잘 보여야 합니다.

채점 기준	답안 내용	배점
무대에 설 때의 주의할 점을 알맞게 쓴 경우		6
무대에 설 때가 아닌, 발표회를 준비할 때 주의할 점을 쓴 경우		2

실전! 서술형 평가
36~37쪽

1 **예시 답안** (1) 거만한 성격입니다.
(2) 자신만만한 성격입니다.

2 **예시 답안** ㉠은 가소롭다는 듯이 웃으며 읽고, ㉡은 손을 허리에 얹거나 팔짱을 끼며 자신만만하게 읽는 것이 좋겠습니다.

채점 기준	답안 내용	배점
㉠과 ㉡을 어떻게 읽을지 모두 알맞게 쓴 경우		5
㉠과 ㉡ 중 한 가지를 읽는 방법만 알맞게 쓴 경우		2

3 **예시 답안** ❶ 인물의 말과 행동을 보고 알 수 있습니다.
❷ 나그네는 호랑이의 부탁을 무시하지 못했습니다. 이런 행동으로 보아 남을 걱정하고 잘 돕는 성격입니다.
❸ 호랑이에게 말할 때 호랑이를 걱정하며 친절한 말투로 말하는 것이 어울립니다.

채점 기준	답안 내용	배점
❶~❸을 모두 알맞은 내용으로 쓴 경우		10
❶~❸ 중 두 가지만 알맞은 내용으로 쓴 경우		6
❶~❸ 중 한 가지만 알맞은 내용으로 쓴 경우		3

4 **예시 답안** (1) 호랑이가 다시 궤짝 속으로 들어간 뒤 토끼가 궤짝을 재빨리 잠그는 상황입니다.
(2) 지혜롭습니다. / 꾀가 많습니다. / 호랑이를 벌주어 통쾌합니다.

채점 기준	답안 내용	배점
(1)과 (2)를 모두 알맞게 쓴 경우		5
(1)과 (2) 중 한 가지만 알맞게 쓴 경우		2

5 **예시 답안** 즐거운 표정으로 빠르게 움직이며 기쁜 말투로 표현하는 것이 어울립니다.

채점 기준	답안 내용	배점
상황과 토끼의 성격에 어울리는 내용으로 쓴 경우		5
상황과 토끼의 성격에 어울리지 않는 내용으로 쓴 경우		1

6 **예시 답안** 호랑이 머리띠를 준비했습니다.

채점 기준	답안 내용	배점
그림에 나온 소품을 쓴 경우		5
그림에 나오지 않은 소품을 상상하여 쓴 경우		1

7 **예시 답안** 평소 사용하는 물건이나 재활용품으로 준비합니다.

채점 기준	답안 내용	배점
평소 사용하는 물건, 재활용품 등으로 준비한다고 쓴 경우		5
실제 상황에서 쓰는 것과 똑같은 크기와 모양으로 준비한다고 쓴 경우		2

| **채점 시 유의 사항** | 소품을 준비할 때에는 반드시 실제 물건을 가지고 와야 하는 것은 아니라는 점에 유의하여 채점합니다.

수학 1. 곱셈

연습! 서술형 평가
38~39쪽

1 696

1-1 [예시 답안] 사탕이 한 상자에 232개씩 3상자에 들어 있으므로 232×3을 계산합니다. 따라서 232×3=696이므로 3상자에 들어 있는 사탕은 모두 696개입니다. / 696개

채점 기준 답안 내용	배점
문제에 알맞은 곱셈식을 세워 답을 바르게 구한 경우	4
문제에 알맞은 곱셈식은 세웠으나 답을 잘못 구한 경우	1

2 7

2-1 [예시 답안] □×2의 일의 자리 수가 4인 경우를 찾으면 2×2=4, 7×2=14입니다. 따라서 □가 7일 때 317×2=634이므로 □ 안에 알맞은 수는 7입니다. / 7

채점 기준 답안 내용	배점
□×2의 일의 자리 수가 4인 경우를 모두 찾아 답을 바르게 구한 경우	6
□×2의 일의 자리 수가 4인 경우를 일부만 찾아 답을 잘못 구한 경우	2

3 ③

3-1 [예시 답안] ㉠ 75×40=3000, ㉡ 45×80=3600, ㉢ 40×90=3600이므로 곱이 다른 하나는 ㉠입니다. / ㉠

채점 기준 답안 내용	배점
㉠, ㉡, ㉢을 각각 계산하여 답을 바르게 구한 경우	4
㉠, ㉡, ㉢ 중 일부만 계산한 경우	1

4 (위에서부터) 4, 2, 7 / 6, 0, 10 / 1, 0, 2

4-1
$$\begin{array}{r} 6 \\ \times\ 1\ 7 \\ \hline 4\ 2 \\ 6\ 0 \\ \hline 1\ 0\ 2 \end{array}$$

/ [예시 답안] 6×1=6에서 1은 곱하는 수의 십의 자리 수이므로 60을 나타내는데 6으로 생각하여 잘못 계산하였습니다.

채점 기준 답안 내용	배점
바르게 계산하고 이유를 알맞게 쓴 경우	4
바르게 계산만 했거나 잘못된 이유만 알맞게 쓴 경우	2

5 >

5-1 [예시 답안] ㉠ 14×24=336, ㉡ 25×12=300입니다. 따라서 336>300이므로 계산 결과가 더 큰 것은 ㉠입니다. / ㉠

채점 기준 답안 내용	배점
㉠과 ㉡을 각각 계산하여 답을 바르게 구한 경우	6
㉠과 ㉡은 각각 계산하였으나 답을 잘못 구한 경우	4
㉠과 ㉡ 중 하나만 계산한 경우	2

6 542

6-1 [예시 답안] 사과의 수를 구하면 18×23=414(개)이고, 배의 수를 구하면 8×16=128(개)입니다. 따라서 사과와 배는 모두 414+128=542(개)입니다. / 542개

채점 기준 답안 내용	배점
사과와 배의 수를 각각 구하여 답을 바르게 구한 경우	6
사과와 배의 수는 각각 구하였으나 답을 잘못 구한 경우	4
사과와 배의 수 중 하나만 구한 경우	2

실전! 서술형 평가
40~41쪽

1 [예시 답안] 100이 3개, 10이 2개, 1이 1개인 세 자리 수는 321입니다. 따라서 321의 3배는 321×3=963입니다. / 963

채점 기준 답안 내용	배점
세 자리 수를 알고 답을 바르게 구한 경우	5
세 자리 수는 알았으나 답을 잘못 구한 경우	2

2 [예시 답안] 5와 3은 각각 십의 자리 수이므로 5×3=15는 50×30=1500을 나타냅니다. 따라서 5는 백의 자리인 ㉡에 써야 합니다. / ㉡

채점 기준 답안 내용	배점
5×3=15가 나타내는 값을 알고 답을 바르게 구한 경우	5
5×3=15가 나타내는 값은 알았으나 답을 잘못 구한 경우	2

3 [예시 답안] 재혁이가 50원짜리 동전을 67개 모았으므로 50×67을 계산합니다. 따라서 50×67=3350이므로 재혁이가 모은 돈은 모두 3350원입니다. / 3350원

채점 기준 답안 내용	배점
문제에 알맞은 곱셈식을 세워 답을 바르게 구한 경우	5
문제에 알맞은 곱셈식은 세웠으나 답을 잘못 구한 경우	2

4 [예시 답안] 세희는 동화책을 매일 16쪽씩 읽고 8월은 31일까지 있으므로 16×31을 계산합니다. 따라서 16×31=496이므로 세희가 8월 한 달 동안 읽은 동화책은 모두 496쪽입니다. / 496쪽

채점 기준 답안 내용	배점
8월의 날수를 알고 문제에 알맞은 곱셈식을 세워 답을 바르게 구한 경우	7
8월의 날수를 알고 문제에 알맞은 곱셈식은 세웠으나 답을 잘못 구한 경우	3
8월의 날수를 알지 못해 문제에 알맞은 곱셈식을 잘못 세운 경우	1

5 [예시 답안] ㉠ 108×9=972, ㉡ 276×4=1104, ㉢ 472×3=1416, ㉣ 535×2=1070입니다. 따라서 972<1070<1104<1416이므로 계산 결과가 작은 순서대로 기호를 쓰면 ㉠, ㉣, ㉡, ㉢입니다. / ㉠, ㉣, ㉡, ㉢

채점 기준	답안 내용	배점
㉠, ㉡, ㉢, ㉣을 각각 계산하여 답을 바르게 구한 경우		7
㉠, ㉡, ㉢, ㉣을 각각 계산하였으나 답을 잘못 구한 경우		4
㉠, ㉡, ㉢, ㉣ 중 일부만 계산한 경우		2

6 (예시 답안) $4×26=104$입니다. $□×19$에서 $□$가 5이면 $5×19=95$이고, $□$가 6이면 $6×19=114$이므로 $□$ 안에는 5와 같거나 5보다 작은 수가 들어가야 합니다. 따라서 $□$ 안에 들어갈 수 있는 가장 큰 수는 5입니다. / 5

채점 기준	답안 내용	배점
$□$ 안에 들어갈 수 있는 수의 조건을 알고 답을 바르게 구한 경우		7
$□$ 안에 들어갈 수 있는 수의 조건은 알았으나 답을 잘못 구한 경우		5
$4×26$만 계산한 경우		2

7 ❶ $□+49=110$ ❷ 61 ❸ 2989

채점 기준	답안 내용	배점
세 문제의 답을 모두 바르게 구한 경우		10
두 문제의 답만 바르게 구한 경우		6
한 문제의 답만 바르게 구한 경우		3

(풀이) ❷ $110-49=□$, $□=61$

❸ $61×49=2989$

8 5, 2, 1, 8, 4168 / (예시 답안) 세 번 곱해지는 한 자리 수에 가장 큰 수인 8을 쓰고, 나머지 세 수로 가장 큰 세 자리 수를 만들면 521입니다. 따라서 곱이 가장 큰 (세 자리 수)×(한 자리 수)를 만들어 계산하면 $521×8=4168$입니다.

채점 기준	답안 내용	배점
곱이 가장 큰 곱셈식을 만들어 계산하고 만든 방법을 알맞게 설명한 경우		10
곱이 가장 큰 곱셈식을 만들어 계산하였으나 만든 방법을 알맞게 설명하지 못한 경우		5
곱이 가장 큰 곱셈식은 만들었으나 잘못 계산한 경우		2

◉ 2. 나눗셈

연습! 서술형 평가
42~43쪽

1 30

1-1 (예시 답안) 사탕 90개를 3개의 상자에 똑같이 나누어 담아야 하므로 $90÷3$을 계산합니다. 따라서 $90÷3=30$이므로 한 상자에 사탕을 30개씩 담아야 합니다. / 30개

채점 기준	답안 내용	배점
문제에 알맞은 나눗셈식을 세워 답을 바르게 구한 경우		4
문제에 알맞은 나눗셈식은 세웠으나 답을 잘못 구한 경우		1

2 12

(풀이) $60÷5=12$

2-1 (예시 답안) 막대 5개를 연결한 길이가 60 cm이므로 막대 한 개의 길이는 $60÷5$를 계산합니다. 따라서 $60÷5=12$이므로 막대 한 개의 길이는 12 cm입니다. / 12 cm

채점 기준	답안 내용	배점
문제에 알맞은 나눗셈식을 세워 답을 바르게 구한 경우		4
문제에 알맞은 나눗셈식은 세웠으나 답을 잘못 구한 경우		1

3 (위에서부터) 2, 40, 4, 4, 2

3-1
```
    4 2
  2)8 4
    8
    ─
    4
    4
    ─
    0
```
/ (예시 답안) 나머지가 나누는 수와 같으므로 몫을 1 크게 하여 계산합니다.

채점 기준	답안 내용	배점
바르게 계산하고 이유를 알맞게 쓴 경우		4
바르게 계산만 했거나 이유만 알맞게 쓴 경우		2

4 16, 1

(풀이)
```
    1 6
  4)6 5
    4
    ─
    2 5
    2 4
    ─
      1
```

4-1 (예시 답안) 양파 65개를 한 봉지에 4개씩 포장하므로 $65÷4$를 계산합니다. 따라서 $65÷4=16⋯1$이므로 양파는 16봉지가 되고 1개가 남습니다. / 16봉지, 1개

채점 기준	답안 내용	배점
문제에 알맞은 나눗셈식을 세워 답을 바르게 구한 경우		6
문제에 알맞은 나눗셈식은 세웠으나 답을 잘못 구한 경우		2

5 300

5-1 (예시 답안) 주어진 돈은 900원입니다. 900원을 3명의 친구들이 똑같이 나누어 가지려면 $900÷3$을 계산합니다. 따라서 $900÷3=300$이므로 한 사람이 300원씩 갖게 됩니다. / 300원

채점 기준	답안 내용	배점
문제에 알맞은 나눗셈식을 세워 답을 바르게 구한 경우		6
문제에 알맞은 나눗셈식은 세웠으나 답을 잘못 구한 경우		2

6 72, 12

(풀이) $8×9=72$, $72÷6=12$

6-1 (예시 답안) 색종이 8장씩 9묶음은 $8×9=72$(장)입니다. 따라서 이 색종이를 한 명에게 6장씩 나누어 주면 $72÷6=12$이므로 12명에게 나누어 줄 수 있습니다. / 12명

채점 기준	답안 내용	배점
색종이의 수를 구하여 답을 바르게 구한 경우		6
색종이의 수는 구하였으나 답을 잘못 구한 경우		3

1 예시 답안 세 변의 길이의 합이 60 cm이므로 삼각형의 한 변은 60÷3을 계산합니다. 따라서 60÷3=20이므로 한 변은 20 cm입니다. / 20 cm

채점 기준	답안 내용	배점
	문제에 알맞은 나눗셈식을 세워 답을 바르게 구한 경우	5
	문제에 알맞은 나눗셈식은 세웠으나 답을 잘못 구한 경우	2

2 예시 답안 60÷4=15, 90÷5=18입니다. 따라서 두 나눗셈의 몫의 차는 18-15=3입니다. / 3

채점 기준	답안 내용	배점
	두 나눗셈의 몫을 각각 구하여 답을 바르게 구한 경우	5
	두 나눗셈의 몫은 각각 구하였으나 답을 잘못 구한 경우	3
	한 나눗셈의 몫만 구한 경우	1

3 예시 답안 나머지는 나누는 수보다 작아야 합니다. 따라서 6으로 나누었을 때 나머지가 될 수 있는 자연수 중에서 가장 큰 수는 5입니다. / 5

채점 기준	답안 내용	배점
	나머지의 범위를 알고 답을 바르게 구한 경우	5
	나머지의 범위는 알았으나 답을 잘못 구한 경우	2

4 예시 답안 33÷9=3…6이므로 지우개 33개를 9명이 3개씩 나누어 사용하면 6개가 남습니다. 따라서 9명이 똑같이 나누어 남김 없이 모두 사용하려면 남은 지우개 6개에 3개를 더 하여 1개씩 더 나누면 되므로 지우개가 3개 더 필요합니다. / 3개

채점 기준	답안 내용	배점
	문제에 알맞은 나눗셈식을 세워 답을 바르게 구한 경우	7
	문제에 알맞은 나눗셈식은 세웠으나 답을 잘못 구한 경우	3

5
```
    2 6
3 ) 7 9
    6
    1 9
    1 8
      1
```
/ 예시 답안 십의 자리 수를 3으로 나누고 남은 10을 내림하지 않고 계산하였습니다.

채점 기준	답안 내용	배점
	바르게 계산하고 이유를 알맞게 쓴 경우	7
	바르게 계산만 했거나 이유만 알맞게 쓴 경우	3

6 예시 답안 몫이 가장 크려면 가장 큰 두 자리 수를 가장 작은 한 자리 수로 나누어야 합니다. 따라서 나눗셈식을 만들어 계산하면 95÷4=23…3이므로 나머지는 3입니다. / 3

채점 기준	답안 내용	배점
	나눗셈의 몫이 가장 크게 되는 조건을 알고 답을 바르게 구한 경우	7
	나눗셈의 몫이 가장 크게 되는 조건은 알았으나 답을 잘못 구한 경우	4

7 예시 답안 1주는 7일입니다. 따라서 124÷7=17…5이므로 124일은 17주 5일입니다. / 17주 5일

채점 기준	답안 내용	배점
	1주가 며칠인지 알고 문제에 알맞은 나눗셈을 세워 답을 바르게 구한 경우	7
	1주가 며칠인지 알고 문제에 알맞은 나눗셈을 세웠으나 답을 잘못 구한 경우	3

8 ❶ 96, 88, 80, 72 ❷ 95, 90, 85, 80 ❸ 80

채점 기준	답안 내용	배점
	세 문제의 답을 모두 바르게 구한 경우	10
	두 문제의 답만 바르게 구한 경우	6
	한 문제의 답만 바르게 구한 경우	3

풀이 ❶ 8×12=96, 8×11=88, 8×10=80, 8×9=72
❷ 5×19=95, 5×18=90, 5×17=85, 5×16=80
❸ ❶과 ❷에서 공통인 수는 80입니다.

3. 원

1

1-1 예시 답안 중심점으로부터 같은 길이의 거리에 점들을 많이 찍으면 원을 좀 더 정확하게 그릴 수 있습니다.

채점 기준	답안 내용	배점
	원을 좀 더 정확하게 그리는 방법을 알맞게 쓴 경우	4

2 ㉠

풀이 원의 중심은 원의 가장 안쪽에 있는 점입니다.

2-1 유진 / 예시 답안 원을 그릴 때 누름 못이 꽂혔던 점이야.

채점 기준	답안 내용	배점
	잘못 설명한 사람을 쓰고 바르게 고친 경우	4
	잘못 설명한 사람만 썼거나 바르게만 고친 경우	2

3 예

3-1 예시 답안 원 위의 점은 셀 수 없이 많으므로 원의 중심과 원 위의 한 점을 선분으로 이은 반지름도 셀 수 없이 많이 그을 수 있습니다.

채점 기준	답안 내용	배점
	반지름을 몇 개 그을 수 있는지 알맞게 설명한 경우	4

4 선분 ㄷㄹ

풀이 원의 중심 ㅇ을 지나는 원 위의 두 점을 이은 선분이 지름입니다.

4-1 예시 답안 주어진 선분은 원 위의 두 점을 이은 것이지만 원의 중심 ㅇ을 지나지 않으므로 지름을 잘못 나타내었습니다.

채점 기준	답안 내용	배점
원의 지름을 잘못 나타낸 이유를 알맞게 쓴 경우		6

5

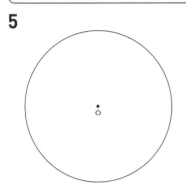

5-1 예시 답안 반지름이 2 cm인 원을 그리려면 컴퍼스의 침과 연필심 사이를 2 cm만큼 벌려야 하는데 컴퍼스의 침을 자의 눈금 0에 맞추지 않아 잘못되었습니다.

채점 기준	답안 내용	배점
원을 그리는 방법이 잘못된 이유를 알맞게 쓴 경우		6

6

6-1 예시 답안 정사각형의 가장 안쪽을 원의 중심으로 하고 지름이 정사각형의 한 변인 원을 그립니다. 정사각형의 왼쪽과 오른쪽 변의 가운데를 각각 원의 중심으로 하고 지름이 정사각형의 한 변인 반원 2개를 정사각형 안쪽으로 그립니다.

채점 기준	답안 내용	배점
주어진 모양을 그린 방법을 알맞게 설명한 경우		6
주어진 모양을 그린 방법을 일부만 설명한 경우		3

실전! 서술형 평가

48~49쪽

1 예시 답안 원의 중심은 1개이고, 원의 반지름은 5 cm입니다. 따라서 ㉠과 ㉡에 알맞은 수의 합은 1+5=6입니다. / 6

채점 기준	답안 내용	배점
㉠과 ㉡에 알맞은 수를 각각 구하여 답을 바르게 구한 경우		5
㉠과 ㉡에 알맞은 수는 각각 구하였으나 답을 잘못 구한 경우		3

2 예시 답안 원 위의 두 점을 이은 선분 중에서 길이가 가장 긴 선분은 원의 지름입니다. 따라서 원의 지름은 원의 중심을 지나므로 선분 ㄷㄹ입니다. / 선분 ㄷㄹ

채점 기준	답안 내용	배점
길이가 가장 긴 선분이 지름임을 알고 답을 바르게 구한 경우		5
길이가 가장 긴 선분이 지름임은 알았으나 답을 잘못 구한 경우		2

3 예시 답안 원의 지름은 8 cm이고, 원의 반지름은 4 cm이므로 원의 지름은 원의 반지름의 2배입니다.

채점 기준	답안 내용	배점
원의 지름과 반지름을 이용하여 원의 지름과 반지름의 관계를 알맞게 설명한 경우		5
원의 지름과 반지름은 이용하였으나 원의 지름과 반지름의 관계를 잘못 설명한 경우		2

4 예시 답안 반지름이 8 cm이면 지름은 16 cm이므로 성호는 지름이 16 cm인 원을 그렸습니다. 따라서 16>15이므로 더 큰 원을 그린 사람은 성호입니다. / 성호

채점 기준	답안 내용	배점
반지름이나 지름을 비교하여 답을 바르게 구한 경우		7
반지름이나 지름은 비교하였으나 답을 잘못 구한 경우		3

5 예시 답안 원의 지름이 24 cm이므로 반지름은 12 cm입니다. 따라서 삼각형 ㄱㄴㄷ에서 각 변의 길이는 원의 반지름과 같으므로 세 변의 길이의 합은 12×3=36(cm)입니다. / 36 cm

채점 기준	답안 내용	배점
원의 반지름을 구하여 답을 바르게 구한 경우		7
원의 반지름은 구하였으나 답을 잘못 구한 경우		3

6 예시 답안 주어진 원의 반지름은 7 cm입니다. 따라서 컴퍼스의 침과 연필심 사이를 7 cm로 벌려서 그려야 합니다. / 7 cm

채점 기준	답안 내용	배점
원의 반지름을 구하여 답을 바르게 구한 경우		7
원의 반지름은 구하였으나 답을 잘못 구한 경우		3

7 예시 답안 큰 원의 지름은 직사각형의 짧은 변의 길이와 같으므로 23 cm입니다. 작은 원의 지름은 31-23=8(cm)이므로 작은 원의 반지름은 8÷2=4(cm)입니다. / 4 cm

채점 기준	답안 내용	배점
두 원의 지름을 각각 구하여 답을 바르게 구한 경우		10
두 원의 지름은 각각 구하였으나 답을 잘못 구한 경우		6
큰 원의 지름만 구한 경우		3

8 ❶ ㉠ 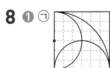 ㉡ ㉢

❷ 3, 5, 3 ❸ ㉡

채점 기준	답안 내용	배점
세 문제의 답을 모두 바르게 구한 경우		10
두 문제의 답만 바르게 구한 경우		6
한 문제의 답만 바르게 구한 경우		3

4. 분수

연습! 서술형 평가

50~51쪽

1 예 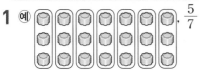 , $\frac{5}{7}$

1-1 예시 답안 21을 3씩 묶으면 7묶음이고, 15는 3씩 5묶음 입니다. 따라서 15는 21의 $\frac{5}{7}$입니다. / $\frac{5}{7}$

채점 기준 답안 내용	배점
21과 15는 각각 3씩 몇 묶음인지 알고 답을 바르게 구한 경우	4
21과 15는 각각 3씩 몇 묶음인지는 알았으나 답을 잘못 구한 경우	2

2 (1) 12 (2) 20

2-1 예시 답안 ㉠ 18의 $\frac{1}{3}$은 6이므로 $\frac{2}{3}$는 $6 \times 2 = 12$이고, ㉡ 45의 $\frac{1}{9}$은 5이므로 $\frac{4}{9}$는 $5 \times 4 = 20$입니다. 따라서 ㉠과 ㉡의 차는 $20 - 12 = 8$입니다. / 8

채점 기준 답안 내용	배점
㉠과 ㉡을 각각 구하여 답을 바르게 구한 경우	6
㉠과 ㉡은 각각 구하였으나 답을 잘못 구한 경우	4
㉠과 ㉡ 중 하나만 구한 경우	2

3 ⑤

3-1 예시 답안 분모가 9인 진분수의 분자는 1부터 8까지입니다. 따라서 분모가 9인 진분수는 $\frac{1}{9}$, $\frac{2}{9}$, $\frac{3}{9}$, $\frac{4}{9}$, $\frac{5}{9}$, $\frac{6}{9}$, $\frac{7}{9}$, $\frac{8}{9}$로 모두 8개입니다. / 8개

채점 기준 답안 내용	배점
진분수에서 분자의 범위를 알고 답을 바르게 구한 경우	4
진분수에서 분자의 범위는 알았으나 답을 잘못 구한 경우	2

4 $2\frac{3}{8}$

4-1 예시 답안 피자 2판은 자연수 2로, 피자 한 판을 똑같이 8조각으로 나눈 것 중의 3조각은 분수 $\frac{3}{8}$으로 나타낼 수 있습니다. 따라서 연우와 친구들이 먹은 피자의 양 2와 $\frac{3}{8}$을 대분수로 나타내면 $2\frac{3}{8}$입니다. / $2\frac{3}{8}$

채점 기준 답안 내용	배점
자연수 부분과 진분수 부분을 알고 답을 바르게 구한 경우	4
자연수 부분과 진분수 부분은 알았으나 답을 잘못 구한 경우	2
진분수 부분을 잘못 구한 경우	1

5 $\frac{11}{4}$

5-1 예시 답안 자연수 2를 가분수로 나타내면 $\frac{8}{4}$이고, $\frac{8}{4}$에는 $\frac{1}{4}$이 8개, $\frac{3}{4}$에는 $\frac{1}{4}$이 3개 있습니다. 따라서 $2\frac{3}{4}$은 $\frac{1}{4}$이 $8 + 3 = 11$(개)인 수입니다. / 11개

채점 기준 답안 내용	배점
대분수를 가분수로 고쳐서 답을 바르게 구한 경우	4
대분수를 가분수로 고쳤으나 답을 잘못 구한 경우	2

6 ( ) (○)

6-1 예시 답안 $1\frac{1}{8}$을 가분수로 나타내면 $\frac{9}{8}$이고 $\frac{9}{8} < \frac{11}{8}$이므로 $1\frac{1}{8} < \frac{11}{8}$입니다. 따라서 아영이는 숙제와 독서 중에서 독서를 더 오래 하였습니다. / 독서

채점 기준 답안 내용	배점
대분수를 가분수로 나타내어 답을 바르게 구한 경우	6
대분수를 가분수로 나타내었으나 답을 잘못 구한 경우	3

| 채점 시 유의 사항 | 가분수를 대분수로 나타낸 다음 대분수의 크기를 비교하여 답해도 정답입니다.

실전! 서술형 평가

52~53쪽

1 예시 답안 9개 중 5개를 색칠하였으므로 색칠한 부분을 분수로 나타내면 $\frac{5}{9}$입니다. / $\frac{5}{9}$

채점 기준 답안 내용	배점
전체와 부분의 수를 알고 답을 바르게 구한 경우	5
전체와 부분의 수는 알았으나 답을 잘못 구한 경우	2

2 예시 답안 30을 5씩 묶으면 5는 30의 $\frac{1}{6}$이므로 ㉠=1이고, 15를 3씩 묶으면 9는 15의 $\frac{3}{5}$이므로 ㉡=3입니다. 따라서 ㉠과 ㉡에 알맞은 수의 합은 $1 + 3 = 4$입니다. / 4

채점 기준 답안 내용	배점
㉠과 ㉡을 각각 구하여 답을 바르게 구한 경우	5
㉠과 ㉡은 각각 구하였으나 답을 잘못 구한 경우	3
㉠과 ㉡ 중 하나만 구한 경우	1

3 예시 답안 대분수는 자연수와 진분수로 이루어지므로 분모가 5인 대분수에서 진분수의 분자는 1, 2, 3, 4입니다. 따라서 구하는 대분수는 $3\frac{1}{5}$, $3\frac{2}{5}$, $3\frac{3}{5}$, $3\frac{4}{5}$입니다.

/ $3\frac{1}{5}$, $3\frac{2}{5}$, $3\frac{3}{5}$, $3\frac{4}{5}$

채점 기준 답안 내용	배점
분모가 5인 대분수에서 분자의 조건을 알고 답을 바르게 구한 경우	7
분모가 5인 대분수에서 분자의 조건은 알았으나 답을 잘못 구한 경우	3

106 수학 3-2

4 예시 답안 $\frac{24}{9}$에서 $\frac{18}{9}$은 자연수 2로, 나머지 $\frac{6}{9}$은 진분수로 나타내면 $2\frac{6}{9}$이고, $\frac{32}{7}$에서 $\frac{28}{7}$은 자연수 4로, 나머지 $\frac{4}{7}$는 진분수로 나타내면 $4\frac{4}{7}$입니다. 따라서 가분수를 대분수로 잘못 나타낸 사람은 은하입니다. / 은하

채점 기준	답안 내용	배점
가분수를 대분수로 나타내어 답을 바르게 구한 경우		7
가분수를 대분수로 나타내었으나 답을 잘못 구한 경우		4

5 예시 답안 $2\frac{1}{9}=\frac{19}{9}$이므로 $\frac{13}{9}<\frac{\square}{9}<\frac{19}{9}$입니다. 따라서 $13<\square<19$이므로 $\square$ 안에 들어갈 수 있는 수는 14, 15, 16, 17, 18로 모두 5개입니다. / 5개

채점 기준	답안 내용	배점
대분수를 가분수로 나타내어 답을 바르게 구한 경우		7
대분수를 가분수로 나타내었으나 답을 잘못 구한 경우		4

6 예시 답안 24를 3묶음으로 나눈 것 중의 1묶음은 8이므로 아버지께서 드신 딸기는 8개이고, 24를 8묶음으로 나눈 것 중의 3묶음은 9이므로 어머니께서 드신 딸기는 9개입니다. 따라서 준서가 먹은 딸기는 $24-8-9=7$(개)이므로 딸기를 가장 많이 먹은 사람은 어머니입니다. / 어머니

채점 기준	답안 내용	배점
아버지와 어머니께서 드신 딸기의 수를 각각 구하여 답을 바르게 구한 경우	10
아버지와 어머니께서 드신 딸기의 수는 각각 구하였으나 답을 잘못 구한 경우	6
아버지와 어머니께서 드신 딸기의 수 중 하나만 구한 경우	3

7 ❶ $\frac{5}{6}, \frac{5}{7}, \frac{6}{7}$ ❷ $\frac{6}{5}, \frac{7}{5}, \frac{7}{6}$ ❸ $6\frac{5}{7}, \frac{47}{7}$ ❹ $7\frac{5}{6}, 5\frac{6}{7}$

채점 기준	답안 내용	배점
네 문제의 답을 모두 바르게 구한 경우		10
세 문제의 답만 바르게 구한 경우		7
한 문제 또는 두 문제의 답만 바르게 구한 경우		4

풀이 ❶ 진분수는 분자가 분모보다 작은 분수이므로 분모가 5인 진분수는 만들 수 없습니다.

❷ 가분수는 분자가 분모와 같거나 분모보다 큰 분수이고, 수 카드를 한 번씩만 사용하므로 분모가 7인 가분수는 만들 수 없습니다.

❸ $6\frac{5}{7}$에서 자연수 6을 가분수로 나타내면 $\frac{42}{7}$이고, $\frac{42}{7}$와 $\frac{5}{7}$에는 $\frac{1}{7}$이 모두 47개 있으므로 $6\frac{5}{7}$를 가분수로 나타내면 $\frac{47}{7}$입니다.

❹ 대분수는 자연수가 클수록 큰 수이므로 가장 큰 대분수의 자연수는 7, 가장 작은 대분수의 자연수는 5입니다.

5. 들이와 무게

연습! 서술형 평가

54~55쪽

1 적습니다에 ○표

1-1 우유갑 / 예시 답안 우유갑에 물을 가득 채운 후 비커에 옮겨 담았을 때 비커에 물이 다 들어갔으므로 우유갑의 들이가 더 적습니다.

채점 기준	답안 내용	배점
들이가 더 적은 것을 구하고 이유를 알맞게 쓴 경우		4
들이가 더 적은 것만 구했거나 이유만 알맞게 쓴 경우		2

2 1030

2-1 예시 답안 빈 유리병에 주스 1 L 30 mL를 넣었더니 가득 찼으므로 유리병의 들이는 1 L 30 mL입니다.
따라서 1 L 30 mL=1000 mL+30 mL=1030 mL이므로 유리병의 들이는 1030 mL입니다. / 1030 mL

채점 기준	답안 내용	배점
유리병의 들이는 몇 L 몇 mL인지 알고 답을 바르게 구한 경우	4
유리병의 들이는 몇 L 몇 mL인지 알았으나 답을 잘못 구한 경우	2

3 7, 100

3-1 예시 답안 빈 수조에 옮겨 담은 물의 양은 2 L 600 mL+4 L 500 mL를 계산합니다. 따라서 수조에 담긴 물의 양은 모두 2 L 600 mL+4 L 500 mL=7 L 100 mL입니다.
/ 7 L 100 mL

채점 기준	답안 내용	배점
문제에 알맞은 덧셈식을 세워 답을 바르게 구한 경우		6
문제에 알맞은 덧셈식은 세웠으나 답을 잘못 구한 경우		2

4 <

4-1 예시 답안 무게를 g 단위로 나타내면
㉠ 4 kg 70 g=4000 g+70 g=4070 g이고, ㉡은 4700 g입니다. 따라서 무게를 비교하면 4070 g<4700 g이므로 무게가 더 무거운 것은 ㉡입니다. / ㉡

채점 기준	답안 내용	배점
무게를 같은 단위로 나타내어 답을 바르게 구한 경우		4
무게를 같은 단위로 나타내었으나 답을 잘못 구한 경우		2

5 g에 ○표

풀이 4 kg은 설탕 한 봉지의 무게보다 무겁고, 4 t은 4 kg의 1000배이므로 50원짜리 동전의 무게로 알맞지 않습니다.

5-1 지나 / 예시 답안 50원짜리 동전의 무게는 약 4 g이야.

채점 기준	답안 내용	배점
단위를 잘못 사용한 사람을 찾고 바르게 고친 경우		6
단위를 잘못 사용한 사람만 찾았거나 바르게만 고친 경우		3

6 31 kg 500 g

6-1 예시 답안 연성이의 몸무게는 책가방을 메고 잰 무게에서 책가방의 무게를 빼야 하므로 32 kg 290 g−790 g을 계산합니다. 따라서 연성이의 몸무게는
32 kg 290 g−790 g=31 kg 500 g입니다. / 31 kg 500 g

채점 기준	답안 내용	배점
문제에 알맞은 뺄셈식을 세워 답을 바르게 구한 경우		6
문제에 알맞은 뺄셈식은 세웠으나 답을 잘못 구한 경우		2

실전! 서술형 평가
56~57쪽

1 동욱 / 예시 답안 1 L 70 mL가 1 L 200 mL보다 1 L와의 차이가 더 적으므로 동욱이가 더 가깝게 어림하였습니다.

채점 기준	답안 내용	배점
더 가깝게 어림한 사람을 찾고 이유를 알맞게 쓴 경우		5
더 가깝게 어림한 사람만 찾았거나 이유만 알맞게 쓴 경우		2

2 예시 답안 귤 4개의 무게는 800 g입니다. 귤 4개의 무게가 모두 같고 200+200+200+200=800이므로 귤 한 개의 무게는 200 g입니다. / 200 g

채점 기준	답안 내용	배점
귤 4개의 무게를 알고 답을 바르게 구한 경우		5
귤 4개의 무게는 알았으나 답을 잘못 구한 경우		1

3 예시 답안 예인이가 마신 물의 양을 mL 단위로 나타내면 어제는 1 L 350 mL=1350 mL이고, 오늘은 1530 mL입니다. 따라서 1350 mL<1530 mL이므로 예인이가 물을 더 적게 마신 날은 어제입니다. / 어제

채점 기준	답안 내용	배점
들이를 같은 단위로 나타내어 답을 바르게 구한 경우		5
들이를 같은 단위로 나타내었으나 답을 잘못 구한 경우		2

4 예시 답안 고구마는 500원짜리 동전 20개의 무게와 같고 감자는 500원짜리 동전 15개의 무게와 같습니다. 따라서 20>15이므로 고구마가 500원짜리 동전 20−15=5(개)만큼 더 무겁습니다. / 고구마, 5개

채점 기준	답안 내용	배점
고구마와 감자가 각각 동전 몇 개만큼의 무게인지 알고 답을 모두 바르게 구한 경우		7
더 무거운 것은 찾았으나 동전 몇 개만큼 더 무거운지 구하지 못한 경우		4
고구마와 감자가 각각 동전 몇 개만큼의 무게인지만 안 경우		2

5 예시 답안 한 포대에 40 kg인 쌀 50포대를 실었으므로 트럭에 실은 쌀의 무게는 40×50=2000(kg)입니다. 따라서 1000 kg=1 t이므로 트럭에 실은 쌀의 무게는 모두 2000 kg=2 t입니다. / 2 t

채점 기준	답안 내용	배점
트럭에 실은 쌀의 무게는 모두 몇 kg인지 알고 답을 바르게 구한 경우		7
트럭에 실은 쌀의 무게는 모두 몇 kg인지 알았으나 답을 잘못 구한 경우		3

6 예시 답안 2700 mL=2 L 700 mL,
5400 mL=5 L 400 mL이므로 들이를 비교하면
5 L 400 mL>4 L 800 mL>3 L 500 mL>2 L 700 mL입니다. 따라서 가장 많은 들이와 가장 적은 들이의 합은
5 L 400 mL+2 L 700 mL=8 L 100 mL입니다.
/ 8 L 100 mL

채점 기준	답안 내용	배점
가장 많은 들이와 가장 적은 들이를 알고 답을 바르게 구한 경우		7
가장 많은 들이와 가장 적은 들이는 알았으나 답을 잘못 구한 경우		4
가장 많은 들이 또는 가장 적은 들이만 안 경우		2

7 예시 답안 사과 한 개의 무게가 300 g이므로 무게가 같은 사과 6개의 무게는 300 g+300 g+300 g+300 g+300 g+300 g=1 kg 800 g입니다. 따라서 빈 바구니의 무게는 사과 6개를 담은 바구니의 무게에서 사과 6개의 무게를 빼면 2 kg 200 g−1 kg 800 g=400 g입니다. / 400 g

채점 기준	답안 내용	배점
사과 6개의 무게를 알고 알맞은 뺄셈식을 세워 답을 바르게 구한 경우		10
사과 6개의 무게를 알고 알맞은 뺄셈식은 세웠으나 답을 잘못 구한 경우		6
사과 6개의 무게만 구한 경우		3

8 ❶ 250 mL ❷ 400 mL ❸ 유이

채점 기준	답안 내용	배점
세 문제의 답을 모두 바르게 구한 경우		10
두 문제의 답만 바르게 구한 경우		6
한 문제의 답만 바르게 구한 경우		3

풀이 ❶ 2 L−1 L 750 mL=250 mL
❷ 1 L 100 mL−700 mL=400 mL

● 6. 자료의 정리

연습! 서술형 평가
58~59쪽

1 (1) 7명 (2) 4배 (3) 호랑이, 기린, 사자, 고양이
풀이 (1) 23−8−6−2=7(명) (2) 8÷2=4(배)

1-1 예시 답안 ❶ 가장 많은 학생들이 좋아하는 과목은 국어입니다. ❷ 가장 적은 학생들이 좋아하는 과목은 사회입니다. ❸ 국어를 좋아하는 학생 수는 사회를 좋아하는 학생 수의 3배입니다.

채점 기준	답안 내용	배점
알 수 있는 내용 세 가지를 모두 바르게 쓴 경우		6
알 수 있는 내용 두 가지만 바르게 쓴 경우		4
알 수 있는 내용 한 가지만 바르게 쓴 경우		2

| 채점 시 유의 사항 | 표를 보고 알 수 있는 내용이면 모두 정답입니다.

2 표에 ○표

2-1 6, 5, 4, 2, 4, 21 / (예시 답안) 좋아하는 색깔별 학생 수를 한눈에 쉽게 알 수 있기 때문입니다.

채점 기준	답안 내용	배점
표를 완성하고 표가 편리한 이유를 알맞게 쓴 경우		4
표만 완성하였거나 표가 편리한 이유만 알맞게 쓴 경우		2

3 박물관

3-1 (예시 답안) 박물관 / 가장 많은 학생들이 가고 싶어 하는 박물관으로 현장 체험 학습을 가면 좋겠습니다.

채점 기준	답안 내용	배점
현장 체험 학습 장소를 고르고 그 이유를 알맞게 쓴 경우		4
현장 체험 학습 장소만 골랐거나 그 이유만 알맞게 쓴 경우		2

4

혈액형	학생 수
A형	◎◎◎○○○
B형	◎◎○○○○○○○
O형	◎◎◎◎○○
AB형	◎◎○○○○

◎10명
○1명

4-1 다 모둠 / (예시 답안) 10개와 1개를 나타내는 단위 그림이 바뀌었습니다.

채점 기준	답안 내용	배점
잘못 나타낸 모둠을 찾고 잘못된 이유를 알맞게 쓴 경우		6
잘못 나타낸 모둠만 찾았거나 잘못된 이유만 알맞게 쓴 경우		3

실전! 서술형 평가
60~61쪽

1 (예시 답안) 네 반에서 읽은 책의 수를 모두 더하면
$34+51+28+42=155$(권)입니다. / 155권

채점 기준	답안 내용	배점
네 반의 책의 수를 모두 더하여 답을 바르게 구한 경우		5
네 반의 책의 수를 더하는 과정에서 계산을 잘못하여 답을 잘못 구한 경우		1

2 (예시 답안) 학생들이 읽은 책의 수의 많고 적음을 한눈에 쉽게 비교할 수 있습니다.

채점 기준	답안 내용	배점
그림그래프가 표보다 좋은 점을 알맞게 쓴 경우		5

3 ㉠ / (예시 답안) 책을 가장 많이 읽은 반은 2반입니다. 또는 책을 가장 적게 읽은 반은 3반입니다.

채점 기준	답안 내용	배점
잘못된 설명을 찾고 바르게 고친 경우		5
잘못된 설명은 찾았으나 바르게 고치지 못한 경우		2

4 피구 / (예시 답안) 두 반의 학생 수를 합한 수가 가장 큰 운동인 피구를 하면 좋겠습니다.

채점 기준	답안 내용	배점
함께 하면 좋은 운동을 고르고 그 이유를 알맞게 쓴 경우		7
함께 하면 좋은 운동은 골랐으나 그 이유만 알맞게 쓴 경우		3

(풀이) 축구: $7+5=12$(명), 피구: $10+9=19$(명),
줄넘기: $3+4=7$(명), 수영: $5+8=13$(명)

5 (예시 답안) 10 kg을 나타내는 그림의 수가 가장 많은 목장은 나 목장이고, 가장 적은 목장은 라 목장입니다. 따라서 나 목장의 우유 생산량은 51 kg, 라 목장의 우유 생산량은 16 kg이므로 $51-16=35$(kg) 더 많습니다. / 35 kg

채점 기준	답안 내용	배점
우유 생산량이 가장 많은 목장과 가장 적은 목장을 찾아 답을 바르게 구한 경우		7
우유 생산량이 가장 많은 목장과 가장 적은 목장은 찾았으나 답을 잘못 구한 경우		4
우유 생산량이 가장 많은 목장과 가장 적은 목장 중 하나만 찾은 경우		2

6 (예시 답안) 봄, 여름, 겨울에 태어난 학생은 각각 48명, 15명, 23명이므로 가을에 태어난 학생은 $132-48-15-23=46$(명)입니다. 따라서 😊은 4개, 🙂은 6개 그려야 합니다.
/ 4개, 6개

채점 기준	답안 내용	배점
가을에 태어난 학생 수를 구하여 답을 바르게 구한 경우		10
가을에 태어난 학생 수는 구하였으나 답을 잘못 구한 경우		5

7 ❶ 17벌　❷ (예) 2가지
❸ (예)

색깔별 판매량	
색깔	티셔츠의 수
흰색	◎◎○○○
노란색	○○○○○
파란색	○○○○○○○
검은색	◎○○○○○○○

◎10벌
○1벌

❹ 흰색, 검은색, 파란색, 노란색

채점 기준	답안 내용	배점
네 문제의 답을 모두 바르게 구한 경우		10
세 문제의 답만 바르게 구한 경우		7
한 문제 또는 두 문제의 답만 바르게 구한 경우		4

(풀이) ❶ $52-22-5-8=17$(벌)
❷ 단위를 10벌, 5벌, 1벌인 3가지로 나타낼 수도 있습니다.

사회 1. 환경에 따라 다른 삶의 모습

연습! 서술형 평가
62~63쪽

1 자연환경

풀이 환경은 자연환경과 인문환경으로 나눌 수 있습니다.

1-1 **예시 답안** 산, 들, 하천, 바다와 같은 땅의 생김새와 날씨에 영향을 주는 눈, 비, 바람, 기온 등을 말합니다.

채점 기준	답안 내용	배점
'산, 들, 하천, 바다와 같은 땅의 생김새와 날씨에 영향을 주는 눈, 비, 바람, 기온 등을 말한다.'라고 알맞게 쓴 경우		5
'산, 들, 하천, 바다, 눈, 비, 바람, 기온 등과 같은 것을 말한다.'라고 자연환경의 종류만 쓴 경우		3
'인문 환경이 아닌 것을 말한다.'라고 쓴 경우		1

2 ③

풀이 ①과 ②는 들, ③은 바다, ④와 ⑤는 산을 이용하는 모습입니다.

2-1 **예시 답안** 바다에서 물고기를 잡습니다.

채점 기준	답안 내용	배점
'바다에서 물고기를 잡는다.'라고 알맞게 쓴 경우		4
'일을 한다.'와 같이 미흡하게 쓴 경우		1

3 (1) ⓒ (2) ⓒ (3) ⓔ (4) ⓖ

풀이 우리나라는 봄, 여름, 가을, 겨울의 사계절이 있고 계절에 따라 날씨가 다릅니다. 계절에 따라 고장 사람들의 생활 모습은 다릅니다.

3-1 **예시 답안** 논에서 곡식을 수확합니다.

채점 기준	답안 내용	배점
'논에서 곡식을 수확한다.'와 같이 알맞게 쓴 경우		4
'수확을 한다.'라고 어떤 장소에서 무엇을 수확하는지를 빼고 간단하게 쓴 경우		2
'농사일을 한다.'와 같이 미흡하게 쓴 경우		1

4 의식주

풀이 의식주는 사람이 살아가는 데 기본적으로 필요한 것이기 때문에 우리 생활에 꼭 필요합니다.

4-1 **예시 답안** 우리가 살아가는 데 기본적으로 필요한 것이기 때문입니다.

채점 기준	답안 내용	배점
'우리가 살아가는 데 기본적으로 필요한 것이기 때문이다.' 또는 '몸을 보호하고, 영양분을 얻고, 안전하고 편안하게 쉴 수 있도록 하기 위해서이다.'와 같이 알맞게 쓴 경우		5
옷이 필요한 까닭, 음식이 필요한 까닭, 집이 필요한 까닭 중 두 가지만을 넣어 쓴 경우		3
옷이 필요한 까닭, 음식이 필요한 까닭, 집이 필요한 까닭 중 한 가지만 쓴 경우		1

5 ⑤

풀이 ① 털신, ② 털옷, ③ 털목도리, ④ 털모자는 추운 겨울과 관련된 옷차림입니다.

5-1 **예시 답안** 고장 사람들은 여름에는 더위를 피하려고 바람이 잘 통하는 소재로 만든 옷을 입거나 햇볕을 막는 모자를 쓰기도 합니다. 겨울에는 추위를 막으려고 두꺼운 옷을 입고 장갑을 끼거나 목도리를 두르기도 합니다.

채점 기준	답안 내용	배점
여름철 의생활 모습과 겨울철 의생활 모습을 두 가지 모두 알맞게 쓴 경우		6
여름철 의생활 모습과 겨울철 의생활 모습 중 한 가지만 알맞게 쓴 경우		3
여름철 의생활 모습과 겨울철 의생활 모습 중 한 가지를 썼으나 미흡한 경우		1

| 채점 시 유의 사항 | 날씨가 더울 때와 추울 때의 의생활 모습을 각각 쓰라는 조건이 있으므로, 두 가지를 모두 알맞게 썼을 때 만점을 받을 수 있습니다.

6 바다로 둘러싸인

풀이 바다로 둘러싸인 고장에서는 해산물이 풍부하기 때문에 생선을 이용한 음식이 많습니다.

6-1 **예시 답안** 고장마다 날씨와 땅의 생김새, 땅의 위치 등 자연환경이 다르기 때문입니다.

채점 기준	답안 내용	배점
'고장마다 날씨와 땅의 생김새, 땅의 위치 등 자연환경이 다르기 때문이다.'와 같이 알맞게 쓴 경우		6
'고장마다 환경이 다르기 때문이다.'라고 쓴 경우		4
'살고 있는 고장이 다르기 때문이다.'와 같이 미흡하게 쓴 경우		1

실전! 서술형 평가
64~65쪽

1 (1) **예시 답안** 산, 들, 하천, 바다와 같은 땅의 생김새와 날씨에 영향을 주는 눈, 비, 바람, 기온 등을 말합니다.

(2) **예시 답안** 논과 밭, 과수원, 다리, 도로, 공장 등과 같이 사람들이 만든 환경을 말합니다.

채점 기준	답안 내용	배점
(1) 자연환경과 (2) 인문환경의 뜻을 두 가지 모두 구체적인 예를 써서 알맞게 설명한 경우		7
(1) 자연환경과 (2) 인문환경 중 한 가지만 구체적인 예를 써서 알맞게 설명한 경우		4
(1) 자연환경과 (2) 인문환경 중 한 가지만 설명했으나 미흡한 경우		2

| 채점 시 유의 사항 | 구체적인 예를 쓰라는 조건이 충족되지 않을 때에는 1점씩 감점이 됩니다.

2 (예시 답안) 논과 밭을 만들어 농사를 짓습니다. 집을 지어 살고 있습니다. 도로를 만들어 이용합니다.

채점 기준	답안 내용	배점
땅을 이용하는 모습을 세 가지 모두 알맞게 쓴 경우		7
땅을 이용하는 모습을 두 가지만 알맞게 쓴 경우		4
땅을 이용하는 모습을 한 가지만 알맞게 쓴 경우		2

3 (예시 답안) 민우네 고장은 7월에 기온이 가장 높고 강수량도 가장 많으며, 1월에 기온이 가장 낮고 강수량도 가장 적습니다.

채점 기준	답안 내용	배점
그래프를 보고 알 수 있는 평균 기온과 평균 강수량에 대해 알맞게 쓴 경우		5
그래프를 보고 알 수 있는 평균 기온과 평균 강수량에 대해 썼으나 미흡한 경우		2

4 (예시 답안) 식당을 만들어 산을 찾아오는 관광객들에게 음식을 팝니다. 스키장을 찾아오는 손님을 위한 숙박 시설을 운영합니다.

채점 기준	답안 내용	배점
두 가지를 모두 알맞게 쓴 경우		7
한 가지만 알맞게 쓴 경우		4
한 가지를 썼으나 미흡한 경우		2

5 (1) (예시 답안) 몸을 보호하기 위해서입니다.

(2) (예시 답안) 영양분을 얻기 위해서입니다.

(3) (예시 답안) 안전하고 편안하게 쉬기 위해서입니다.

채점 기준	답안 내용	배점
세 가지를 모두 알맞게 쓴 경우		6
두 가지만 알맞게 쓴 경우		4
한 가지만 알맞게 쓴 경우		2

6 (예시 답안) 세계 각 고장의 날씨에 따라 의생활 모습이 다양하게 나타납니다.

채점 기준	답안 내용	배점
'세계 각 고장의 날씨에 따라 의생활 모습이 다양하게 나타난다.'와 같이 알맞게 쓴 경우		7
'사람들의 옷차림이 다르다.'와 같이 미흡하게 쓴 경우		2

7 ❶ ㉣

❷ 너와집

3 (예시 답안) 여름철에 홍수로 물에 잠길 위험이 있는 집을 보호하기 위해서입니다.

채점 기준	답안 내용	배점
'여름철에 홍수로 집이 물에 잠길 위험이 있는 고장에서 집을 보호하기 위해서이다.'와 같이 알맞게 쓴 경우		6
'물에 잠길 위험이 있기 때문이다.'라고만 쓴 경우		3
'집을 보호하기 위해서이다.'와 같이 미흡하게 쓴 경우		1

2. 시대마다 다른 삶의 모습

연습 서술형 평가   66~67쪽

1 청동

1-1 (예시 답안) 철로 만든 농사 도구를 사용하면서 농업이 크게 발달했습니다. 철로 만든 무기를 가진 사람들은 전쟁에서 쉽게 이길 수 있었습니다.

채점 기준	답안 내용	배점
두 가지를 모두 알맞게 쓴 경우		5
한 가지만 알맞게 쓴 경우		3
한 가지를 썼으나 미흡한 경우		1

| 채점 시 유의 사항 | 철로 만든 농사 도구와 무기로 달라진 사람들의 생활 모습을 모두 썼을 때 만점을 받을 수 있습니다.

2 ㉠ → ㉢ → ㉣ → ㉡

(풀이) ㉠은 토기, ㉡은 전기밥솥, ㉢은 시루, ㉣은 가마솥입니다.

2-1 (예시 답안) 사람들은 음식을 편리하게 만들어 먹을 수 있게 되었습니다. 사람들은 음식을 다양하게 만들어 먹을 수 있게 되었습니다.

채점 기준	답안 내용	배점
두 가지를 모두 알맞게 쓴 경우		5
한 가지만 알맞게 쓴 경우		3
한 가지를 썼으나 미흡한 경우		1

3 ⑤

(풀이) ① 움집은 땅을 파서 기둥을 세우고 비바람을 막으려고 그 위에 풀과 짚을 덮어 만든 집입니다. ② 귀틀집은 통나무를 네모 모양으로 쌓아 올린 후 통나무 사이에 진흙을 발라 만든 집입니다. ③ 초가집은 볏짚을 엮어 지붕을 덮은 집입니다. ④ 기와집은 흙을 구워 만든 기와로 지붕을 덮은 집입니다.

3-1 예시 답안 아파트는 여러 층으로 나누어 높게 짓기 때문에 좁은 땅에 많은 사람들이 함께 살 수 있습니다.

채점 기준 답안 내용	배점
여러 층으로 나누어 높게 지어서 좁은 땅에도 많은 사람들이 함께 살 수 있다는 점, 시멘트와 철근으로 만들어 튼튼하다는 점 등을 알맞게 쓴 경우	4
'높게 지었다.', '시멘트와 철근으로 만들었다.' 등과 같이 미흡하게 쓴 경우	2

4 ⑤

풀이 우리나라의 명절에는 설날, 추석, 정월 대보름, 한식, 단오, 동지 등이 있습니다.

4-1 예시 답안 아침에는 조상들께 차례를 지냅니다. 멀리 떨어져 사는 친척들을 만나 서로 안부를 나눕니다.

채점 기준 답안 내용	배점
두 가지를 모두 알맞게 쓴 경우	6
한 가지만 알맞게 쓴 경우	3
한 가지를 썼으나 미흡한 경우	1

5 ⑤

풀이 정월 대보름은 음력으로 새해 첫 둥근 보름달이 뜨는 날입니다. ① 설날에는 윷놀이, 연날리기 등을 하였고, ② 한식에는 찬 음식을 먹고 조상들의 산소에 성묘를 하였습니다. ③ 단오에는 그네뛰기, 씨름 등을 하였고, ④ 추석에는 줄다리기, 강강술래 등을 하였습니다.

5-1 예시 답안 (1) 달집태우기를 하며 나쁜 기운을 쫓아냈습니다. (2) 오곡밥을 먹으며 풍년을 기원하였습니다.

채점 기준 답안 내용	배점
(1)과 (2)를 모두 알맞게 쓴 경우	6
(1)과 (2) 중 한 가지만 알맞게 쓴 경우	3
(1)과 (2) 중 한 가지를 썼으나 미흡한 경우	1

6 농사

풀이 우리 조상들은 주로 농사를 짓고 살았고 모내기, 김매기 등 계절에 따라서 하는 일이 달랐습니다. 보름달을 보며 풍년 기원하기, 추수한 곡식과 과일로 차례 지내기 등은 농사와 관련된 세시 풍속입니다.

6-1 예시 답안 더운 날씨와 바쁜 농사일을 이겨 낼 수 있도록 영양이 풍부한 음식을 먹었습니다.

채점 기준 답안 내용	배점
'더운 날씨'와 '바쁜 농사일'을 모두 넣어 알맞게 쓴 경우	6
'더운 날씨'와 '바쁜 농사일' 중 한 가지만 넣어 쓴 경우	3

1 예시 답안 한 사람이 농사지을 수 있는 논밭의 넓이가 커졌습니다. 힘을 덜 들이고 농사를 지을 수 있게 되었습니다. 더 다양하고 많은 양의 곡식과 채소, 과일을 얻을 수 있게 되었습니다.

채점 기준 답안 내용	배점
두 가지를 모두 알맞게 쓴 경우	7
한 가지만 알맞게 쓴 경우	4
한 가지를 썼으나 미흡한 경우	1

2 예시 답안 다양한 종류의 옷을 쉽게 만들 수 있게 되었습니다. 옷을 빠르게 만들 수 있게 되었습니다.

채점 기준 답안 내용	배점
두 가지를 모두 알맞게 쓴 경우	7
한 가지만 알맞게 쓴 경우	4
한 가지를 썼으나 미흡한 경우	1

3 ❶ 초가집, 볏짚

❷ 기와집, 흙을 구워 만든 기와

❸ 예시 답안 기와집의 기와는 썩지 않아 초가집과 달리 지붕을 바꾸지 않고 오래 살 수 있었습니다.

채점 기준 답안 내용	배점
기와집의 지붕이 초가집보다 튼튼한 점, 불에 타지 않는 점 등을 알맞게 쓴 경우	6
'지붕을 기와로 만들었다.'와 같이 미흡하게 쓴 경우	2

| **채점 시 유의 사항** | 지붕과 관련된 장점을 적어야 만점을 받을 수 있습니다.

4 예시 답안 주방이 집 안에 있어 편리하게 사용합니다. 가족이 거실에서 이야기를 나누며 시간을 함께 보냅니다.

채점 기준 답안 내용	배점
두 가지를 모두 알맞게 쓴 경우	5
한 가지만 알맞게 쓴 경우	3
한 가지를 썼으나 미흡한 경우	1

5 예시 답안 시원한 계곡이나 산으로 놀러 갔습니다. 그 까닭은 시원한 곳으로 가서 더위를 피하기 위해서입니다. / 닭백숙이나 육개장처럼 영양이 풍부한 음식을 먹었습니다. 그 까닭은 영양이 풍부한 음식을 먹으며 더위를 이겨 내기 위해서입니다.

채점 기준 답안 내용	배점
세시 풍속과 세시 풍속을 행한 까닭을 두 가지 모두 알맞게 쓴 경우	7
세시 풍속과 세시 풍속을 행한 까닭을 한 가지만 알맞게 쓴 경우	4
세시 풍속만 알맞게 쓴 경우	2

6 예시 답안 설날에는 어른들께 세배를 드립니다.

채점 기준	답안 내용	배점
'어른들께 세배를 드린다.'와 같이 알맞게 쓴 경우		5
'어른들께 인사를 한다.'와 같이 미흡하게 쓴 경우		2

7 예시 답안 우리 조상들은 주로 농사를 짓고 살아서 농사와 관련된 세시 풍속이 계절에 따라 다양했습니다.

채점 기준	답안 내용	배점
'농사와 관련된 세시 풍속이 계절에 따라 다양했다.'와 같이 알맞게 쓴 경우		7
우리 조상들은 주로 농사를 지었다는 점, 농사가 날씨와 계절의 영향을 많이 받았다는 점 중 한 가지를 쓴 경우		4

3. 가족의 형태와 역할 변화

연습! 서술형 평가

70~71쪽

1 ②

풀이 ②는 옛날의 결혼식 모습입니다. 오늘날에는 주로 결혼식장에서 결혼식을 합니다.

1-1 예시 답안 주로 신랑은 턱시도를 입고, 신부는 웨딩드레스를 입습니다.

채점 기준	답안 내용	배점
신랑과 신부의 옷차림을 모두 알맞게 쓴 경우		4
신랑과 신부 중 한 사람의 옷차림만 알맞게 쓴 경우		2

2 ⑤

풀이 옛날과 오늘날의 결혼식 모습은 많이 다르지만 신랑과 신부를 축하해 주는 마음은 같습니다.

2-1 예시 답안 남자와 여자가 결혼하면서 새로운 가족이 만들어집니다. 많은 사람에게 두 사람의 결혼을 알립니다. 가족과 친척이 모여 신랑과 신부의 행복한 미래를 축복해 줍니다.

채점 기준	답안 내용	배점
두 가지를 모두 알맞게 쓴 경우		6
한 가지만 알맞게 쓴 경우		3
한 가지를 썼으나 미흡한 경우		1

3 (1) 확대 가족   (2) 핵가족

풀이 (1) 확대 가족은 결혼한 자녀와 부모가 함께 사는 가족을 말합니다. (2) 핵가족은 결혼하지 않은 자녀와 부모가 함께 사는 가족을 말합니다.

3-1 예시 답안 옛날에는 주로 농사를 지어 일손이 많이 필요했기 때문에 자녀가 결혼한 후에도 부모와 함께 사는 경우가 많았습니다.

채점 기준	답안 내용	배점
'옛날 사람들은 주로 일손이 많이 필요한 농사를 지어 자녀가 결혼을 해도 부모와 함께 살았다.'와 같이 알맞게 쓴 경우		5
'옛날에는 주로 농사를 지었기 때문이다.'라고만 쓴 경우		3
'함께 일을 하기 위해서이다.'와 같이 미흡하게 쓴 경우		1

4 (1) ○ (2) ☆ (3) ☆

풀이 옛날과 달리 오늘날에는 남녀 모두 교육 받을 기회가 동등해지면서 남녀 모두 사회 활동의 기회가 동등해졌습니다. 또한 남녀가 평등하다는 의식이 높아지면서 가족 구성원의 역할도 변화했습니다.

4-1 예시 답안 옛날에는 주로 자녀를 돌보는 일은 여자가 했으나, 오늘날에는 부모가 함께 자녀를 돌봅니다.

채점 기준	답안 내용	배점
옛날과 오늘날 가족 구성원의 역할을 모두 알맞게 비교하여 쓴 경우		5
옛날과 오늘날 가족 구성원의 역할 중 한 가지만 알맞게 쓴 경우		2

| 채점 시 유의 사항 | 달라진 가족 구성원의 역할을 비교하라는 조건에 맞게 옛날과 오늘날 가족 구성원 역할의 차이점을 알맞게 썼을 때 만점을 받을 수 있습니다.

5 ③

풀이 한 가족이 된 기념으로 함께 사진을 찍자고 하는 말에서 원래 한 가족이 아니었던 것을 알 수 있습니다.

5-1 예시 답안 책에서 한국인 아빠, 외국인 엄마, 아들, 딸 이렇게 네 명이 함께 사는 가족을 보았습니다.

채점 기준	답안 내용	배점
우리 가족과 다른 형태의 가족의 모습을 알맞게 쓴 경우		4
우리 가족과 다른 형태의 가족의 모습을 썼으나 미흡한 경우		2

6 예시 답안 다양

풀이 우리 사회에는 다양한 형태의 가족이 여러 가지 모습으로 함께 살아가고 있습니다.

6-1 예시 답안 서로의 다름을 인정하고 존중해야 합니다.

채점 기준	답안 내용	배점
'서로의 다름을 인정하고 존중해야 한다.'와 같이 알맞게 쓴 경우		4
'가족의 모습이 다양하다라고 생각한다.'와 같이 미흡하게 쓴 경우		2

1 ① 결혼식(결혼)

② ㉣

③ 예시 답안 오늘날의 결혼식 모습은 다양합니다.

채점 기준	답안 내용	배점
'오늘날의 결혼식 모습은 다양하다.'와 같이 알맞게 쓴 경우		6
'오늘날의 결혼식 모습이다.'와 같이 미흡하게 쓴 경우		2

2 예시 답안 기러기는 죽을 때까지 사랑을 지키는 새로 알려져 있어서 신랑은 신부에게 오래도록 행복하게 함께 살자는 의미로 기러기를 주었습니다.

채점 기준	답안 내용	배점
'신랑이 신부에게 오래도록 행복하게 함께 살자는 의미로 기러기를 주었다.'와 같이 알맞게 쓴 경우		7
'기러기는 죽을 때까지 사랑을 지키는 새로 알려져 있기 때문이다.'라고 쓴 경우		4
'사랑이 담겨 있다.'와 같이 미흡하게 쓴 경우		1

3 (1) **예시 답안** 결혼한 자녀와 부모가 함께 사는 가족을 말합니다.

(2) **예시 답안** 결혼하지 않은 자녀와 부모가 함께 사는 가족을 말합니다.

채점 기준	답안 내용	배점
(1) 확대 가족과 (2) 핵가족의 뜻을 두 가지 모두 알맞게 쓴 경우		7
(1) 확대 가족과 (2) 핵가족의 뜻을 한 가지만 알맞게 쓴 경우		4
(1) 확대 가족과 (2) 핵가족의 뜻 중 한 가지만 썼으나 미흡한 경우		2

4 예시 답안 새로운 일자리를 찾아 사람들이 도시로 오면서 가족의 규모가 작아졌습니다.

채점 기준	답안 내용	배점
'새로운 일자리를 찾아 사람들이 도시로 오면서 가족의 규모가 작아졌다.', '새로운 일자리를 찾아 사람들이 도시로 오면서 핵가족이 늘어났다.' 등과 같이 알맞게 쓴 경우		7
'가족의 규모가 작아졌다.'라고 쓴 경우		4
'도시로 오는 가족이 많아졌다.'와 같이 미흡하게 쓴 경우		2

5 (1) **예시 답안** 가족들이 자기의 상황을 이해해 주지 못하는 것 같아 섭섭해 합니다.

(2) **예시 답안** 나들이 갈 생각에 신났었는데 못 가게 돼서 서운해 합니다.

(3) **예시 답안** 부모님께서 약속을 지키지 않아서 속상해 합니다.

채점 기준	답안 내용	배점
아버지, 누나, 윤호의 입장을 모두 알맞게 쓴 경우		10
아버지, 누나, 윤호의 입장 중 두 가지만 알맞게 쓴 경우		6
아버지, 누나, 윤호의 입장 중 한 가지만 알맞게 쓴 경우		3

6 예시 답안 우리 사회에는 다양한 가족의 형태가 서로 다른 모습으로 살아가고 있습니다.

채점 기준	답안 내용	배점
'다양한 가족의 형태가 서로 다른 모습으로 살아가고 있다.'와 같이 알맞게 쓴 경우		5
'가족들의 아침 식사 모습이 다르다.'와 같이 미흡하게 쓴 경우		1

7 예시 답안 자신감과 용기를 가질 수 있도록 항상 격려해 줍니다.

채점 기준	답안 내용	배점
자신감, 용기, 격려를 모두 넣어 문장을 알맞게 완성한 경우		5
자신감, 용기, 격려 중 두 가지만 넣어 문장을 쓴 경우		3
자신감, 용기, 격려 중 한 가지만 넣어 문장을 쓴 경우		1

| 채점 시 유의 사항 | 보기 의 낱말을 모두 넣어 문장을 완성하라는 조건이 있으므로, 보기 의 낱말을 빠짐없이 사용하여 문장을 완성해야 합니다. 문장의 내용이 가족의 역할에 맞다고 하여도 보기 의 낱말 중 한 가지라도 빠지면 감점이 됩니다.

1. 신나는 과학 탐구

실전! 서술형 평가   74~75쪽

나의 과학 탐구   74~75쪽

1 민준, **예시 답안** 관찰이나 실험을 통해 확인할 수 있는 탐구 문제이기 때문입니다.

풀이 탐구 문제는 탐구하는 사람이 관찰이나 실험 등 탐구 과정으로 확인이 가능한 것이어야 합니다. 달 표면에서 걸었을 때의 느낌을 비교하는 탐구는 직접 할 수 있는 것이 아닙니다.

채점 기준	답안 내용	배점
민준을 고르고, 관찰이나 실험을 통해 확인할 수 있기 때문이라고 쓴 경우		5
민준만 고른 경우		3

2 (가) **예시 답안** 겹친 회전판의 개수

(나) **예시 답안** 팽이가 도는 시간

채점 기준	답안 내용	배점
(가), (나)를 모두 옳게 쓴 경우		7
(가), (나) 중 한 개만 옳게 쓴 경우		4

3 **예시 답안** 탐구 계획에 알맞은 준비물인지 확인합니다. 안전 장비를 포함하면 좋습니다.

풀이 탐구 문제를 해결하기 위한 탐구 계획의 준비물을 계획할 때에는 계획에 알맞은 준비물인지 확인하고, 안전에 유의하여 계획을 세우며 준비물에 안전 장비를 포함하면 좋습니다.

채점 기준	답안 내용	배점
준비물을 계획할 때 생각해야 할 것 한 가지를 옳게 쓴 경우		5

4 **예시 답안** 비눗방울이 나오는 막대 끝의 모양과 관계없이 비눗방울은 공 모양입니다.

채점 기준	답안 내용	배점
막대 끝의 모양과 관계없이 비눗방울은 공 모양이라고 쓴 경우		7
막대 끝의 모양과 관계없이 비눗방울의 모양은 같다고 쓴 경우		4

5 **예시 답안** 탐구 문제, 시간과 장소, 탐구 방법, 준비물, 탐구 순서, 탐구 결과, 탐구를 하여 알게 된 것, 더 알아보고 싶은 것, 느낀 점 등이 들어가도록 발표 자료를 만듭니다.

채점 기준	답안 내용	배점
발표 자료를 만들 때 들어가야 할 내용을 세 가지 이상 옳게 쓴 경우		5
발표 자료를 만들 때 들어가야 할 내용을 두 가지 이하로 옳게 쓴 경우		3

6 (1) ㉡

(2) **예시 답안** 다른 친구의 발표 내용을 주의 깊게 듣고 궁금한 점을 질문합니다.

채점 기준	답안 내용	배점
(1), (2)를 모두 옳게 쓴 경우		7
(1), (2) 중 한 개만 옳게 쓴 경우		4

신나는 과학 탐구   75쪽

1 **예시 답안** 날개에 줄무늬가 있는가?

채점 기준	답안 내용	배점
문제와 같이 나비를 두 무리로 분류할 수 있는 분류 기준을 쓴 경우		5

2 **예시 답안** 쇠구슬을 한 개씩 넣을 때마다 물의 높이가 0.5 cm씩 높아졌기 때문에, 쇠구슬 세 개를 넣었을 때 물의 높이는 약 9.5 cm가 될 것입니다.

채점 기준	답안 내용	배점
물의 높이 9.5 cm를 옳게 쓰고, 그렇게 생각한 까닭 또한 옳게 쓴 경우		7
물의 높이 9.5 cm만 옳게 쓴 경우		4

2. 동물의 생활

연습! 서술형 평가   76~77쪽

1 (3) ○

풀이 거미는 다리가 네 쌍이며, 고양이는 날개가 없습니다.

1-1 **예시 답안** 건드리면 몸을 공처럼 둥글게 만듭니다.

채점 기준	답안 내용	배점
몸을 공처럼 둥글게 만든다고 쓴 경우		4

2 ㉡

풀이 참새, 비둘기, 거미는 다리가 있고, 뱀, 달팽이, 붕어는 다리가 없는 동물입니다.

2-1 **예시 답안** 더듬이가 있는 것과 더듬이가 없는 것으로 분류할 수 있습니다.

풀이 공벌레, 잠자리, 메뚜기는 더듬이가 있고, 고양이, 개구리, 참새는 더듬이가 없습니다.

채점 기준	답안 내용	배점
분류 기준을 한 가지 옳게 쓴 경우		4

3 (3) ○

풀이 다람쥐, 너구리, 공벌레는 땅 위에 사는 동물이며, 뱀은 땅 위와 땅속을 오가며 사는 동물이지만 고라니는 땅 위에 사는 동물입니다.

3-1 [예시 답안] 다리가 있는 동물은 걷거나 뛰어다니고, 다리가 없는 동물은 기어 다닙니다.

채점 기준	답안 내용	배점
다리가 있는 동물과 다리가 없는 동물의 이동 방법을 모두 옳게 쓴 경우		6
다리가 있는 동물과 다리가 없는 동물의 이동 방법을 한 가지만 옳게 쓴 경우		3

4 (3) ×

[풀이] 물에서 사는 동물이라고 모두 지느러미가 있지는 않습니다.

4-1 [예시 답안] 아가미가 있어서 물속에서 숨을 쉴 수 있습니다. 지느러미가 있어 물속에서 헤엄을 잘 칠 수 있습니다. 몸이 부드러운 곡선 모양이라서 물속에서 헤엄쳐 이동하기 좋습니다.

채점 기준	답안 내용	배점
물고기가 물속에서 생활하기에 알맞은 점 한 가지를 물고기의 생김새와 관련지어 옳게 쓴 경우		6

5 ⑤

[풀이] 날아다니는 동물은 날개 또는 날개의 역할을 하는 부분이 있습니다. 날아다니는 동물 중 새는 주로 깃털로 덮여 있지만, 곤충은 깃털로 덮여 있지 않습니다.

5-1 [예시 답안] 날개가 있습니다.

채점 기준	답안 내용	배점
새와 곤충이 날아다니며 생활하기에 알맞은 점을 옳게 쓴 경우		4

6 ㉠

[풀이] 큰 귀를 가지고 있어서 체온 조절을 할 수 있는 동물은 사막여우입니다. 도마뱀은 사막의 환경에 적응하기 위해 서 있거나 이동할 때 두 발씩 번갈아 들어 올리며 열을 식히는 특징이 있습니다.

6-1 [예시 답안] 몸에 비해 귀가 크면 몸속의 열을 밖으로 내보내서 체온 조절을 할 수 있기 때문입니다.

채점 기준	답안 내용	배점
체온 조절을 할 수 있기 때문이라고 쓴 경우		6

실전! 서술형 평가

78~79쪽

1 [예시 답안] 몸이 머리, 가슴, 배로 구분됩니다. 몸이 검은색이고 다리는 세 쌍입니다. 머리에는 더듬이 한 쌍이 있습니다. 겹눈이 한 쌍 있습니다.

채점 기준	답안 내용	배점
개미의 생김새를 옳게 쓴 경우		5

2 민결, [예시 답안] 무겁고 가벼운 것은 사람마다 기준이 다를 수 있으므로 얼마보다 무겁고 가벼운 것인지 명확하게 기준을 정하여 분류하여야 합니다.

채점 기준	답안 내용	배점
민결이를 고르고, 그 까닭을 옳게 쓴 경우		5
민결이만 고른 경우		3

3 ❶ [예시 답안] 다리가 있는 것과 다리가 없는 것으로 분류할 수 있습니다.

채점 기준	답안 내용	배점
명확한 분류 기준을 세운 경우		3

| 채점 시 유의 사항 | 예시 답안 외에도 '알을 낳는 것과 새끼를 낳는 것', '다른 동물을 먹는 것과 다른 동물을 먹지 않는 것', '더듬이가 있는 것과 더듬이가 없는 것' 등 명확한 분류 기준을 세웠으면 정답으로 합니다.

❷ [예시 답안] 다리가 있는 것에 거미, 사슴벌레, 개구리, 토끼를, 다리가 없는 것에 뱀, 달팽이를 분류할 수 있습니다.

채점 기준	답안 내용	배점
명확한 분류 기준에 맞게 분류한 경우		4

❸ 달팽이, [예시 답안] 사슴벌레와 달팽이는 더듬이가 있는 동물이기 때문입니다.

채점 기준	답안 내용	배점
달팽이를 고르고, 그 까닭을 옳게 쓴 경우		3
달팽이만 옳게 고른 경우		2

4 ㉠ 아가미, ㉡ (꼬리)지느러미, [예시 답안] 아가미는 물속에서 숨을 쉴 수 있게 하고, 지느러미는 물속에서 헤엄쳐 이동할 수 있게 합니다.

채점 기준	답안 내용	배점
㉠, ㉡의 이름을 옳게 쓰고, 각각의 역할을 옳게 쓴 경우		7
㉠, ㉡의 이름만 옳게 쓴 경우		5
㉠, ㉡ 둘 중 하나만 이름과 역할을 옳게 쓴 경우		4

5 [예시 답안] 날개가 있어 날아다닐 수 있습니다.

채점 기준	답안 내용	배점
박새와 나비, 잠자리의 공통점을 날아다닐 수 있는 특징과 연관지어 옳게 쓴 경우		5

6 [예시 답안] 낙타는 발바닥이 넓적해서 사막의 모래에 발이 잘 빠지지 않습니다.

채점 기준	답안 내용	배점
낙타의 넓적한 발바닥 모양을 사막의 환경과 연관지어 옳게 쓴 경우		5
사막의 모래에 잘 빠지지 않는다고만 쓴 경우		3

7 [예시 답안] 산양은 가파른 바위에서도 미끄러지지 않고 잘 다닙니다. 이러한 특징을 등산화에 활용하여 산에서 잘 미끄러지지 않는 등산화를 만들었습니다.

채점 기준	답안 내용	배점
산양의 특징과 관련지어 등산화에 활용한 특징을 옳게 쓴 경우		7
산양의 발바닥의 특징을 활용했다고만 쓴 경우		4

3. 지표의 변화

1 (2) ○

풀이 흙은 바위가 부서져서 만들어지며, 바위틈에 있는 물이 얼었다 녹았다를 반복하면서 바위가 부서지고, 자연에서 바위가 흙으로 변하는 데는 오랜 시간이 걸립니다.

1-1 예시 답안 물이 얼었다 녹았다를 반복하면서 바위가 부서집니다.

풀이 바위틈에 있는 물이 얼었다 녹았다 하면서 물의 부피가 변해 바위가 부서집니다.

채점 기준	답안 내용	배점
물이 얼었다 녹았다를 반복하면서 바위가 부서진다고 옳게 쓴 경우		4
물이 얼었다 녹기 때문이라고만 쓴 경우		2

2 (3) ○

풀이 운동장 흙은 화단 흙에 비해 대체적으로 밝은색이며, 화단 흙보다 운동장 흙에서 물이 더 빠르게 빠집니다.

2-1 운동장 흙, 예시 답안 알갱이의 크기가 클수록 물이 더 많이 빠집니다.

채점 기준	답안 내용	배점
운동장 흙을 고르고, 알갱이의 크기가 클수록 물이 더 많이 빠진다고 옳게 쓴 경우		6
운동장 흙만 고르거나, 알갱이의 크기가 클수록 물이 더 많이 빠진다고만 쓴 경우		3

3 ⑤

풀이 화단 흙에는 나뭇잎, 나뭇가지 등으로 이루어진 부식물이 많으며, 부식물은 식물이 잘 자라도록 도와줍니다.

3-1 예시 답안 부식물은 식물이 잘 자라도록 도와줍니다.

풀이 나뭇가지, 나뭇잎 등과 같은 물질은 썩어서 식물에게 양분을 공급해 주므로 식물이 잘 자라게 해줍니다.

채점 기준	답안 내용	배점
부식물은 식물이 잘 자라도록 도와준다고 옳게 쓴 경우		4
식물이 잘 자라게 해준다고만 쓴 경우		3

4 (1) ○ (2) ○

풀이 흙 언덕 아래쪽에서는 경사가 완만하여 물에 의하여 운반된 흙이 쌓입니다.

4-1 예시 답안 ㉠ 부분에서는 흙이 깎입니다. ㉡ 부분에서는 흙이 흘러내려 쌓입니다.

채점 기준	답안 내용	배점
㉠, ㉡ 부분에서 관찰할 수 있는 모습을 각각 옳게 쓴 경우		6
㉠, ㉡ 부분에서 관찰할 수 있는 모습을 둘 중 하나만 옳게 쓴 경우		3

5 ④

풀이 강 상류에서 하류로 갈수록 강폭이 넓어지고, 경사가 완만해집니다.

5-1 예시 답안 강 하류는 강폭이 넓고 경사가 완만합니다. 따라서 강 하류에서는 침식 작용보다는 퇴적 작용이 활발하게 일어납니다.

채점 기준	답안 내용	배점
네 가지 단어를 모두 사용하여 옳게 쓴 경우		6
네 가지 단어 중 두 세 단어만 사용하여 쓴 경우		3

6 ㉠, ㉡

풀이 갯벌과 모래사장은 바닷물의 퇴적 작용에 의하여 만들어진 지형입니다.

6-1 예시 답안 ㈎는 바닷물에 의하여 깎여서 만들어졌으며 ㈏는 흙이나 모래가 쌓여서 만들어졌습니다.

채점 기준	답안 내용	배점
㈎와 ㈏ 지형이 만들어지는 과정을 모두 옳게 쓴 경우		6
㈎와 ㈏ 지형이 만들어지는 과정을 한 가지만 옳게 쓴 경우		3

1 예시 답안 나무뿌리에 의해 바위나 돌이 작게 부서집니다.

풀이 식물이 바위틈 사이로 뿌리를 내리기 시작하며, 시간이 흘러 식물이 자라면 뿌리가 굵어져 바위틈을 더욱 벌리게 되고, 결국 바위가 부서집니다.

채점 기준	답안 내용	배점
나무뿌리에 의한 작용이나 물에 의한 작용을 옳게 설명한 경우		5
나무뿌리에 의한 작용 또는 물에 의한 작용이라고만 쓴 경우		3

2 예시 답안 바위틈에서 나무뿌리가 자라면서 바위가 부서집니다.

채점 기준	답안 내용	배점
바위틈에서 나무뿌리가 자라면서 바위가 부서진다고 옳게 쓴 경우		5
나무뿌리가 자라기 때문이라고만 쓴 경우		3

3 ❶ 예시 답안 운동장 흙 아래의 비커에 모인 물의 양이 화단 흙 아래의 비커에 모인 물의 양보다 더 많습니다.

채점 기준	답안 내용	배점
물의 양을 옳게 비교하여 쓴 경우		3

❷ 예시 답안 운동장 흙은 알갱이의 크기가 비교적 크고, 화단 흙은 알갱이의 크기가 큰 것도 있고 작은 것도 있습니다.

채점 기준	답안 내용	배점
운동장 흙과 화단 흙의 알갱이의 크기를 옳게 비교하여 쓴 경우		4
운동장 흙과 화단 흙의 알갱이의 크기를 둘 중 하나만 옳게 쓴 경우		2

❸ **예시 답안** 운동장 흙이 화단 흙보다 알갱이의 크기가 더 크므로 물이 더 빠르게 빠집니다.

채점 기준	답안 내용	배점
운동장 흙이 화단 흙보다 알갱이의 크기가 더 크므로 물이 더 빠르게 빠진다고 옳게 쓴 경우		4
알갱이의 크기가 클수록 물이 더 빠르게 빠진다고만 쓴 경우		2

❹ **예시 답안** 위쪽의 흙을 깎고 운반하여 아래쪽에 쌓아 놓습니다.

채점 기준	답안 내용	배점
위쪽의 흙을 깎고 운반하여 아래쪽에 쌓아 놓는다고 쓴 경우		5
위쪽의 흙을 깎는다고만 쓰거나 아래쪽에 흙을 쌓아 놓는다고만 쓴 경우		2

❺ **예시 답안** 돌의 크기가 작아집니다.
풀이 강 상류에서는 큰 바위가 많으며, 강 하류에서는 작은 모래가 많으므로 강 상류에서 하류로 갈수록 돌의 크기가 작아진다는 것을 알 수 있습니다.

채점 기준	답안 내용	배점
돌의 크기가 작아진다고 쓴 경우		5

❻ 침식 작용, **예시 답안** 바닷물에 의해 깎여서 가파른 절벽이 만들어졌기 때문입니다.

채점 기준	답안 내용	배점
침식 작용을 고르고, 바닷물에 의해 깎여서 만들어졌다고 옳게 쓴 경우		7
침식 작용만 고르거나, 바닷물에 의해 깎였다고만 쓴 경우		4

❼ **예시 답안** 바닷물에 의해 바위의 가운데가 깎여서 구멍이 뚫린 것입니다.

채점 기준	답안 내용	배점
바닷물에 의해 바위의 가운데가 깎여서 구멍이 뚫렸다고 옳게 쓴 경우		5
침식 작용에 의해 만들어졌다고만 쓴 경우		4

❽ **예시 답안** 흙은 만들어지는데 오랜 시간이 걸리기 때문입니다. 흙이 사라지면 동식물이 살아가기 힘들기 때문입니다.

채점 기준	답안 내용	배점
흙을 보존해야 하는 까닭을 한 가지 이상 옳게 쓴 경우		5

| 채점 시 유의 사항 | 예시 답안 외에도 '식물은 흙에서 양분을 얻어 살아가기 때문입니다.'라고 써도 정답으로 합니다.

4. 물질의 상태

연습! 서술형 평가
84~85쪽

1 ⑤

1-1 **예시 답안** 나무 막대는 손으로 잡고 전달할 수 있으며, 물은 흘러서 전달하기 어렵고, 공기는 눈에 보이지 않고 손에 잡히지 않아 전달하기 어렵습니다.

채점 기준	답안 내용	배점
나무 막대, 물, 공기를 친구에게 전달할 때의 차이점을 모두 옳게 쓴 경우		6
나무 막대, 물, 공기를 친구에게 전달할 때의 차이점을 두 가지만 옳게 쓴 경우		4
나무 막대, 물, 공기를 친구에게 전달할 때의 차이점을 한 가지만 옳게 쓴 경우		2

2 (3) ×

2-1 **예시 답안** 고체는 담는 그릇이 바뀌어도 모양과 크기가 변하지 않습니다.

채점 기준	답안 내용	배점
고체는 담는 그릇이 바뀌어도 모양과 크기가 모두 변하지 않는다고 옳게 쓴 경우		4
모양과 크기 둘 중 하나만 옳게 쓴 경우		2

3 처음과 같습니다.

3-1 **예시 답안** 액체는 담는 그릇에 따라 모양은 변하지만 부피는 변하지 않습니다.

채점 기준	답안 내용	배점
액체는 담는 그릇에 따라 모양은 변하지만 부피는 변하지 않는다고 옳게 쓴 경우		4
모양과 부피 둘 중 하나만 옳게 쓴 경우		2

4 기체

4-1 **예시 답안** 부풀린 풍선 입구를 손으로 쥐었다 놓아 보면 풍선 속에 있던 공기가 빠져나오면서 바람이 불어 시원합니다.

채점 기준	답안 내용	배점
우리 주변에 공기가 있다는 것을 확인할 수 있는 방법을 한 가지 이상 옳게 쓴 경우		4

5 (1) (나) (2) (가)
풀이 (1)은 페트병 뚜껑이 바닥으로 내려가고 물의 높이가 조금 높아졌으므로 바닥에 구멍이 뚫리지 않은 플라스틱 컵이며, (2)는 페트병 뚜껑이 그대로 물에 떠 있고 물의 높이에 변화가 없으므로 바닥에 구멍이 뚫린 플라스틱 컵입니다.

5-1 **예시 답안** 페트병 뚜껑은 바닥으로 내려가고, 수조 안의 물의 높이는 조금 높아집니다.
풀이 공기가 공간을 차지하므로 플라스틱 컵 안의 공기가 물을 밀어내면서 수조 안 물의 높이가 높아집니다.

채점 기준	답안 내용	배점
페트병 뚜껑은 바닥으로 내려가며, 수조 안의 물의 높이는 조금 높아진다고 옳게 쓴 경우		6
페트병 뚜껑의 위치와 수조 안의 물의 높이를 둘 중 하나만 옳게 쓴 경우		3

6 ⑤

풀이 공기 주입 마개를 눌러 공기를 넣으면 채워진 공기의 무게만큼 페트병의 무게가 증가합니다.

6-1 **예시 답안** 공기 주입 마개를 누른 후 페트병의 무게가 공기 주입 마개를 누르기 전 페트병의 무게보다 더 무겁습니다.

채점 기준	답안 내용	배점
공기 주입 마개를 누른 후의 페트병 무게가 더 무겁다고 쓴 경우		4

실전! 서술형 평가
86~87쪽

1 나무 막대, **예시 답안** 나무 막대는 손으로 쉽게 잡을 수 있기 때문입니다.

채점 기준	답안 내용	배점
나무 막대를 고르고, 그 까닭을 고체의 성질과 연관지어 쓴 경우		5
나무 막대만 고른 경우		2

2 (1) **예시 답안** 모양과 크기가 변하지 않습니다.
(2) 고체, **예시 답안** 담는 그릇이 바뀌어도 모양과 크기가 변하지 않기 때문입니다.

채점 기준	답안 내용	배점
(1), (2)를 모두 옳게 쓴 경우		7
(1), (2) 둘 중 하나만 옳게 쓴 경우		4
(2)에서 고체라고만 쓴 경우		2

3 **예시 답안** 물의 높이는 처음과 같습니다. 물은 액체이므로, 담는 그릇이 바뀌어도 부피(양)가 변하지 않기 때문입니다.

채점 기준	답안 내용	배점
처음과 같다고 쓰고, 그 까닭을 액체의 성질과 연관지어 쓴 경우		7
처음과 같다고만 쓴 경우		3

4 **예시 답안** 담는 그릇에 따라 모양은 변하지만 부피는 변하지 않습니다. 손으로 잡으면 흘러내립니다.

채점 기준	답안 내용	배점
액체의 성질을 한 가지 이상 옳게 쓴 경우		5
액체라고만 쓴 경우		1

5 ❶ ㉠

❷ **예시 답안** ㉠과 같이 피스톤을 밀면 주사기와 비닐관 속에 들어 있는 공기가 다른 주사기로 이동하기 때문에 밀어 놓았던 주사기의 피스톤이 뒤로 밀려납니다.

채점 기준	답안 내용	배점
피스톤을 당겨 놓은 주사기와 비닐관 속 공기가 피스톤을 밀어 놓은 주사기로 이동하기 때문이라는 내용을 옳게 쓴 경우		4
공기가 이동하기 때문이라는 내용만 옳게 쓴 경우		2

❸ **예시 답안** 공기와 같은 기체는 다른 곳으로 이동할 수 있다는 것을 알 수 있습니다.

채점 기준	답안 내용	배점
기체는 다른 곳으로 이동할 수 있다고 옳게 쓴 경우		4

6 **예시 답안** 수조 안 물의 높이는 높아집니다. 그 까닭은 공기가 공간을 차지하여 물이 플라스틱 컵 밖으로 밀려나기 때문입니다.

채점 기준	답안 내용	배점
수조 안 물의 높이가 높아진다고 쓰고, 그 까닭을 공기가 공간을 차지한다는 것과 연관지어 옳게 설명한 경우		7
수조 안 물의 높이가 높아진다고만 쓴 경우		4

7 **예시 답안** 공기와 같은 기체도 무게가 있다는 것을 알 수 있습니다.

채점 기준	답안 내용	배점
기체도 무게가 있다고 옳게 쓴 경우		5
공기는 다른 곳으로 이동할 수 있다고 쓴 경우		3

5. 소리의 성질

연습! 서술형 평가
88~89쪽

1 ①

1-1 **예시 답안** 소리가 나는 소리굽쇠의 떨림 때문에 물이 튀어 오릅니다.

채점 기준	답안 내용	배점
소리굽쇠의 떨림 때문에 물이 튀어 오른다고 옳게 쓴 경우		4

2 (1) ○

2-1 **예시 답안** 작은북을 북채로 약하게 치면 작은 소리가 나면서 좁쌀이 낮게 튀어 오르고, 북채로 세게 치면 큰 소리가 나면서 좁쌀이 높게 튀어 오릅니다.

채점 기준	답안 내용	배점
작은북을 약하게 칠 때와 세게 칠 때, 북소리의 크기와 좁쌀이 움직이는 모습을 모두 옳게 비교하여 쓴 경우		6
작은북을 약하게 칠 때와 세게 칠 때, 둘 중 한 가지만 옳게 쓴 경우		3

3 ㉢

3-1 **예시 답안** 긴 음판에서 짧은 음판으로 순서대로 치면 점점 높은 소리가 납니다.

채점 기준	답안 내용	배점
점점 높은 소리가 난다고 옳게 쓴 경우		4

4 ⑤

풀이 달에서는 소리가 전달되지 않으며, 소리는 나무, 철, 실을 통해서도 전달됩니다.

4-1 예시 답안 소리는 책상을 통해 전달된다는 것을 알 수 있습니다.

채점 기준 답안 내용	배점
소리가 책상을 통해 전달된다고 쓴 경우	4

5 소리의 반사

5-1 예시 답안 동굴이나 산에서 소리를 내면 잠시 뒤 메아리가 들립니다.

채점 기준 답안 내용	배점
소리가 반사되는 경우를 한 가지 이상 옳게 쓴 경우	4

│채점 시 유의 사항│ 예시 답안 외에도 '딱딱한 벽을 향해 소리를 내면 그 소리가 다시 들리는 것', '목욕탕에서 소리가 울리는 것' 등을 써도 정답으로 합니다.

6 (4) ×

6-1 예시 답안 도로 방음벽은 도로에서 생기는 소리를 반사시켜 소음을 줄일 수 있습니다.

채점 기준 답안 내용	배점
도로 방음벽이 도로에서 생기는 소리를 반사시켜 보낸다고 옳게 쓴 경우	6
소리가 반사되는 성질을 이용한다고만 쓴 경우	5

실전! 서술형 평가

1 예시 답안 소리가 나는 물체에는 떨림이 있습니다.

풀이 소리가 나는 스피커에 손을 대 보면 떨림이 느껴지며, 소리가 나는 소리굽쇠를 물에 대었을 때 물이 튀어 오르는 현상을 통해 소리가 나는 물체에는 떨림이 있다는 것을 알 수 있습니다.

채점 기준 답안 내용	배점
소리가 나는 물체에는 떨림이 있다고 옳게 쓴 경우	5

2 예시 답안 (가)는 소리의 세기를 비교하는 활동이며, (나)는 소리의 높낮이를 비교하는 활동입니다.

채점 기준 답안 내용	배점
(가)는 소리의 세기, (나)는 소리의 높낮이를 비교하는 활동이라고 쓴 경우	5
(가)와 (나) 둘 중 한 가지만 옳게 쓴 경우	3

3 예시 답안 소리는 수조의 물, 플라스틱 관, 관 속의 공기를 통해서도 전달된다는 것을 알 수 있습니다.

풀이 플라스틱 관이 물속의 스피커에 가까워질수록 소리가 더 크게 들리는 것을 통해 소리는 액체 물질인 물, 고체 물질인 플라스틱 관, 기체 물질인 관 속의 공기를 통해서도 전달된다는 것을 알 수 있습니다.

채점 기준 답안 내용	배점
소리는 물, 플라스틱 관, 공기를 통해서 전달된다고 옳게 쓴 경우	5

4 예시 답안 소리가 작아집니다. 소리를 전달하는 물질인 공기가 줄어들기 때문입니다.

풀이 펌프질을 하면 통 안의 공기가 밖으로 빠져 나가면서 통 안의 공기가 점점 줄어듭니다. 따라서 소리를 전달하는 물질인 공기가 줄어들기 때문에 소리가 잘 전달되지 않습니다.

채점 기준 답안 내용	배점
소리가 작아진다고 쓰고, 소리를 전달하는 물질인 공기가 줄어들기 때문이라고 쓴 경우	7
소리가 작아진다고만 쓴 경우	4

5 예시 답안 소리가 전달될 때 실이 떨리는 것을 느낄 수 있으며, 실이 떨리는 것으로 보아 실의 떨림이 소리를 전달합니다.

채점 기준 답안 내용	배점
소리가 전달될 때 실이 떨린다고 쓰고, 실의 떨림이 소리를 전달한다고 쓴 경우	7
소리가 전달될 때의 느낌만 쓰거나, 실 전화기에서 소리가 어떻게 전달되는지만 쓴 경우	4

6 예시 답안 소리가 전달되지 않습니다. 달에서는 소리를 전달할 수 있는 공기가 없기 때문입니다.

채점 기준 답안 내용	배점
소리가 전달되지 않는다고 쓰고, 달에는 공기가 없기 때문이라고 쓴 경우	7
소리가 전달되지 않는다고만 쓴 경우	4
달에는 소리를 전달할 수 있는 물질이 없기 때문이라고만 쓴 경우	3

7 ❶ (나), (다), (가)

❷ 예시 답안 소리가 나무판과 스타이로폼 판에 부딪쳐 귀에 들리기 때문입니다. 이때 부드러운 스타이로폼 판보다는 딱딱한 나무판에서 소리가 더 잘 반사됩니다.

풀이 소리가 물체에 부딪쳐 되돌아오는 성질을 소리의 반사라고 합니다. 딱딱한 물체에서는 소리가 잘 반사되며, 부드러운 물체에서는 소리가 흡수되어 잘 반사되지 않습니다.

채점 기준 답안 내용	배점
(가)~(다)에서 소리의 크기가 다르게 들리는 까닭을 소리의 반사와 연관지어 물질의 종류에 따라 다르다는 것을 옳게 쓴 경우	4
소리가 반사되기 때문이라고만 쓴 경우	2

❸ 예시 답안 공연장의 천장에 설치된 반사판을 통해 공연장 전체에 소리를 골고루 전달할 수 있습니다.

채점 기준 답안 내용	배점
공연장 천장에 설치된 반사판, 도로의 방음벽 등 우리 생활에서 소리가 반사되는 성질을 이용한 예를 한 가지 이상 옳게 쓴 경우	4

│채점 시 유의 사항│ 예시 답안 외에도 '도로의 시끄러운 소리를 줄이기 위해 설치하는 도로의 방음벽이 소리를 반사시킵니다.'라고 써도 정답으로 합니다.